과거에 비해 요즘의 식생활은 기름지고, 풍요롭고, 간편해졌다. 하지만 간편해진 패스트푸드나 기름진
서구화된 식생활은 영양의 균형을 깨뜨리고 심장병, 동맥경화증, 당뇨병, 암 등의 발병률만 높였다. 결국
현대를 사는 우리들에게 생활습관병은 매우 중요하게 다루어져야 할 문제가 되었고 질병의 예방과 치료를
위해 올바른 식품의 선택과 균형 있는 영양 섭취 방법을 정확히 알아야 하게 되었다.
또 최근에는 사회적인 문제가 될 만큼 다이어트 열풍이 심각하다. 비만이 성인병의 주범이며 외모가
중요하게 취급되는 사회이기 때문에 그러하겠지만 잘못된 다이어트로 건강을 해치는 것도 큰 문제다.
이처럼 내적·외적으로 건강이라는 두 마리 토끼를 잡을 수 있는 방법은 단 한 가지! 제철식품을 구입해
직접 요리해 밥상을 차리는 것이다. 제철의 햇볕과 공기, 눈·비 맞고 자란 밭과 바다의 식품들은 천연

영양제이자 자연다이어트식품이다. 겨울 내 꽁꽁 얼었던 땅을 뚫고 힘차게 올라오는 건강한 채소들에서 힘을 얻고, 천혜의 자연을 품고 자란 해조류와 생선에서 기운을 받아 챙기자.
이 책에는 월별로 1~2월, 3~4월, 5~6월, 7~8월, 9~10월, 11~12월에 나는 제철재료로 만든 건강한 아침·점심·저녁밥상, 그리고 도시락과 간식메뉴를 소개한다.
한 끼에 준비하는 음식의 종류는 되도록 줄여 주방에서의 시간과 노동의 낭비를 없앴다. 한끼 식사 종류는 밥, 국, 김치를 제외하고 2~3가지면 충분하다. 단품으로 준비하는 경우 국물 한가지만 곁들이면 충분히 식사가 가능하다. 밥은 흰밥만으로 하지 않고 보리나 잡곡을 섞어 영양의 밸런스를 맞추었다.

건강한 식생활을 위해서는 첫째 다양한 식품을 고루 먹어야 한다. 생명을 유지하고 건강한 삶을 살기 위해서는 영양소를 섭취해야 하는데, 영양소의 종류가 40여종에 이른다. 이들 영양소는 체내에서 하는 역할이 다양하며 영양소 상호간에도 유기적인 관계가 있어 한 영양소라도 넘치거나 부족하면 영양상의 균형이 깨지게 된다. 그러므로 다양한 식품을 고루 섭취해야 영양소의 과불급을 막을 수 있다. 둘째 정상체중을 유지해야 한다. 생활양식이 서구화되어 가면서 체중과 신장이 점차 증가하는 추세인데 이 때문에 성인병의 발병률과 사망률도 증가추세에 있다. 체중이란 건강과 밀접한 관계가 있어 섭취한 열량과 소비된 열량이 서로 균형이 맞았을 때 유지될 수 있다. 셋째 단백질을 충분히 섭취해야 한다. 단백질이 결핍되면 체조직의 손실을 일으켜 성장부진과 체력의 약화를 초래하므로 육류, 어류, 달걀, 우유 등 질 좋은 단백질을 매일 충분히 섭취하도록 한다. 넷째 짜게 먹지 말아야 한다. 나트륨은 체내대사에 꼭 필요한 무기질이지만 나트륨의 섭취가 높아지면 고혈압 발생빈도가 높아지고 여러 가지 합병증을 유발할 수 있으므로 평소 음식을 짜게 먹는 습관은 고치는 것이 좋다.
식생활과 일상생활의 균형도 중요하다. 식사의 질과 양, 활동량과 운동량을 조절하여 건강을 유지하고 규칙적으로 식사하고 배설하며 수면을 취하는 것이 건강한 100세 시대를 여는 지름길이다.

3월·4월 밥상

part four 7월·8월 밥상

책속 보너스

하나.
맛도 영양도 최고!
제철식품 다이어리

두울.
**1월~12월
맛있는 제철식품**

part five 9월·10월 밥상

11월·12월 밥상

제철식품 다이어리

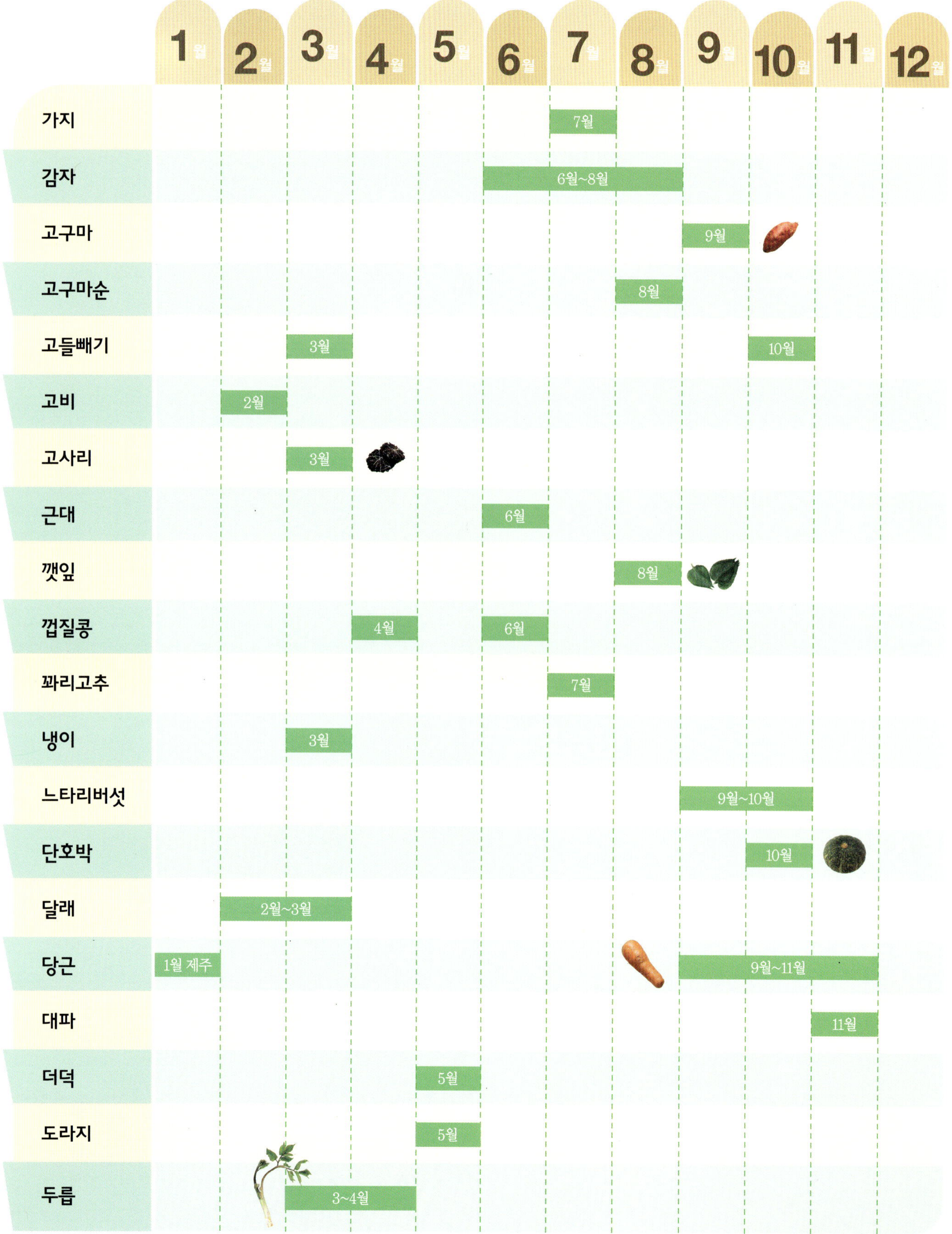

	1월	2월	3월	4월	5월	6월	7월	8월	9월	10월	11월	12월
가지							7월					
감자						6월~8월						
고구마									9월			
고구마순								8월				
고들빼기			3월							10월		
고비		2월										
고사리			3월									
근대						6월						
깻잎								8월				
껍질콩				4월		6월						
꽈리고추							7월					
냉이			3월									
느타리버섯									9월~10월			
단호박										10월		
달래		2월~3월										
당근	1월 제주								9월~11월			
대파											11월	
더덕					5월							
도라지					5월							
두릅			3~4월									

	1월	2월	3월	4월	5월	6월	7월	8월	9월	10월	11월	12월
마											11월~12월	
마늘					5월							
마늘종					5월							
무										10월~12월		
미나리			3월~6월							10월		
배추											11월~12월	
봄동			3월									
부추						6월~7월						
붉은고추									9월			
브로콜리	1월										11월~12월	
상추				4월~5월								
셀러리						6월						
솎음배추									9월			
송이버섯										10월		
순무		2월										
시금치	1월~2월											12월
쑥			3월~4월									
쑥갓		2월										
씀바귀			3월									
아스파라거스				4월								

	1월	2월	3월	4월	5월	6월	7월	8월	9월	10월	11월	12월
아욱								8월~9월				
애호박							7월					
양배추			겨울양배추 3월~4월		봄양배추 5월~6월			여름·가을양배추 8월~9월				
양상추				4월~5월				7월~8월				
양파					5월~6월							
연근	1월~2월										11월~12월	
열무							7월~8월					
오이						6월~7월						
완두콩					5월							
우엉	1월~2월											
죽순				4월								
쪽파				4월~5월								
참나물			3월~4월									
청경채			3월~6월									
취 (참취)		2~4월										
컬리플라워												12월
토란									9월~10월			
피망·파프리카							7월					
팽이·표고버섯										10월		
풋고추							7월~8월					

	1월	2월	3월	4월	5월	6월	7월	8월	9월	10월	11월	12월
가자미		2월~4월										
갈치									9월~11월			
개조개	1월											
고등어									9월~11월			
굴	1월~2월										11월~12월	
김												12월
꼬막	1월~3월											12월
꽁치										10월		
꽃게				4월~5월						10월		12월
낙지										10월		
넙치 (광어)	1월~2월				5월					10월~12월		
다시마		2월										
대구	1월~2월										11월~12월	
대하										10월~11월		
대합			3월~4월									
도미			3월~4월									
동태	1월											12월
멍게					5월~7월							
멸치				4월~5월								
명태	1월											12월

해산물	1월	2월	3월	4월	5월	6월	7월	8월	9월	10월	11월	12월
모시조개			3월									
문어	1월											12월
미꾸라지								8월~11월				
미더덕				4월~5월								
미역			3월									12월
민어							7월~8월					
바지락			3월~4월									
뱅어포				4월								
병어					5월~6월							
삼치									9월~11월			
새조개		2월										
생다시마						6월~9월						
아귀	1월~2월											12월
양미리											11월~12월	
연어										10월~11월		
오징어						6월~11월						
옥돔											11월	
우럭				4월								
임연수	1월~2월										11월~12월	
잔새우					5월							

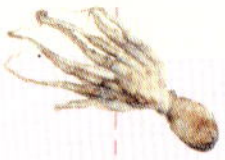

	1월	2월	3월	4월	5월	6월	7월	8월	9월	10월	11월	12월
장어								8월~9월				
전갱이								8월				
전복						6월~8월						
전어										10월~11월		
조기			3월~4월							10월		
주꾸미			3월~4월									
준치				4월~7월								
참치 (참다랑어)											11월~12월	
청각		2월										
청어	1월~2월											
코다리	1월~2월										11월~12월	
키조개 (관자)			3월~4월									
톳			3월									
파래	1월~2월											
패주	1월~2월											
피조개			3월									
해삼	1월~2월											
해파리								8월				
홍어	1월~2월											12월
홍합										10월~12월		

1·2월 밥상

추운겨울. 다른 계절에 비해 제철식품이 부족하지만 굴, 대구, 동태 등의 제철식품으로 따끈한 국물요리 만들고, 가을에 갈무리해둔 말린 채소들과 겨울이 제철인 시금치, 파래, 순무, 연근, 꼬막 등으로 맛깔스런 반찬을 만들어 겨울철 입맛 잃은 가족들의 건강을 챙겨보자. 김장김치가 새콤하게 익는 2월에는 신김치 송송 썰어 넣은 전골에 아삭하고 싱싱한 봄동겉절이 한 접시 곁들이면 영양만점 가족밥상이 완성된다.

제육묵은지조림과 꼬막미나리무침

main 제육묵은지조림　**side** 꼬막미나리무침　**plus** 다시마어묵조림, 현미밥

제육묵은지조림

재료 돼지고기(목살) 400g, 묵은김치 1/4쪽, 양파 1/2개, 쪽파 2~3뿌리
고기삶을물 물 3컵, 된장 1/2큰술, 마른고추 1개, 마늘 3~4쪽,
생강 1/2쪽

양념 육수 2컵, 고추장·청주·다진파·다진마늘 1큰술씩, 고춧가루
2큰술, 설탕 2작은술, 생강즙·후춧가루 조금씩

이렇게 만드세요

1 돼지고기는 두툼하게 잘라 분량의 삶을 물에 넣고 부드럽게 삶는다.
2 ①의 육수를 체에 걸러 다른 재료와 잘 섞어 양념을 만든다.
3 김치는 소를 대충 털어내고 반으로 갈라 준비하고 양파는 굵게 채썬다.
4 운두가 낮고 두꺼운 냄비에 김치와 양파를 깔고 고기를 올린다.
5 양념한 육수를 부어 센불에서 끓이다가 끓어오르면 불을 줄여 김치가
무르도록 끓인 후 쪽파를 송송 뿌린다.

고기를 미리 익혀
넣으면 누린내가
나지 않고
갈비찜처럼 쪽쪽
찢어지는 질감을
즐길 수 있다.
매콤한 맛을
원한다면
고춧가루와
청양고춧가루를
함께 사용하는 것이
좋고 후춧가루를
평소보다 넉넉히
넣는다.

목살을 묵은김치와 함께 푹 조려 매콤한 맛과 감칠맛이 일품인 제육묵은지조림.
여기에 통통하게 살 오른 꼬막과 향긋한 미나리를 함께 무쳐 입맛을 돋우고 바다
내음 가득한 다시마어묵조림까지 곁들이면 건강한 밥상이 완성된다.

꼬막미나리무침

재료 꼬막(껍질째) 800g, 미나리 50g, 오이·사과 1/2개씩,
대파(흰 부분) 1뿌리, 풋고추·홍고추 1개씩, 소금·통깨 조금씩
무침양념 고춧가루 2큰술, 간장·고추장·설탕·다진마늘 1큰술씩,
참기름 1큰술, 식초 3큰술, 깨소금 1/2큰술

이렇게 만드세요

1 꼬막은 심심한 소금물에 담가 어두운 곳에서 하룻밤 해감한 후 굵
은소금을 넣고 바락바락 문질러 씻는다.
2 손질한 꼬막은 끓는 물에 넣고 삶아 살만 발라낸다.
3 미나리는 4~5cm 길이로 자르고 오이와 사과는 반 갈라 저며썬
다. 대파와 고추는 미나리 길이로 채썬다.
4 재료를 고루 섞어 먼저 고춧가루를 넣고 버무린 후 양념을 순서대
로 넣고 살살 무쳐 통깨를 뿌린다.

꼬막은 갯벌 흙을
많이 품고 있어
해감을 충분히 하는
것이 좋다. 데치거나
삶은 후에도 흐르는
물에 한두 번 씻어
내어야 흙이 씹히지
않는다.

다시마어묵조림

재료 생다시마(20cm) 1장, 구멍어묵 3개,
빨강·노랑·주황 파프리카 1/2개씩, 녹말가루·식용유 조금씩
조림장 물 1/2컵, 간장 1큰술, 설탕·조청 1/2큰술씩,
생강즙 1작은술, 마른고추 1개, 소금·후춧가루 조금씩

이렇게 만드세요

1 다시마는 잘 씻어 데친 후 8×5cm로 잘라 녹말가루를 발라 둔다.
2 기름 두른 팬에 살짝 볶은 파프리카를 식혀 어묵 속에 채운 후 녹
말가루를 묻혀 다시마로 만다.
3 조림장을 끓이다가 어묵을 넣고 윤기 나게 조린다.

다시마에 간이 되어
있으므로 조림장의
간은 너무 세지 않게
한다. 파프리카를
먼저 볶은 다음
다시마에 넣으면
조린 후에도 색이
변하지 않고
선명하다.

꼬막은 껍질에 골이 있어 다른 조개류보다 흙과
이물질이 많은 편이다. 굵은소금을 넣고
바락바락 문질러 껍질을 깨끗하게 씻어야
식중독이나 기타 오염물질의 흡수를 막을 수
있다.

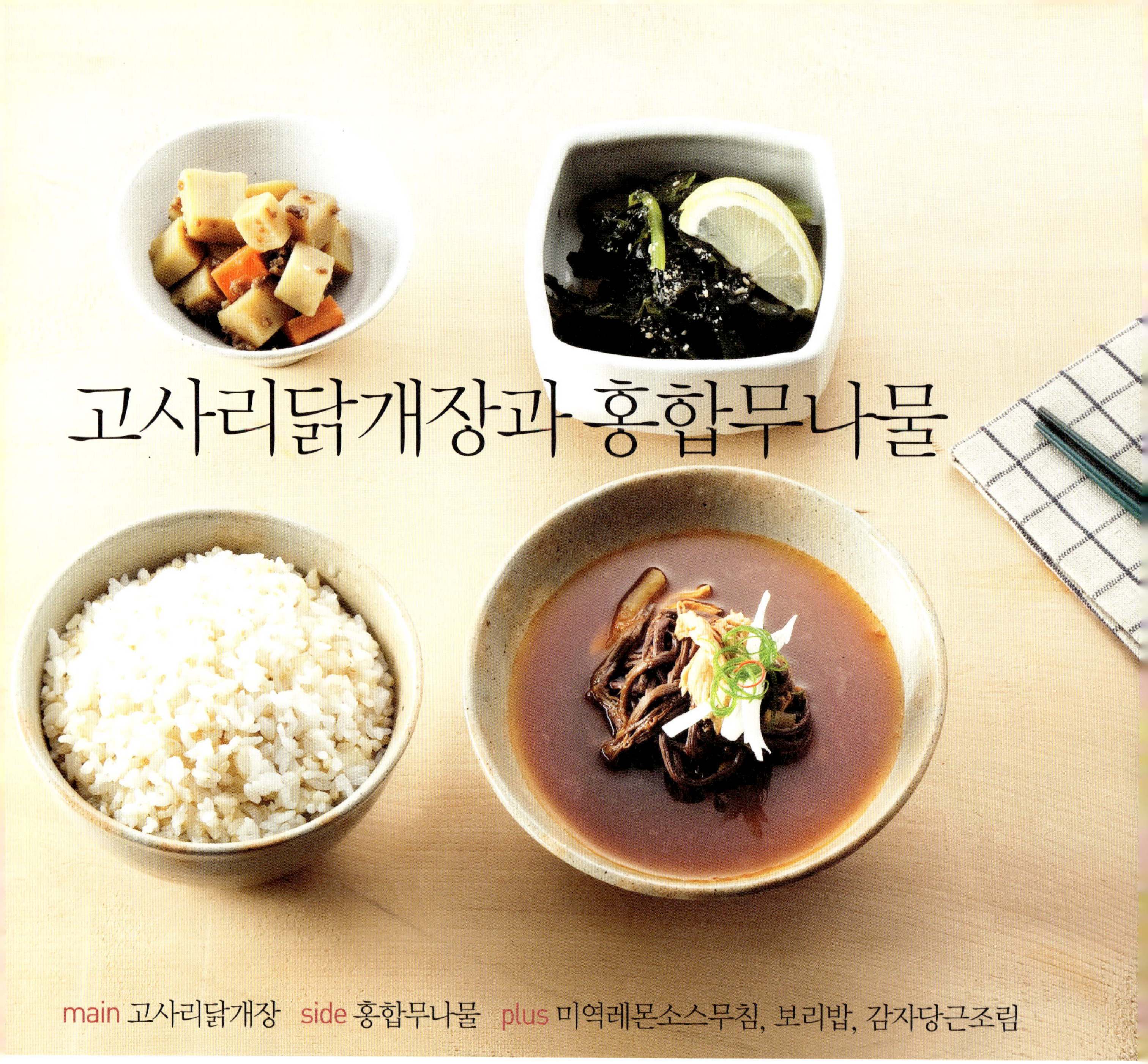

고사리닭개장과 홍합무나물

main 고사리닭개장 side 홍합무나물 plus 미역레몬소스무침, 보리밥, 감자당근조림

고사리닭개장

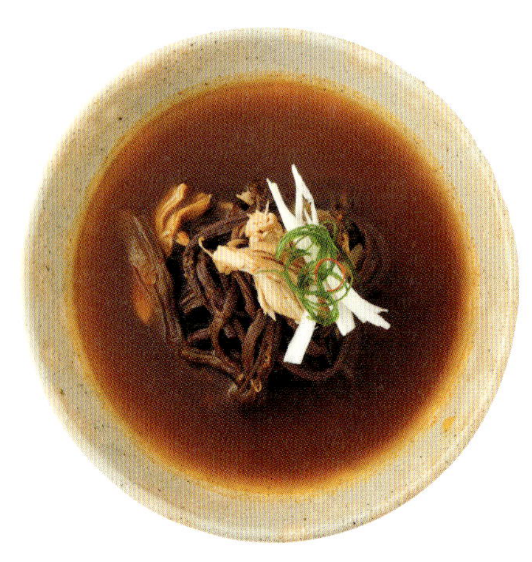

재료 닭(1kg 정도) 1마리, 불린 고사리 300g, 무 1/5개, 대파 2뿌리, 양파 1/2개, 소금·후춧가루 조금씩

닭육수 물 10컵, 마늘 5~6쪽, 생강 2쪽, 대파(푸른 부분) 1뿌리

고기양념 고추장 3큰술, 고춧가루 2큰술, 국간장 1큰술, 다진마늘·참기름 1/2큰술씩, 후춧가루 1/4작은술

이렇게 만드세요

1 냄비에 분량의 물을 붓고 끓이다가 마늘, 생강, 대파, 손질한 닭을 넣고 30~40분 끓인 후 고기는 손으로 결대로 찢고 육수는 면보에 걸러둔다.

2 고사리는 6~7cm 길이로 자르고 무와 양파도 같은 길이로 채썰고, 대파는 같은 길이로 잘라 끓는 물에 데친 후 꼭 짠다.

대파를 미리 데쳐야 점액 성분이 나오지 않아 국물이 깔끔하다.

3 고기와 고사리에 분량의 양념을 순서대로 넣어 가며 조물조물 무친다.

4 냄비에 양념한 고기와 고사리, 무를 담고 육수를 붓고 끓인다.

5 마지막에 양파와 대파를 넣고 한소끔 끓인 후 소금, 후춧가루로 간한다.

겨울철 입맛 잃은 가족 때문에 걱정이라면, 매콤하고 시원한 고사리닭개장과 홍합 으로 감칠맛을 더한 무나물에 상큼한 레몬 곁들인 생미역무침으로 식탁을 채워보자. 밥 한 그릇이 뚝딱 사라진다.

홍합무나물

재료 홍합·무 300g씩, 쪽파 2뿌리, 참기름 1큰술, 다진마늘·다진생강 1작은술씩, 통깨·소금 조금씩

이렇게 만드세요

1 홍합은 해감한 뒤 이물질과 잔털을 떼어내고 잘 씻어 체에 밭쳐 물기를 거둔다.

2 무는 6cm 길이로 잘라 곱게 채썰고 쪽파는 송송 다진다.

3 달군 냄비에 참기름을 두르고 다진 마늘과 생강, 홍합을 넣고 달달 볶는다.

4 홍합이 입을 벌리면 껍질을 까서 살만 발라낸 후 냄비에 넣고 무와 함께 중약불에서 볶는다.

5 무가 말갛게 익으면 뚜껑을 닫고 10분쯤 뜸을 들인 후 소금으로 간을 맞추고 쪽파와 통깨를 뿌린다.

홍합 국물을 사용하면 무에 간이 배므로 소금 간은 많이 하지 않아도 된다. 물을 줄이고 뜸을 충분히 들여야 무가 부드럽게 익는다.

미역레몬소스무침

재료 생미역 300g(3~4줄기), 레몬 슬라이스 2쪽, 통깨 조금
레몬소스 레몬즙 3큰술, 식초 1큰술, 설탕 1과1/2큰술, 소금 1작은술, 참기름·깨소금·다진마늘 2작은술씩

이렇게 만드세요

1 생미역은 소금을 넣고 바락바락 씻어 팔팔 끓는 물에 데친 후 한입 크기로 자른다.

2 분량의 재료를 고루 섞어 레몬소스를 만든다.

3 미역에 레몬소스를 버무려 통깨를 뿌리고 레몬 슬라이스를 곁들인다.

미역은 팔팔 끓는 물에 데쳐야 파란색이 잘 살아나고 끈적끈적한 진액이 나오지 않는다.

육수에 고기, 고사리, 양념을 함께 넣고 끓이는 것보다 고기와 고사리를 미리 양념한 후 육수를 붓고 끓여야 재료의 감칠맛이 빨리 우러난다.

다시마잡채덮밥과 브로콜리새우살볶음

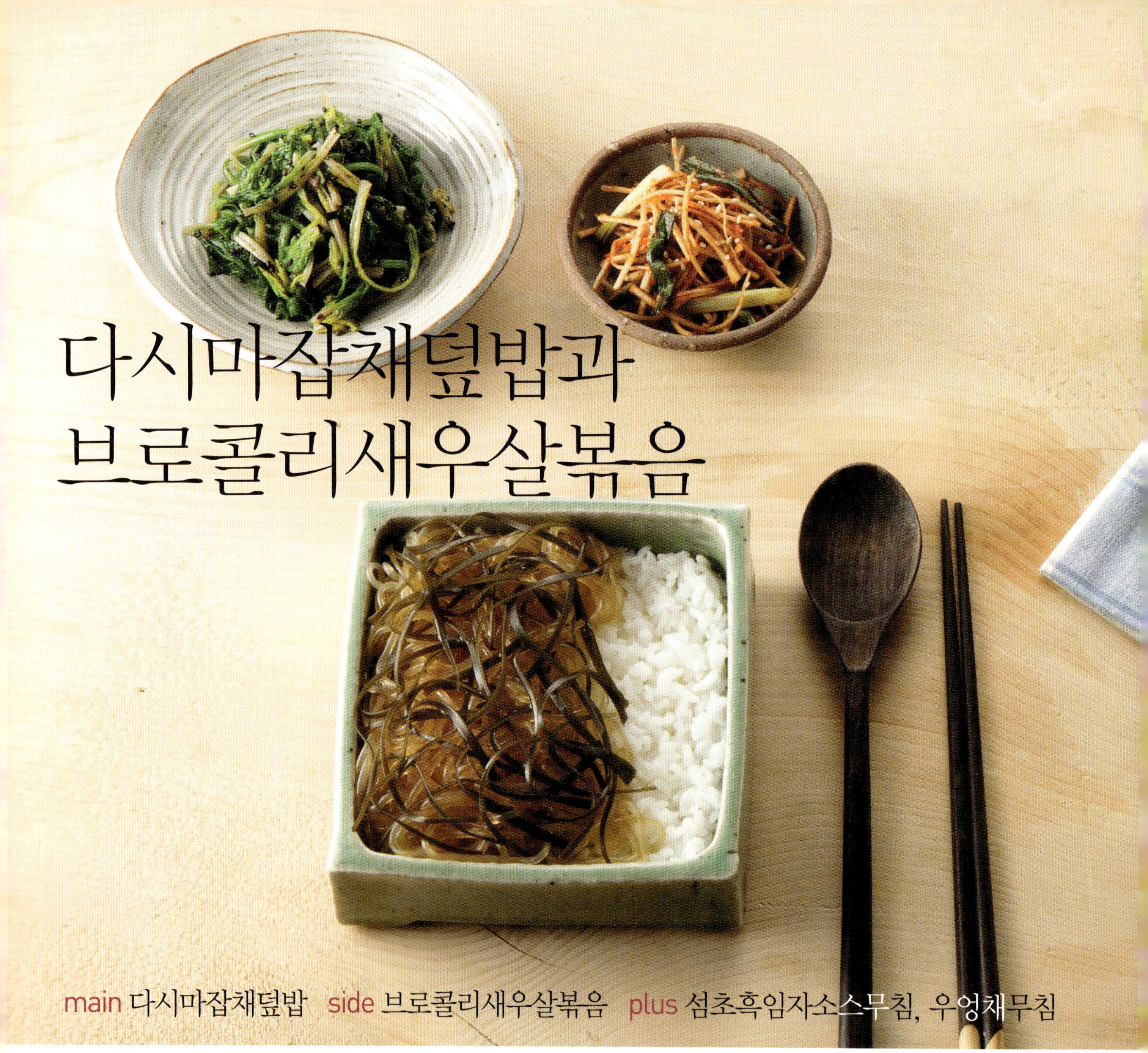

main 다시마잡채덮밥 side 브로콜리새우살볶음 plus 섬초흑임자소스무침, 우엉채무침

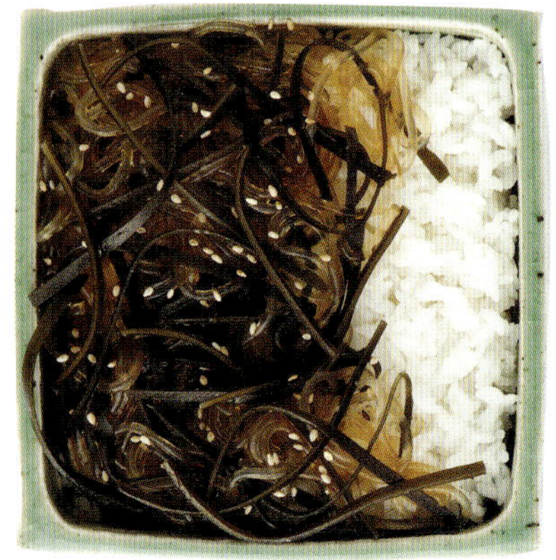

다시마잡채덮밥

재료 다시마(10×10cm) 1장, 당면 50g, 물 2컵, 간장 3큰술, 설탕·깨소금 1큰술씩, 참기름 2작은술, 밥 4공기, 후춧가루 조금

이렇게 만드세요

1 다시마는 젖은 면보로 덮어 부드럽게 한 후 가늘게 자른다.

2 당면은 찬물에 담가 불려 7~8cm 길이로 썬다.

3 깊은 팬에 물, 간장, 설탕, 다시마를 넣어 끓인 후 불린 당면을 넣고 젓가락으로 바닥에 눌어붙지 않도록 잘 저으면서 조린다.

4 국물이 반 정도 졸아들면 깨소금, 참기름, 후춧가루를 넣고 밥 위에 붓는다.

밥 지을 때 다시마를 넣으면 밥에 감칠맛이 배어 한층 맛있다. 밥이 다 된 후 그 다시마로 잡채를 하면 된다.

다시마와 쫄깃한 당면으로 색다른 잡채밥을 만들어 보자. 꼬들꼬들한 다시마는
씹는 맛이 일품이다. 여기에 달큰한 맛이 도는 섬초와 아삭한 브로콜리,
부드러운 새우살 볶음을 곁들이면 별미가 따로 없다.

브로콜리새우살볶음

재료 브로콜리 350g, 칵테일새우 8마리, 양파 1/4개, 청피망·
홍피망 1/4개씩, 마늘 1쪽, 대파 1/4뿌리, 식용유 1큰술, 참기름 조금
밑간양념 소금 1/4작은술, 다진마늘 1/2작은술, 청주 1작은술
볶음양념 다시마물 3큰술, 간장 1과1/2큰술, 설탕 조금

이렇게 만드세요

1 브로콜리는 송이를 나누어 끓는 소금물에 살짝 데치고 새우는
끓는물에 살짝 데친다.

2 데친 브로콜리와 새우에 분량의 양념으로 밑간한다.

3 양파와 피망은 사방 2cm 크기로 썰고 마늘과 대파는 송송 썬다.

4 달군 팬에 식용유를 두르고 마늘과 대파를 볶아 향을 낸다.

5 ④에 양파와 피망, 브로콜리, 새우를 순서대로 넣고 볶는다.

6 분량의 볶음양념을 넣고 고루 섞은 뒤 불을 끄고 참기름을 살짝 둘
러 그릇에 담는다.

브로콜리는 바로
볶으면 잘 익지 않고
쓴맛이 나므로 살짝
데친 뒤 밑간해
볶는다.

섬초흑임자소스무침

재료 섬초시금치 200g, 소금 조금
흑임자소스 다시마물·흑임자가루 2큰술씩, 다진파 1작은술,
다진마늘·들기름·국간장 1작은술씩, 소금 조금

이렇게 만드세요

1 시금치는 잘 다듬어 씻은 후 끓는 물에 소금을 넣고 데친다.

2 데친 시금치를 찬물에 헹궈 물기를 꼭 짠 후 먹기 좋게 자른다.

3 다시마물에 흑임자가루를 넣고 잘 갠 후 나머지 재료를 넣고 고루
섞는다.

4 시금치를 볼에 담고 흑임자소스를 넣어 조물조물 무친다.

나물에 흑임자가루를
그냥 넣으면 고소한
맛이 우러나지 않고
까끌까끌한 맛이
난다. 흑임자가루를
다시마물에 개어서
넣으면 나물과
어우러지면서
부드럽고 고소한
맛을 살릴 수 있다.

다시마는 마른 상태로 자르면 부서지고 물에
씻거나 불려서 자르면 점액성분이 나와
자르기가 더욱 어렵다. 젖은 면보로 덮어 두어
부드럽게 불린 뒤 자르는 것이 좋다.

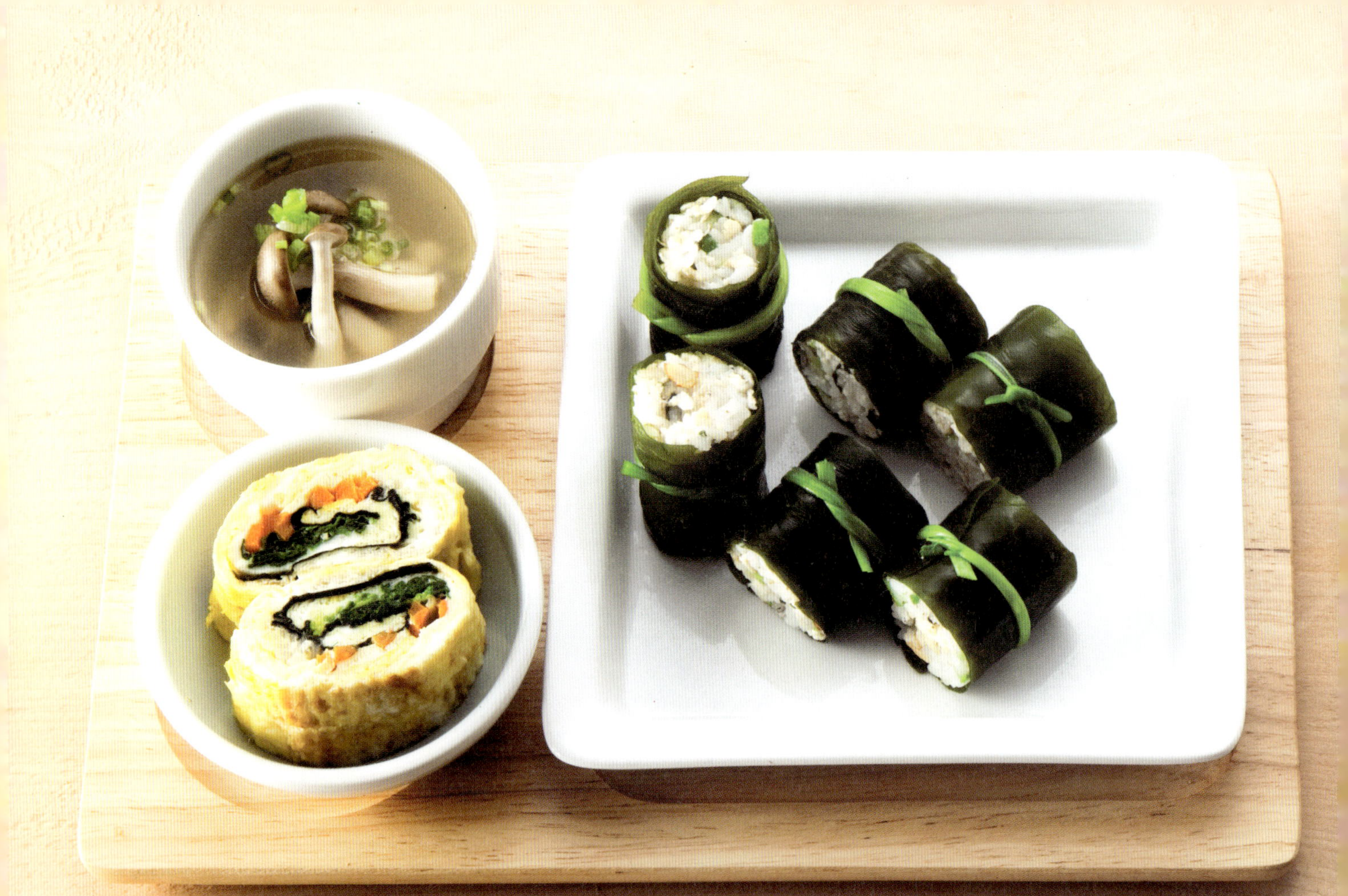

두부볶음밥다시마쌈과 버섯미소된장국

main 두부볶음밥다시마쌈 side 버섯미소된장국 plus 시금치달걀말이, 콩나물무침, 세발나물

두부볶음밥다시마쌈

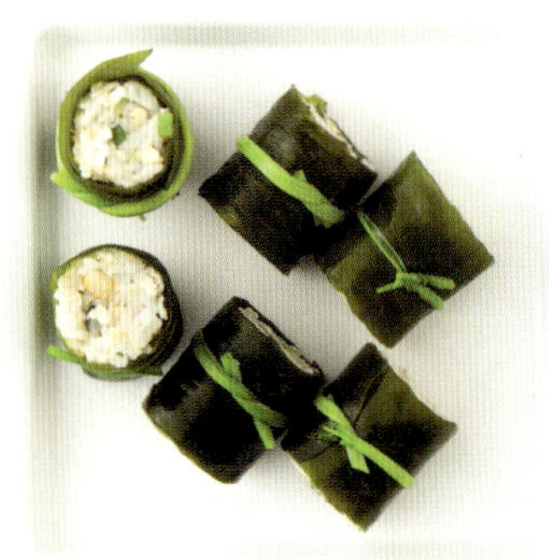

재료 두부 1/2모, 실멸치 4큰술, 오이 1/4개, 통깨 1작은술, 따뜻한 밥 4공기, 소금·식용유 조금씩, 생다시마(30cm) 1장, 미나리 10줄기

이렇게 만드세요

1 두부는 끓는 물에 살짝 데쳐 체에 내린 후 면보에 짜서 수분을 제거한 다음 소금 간을 하여 마른 팬에 넣고 고슬고슬 볶는다.

2 멸치는 체에 밭쳐 잔가루를 없앤 후 달군 팬에 기름을 두르고 볶는다.

3 오이는 잘 씻어 씨 부분을 파낸 후 잘게 다진다.

4 기름 두른 달군 팬에 볶은 멸치, 두부, 오이를 넣고 달달 볶은 후 밥과 통깨를 넣고 고루 버무려 소금으로 간을 맞춘다.

5 한입 크기로 주먹밥을 빚거나 틀에 넣고 눌러 찍는다.

6 생다시마를 주먹밥 길이로 잘라 주먹밥을 넣고 돌돌 말아 데친 미나리로 묶는다.

오이 씨 부분은 무르고 수분이 많아 주먹밥에 넣으면 밥이 잘 뭉쳐지지 않으므로 씨 부분은 파낸 후 사용한다.

고소한 멸치, 담백한 두부, 아삭한 오이에 향 좋은 다시마와 미나리까지 한입에
쏙 들어가는 다시마쌈밥. 여기에 후루룩 마실 수 있는 구수한 미소국과 달걀말이,
아삭한 나물들까지 곁들이면 영양 균형 딱 맞춘 아침밥상이 차려진다.

버섯미소된장국

재료 만가닥버섯 100g, 양송이버섯 3개, 양파 1/4개, 쪽파 2뿌리
미소국물 국물용 멸치 15마리, 다시마(10×10cm) 1장, 물 7컵,
미소된장 2큰술, 다진파 1큰술, 다진마늘 1/2큰술,
소금·후춧가루 조금씩

이렇게 만드세요

1 만가닥버섯은 밑동을 잘라내고 가닥을 나누고 양송이는 모양을
살려 얇게 저민다.

2 양파는 곱게 채썰고 쪽파는 송송썬다.

3 달군 마른 냄비에 볶은 멸치와 다시마, 분량의 물을 넣고 끓이다
육수가 5컵 정도로 졸아들면 면보에 걸러 맑은 육수만 받아 둔다.

4 ③에 미소된장을 풀어 끓인 후 버섯과 양파를 넣고 10분 더 끓인다.

5 한소끔 끓어오르면 파, 마늘을 넣고 우르르 끓인 후 소금, 후춧가
루로 간을 맞추고 송송썬 쪽파를 뿌린다.

멸치육수에 미소
된장을 넣고
끓이면 텁텁하지
않고 깔끔한
미소의 맛을
그대로 느낄 수
있다.

시금치달걀말이

재료 달걀 4개, 시금치 4줄기, 당근 1/5개, 양파 1/4개, 김 1장,
다시마물 3큰술, 소금·후춧가루·식용유 조금씩

이렇게 만드세요

1 분량의 달걀에 다시마물과 소금, 후춧가루를 조금 넣고 고루 섞
어 체에 내린다.

2 시금치는 잘 씻어 데쳐 물기를 꼭 짜고 양파와 당근은 곱게 채썬다.

3 달군 팬에 기름을 조금만 두르고 달걀물을 붓는다.

4 표면이 반 정도 익으면 김을 덮고 시금치, 당근, 양파를 올린 다음
가장자리부터 돌돌 말아 익혀 먹기 좋게 자른다.

시금치는
깨끗하게 씻어
데친 후 물기를 꼭
짜서 넣어야
달걀말이가
질어지지 않는다.

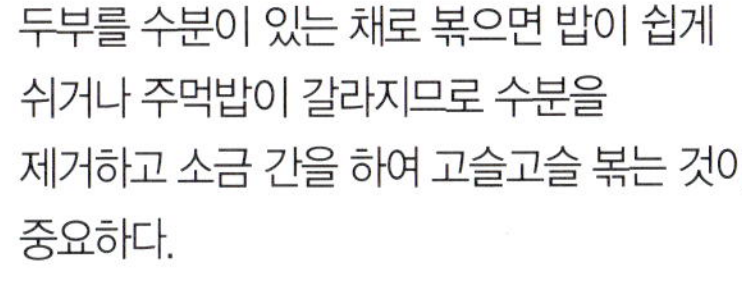

두부를 수분이 있는 채로 볶으면 밥이 쉽게
쉬거나 주먹밥이 갈라지므로 수분을
제거하고 소금 간을 하여 고슬고슬 볶는 것이
중요하다.

main 찹쌀땅콩죽
side 물파래장아찌
plus 송이버섯피망볶음

찹쌀땅콩죽과 물파래장아찌

우유를 넣어 더욱 고소한 찹쌀땅콩죽에 짭쪼름한 물파래장아찌와 피망 향 밴 쫄깃한 새송이버섯볶음까지 곁들이면 부담 없으면서 속은 든든하게 채워준다.

찹쌀땅콩죽

재료 찹쌀 1컵, 땅콩 1/2컵, 물 7컵, 우유 1컵, 소금 조금

이렇게 만드세요

1 찹쌀은 씻어 1시간 정도 불리고, 땅콩은 껍질을 벗긴 후 잠시 물에 불려둔다.

2 믹서에 땅콩과 찹쌀, 물 2컵을 넣고 곱게 간다.

3 냄비에 ②와 물 4컵을 넣고 약한 불에 뭉근하게 저어가며 끓인다.

4 걸쭉하게 농도가 나기 시작하면 우유를 넣고 농도를 적당히 조절하면서 살짝 더 끓인 후 먹기 전에 소금으로 간한다.

우유는 미리 넣고 끓이면 막이 생기고 늘어붙기 때문에 농도가 적당히 걸쭉해지면 넣어 살짝만 끓인다.

물파래장아찌

재료 물파래·무 200g씩, 홍고추 1개, 마늘 2쪽, 생강 1/2쪽
간장양념 간장·조청 1컵씩, 청주 1/2컵

이렇게 만드세요

1 물파래는 살살 씻어 체에 건져 물기를 뺀다.

2 무는 5cm 길이, 사방 5mm 두께로 채썬다. 홍고추와 마늘, 생강도 곱게 채썬다.

3 분량의 양념을 냄비에 넣고 한소끔 끓여 식힌다.

4 파래와 무, 고추와 마늘, 생강을 고루 섞어 그릇에 담고 ③의 양념을 부어 일주일 정도 숙성시켜 먹는다.

뜨거운 양념을 부으면 파래가 익어 풀어지므로 양념은 꼭 식혀서 넣는다.

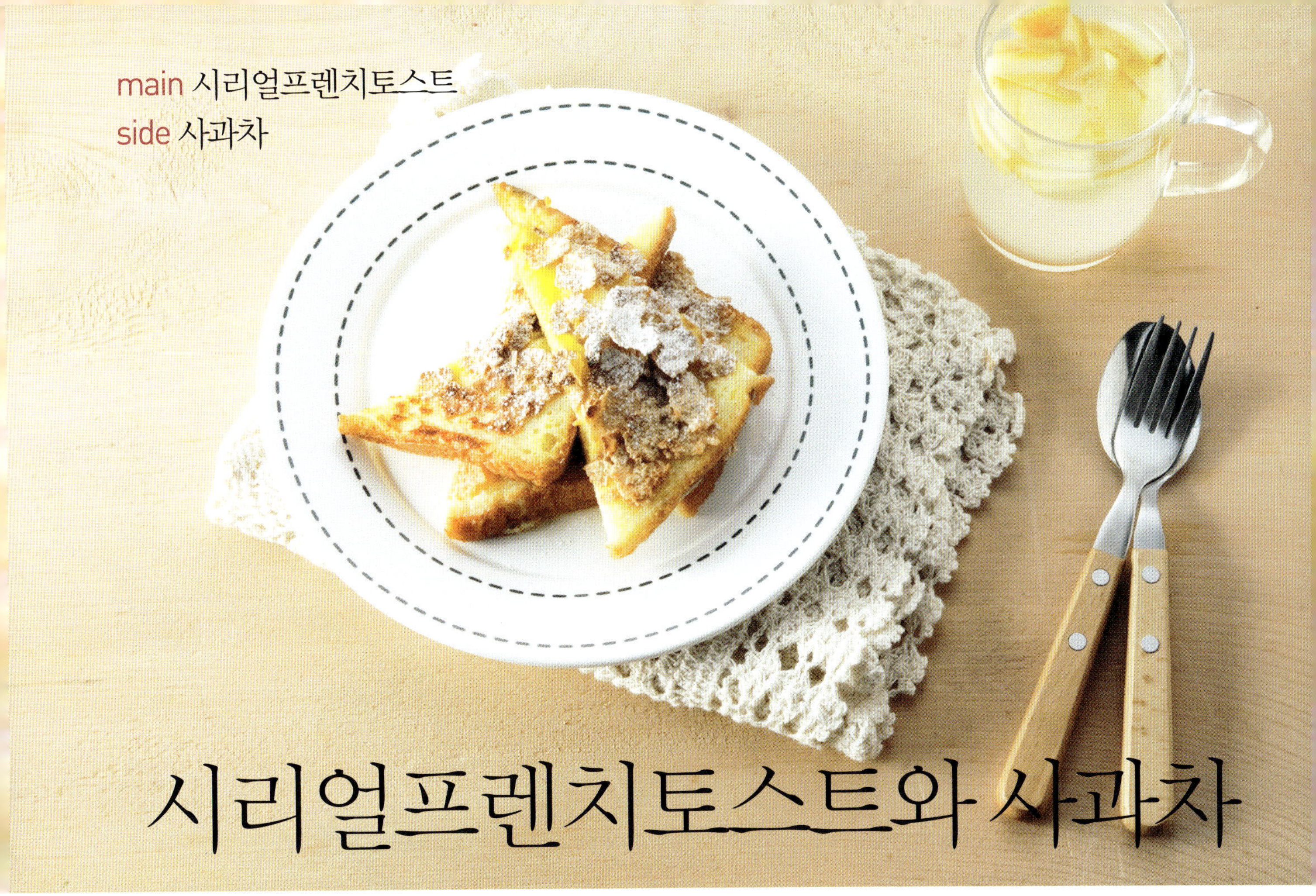

main 시리얼프렌치토스트
side 사과차

시리얼프렌치토스트와 사과차

바삭한 시리얼과 부드럽고 폭신한 프렌치토스트, 아삭한 사과가 들어간 따뜻한 차 한 잔이면 아침을 상큼하고 가볍게 시작할 수 있다.

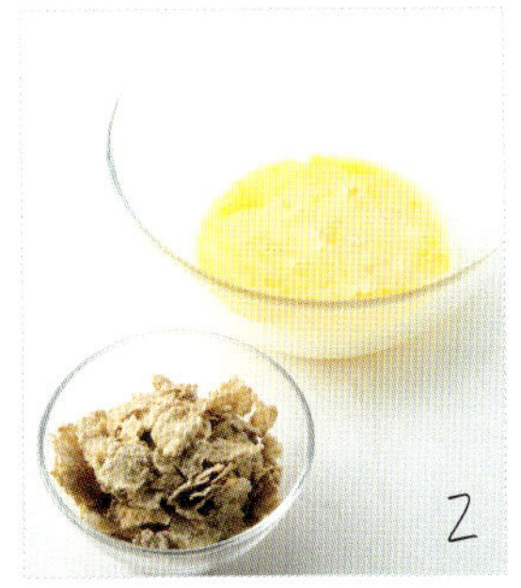

시리얼프렌치토스트

재료 식빵 8장, 달걀 2개, 우유 1/2컵, 시리얼 1컵, 식용유·슈거파우더 조금씩

이렇게 만드세요

1 식빵은 하루 정도 지난 것을 준비한다.
2 달걀을 우유와 섞어 고루 푼 뒤 시리얼을 넣고 살살 섞는다.
3 ②에 식빵을 담가 적신 뒤 기름 두른 팬에 노릇하게 구워낸다.
4 구운 토스트를 먹기 좋은 크기로 잘라 슈거파우더를 뿌려 완성한다.

달걀물에 시리얼을 미리 넣으면 시리얼이 풀어져 바삭하고 고소한 식감이 사라지므로 부치기 직전에 넣는 것이 좋다.

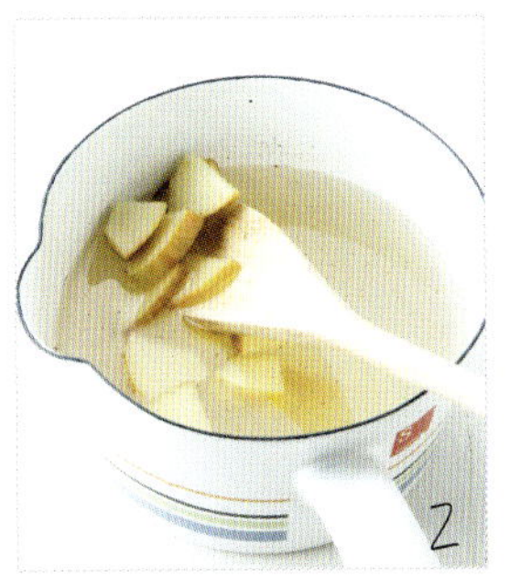

사과차

재료 사과 2개, 설탕 3큰술, 계핏가루 1작은술, 물 4컵

이렇게 만드세요

1 사과는 껍질째 잘 씻어 씨를 제거하고 4~6등분한 뒤 부채꼴 모양으로 도톰하게 썬다.
2 사과를 냄비에 담고 설탕을 넣고 중약불로 볶듯이 조려낸다.
3 ②에 계핏가루를 넣고 물을 부어 물이 반 정도로 줄 때까지 뭉근하게 끓인다.

사과가 말갛게 조려진 뒤 물을 부어야 사과 향이 충분히 우러난다. 사과가 탈 수 있으므로 불은 중약불로 낮추어 조린다.

조개카레우동과 미나리나물

부드럽게 익힌 면에 카레를 부어낸 우동은 입맛 없을 때 별미로 딱. 아삭한 미나리나물을 곁들이면 의외로 카레와 향이 잘 어우러져 입맛을 돋운다.

조개카레우동

재료 바지락 1컵, 노랑·주황·빨강 파프리카·양파 1/4개씩, 브로콜리 1/4송이, 다진마늘 1/2큰술, 올리브오일 1큰술, 카레가루 6큰술, 물 2컵, 우유 1/2컵, 월계수잎 1장, 소금·후춧가루 조금씩, 우동 생면 2인분

이렇게 만드세요

1 바지락은 해감한 후 물 2컵과 월계수잎을 넣고 입을 벌릴 때까지 데친 후 체에 밭쳐 조개와 육수를 따로 받아 놓는다.

2 파프리카와 양파는 5cm 길이로 채썰고 브로콜리는 송이를 나눈 후 소금물에 데친다.

3 깊은 팬을 달궈 올리브오일을 두르고 마늘과 양파를 볶아 향을 낸다.

4 ③에 파프리카와 카레가루를 넣고 살짝 볶다가 조개육수, 우유를 넣고 끓인다.

5 농도가 걸쭉해지기 시작하면 브로콜리와 조개를 넣고 2~3분 정도 끓인다.

6 우동 생면은 부드럽게 삶아 건져 일인분씩 그릇에 담은 후 카레소스를 끼얹는다.

조개를 너무 오래 익히면 질긴 맛이 나므로 마지막에 넣고 살짝만 익힌다.

미나리나물

재료 미나리 200g, 소금·통깨 조금씩
무침양념 간장 1/2작은술, 다진마늘 1작은술, 다진홍고추·참기름 1큰술씩, 깨소금 1/2큰술, 소금 조금

이렇게 만드세요

1 손질한 미나리는 소금물에 살짝 데친 후 찬물에 헹구어 4cm 길이로 썰어 물기를 짠다.

2 볼에 미나리를 담고 미리 만들어둔 무침양념으로 조물조물 무친다.

미나리는 끓는 물에 넣고 색깔이 변하면 바로 꺼내어 찬물에 헹구어낸 후 미리 만들어둔 양념을 넣고 무쳐야 향과 식감을 동시에 살릴 수 있다.

main 홍합칼국수
side 봄동사과겉절이

홍합칼국수과 봄동사과겉절이

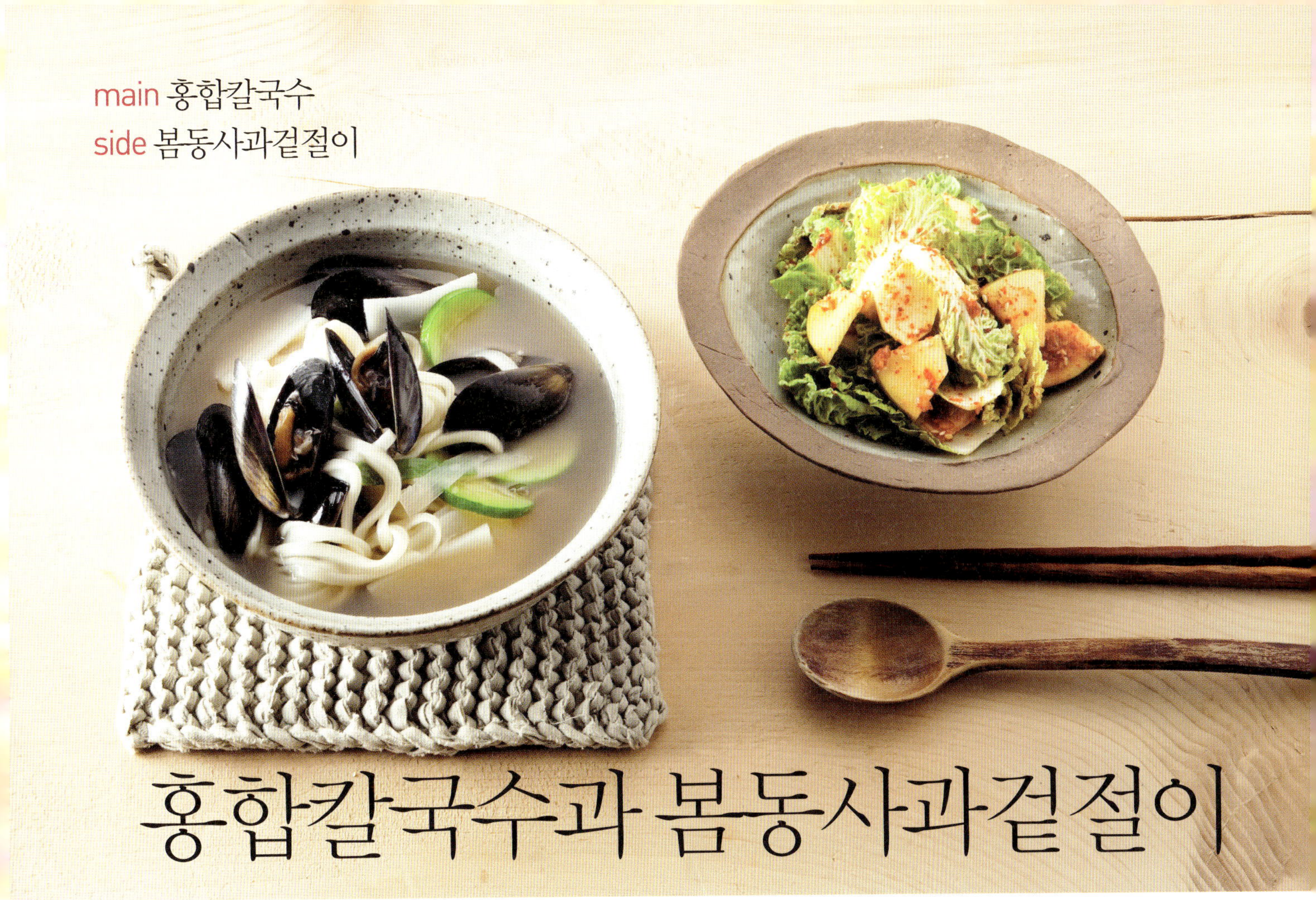

찬바람이 코끝을 스치고 지나가면 뜨끈하고 시원한 국물이 생각난다. 홍합으로 육수를 내어 끓인 칼국수에 아삭한 봄동 사과겉절이를 함께 곁들이면 후루룩 잘 넘어간다.

3

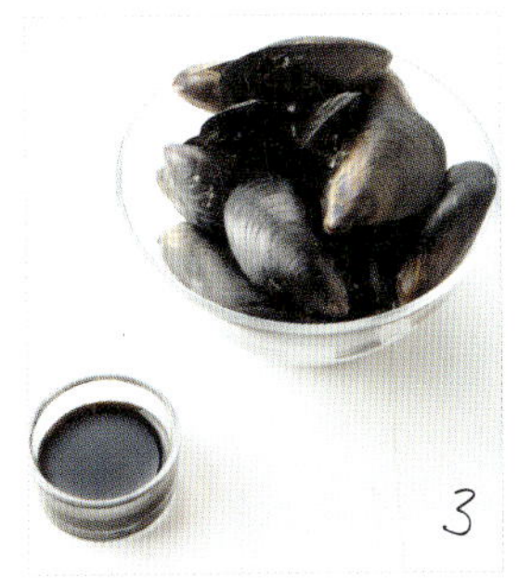

홍합칼국수

재료 홍합 300g, 감자 1개, 애호박 1/2개, 대파 1뿌리, 물 6~7컵, 다시마(10×10cm) 1장, 다진마늘 · 국간장 1/2큰술씩, 칼국수생면 300g, 소금 · 후춧가루 조금씩

이렇게 만드세요

1 홍합은 해감을 한 뒤 잔털과 이물질을 제거하고 체에 건진다.
2 감자와 애호박은 반달썰기하고 대파는 굵직하게 채썬다.
3 찬물에 다시마를 넣고 끓이다가 끓어오르면 국간장과 홍합을 넣는다.
4 홍합이 익으면 감자와 애호박을 넣고 살캉거리게 익힌 후 칼국수를 넣는다.
5 면이 떠오르기 시작하면 젓가락으로 한 번 저어주고 마늘, 대파를 넣고 소금, 후춧가루로 간을 해 마무리한다.

해산물을 데칠 때 국간장을 넣으면 비린맛이 제거되고 밑간이 되어 감칠맛을 더할 수 있다.

4

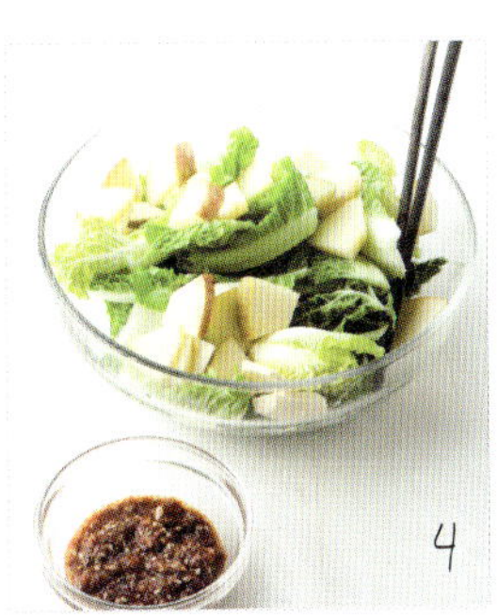

봄동사과겉절이

재료 봄동 200g, 사과 1/2개, 밤 3개, 풋고추 1개, 통깨 조금

겉절이양념 물 4큰술, 고춧가루 · 깨소금 2큰술씩, 멸치액젓 3큰술, 참기름 1큰술, 설탕 · 다진마늘 1큰술씩

이렇게 만드세요

1 봄동은 잎을 나누어 잘 씻어 한입 크기로 어슷하게 저며 썬다.
2 사과는 3등분하여 씨 부분을 제거하고 부채꼴 모양으로 납작하게 썬다.
3 밤은 껍질을 벗기고 저며 썰고 풋고추는 곱게 채썬다.
4 봄동, 사과, 밤을 섞어 양념을 넣고 젓가락으로 살살 버무려 통깨를 뿌린다.

봄동은 너무 세게 버무리면 풋내가 나므로 젓가락으로 살살 버무린다. 양념을 미리 섞어두면 고춧가루가 불어 덩어리가 지게 되므로 무치기 바로 전에 섞어 준다.

main 김치참치볶음밥
side 시금치양파겉절이
plus 버섯장조림

김치참치볶음밥과
시금치양파겉절이

입맛 돋우는 신김치에 참치와 각종 양념을 넣어 고슬고슬 볶아낸 볶음밥에 달큰한 시금치양파겉절이를 곁들인
도시락이면 맛은 물론 영양까지 만점이다.

김치참치볶음밥

재료 참치(소) 1캔, 밥 2공기, 신김치 100g, 설탕 1/3작은술, 김치국물 1/2컵,
식용유·소금·후춧가루·흑임자 조금씩

이렇게 만드세요

1 김치는 굵직하게 다져 설탕을 넣고 기름 두른 달군 팬에 볶는다.
2 ①에 김치국물을 자작하게 넣고 기름 뺀 참치와 찬밥을 넣고 고슬고슬 볶는다.
3 ②에 소금과 후춧가루로 간을 맞춘 후 흑임자를 뿌린다.

김치 볶을 때 김치
국물을 넣어 주면
김치를
아삭하면서도
나른하게 볶을 수
있다. 참치는
김치가 익은 뒤
넣어야
부스러지지
않는다.

시금치양파겉절이

재료 시금치 1단(300g), 양파 1/2개, 쪽파 5뿌리, 통깨 2큰술
겉절이양념 찹쌀풀 3큰술(찹쌀가루 1/2큰술, 물 5큰술), 멸치액젓 2큰술,
고춧가루 3큰술, 다진마늘 1/2큰술, 다진생강 1/2작은술, 매실청 1큰술

이렇게 만드세요

1 시금치는 손질 후 깨끗이 씻어 뿌리 쪽에 칼집을 넣어 2~3포기로 나눈다.
2 양파는 곱게 채썰고 쪽파는 5cm 길이로 자른다.
3 겉절이 양념 중 분량의 찹쌀풀을 끓여 식힌 뒤 고춧가루를 섞어 불린다.
4 ③에 나머지 겉절이양념을 분량대로 넣고 고루 섞는다.
5 쪽파, 양파를 고루 섞어 넣고 양념을 넣고 버무린다.
6 마지막에 시금치를 넣고 살살 버무린 후 통깨를 듬뿍 뿌린다.

시금치를 너무
세게 버무리면
풋내가 나므로
양파와 쪽파를
먼저 섞은 후
젓가락으로 살살
버무려 준다.

main 누룽지귤탕수
side 계피차

누룽지귤탕수와 계피차

바삭하게 튀긴 누룽지에 새콤한 귤소스를 부은 누룽지귤탕수에, 꿀을 넣어 달콤한 계피차를 곁들이면 온 가족이 즐길 수 있는 색다른 간식이 된다.

누룽지귤탕수

재료 누룽지(2×2cm 정도로 자른 것) 한 줌, 식용유 조금

귤소스 귤 1개, 물 1/2컵, 설탕 2큰술, 식초 3큰술, 녹말가루 1큰술, 소금 조금

이렇게 만드세요

1 누룽지는 170℃로 달군 기름에 노릇하게 튀긴다.

2 귤은 껍질을 깐 뒤 큼직하게 잘라 냄비에 담고 나머지 재료를 넣어 자글자글 끓여 걸쭉하게 소스를 만든다.

3 접시에 누룽지 튀김을 담은 후 소스를 붓는다.

귤을 너무 잘게 잘라 넣으면 끓이는 동안 풀어져서 지저분해지므로 큼직하게 잘라 넣는다.

계피차

재료 통계피 50g, 물 5컵, 꿀 조금

이렇게 만드세요

1 통계피는 잘 씻어 큼직하게 부순다.

2 계피에 물 5컵을 부어 뭉근한 불에서 20분 정도 끓여 체에 거른다.

3 기호에 따라 꿀을 타서 마신다.

계피를 끓이기 전에 흐르는 물에 재빨리 씻어 큼직하게 부수어 끓여야 빨리 우러나고 깔끔한 맛을 낼 수 있다.

치즈떡꼬치와 레몬허브에이드

main 치즈떡꼬치
side 허브레몬에이드

매콤쫀득한 맛이 일품인 떡꼬치가 치즈를 만나면 영양궁합까지 환상! 상큼한 허브레몬에이드를 곁들여 뒷맛까지 개운하게 마무리하자.

치즈떡꼬치

재료 떡볶이떡 20개, 모차렐라치즈 3큰술, 꼬치 4개, 식용유 적당량
소스 고추장 3큰술, 다진마늘 1/2큰술, 물엿 4큰술, 후춧가루 1/4작은술, 간장 1작은술, 설탕 1큰술, 물 2큰술

이렇게 만드세요

1 떡볶이떡은 5개씩 떼어서 팬에 기름을 넉넉히 두른 다음 노릇하게 튀긴다.

2 냄비에 고추장과 물을 섞은 다음 마늘, 후춧가루, 간장, 설탕을 넣고 끓인다. 끓기 시작하면 물엿을 넣어서 한 번 더 끓인 다음 불을 끈다.

3 ②의 소스를 식혀서 떡볶이떡에 바른 다음 위에 치즈를 얹고 210℃로 예열한 오븐에 넣어 치즈가 녹을 정도로만 굽는다.

물엿을 넣기 전에 모든 재료를 넣고 한 번 끓여야 소스가 겉돌지 않고 잘 어우러진다. 마지막에 물엿을 넣고 끓일 때는 너무 오래 끓이면 떡떡해지니 주의.

허브레몬에이드

재료 레몬 2개, 설탕 2컵, 레몬청·탄산수 1/2컵씩, 민트 5줄기, 뜨거운 물 1컵

이렇게 만드세요

1 레몬은 얇게 저민 다음 설탕을 넣고 1주일 정도 두어 레몬청을 만든다.

2 민트는 씻어서 물기를 제거한 후 뜨거운 물을 부어 우려낸 뒤 식힌다.

3 민트 우린 물에 탄산수와 레몬청을 넣고 잘 섞는다.

탄산수를 섞은 뒤엔 완전히 식히는 것이 중요하다.

	아침	점심	저녁
월	김치토핑순두부 시리얼&우유	멸치장국쌀국수 무생채 달래무침	다시마잡채덮밥 브로콜리새우살볶음 섬초흑임자소스무침 우엉채무침
화	두부볶음다시마쌈 버섯미소된장국 시금치달걀말이 콩나물무침, 세발나물	김치참치볶음밥 시금치양파겉절이 버섯장조림	기장밥 달래된장국 조가구이 굴깍두기, 다시마쌈
수	신김치쌈밥 북어국 달걀찜	조개카레우동 미나리나물	현미밥 바지락순두부찌개 미나리마른새우무침 어묵조림 김구이
목	현미참치볶음밥 달걀국 무생채	두부구이샌드위치 과일샐러드	보리밥 고사리닭개장 홍합무나물 생미역레몬소스무침
금	찹쌀땅콩죽 물파래장아찌	홍합칼국수 봄동사과겉절이	율무밥 유자소스삼치조림 감자된장찌개 무나물 깍두기
토	시리얼프렌치토스트 사과차	북어콩나물국밥 달걀부침 무짠지	현미밥 제육묵은지조림 꼬막미나리무침 다시마어묵조림
일	쇠고기카레볶음밥 양배추볶음 오이피클	김치말이국수 동치미무침 해물파전	쌀밥, 홍합미역국 당근고구마조림 봄동된장나물 고등어자반구이

2월 February

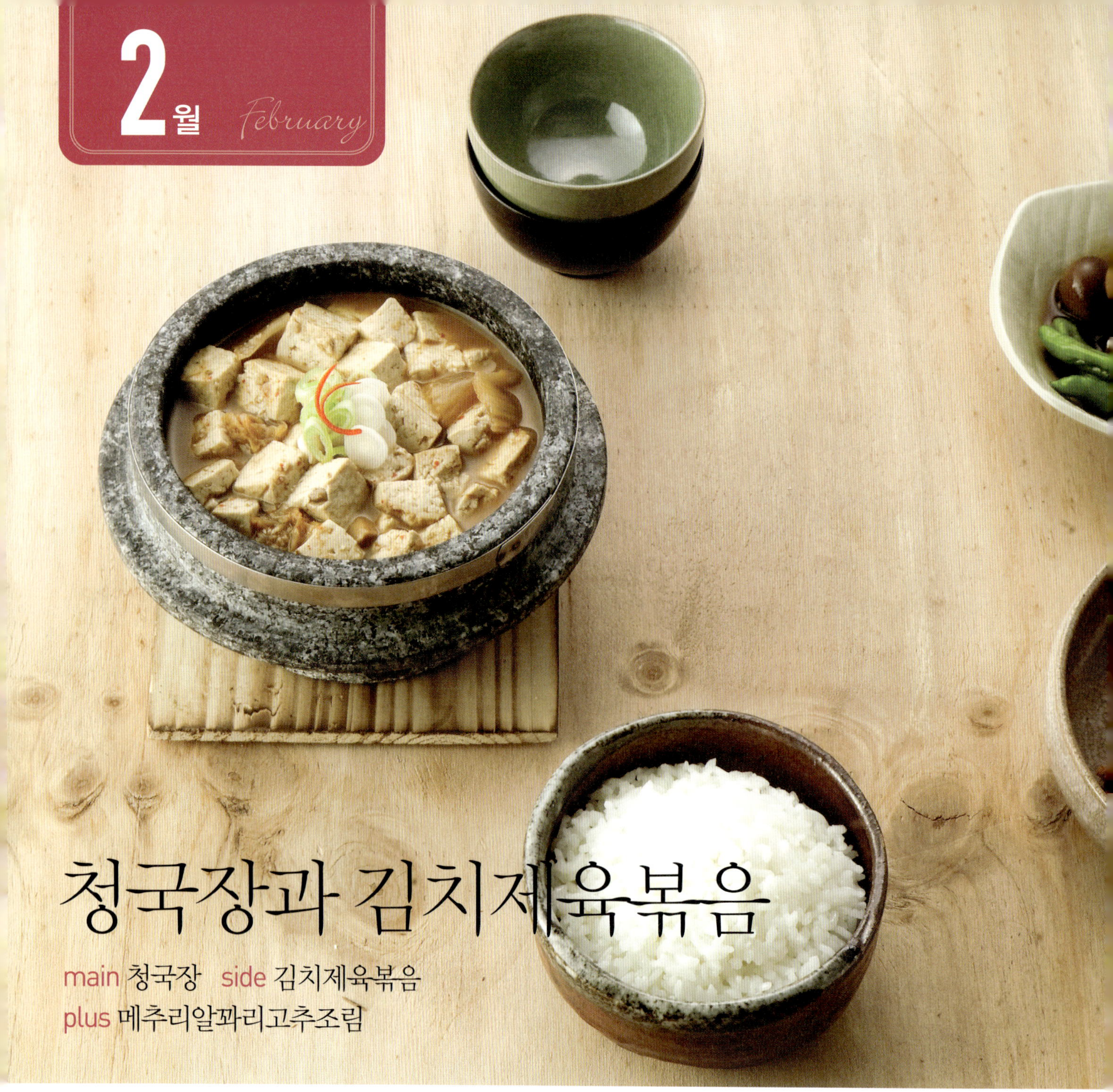

청국장과 김치제육볶음

main 청국장 side 김치제육볶음
plus 메추리알꽈리고추조림

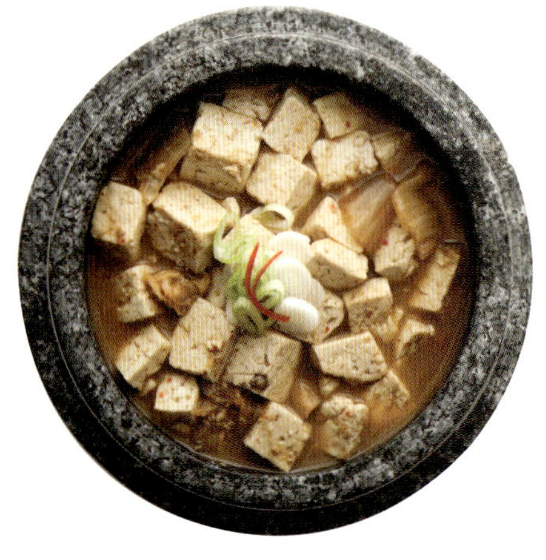

청국장

재료 청국장 6큰술, 배추김치(줄기) 100g, 두부 1/4모, 청양고추 1개, 홍고추 1/2개, 대파 1/2뿌리, 다진마늘 1/2큰술, 다진파 1큰술, 식용유 1큰술, 멸치다시마육수 2컵, 소금 · 후춧가루 조금씩

이렇게 만드세요

1 김치는 소를 대충 털어낸 다음 5cm 길이로 썬다. 고추와 대파는 어슷썰고 두부는 1cm 두께로 썬다.

2 달군 냄비에 식용유를 두르고 다진 마늘과 파를 볶다가 김치를 넣고 나른하게 볶는다.

3 김치가 익으면 멸치다시마육수를 붓고 먼저 청국장 2큰술을 풀어 끓인다.

4 끓어오르면 대파와 고추를 넣고 소금, 후춧가루로 간을 맞춘다.

5 남은 청국장과 두부를 넣고 우르르 끓인 후 불을 끈다.

구수한 청국장에는 어릴 적 추억이 배어 있다. 새콤하게 익은 신김치와
돼지고기를 넣어 만든 김치제육볶음, 고추 향이 밴 짭조름한 메추리알조림을
곁들여 밥 한 그릇 뚝딱. 냄새만으로도 입맛 당기는 추억의 밥상을 차려 보자.

김치제육볶음

재료 배추김치 1/8쪽, 돼지고기(목살) 300g, 양파 1/2개,
대파 1뿌리, 식용유·참기름 1큰술씩, 통깨 조금
양념 고춧가루·설탕 2큰술씩, 간장·다진마늘·참기름 1큰술씩,
다진생강 1작은술, 후춧가루 조금

이렇게 만드세요

1 배추김치는 줄기 쪽으로 준비해 소를 대충 털어낸 후 4cm로 썬다.
2 돼지고기 목살은 불고기감으로 준비해 한입 크기로 썬 후 김치와 섞
어 양념에 고루 버무려 둔다.
3 양파와 대파는 굵게 채썬다.
4 달군 팬에 참기름과 식용유를 두른 후 고기와 김치를 섞어 볶는다.
5 김치와 고기가 익으면 양파와 대파를 넣고 볶은 후 통깨를 뿌린다.

김치에 간이 되어
있으므로 양념의
간은 약하게 해야
짜지 않다.

메추리알꽈리고추조림

재료 메추리알 40개, 꽈리고추 30개, 통깨 조금
조림장 다시마물 2컵, 간장 3큰술, 설탕·청주 1큰술씩, 조청 1/2큰술

이렇게 만드세요

1 메추리알은 찬물을 담은 냄비에 넣고 삶아 익으면 찬물에 담갔다가
껍질을 깐다.
2 꽈리고추는 잘 씻어 꼭지를 따 놓는다.
3 분량의 조림장 재료를 자글자글 끓인 후 메추리알을 넣는다.
4 조림장이 반 정도 졸면 꽈리고추를 넣고 양념을 끼얹어가며 조린다.
5 메추리알에 간장 색이 곱게 들면 불을 끄고 한김 식힌 후 용기에 담
아 보관한다.

장조림한
메추리알과
고추를 간장에
계속 담가두면
짜지므로
조림장과
건더기를 따로
보관해두고 먹을
때마다 장물을
부어내도 좋다.

청국장을 두 차례에 걸쳐 나누어 넣으면
청국장 특유의 맛과 향이 진해지고 영양성분도
살릴 수 있다.

두부김치전골과
봄동겉절이

main 두부김치전골
side 봄동겉절이
plus 밥, 콩비지전, 오징어젓갈무침

두부김치전골

재료 신김치 1/6쪽, 두부 1모, 돼지고기(불고기감) 300g, 콩나물 반 줌, 애느타리버섯 50g, 양파 1/4개, 대파 1/2뿌리, 풋고추 1개, 홍고추 1/2개, 불린당면 100g, 다시마(사방 5cm) 1장, 물 4컵, 소금·후춧가루 조금씩
고기양념 고추장 2큰술, 간장·고춧가루·다진마늘 1큰술씩, 생강즙 1작은술, 참기름·후춧가루·설탕 조금씩

이렇게 만드세요

1 고기는 한입 크기로 썰어 양념에 무치고 김치는 5cm 길이로 자른다.
2 다시마와 콩나물을 끓여 육수는 따로 받아 소금과 후춧가루로 간한다.
3 버섯은 가닥을 나누고 고추와 대파는 어슷 썰고 양파는 채썬다. 두부는 1.5cm 두께로 잘라 소금, 후춧가루로 간하여 노릇하게 굽는다.
4 전골냄비에 당면을 깔고 준비한 재료들을 돌려 담아 육수를 부어 끓인다.

김장김치가 새콤하게 익는 이맘때, 김치를 활용하면 다양한 요리로 밥상을 채울 수 있다. 신김치를 송송 썰어 넣은 전골과 아삭하고 싱싱한 봄동겉절이, 고소한 콩비지전까지 곁들이면 영양 가득한 별미밥상이 완성된다.

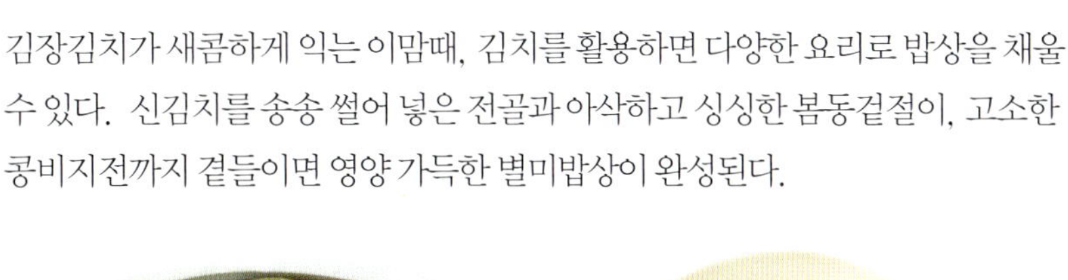

봄동겉절이

재료 봄동 400g, 밤 3톨, 풋고추 1개, 홍고추 1/2개, 통깨 조금
겉절이양념 물 4큰술, 멸치액젓 3큰술, 깨소금·고춧가루 2큰술씩, 참기름·설탕·다진마늘 1큰술씩

이렇게 만드세요
1 봄동은 한입 크기로 어슷하게 썬다.
2 밤은 껍질을 벗겨 저며 썰고 고추는 3cm 길이로 곱게 채썬다.
3 봄동, 밤, 고추에 겉절이양념을 고루 버무린 다음 통깨를 뿌린다.

봄동은 너무 크지 않고 노란 속잎이 많은 것을 골라야 생으로 먹어도 고소하고 맛이 좋다.

콩비지전

재료 흰콩 1/2컵, 불린표고버섯 3장, 신김치 2~3줄기, 당근 1/4개, 양파 1/4개, 풋고추·홍고추 1개씩, 밀가루 3큰술, 소금 1작은술, 후춧가루·밀가루 조금씩, 식용유 적당량
표고버섯양념 간장·다진마늘 1/2작은술씩, 참기름 1작은술, 설탕 조금
초간장 간장·물·식초 1큰술씩, 설탕 1작은술

이렇게 만드세요
1 흰콩은 하룻밤 불려 믹서에 갈고, 표고버섯은 다져서 밑간한다.
2 신김치는 잘 씻어 물기를 짠 후 다지고 당근, 양파, 풋고추·홍고추도 다진다.
3 ①, ②에 밀가루, 소금, 후춧가루를 넣고 반죽한다.
4 반죽을 한입 크기로 떠서 노릇하게 지져 초간장을 곁들인다.

콩을 갈 때는 콩과 동량의 물을 부어 뻑뻑하게 갈아야 반죽이 묽어지지 않는다.

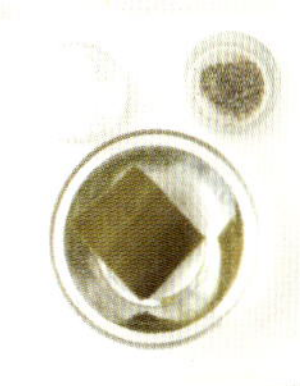

전골은 끓여가며 먹는 요리이므로 육수의 간을 세게 하면 짜진다. 각 재료의 맛이 어우러지면서 끓었을 때 간이 맞도록 육수는 약간 슴슴하게 간을 해야 맛있게 먹을 수 있다.

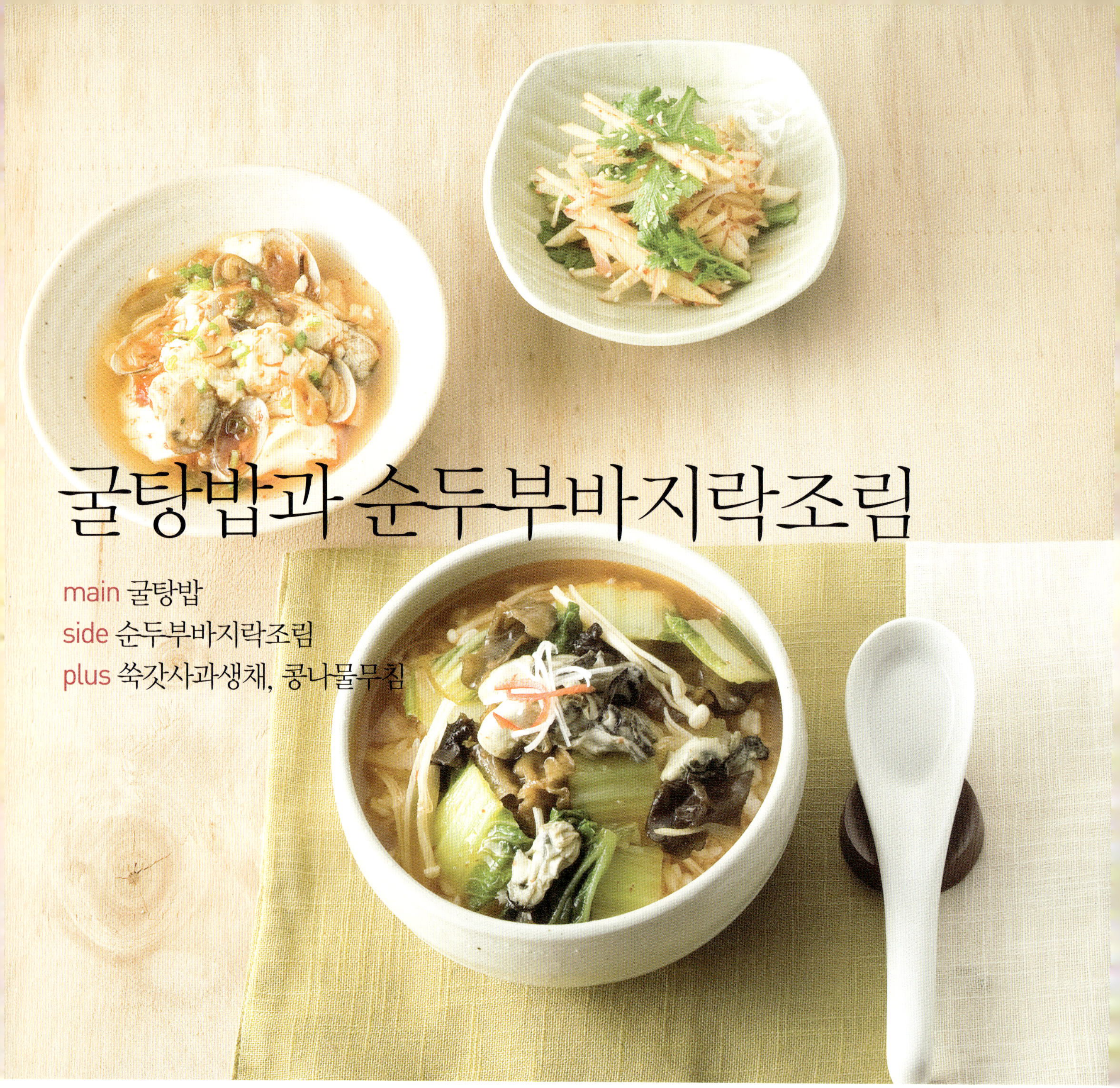

굴탕밥과 순두부바지락조림

main 굴탕밥
side 순두부바지락조림
plus 쑥갓사과생채, 콩나물무침

굴탕밥

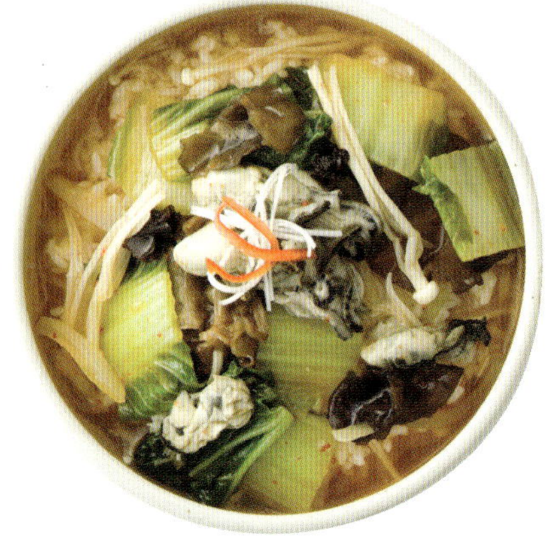

재료 굴 300g, 얼갈이배추(중간크기) 1포기, 양파 1/2개, 팽이버섯 1봉지, 불린목이버섯 1개, 대파 1/2뿌리, 고추기름 조금, 밥 4그릇, 소금 조금

국물 다시마물 5컵, 다진마늘 1큰술, 고춧가루·물녹말 2큰술씩, 국간장 2작은술

이렇게 만드세요

1 양파는 채썰고 팽이버섯과 얼갈이배추는 2~3등분한다. 목이버섯은 한 입 크기로 뜯고 대파는 채썬다.

2 달군 냄비에 고추기름을 두르고 다진마늘을 넣고 소금물에 깨끗이 씻은 굴과 양파, 배추를 볶다가 다시마육수를 넣고 끓인다.

3 목이버섯을 넣고 고춧가루와 국간장으로 색을 내고 녹말물을 끼얹어 한 소끔 끓인 후 팽이버섯과 파채를 넣고 밥 위에 넉넉히 끼얹는다.

겨울철 통통하게 살이 오른 굴은 식탁 위의 보약이다. 녹말물을 부어 부드럽게
끓인 굴탕을 밥 위에 끼얹어 먹는 굴탕밥에 감칠맛나는 순두부바지락조림,
달콤씁쌀한 쑥갓사과생채를 곁들이면 잃었던 입맛이 되살아난다.

순두부바지락조림

재료 순두부 1봉지, 바지락 1컵, 쪽파 3뿌리, 마른고추 1개,
마늘 2쪽, 고추기름 1큰술, 통깨 조금

양념 간장·청주·물녹말(녹말가루 1과1/2큰술, 물 2큰술) 2큰술씩,
고춧가루 1큰술, 후춧가루 조금

이렇게 만드세요

1 바지락은 해감을 뺀 뒤 깨끗이 씻어 소쿠리에 건진다.

2 순두부는 큼직하게 떠내어 가는 망에 올려 물기를 뺀다.

3 쪽파와 마른고추는 송송썰고 마늘은 얇게 슬라이스한다.

4 깊은 팬에 기름을 살짝 두른 후 마른고추와 마늘을 볶아 향을 낸다.

5 ④에 바지락과 순두부를 넣고 뚜껑을 덮어 익힌다.

6 바지락이 입을 벌리면 양념을 넣고 자박하게 조린 후 고추기름을 살
짝 두르고 쪽파와 통깨를 뿌린다.

마지막에 고추기름을 둘러내면 칼칼한 맛을 더할 수 있다.

쑥갓사과생채

재료 쑥갓 100g, 사과(작은 것) 1개, 양파 1/2개, 통깨 조금

생채양념 간장 2큰술, 고춧가루·설탕·깨소금·참기름 1큰술씩,
다진마늘 1작은술

이렇게 만드세요

1 쑥갓은 여린 잎만 골라 찬물에 담갔다 건진다.

2 사과와 양파는 채썰고 분량의 재료를 고루 섞어 생채 양념을 만든다.

3 준비한 사과와 채소에 양념을 살살 버무려 통깨를 뿌린다.

쑥갓은 너무 세게 버무리면 풋내가 나므로 양념을 묻히는 정도로만 살살 버무린다.

굴탕밥을 만들 때 고추기름을 둘러 굴을 볶으면
굴의 비린맛이 없어지고 국물 맛이 칼칼하다.

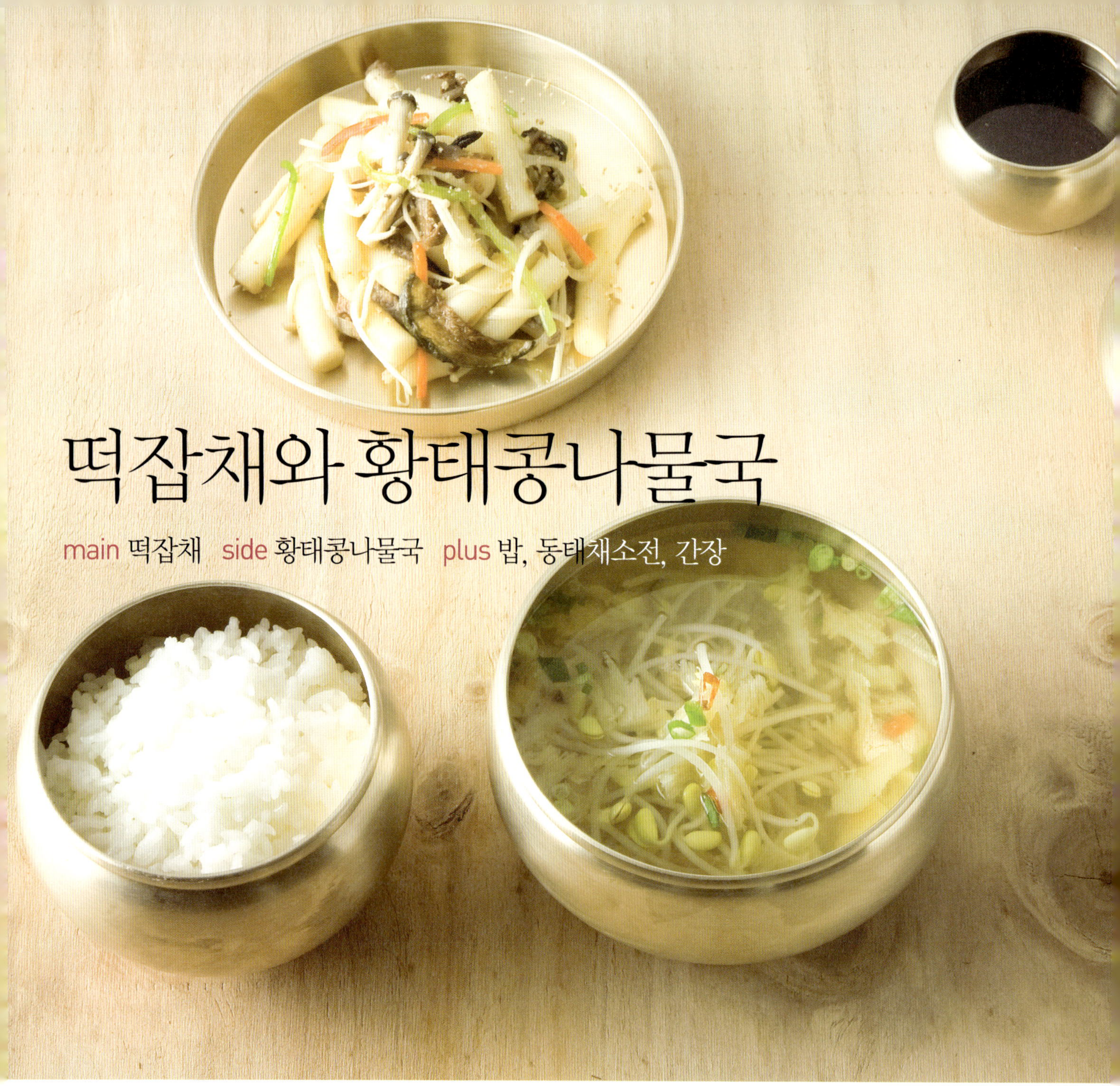

떡잡채와 황태콩나물국

main 떡잡채 side 황태콩나물국 plus 밥, 동태채소전, 간장

떡잡채

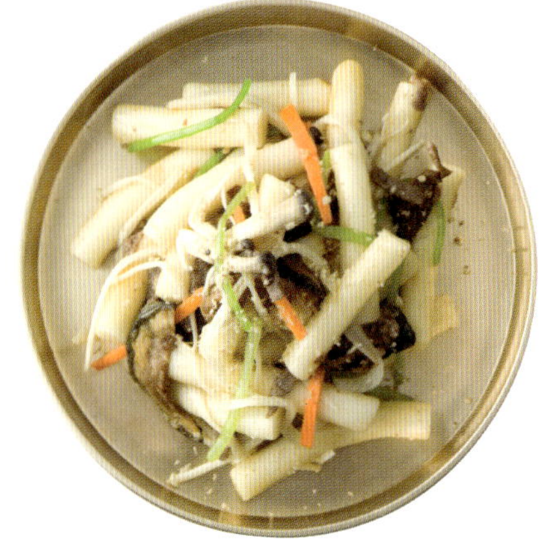

재료 가래떡 400g, 쇠고기(우둔살)·애느타리버섯 100g씩, 불린표고버섯 4장, 팽이버섯 1봉지, 당근 1/4개, 양파 1/2개, 불린애호박고지 10개, 미나리 6줄기, 잣가루·식용유·소금·후춧가루 조금씩

떡밑간 간장 1작은술, 참기름 1/2큰술, 깨소금 조금

쇠고기·표고버섯밑간 간장·다진파 2큰술씩, 설탕·다진마늘 1큰술씩, 참기름 2작은술, 후춧가루·깨소금 조금씩

이렇게 만드세요

1 가래떡은 5cm로 잘라 4~6등분해 데쳐 밑간하고 쇠고기, 표고버섯은 채썰어 밑간한다. 다른 채소도 채썰어 소금, 후춧가루로 간해 볶아 식힌다.

2 쇠고기와 표고버섯, 떡을 차례로 볶아낸 후 볶아 둔 다른 채소와 함께 버무려 소금, 후춧가루로 간을 맞춘다.

명절날 아침에 떡국을 먹었다면 저녁밥상에는 남은 가래떡으로 쫄깃쫄깃 씹는
맛이 일품인 떡잡채를 만들어 내자. 시원한 황태국을 곁들이고, 동태전까지
더하면 한정식집 밥상이 부럽지 않다.

황태콩나물국

재료 황태채 50g, 콩나물 200g, 쪽파 3~4뿌리, 물 5~6컵,
다시마(5×5cm) 1장, 송송썬 마른고추 1개 분량,
소금·후춧가루 조금씩
황태밑간 국간장·참기름 1큰술씩, 다진마늘 1작은술, 후춧가루 조금

이렇게 만드세요

1 황태는 흐르는 물에 재빨리 씻어 먹기 좋게 자른 후 분량의 양념으
로 밑간하고 콩나물은 꼬리만 다듬고 쪽파는 송송썬다.

2 냄비를 달군 후 밑간한 황태를 넣고 달달 볶다가 분량의 물, 다시마,
마른고추를 넣고 끓인다.

3 국물이 끓어오르면 다시마는 건져 내고 콩나물을 넣는다.

4 콩나물이 부드럽게 익으면 쪽파를 넣고 소금, 후춧가루로 간한다.

끓는 물에
콩나물을 넣으면
뚜껑을 덮지
않아도 비린내가
나지 않는다.

동태채소전

재료 포 뜬 동태살 300g, 다진양파·당근·다진풋고추 2큰술씩,
다진홍고추 2큰술, 밀가루 5큰술, 달걀 2개, 식용유 적당량
동태밑간 소금·흰후춧가루·생강즙 조금씩

이렇게 만드세요

1 동태살은 해동 후 키친타월에 올려 수분을 제거하고 밑간을 해놓는다.

2 달걀을 푼 다음 밀가루와 다진 채소를 고루 섞어 달걀옷을 만든다.

3 동태에 밀가루를 살짝 입힌 다음 달걀옷을 입혀 기름 두른 달군 팬
에 노릇하게 지진다.

동태살은 충분히
해동한 후 밑간을
해야 부쳤을 때
찢어지거나
부서지지 않는다

가래떡은 미리 부드럽게 데쳐야 버무릴 때 굳지
않는다. 떡을 볶을 때 물을 약간 넣으면 빨리
굳지 않아 쫄깃하고 말랑한 상태가 오래간다.

시금치불고기와 애호박두반장볶음

main 시금치불고기 side 애호박두반장볶음 plus 현미밥, 밤양파생채, 김

시금치불고기

재료 시금치 200g, 쇠고기(불고기감) 400g, 양파 1/2개, 당근 1/4개, 대파 1뿌리, 다시마물 1컵, 통깨 조금

쇠고기양념 간장 4큰술, 설탕 2큰술, 다진마늘·청주·참기름 1큰술씩, 생강즙·깨소금 1작은술씩, 후춧가루 조금

이렇게 만드세요

1 쇠고기는 핏물을 빼고 한입 크기로 자른다.

2 시금치는 잘 씻은 후 뿌리 쪽에 칼집을 넣어 2~3포기로 나눈다.

3 양파, 당근, 대파는 5cm 길이로 굵게 채썬다.

4 쇠고기에 양념을 넣어 조물조물 무친 후 양파채와 당근채를 섞는다.

5 다시마물을 붓고 한소끔 끓인 후 고기와 양파, 당근 섞은 것을 넣고 볶는다.

6 시금치와 대파채를 넣고 마저 익힌 후 접시에 담고 통깨를 뿌린다.

단맛이 나는 겨울 시금치는 소화를 도와주고 식이섬유가 풍부해 고기와 함께
요리하면 좋다. 시금치를 넣고 육수를 부어 자작하게 만든 불고기에 매콤한
애호박두반장볶음, 상큼하고 아삭한 밤양파생채를 곁들이면 따로 국이나
찌개를 내지 않아도 푸짐하다.

애호박두반장볶음

재료 애호박 1/2개, 양파·홍고추 1/4개씩, 통깨 조금

볶음양념 식용유·두반장 1큰술씩, 다진파 2작은술,
다진마늘 1작은술, 설탕·참기름 조금씩

이렇게 만드세요

1 애호박은 5cm 길이로 잘라 씨 부분을 긁어낸 후 2cm 너비의 직사
각 모양으로 자른다.

2 양파와 홍고추는 5cm 길이로 굵게 채썬다.

3 달군 팬에 식용유를 두르고 다진파와 마늘을 볶아 향을 낸다.

4 애호박과 양파를 넣고 센불에서 볶은 후 두반장과 설탕을 조금씩 넣
어 간이 배도록 볶는다.

5 홍고추를 넣고 재빨리 볶은 뒤 참기름을 두르고 통깨를 뿌린다.

두반장의
자극적인
매운맛은 설탕을
조금 넣으면
감칠맛 있는
매운맛으로
변한다.

밤양파생채

재료 밤 300g, 양파 1/2개, 통깨 조금

생채양념 식초 3큰술, 고춧가루·설탕·다진파·깨소금 1큰술씩,
다진마늘 1/2큰술, 소금 1작은술, 참기름 조금

이렇게 만드세요

1 밤은 껍질을 벗긴 후 찬물에 잠깐 담갔다가 모양을 살려 5mm 두께
로 썬다.

2 양파는 밤과 비슷한 크기로 네모지게 썰어 찬물에 담갔다 건진다.

3 볼에 분량의 생채양념을 고루 섞어 놓은 후 밤을 먼저 무치고 양파
를 넣고 살살 버무린 다음 통깨를 뿌린다.

밤은 양념이 배는
속도가 느리기
때문에 먼저
양념에 무쳐
적당히 간이
배었을 때 양파를
넣는 것이 좋다.

시금치는 마지막에 넣고 숨이 살짝 죽을
정도로만 익히는 것이 좋다. 시금치와 대파가
익으면 단맛이 나오므로 기호에 따라 설탕 양을
조절한다.

버섯들깨떡국과
취쇠고기나물

main 버섯들깨떡국　**side** 취쇠고기나물
plus 우엉감자볶음

구수한 들깨가루 국물에 칼로리 낮고 항암성분도 많이 들어 있는 버섯을 듬뿍 넣고 조랭이떡을 넣어
색다른 떡국을 끓여 내보자. 향이 좋은 취나물과 우엉감자볶음을 곁들이면 건강한 명절 밥상이 완성된다.

버섯들깨떡국

재료 조랭이떡 200g, 표고버섯 5개, 느타리버섯 100g, 팽이버섯 1봉지, 양파 1/4개, 대파 1뿌리, 들깨가루 1컵, 다진마늘 1큰술, 국간장 1큰술, 소금·후춧가루 조금씩

다시마육수 다시마(사방 5cm) 2장, 무 100g, 물 8컵

이렇게 만드세요

1 조랭이떡은 끓는물에 살짝 데쳐 준비한다.

2 표고버섯은 갓만 채썰고 느타리버섯은 찢어놓고 팽이는 밑동을 자르고 가닥을 나눈다. 양파는 채썰고 대파는 송송썬다.

3 분량의 다시마육수 재료를 끓인 후 들깨가루를 넣어 고루 섞는다.

4 팽이를 제외한 버섯과 다진마늘을 볶은 후 다시마육수를 부어 끓인다.

5 국물이 끓으면 팽이버섯과 양파를 넣고 한소끔 끓인 후 조랭이떡을 넣는다.

6 떡이 다 익으면 소금, 후춧가루로 간을 맞춘 후 송송썬 파를 넣는다.

취쇠고기나물

재료 취나물 200g, 쇠고기(우둔살) 100g, 홍고추 1개, 다시마육수 3큰술, 참기름 1큰술, 깨소금 1/2큰술, 소금·식용유 조금씩

쇠고기양념 간장·다진파 1/2큰술씩, 설탕·다진마늘·참기름 1작은술씩, 깨소금 1작은술, 후춧가루 조금

취나물양념 간장·다진파 1큰술씩, 다진마늘 1/2큰술, 설탕 1/2작은술, 소금·후춧가루 조금씩

이렇게 만드세요

1 취나물은 끓는 소금물에 데쳐 물기를 꼭 짠다.

2 쇠고기는 4cm 길이로 채썰어 양념하고 홍고추도 같은 길이로 썰어 함께 볶아 식힌다.

3 데친 취나물은 양념한 후 달군 팬에 다시마육수를 둘러가며 볶아 식힌다.

4 볶은 쇠고기와 취나물을 고루 섞어 참기름과 깨소금을 넣고 버무린다.

우엉감자볶음

재료 우엉 250g, 감자 1개, 포도씨오일 2큰술, 참기름 1작은술, 다진마늘 1큰술, 식초·통깨 조금씩

볶음양념 간장 3큰술, 설탕·청주 1큰술씩, 조청 1작은술

이렇게 만드세요

1 우엉은 연필 깎듯이 썰어 식촛물에 담갔다 건지고 감자는 우엉처럼 썬 후 찬물에 담가 녹말기를 빼고 건진다.

2 기름 두른 팬에 다진마늘을 볶다가 우엉과 감자를 볶는다.

3 우엉과 감자가 투명해지면 볶음양념을 넣고 볶은 후 통깨를 뿌린다.

조랭이떡은 찬물에 오랫동안 담가 불리지 않고 끓는물에 살짝 데쳐 넣어도 부드럽게 익는다.

부추제육덮밥과
무짜리고추조림

main 부추제육덮밥
side 무짜리고추조림
plus 상추양파겉절이

영양이 풍부하고 값도 저렴한 돼지고기는 겨울철 단백질 공급원으로 좋은 재료. 부추와 함께 먹으면 맛도 좋고 돼지고기에 부족한 비타민과 무기질을 보충할 수 있어 영양 면에서도 궁합이 잘 맞는다. 매콤달콤한 무조림과 상큼한 상추 겉절이를 곁들이면 소화도 잘된다.

부추제육덮밥

재료 부추 100g, 돼지고기 목살(불고기감) 300g, 양파·홍고추 1/2개씩, 당근 1/4개, 통깨 조금, 밥 4공기, 물녹말 2큰술(녹말가루 1과1/2큰술 + 물 2큰술)

돼지고기밑간 청주 1큰술, 생강즙 1작은술, 소금·후춧가루 조금씩
덮밥양념 다시마물 1과1/2컵, 고추장 4큰술, 고춧가루 2큰술, 간장·설탕·조청·다진파·깨소금·참기름 1큰술씩, 다진마늘 1/2큰술, 후춧가루 조금

이렇게 만드세요

1 부추는 잘 씻어 5cm 길이로 자른다.
2 돼지고기는 한입 크기로 썰어 분량의 양념으로 밑간한다.
3 양파와 당근은 5cm 길이로 채썰고 홍고추는 3cm 길이로 곱게 채썬다.
4 팬에 고기를 넣고 볶다가 분량의 덮밥양념을 만들어 자글자글 끓인다.
5 끓어오르면 양파와 당근, 홍고추를 넣고 익힌 후 녹말물로 농도를 맞춘다.
6 마지막에 부추를 넣고 숨이 죽으면 불을 끄고 밥 위에 올려 통깨를 뿌린다.

무꽈리고추조림

재료 무 250g, 꽈리고추 30개, 통깨 조금

조림장 다시마물 2컵, 간장 3큰술, 설탕·참기름 1큰술씩, 조청 1작은술, 다진마늘 1작은술, 후춧가루 조금

이렇게 만드세요

1 무는 1cm 두께로 은행잎 모양으로 잘라 다듬는다.
2 꽈리고추는 깨끗이 씻은 후 꼭지를 딴다.
3 냄비에 무를 깔고 꽈리고추를 올린 후 분량의 재료를 섞어 만든 조림장을 붓는다.
4 센불로 끓인 후 끓어오르면 중약불로 줄이고 국물을 끼얹어가며 조린다.
5 무와 꽈리고추가 부드럽게 조려지면 통깨를 뿌린다.

꽈리고추는 먼저 잘 씻은 후 꼭지를 따야 한다. 꼭지를 먼저 따고 씻으면 꼭지 속으로 물이 들어가 매운맛이 없어지고 조직도 푸석푸석하다.

상추양파겉절이

재료 상추 100g, 적상추 50g, 양파 1/2개, 통깨 조금

겉절이양념장 고춧가루·멸치액젓·설탕·깨소금 1큰술씩, 간장 1작은술, 식초·참기름 2큰술씩, 다진마늘 1/2큰술

이렇게 만드세요

1 상추와 적상추는 잘 씻어 한입 크기로 뜯어 찬물에 담갔다 건진다.
2 양파는 곱게 채썰어 찬물에 담갔다 건진다.
3 분량의 재료를 고루 섞어 양념장을 만든다.
4 상추와 양파를 고루 섞어 볼에 담고 양념장을 넣고 살살 버무려 통깨를 뿌린다.

상추겉절이를 할 때는 상추 특유의 맛과 향이 좋은 푸른 상추와 아삭하고 쓴맛이 살짝 도는 적상추를 섞으면 맛이 훨씬 좋다.

돼지고기는 자칫 하면 누린내가 나기 쉽다. 양념을 하기 전에 밑간을 한 다음 조리하면 간이 더욱 잘 배고 누린내도 막을 수 있다.

달걀간장비빔밥과 신김치볶음

main 달걀간장비빔밥 side 신김치볶음
plus 콩자반, 간장

달걀간장비빔밥

재료 밥 4공기, 달걀 4개, 마가린·깨소금 4큰술씩, 간장 6큰술

이렇게 만드세요

1 밥은 갓 지어 대접에 담는다.
2 마가린 1큰술을 밥에 올리고 달걀을 깨뜨린 후 쓱쓱 비빈다.
3 간장으로 간을 맞추고 깨소금을 듬뿍 뿌린다.

마가린 대신 버터나 참기름을 사용해도 고소하다.

입맛 없을 때 어릴 적 추억을 떠올리며 따뜻한 밥에 달걀 하나 깨어 넣고
마가린과 간장으로 쓱쓱 비벼 먹는 건 어떨까. 날달걀이 들어가기 때문에
깨소금을 듬뿍 넣어야 비린맛을 잡을 수 있다.

신김치볶음

재료 신김치1/8쪽, 대파1뿌리, 통깨조금, 식용유3큰술, 설탕1큰술

이렇게 만드세요

1 김치는 소를 대충 털어내고 4cm 정도 길이로 자른다.

2 대파는 어슷하게 썬다.

3 팬에 식용유를 두르고 김치와 설탕을 넣고 달달 볶는다.

4 김치가 나른해지기 시작하면 대파를 넣고 김치가 무르게 익을 때
까지 볶은 후 통깨를 뿌린다.

콩자반

재료 검은콩 1컵, 통깨 조금, 물 1컵

조림장 물 3컵, 간장 3큰술, 조청 2큰술, 설탕·청주 1큰술,
참기름 1큰술

이렇게 만드세요

1 검은콩은 깨끗이 씻어 반나절 정도 불린다.

2 냄비에 참기름과 조청을 뺀 조림장 재료와 검은콩을 넣고 끓인다.

3 끓어오르면 찬물 1/2컵을 부어 끓이다가 다시 끓으면 찬물 1/2컵
을 더 붓고 끓인다.

4 끓어오르면 약한불로 줄이고 거품을 걷어내며 충분히 조린다.

5 조림장이 1/3정도 졸면 조청을 넣고 윤기 나게 조린 후 마지막에
참기름과 통깨를 넣고 고루 섞는다.

조림장이
끓어올랐을 때
찬물을 부어
온도를
떨어트리면 콩이
속까지 고루 잘
익는다.

신김치를 요리할 때 설탕을 조금 넣으면 신맛이
감소되고 감칠맛이 풍부해진다.

흑임자고구마밥과
버섯된장찌개

main 흑임자고구마밥
side 버섯된장찌개
plus 오이송송이, 멸치볶음

흑임자고구마밥

재료 쌀 2컵, 고구마 2개, 흑임자 1큰술, 물 2와1/2컵

이렇게 만드세요

1 쌀은 씻어서 30분쯤 불린다.

2 고구마는 솔로 문질러 씻은 후 사방 1cm 크기 주사위 모양으로 썬다.

3 솥에 불린쌀과 고구마, 흑임자를 고루 섞어 안치고 밥물을 부어 밥을 짓는다.

고구마를 네모나게 썰어 넣고 밥을 지으면 밥에 윤기가 나고 단맛도 더해져
아이들도 잘 먹는다. 퍽퍽한 고구마 때문에 목이 멜 수 있으니 자박하게 끓인
된장과 슴슴하게 간한 오이송송이를 곁들인다.

버섯된장찌개

재료 새송이버섯 2개, 표고버섯 2개, 두부 1/2모, 애호박 1/4개,
대파 1/2뿌리, 풋고추 1개, 홍고추 1/2개
찌개국물 다시마물 3컵, 된장 2큰술, 다진마늘 1큰술,
생강즙·후춧가루 조금씩

이렇게 만드세요
1 새송이버섯, 표고버섯, 두부, 애호박은 사방 2cm로 깍둑썬다.
2 대파, 풋고추·홍고추는 어슷썬다.
3 분량의 재료를 고루 섞어 풀어 찌개국물을 만들어 둔다.
4 뚝배기나 냄비에 버섯, 두부, 호박을 담고 찌개국물을 부어 자박
하게 끓인다.
5 대파와 풋고추·홍고추를 올린 후 한소끔 끓인다.

모든 재료를
균일한 크기로
잘라 넣어야
재료가 고르게
익고 밥을
비비거나
떠먹기에도 편
하다.

오이송송이

재료 백오이 3개, 부추 30g, 쪽파 5~6뿌리
양념 고춧가루 4큰술, 새우젓 1/2큰술, 다진마늘 1큰술,
다진생강 1/3작은술, 설탕·소금 조금씩

이렇게 만드세요
1 오이는 길게 4등분해 사방 2cm 크기로 깍둑썰어 준비한다.
2 부추와 쪽파는 잘 다듬어 씻어 1.5cm 길이로 자른다.
3 볼에 오이와 부추, 쪽파를 담고 먼저 고춧가루를 넣어 물을 들인
후 나머지 양념을 넣고 살살 버무린다.

양념을 버무릴 때
너무 많이
주무르거나
치대면 오이가
멍이 들어
물러지고
부추에서 풋내가
나므로 살살
버무리는 것이
좋다.

고구마가 설익으면 까맣게 색이 변해 보기에도
좋지 않고 맛도 덜하다. 고구마는 밥을 지을 때
처음부터 넣어 충분히 익히는 것이 좋다.

참나물된장오차즈케와
유자양배추무침

main 참나물된장오차즈케
side 유자양배추무침

녹차나 엽차 우린 물에 밥을 말아내는 일식 오차즈케는 향이 좋은 나물이나 후리카케, 닭고기 등을 올려 먹으면 깔끔하고 담백해 아침식사로 좋다. 유자청에 무친 양배추를 곁들이면 입맛을 돋운다.

참나물된장오차즈케

재료 현미밥 4그릇, 참나물 100g, 당근 1/6개, 깨소금 2큰술, 녹차 우린 물 4컵(녹차잎 1작은술, 물 5컵), 된장 1큰술, 소금 조금

참나물밑간 된장·참기름 1작은술씩

이렇게 만드세요

1 물을 팔팔 끓여 70℃ 정도로 식힌 뒤 녹차잎을 넣고 우려낸 후 된장을 슴슴하게 풀어 체에 거른다.

2 참나물은 질긴 부분을 잘라내고 끓는 물에 소금을 조금 넣고 데쳐 찬물에 헹군다.

3 참나물은 물기를 꼭 짜고 송송 썰어 분량의 밑간양념으로 조물조물 무친다.

4 당근은 곱게 다져 끓는 물에 살짝 데친다.

5 그릇에 밥을 넣고 취나물과 당근, 깨소금을 올린 후 따뜻하게 데운 녹차를 붓는다.

유자양배추무침

재료 양배추 6장, 유자청 껍질·통깨 조금씩

유자소스 물·유자청·식초 2큰술씩, 설탕·소금 1작은술씩

이렇게 만드세요

1 양배추와 유자껍질은 5~6cm 길이로 곱게 채썰어 고루 섞어 둔다.

2 분량의 재료를 고루 섞어 유자소스를 만든다.

3 볼에 채썬 양배추와 유자를 담고 유자소스를 부어 무친다.

녹차는 너무 뜨거운 물에 우리면 카테킨 성분이 많이 나와 쓴맛이 나므로 한김 식힌 물로 우려내는 것이 좋다. 된장 간이 세면 차 향이 묻히므로 간을 슴슴하게 하는 것이 포인트.

유자껍질이 없다면 깻잎을 넣어 향긋함을 더한다. 유자소스에 설탕을 약간 넣으면 쓴맛이 부드럽게 중화된다.

쇠고기콩나물된장국밥과 달걀버섯전

main 쇠고기콩나물된장국밥
side 달걀버섯전

전날 국을 넉넉히 끓여 두었다가 불린 쌀이나 찬밥을 넣고 부드럽게 익히면 훌훌 잘 넘어 가는 국밥이 완성된다. 달걀전에 버섯을 송송 썰어 넣으면 영양은 물론 깊은 맛이 더해진다.

쇠고기콩나물된장국밥

재료 밥 4공기, 쇠고기(우둔살)·콩나물 200g씩, 팽이버섯 1봉지, 대파 1/2뿌리
쇠고기밑간 소금 1/2작은술, 다진마늘·참기름 1작은술씩, 후춧가루 조금
국물 다시마육수 6컵, 된장·다진파 2큰술씩, 다진마늘 1큰술, 소금·후춧가루 조금씩

이렇게 만드세요

1 쇠고기는 한입 크기로 썰어 밑간한다.
2 콩나물은 꼬리 끝만 살짝 다듬고 팽이는 밑동을 잘라 가닥을 나누고 대파는 송송 썬다.
3 달군 냄비에 쇠고기를 넣어 달달 볶다가 다시마육수를 붓고 된장을 풀어 끓인다.
4 국물이 끓어오르면 콩나물을 넣고 한소끔 더 끓이다가 다진파와 마늘을 넣고 마지막에 대파와 팽이버섯을 넣고 소금과 후춧가루로 간을 맞춘 후 밥 위에 올린다.

콩나물 줄기와 뿌리에는 아스파라긴산이 많으므로 되도록 잘라내지 말고 조리해야 영양 손실이 적다. 요리가 지저분해 보이지 않도록 꼬리 끝만 살짝 잘라 낸다.

달걀버섯전

재료 달걀 3개, 새송이버섯 1개, 팽이버섯 1/2봉지, 표고버섯 2개, 애느타리버섯 50g, 양파·청피망·홍피망 1/4개씩, 밀가루 4큰술, 소금 1작은술, 후춧가루 조금
초간장 간장·물·식초 1큰술씩, 설탕 1작은술

이렇게 만드세요

1 달걀은 곱게 풀어 체에 거르고 버섯, 양파, 피망은 모두 다지듯이 잘게 썬다.
2 풀어놓은 달걀에 다진 채소와 소금, 밀가루를 넣고 고루 저어 반죽을 만든다.
3 기름 두른 팬에 반죽을 한입 크기로 떠 넣고 노릇하게 지져 초간장을 곁들인다.

물을 넣지 않고 달걀만으로 반죽하는 것이므로 달걀을 잘 풀어 체에 내려야 반죽이 매끈하게 만들어진다.

짜장밥과 오이생채

짜장밥

재료 감자·양파 1개씩, 애호박 1/2개, 돼지고기(목살) 100g,
춘장 5큰술, 식용유 3큰술, 간장·청주 1큰술씩, 물녹말 2큰술,
물 1 2컵, 설탕·후춧가루 조금씩, 밥 적당량

이렇게 만드세요

1 감자는 껍질 벗겨 한입 크기로 깍둑썰고 애호박은 감자 크기로 썬다.

2 양파와 돼지고기도 감자 크기로 두툼하게 썬다.

3 달군 팬에 식용유 2큰술을 넣고 분량의 춘장을 볶는다.

4 깊은 팬에 식용유 1큰술을 두르고 고기와 양파를 볶아 익힌다.

5 감자와 애호박을 넣고 볶은 후 볶은 춘장·간장·설탕·청주를 넣고
고루 섞어 볶는다.

6 분량의 물을 부어 끓인 후 물녹말로 농도를 맞춰 밥 위에 끼얹는다.

춘장을 미리
기름에 볶은 다음
볶은 채소와
섞어야 달콤한
맛과 감칠맛이
더해진다.

호박, 감자, 돼지고기를 듬뿍 썰어 넣고 만든 짜장소스를 따뜻한 밥 위에
부어내면 별미 중의 별미 짜장밥이 탄생한다. 여기에 아삭아삭 씹히는 맛이
상큼한 오이와 단무지 반찬을 곁들이면 느끼할 수 있는 짜장밥의 뒷맛을
깔끔하게 잡아준다.

main 짜장밥
side 오이생채
plus 단무지무침, 어묵볶음

오이생채

재료 오이 1개, 소금·통깨 조금씩
생채양념 다진마늘·참기름 1작은술씩, 설탕 2작은술,
소금 1/2작은술, 식초 1큰술

이렇게 만드세요

1 오이는 잘 씻어 반으로 갈라 도톰하게 어슷 썬다.
2 소금을 조금 뿌려 10분 정도 절인 뒤 잘 씻어 물기를 꼭 짠다.
3 분량의 양념을 설탕, 소금, 식초 순으로 넣고 버무린다.

단무지무침

재료 통단무지·양파 1/4개씩, 대파 1/5뿌리, 통깨 조금,
고춧가루 2큰술, 참기름 1큰술

이렇게 만드세요

1 통단무지는 도톰한 반달 모양으로 썰고 양파와 대파는 굵직하게
다진다.
2 단무지를 흐르는 물에 씻은 후 면보에 싸서 꼭 짠다.
3 꼭 짠 단무지에 양파, 고춧가루, 참기름을 넣고 고루 버무린 후 통
깨를 뿌린다.

단무지를 꼭 짠 뒤
무치면 물기도 안
생기고 훨씬
꼬들꼬들하다.

새콤한 생채소 무침을 할 때는 설탕, 소금, 식초
순으로 양념을 해야 맛이 잘 어우러진다. 소금을
먼저 넣고 버무리면 채소 조직이 단단해지므로
설탕이나 식초를 넣어도 맛이 제대로 나지 않고
짠맛만 느껴진다.

김치비빔국수와 두부구이

main 김치비빔국수   side 두부구이
plus 콩나물장조림, 달걀국

김치비빔국수

재료 소면 300g, 배추김치 1/8쪽, 깨소금 2큰술, 식초 2작은술,
참기름 조금
김치양념 설탕 1큰술, 참기름 2작은술, 식초 1/2작은술
이렇게 만드세요
1 김치는 소를 대충 털어내고 송송썰어 분량의 김치양념으로 밑간한다.
2 소면은 넉넉한 물에 삶아 재빨리 건져 찬물에 비벼가며 헹구어 소쿠
리에 건져 물기를 뺀다.
3 넓은 볼에 소면을 담고 김치를 넣은 후 깨소금, 참기름, 식초로 마무
리해 비벼 먹는다.

김치가 너무 시어
군내가 날
경우에는 식초를
약간 떨어뜨려
주면 냄새도 덜
나고 상큼한 맛이
든다.

새콤달콤하게 양념한 김치를 넣어 만든 비빔국수는 어릴 적 자주 먹었던 메뉴.
담백하고 고소한 두부구이를 곁들이면 부족한 단백질을 보충할 수 있다.
콩나물로 만든 장조림은 꼬들하게 씹히는 맛이 좋다.

두부구이

재료 두부 1모, 통깨 조금
양념간장 간장 2큰술, 고춧가루·다진파·참기름 1큰술씩,
다진마늘·깨소금 1/2큰술씩

이렇게 만드세요

1 두부 1모를 반으로 가른 후 도톰하게 잘라 소금, 후춧가루로 밑간
한 다음 키친타월이나 면보로 눌러 수분을 없앤다.
2 팬에 기름을 두르고 노릇하게 두부를 지진 후 양념간장을 끼얹는
다.

콩나물장조림

재료 콩나물 300g, 국간장·진간장 1/2큰술씩, 물 2/3컵,
조청 3큰술, 통깨 조금

이렇게 만드세요

1 콩나물은 잘 씻어 냄비에 담고 물, 국간장을 넣고 은근한 불에 조
린다.
2 콩나물이 실처럼 조려지면 조청을 넣고 한 번 더 윤기나게 조린다.
3 한김 식힌 후 밀폐용기에 담고 냉장 보관한 후 덜어 먹는다.

콩나물 장조림은
콩나물을 수분 없이
실처럼 조린
것이므로 냉장
보관하면 오래 두고
먹을 수 있다.

두부의 수분을 제거하지 않고 부치면 잘
부서지고 기름이 튀고 타기 쉽다. 부칠 때
녹말가루나 밀가루를 살살 뿌려 구워도 좋다.

감자수제비와 두부채소전

main 감자수제비　　side 두부채소전

쫄깃하고 말랑한 수제비에 속까지 뜨끈해지는 국물까지, 감자 수제비는 날씨가 추울수록 더 맛있게 느껴지는 음식이다. 수제비가 익는 동안 자투리채소와 으깬 두부로 두부전을 부쳐내면 후다닥 한 끼 식사가 해결된다.

감자수제비

재료 밀가루 1과1/2컵, 감자(중간 크기) 1개, 애호박·당근 1/4개씩, 대파 1/2뿌리, 풋고추·홍고추 1/2개씩, 다진마늘 1/2큰술, 국간장 1큰술, 소금·후춧가루 조금씩
멸치육수 국물용 멸치 10마리, 다시마(사방 5cm) 1장, 물 6컵

이렇게 만드세요

1 감자는 껍질 벗겨 강판에 갈아서 밀가루와 섞어 소금을 조금 넣고 말랑하게 반죽한다.
2 마른 팬에 멸치를 달달 볶다가 다시마 1쪽과 분량의 물을 부어 끓인다.
3 애호박과 당근은 반달 모양으로 썰고 대파, 풋고추·홍고추는 어슷썬다.
4 ②의 육수를 끓이다가 수제비를 떠 넣는다.
5 수제비가 떠오르기 시작하면 준비한 채소와 다진 마늘을 넣고 한소끔 더 끓인 후 국간장과 소금, 후춧가루로 간을 하고 불을 끈다.

물을 섞지 않고 감자로만 반죽해 밀가루 반죽 보다 더욱 쫄깃하면서도 말랑거린다. 너무 되직하면 물을 약간만 섞는다.

두부채소전

재료 두부 1/2모, 다진양파·당근·청피망·홍피망 2큰술씩, 밀가루 2큰술, 달걀 1개, 소금 1작은술, 후춧가루·식용유 조금씩

이렇게 만드세요

1 두부는 칼등으로 곱게 으깬 뒤 면보에 짜서 수분을 제거한다.
2 으깬 두부와 다진채소, 밀가루, 소금, 후춧가루를 넣고 완자 모양으로 빚는다.
3 ②에 달걀옷을 입혀 기름 두른 팬에 노릇하게 지진다.

두부의 수분을 제거하지 않으면 전을 부칠 때 모양이 잡히지 않고 부서지기 쉽다.

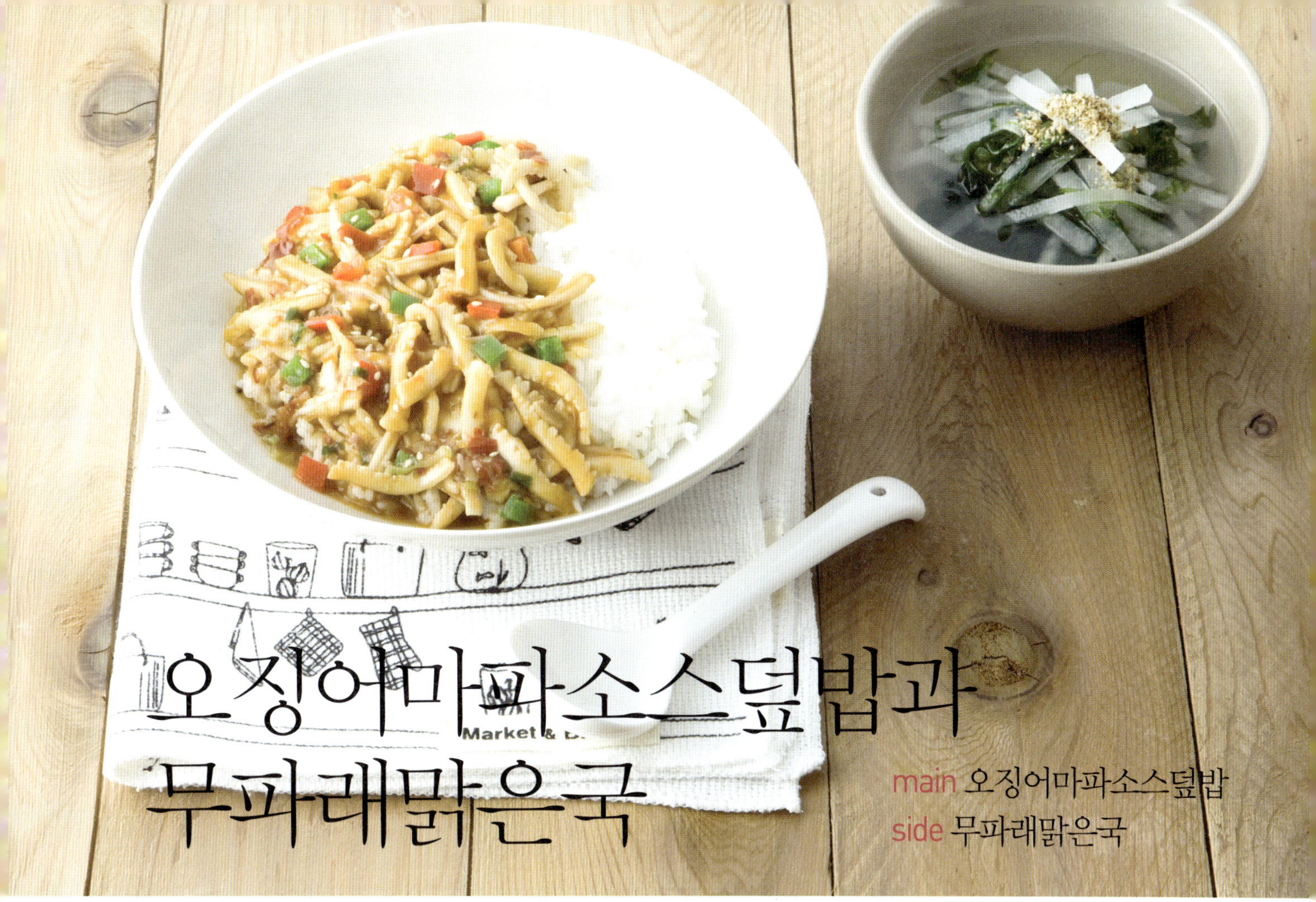

오징어마파소스덮밥과 무파래맑은국

main 오징어마파소스덮밥
side 무파래맑은국

오징어는 손질해 냉동실에 넣어 두면 마땅한 반찬이 없을 때 유용하다. 오징어를 넣은 매콤한 마파소스 덮밥에 바다내음 물씬 풍기는 무파래국을 곁들이면 제철 영양을 그대로 섭취할 수 있다

오징어마파소스덮밥

재료 오징어(중간 크기) 1/2마리, 청피망 1/2개, 홍피망 1/4개, 대파 1/4뿌리, 마른고추 1개, 다진마늘 2작은술, 다진생강 1/2작은술, 식용유 2큰술, 녹말물 1큰술, 고추기름 1작은술, 따뜻한 밥 2공기

마파양념장 다시마육수 3/4컵, 두반장 1큰술, 굴소스·청주 1작은술씩, 설탕·소금·후춧가루 조금씩

이렇게 만드세요

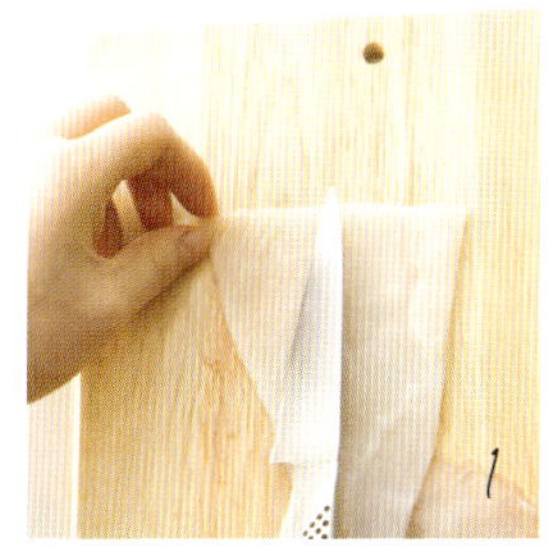

1 오징어는 5cm 길이로 채썰고, 피망은 잘라 데치고 대파와 마른고추는 잘게 다진다.
2 달군 팬에 식용유를 두르고 대파, 마늘, 생강, 마른고추를 볶아 향을 낸다.
3 그 팬에 오징어를 넣고 볶아 익힌 후 마파양념장을 부어 자글자글 끓인다.
4 피망을 넣고 한소끔 끓인 후 물녹말로 농도를 맞추고 고추기름을 둘러 밥 위에 올린다.

오징어는 단백질 구조가 직각 형태라 질겨서 씹기가 힘들고 자칫 하면 소화도 잘 안 된다. 손질할 때 잔칼집을 내 결합구조를 끊어 주면 한결 부드럽고 소화도 잘된다.

무파래맑은국

재료 파래 70g, 무 150g, 참기름 조금, 깨소금 1큰술, 물 5컵, 다시마(사방 5cm) 1장, 국간장·다진마늘 1큰술씩, 소금·후춧가루 조금씩

이렇게 만드세요

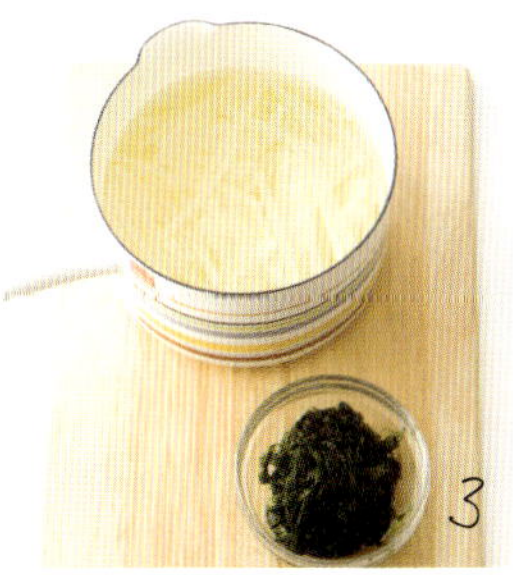

1 파래는 소쿠리에 담아 바락바락 주물러 3~4차례 씻은 후 헹구어 물기를 뺀다.
2 무는 채썰어 참기름을 두르고 볶다가 물과 다시마를 넣고 끓여 다시마는 건져 낸다.
3 국간장과 파래를 넣고 끓이다가 다진마늘, 소금, 후춧가루를 넣은 후 깨소금을 뿌린다.

파래는 너무 오래 끓이면 향이 사라지고 빛깔이 까매진다. 무가 익은 뒤 파래를 넣어 한소끔만 끓여 낸다.

두부소보로주먹밥과
청경채볶음

main 두부소보로주먹밥
side 청경채볶음
plus 오징어야채전

두부의 물기를 꼭 짠 후 보슬보슬 볶아내면 고소한 맛이 일품인 두부소보로 완성! 주먹밥 속을 꽉 채운 다음
섬유질과 비타민이 풍부한 청경채볶음을 곁들이면 맛도 영양도 만점인 도시락이 된다.

두부소보로주먹밥

재료 두부 1/6모, 신김치 1/2줄기, 밥 1공기, 구운 김 1/4장, 참기름·설탕 조금씩
두부양념 간장·깨소금·참기름 1작은술씩

이렇게 만드세요

1 두부는 면보에 싸서 물기를 짜고 분량의 양념을 하여 마른 팬에 고슬고슬하게 볶는다.
2 신김치는 양념을 털어내 곱게 다진 후 물기를 꼭 짜서 참기름과 설탕에 살살 버무린다.
3 밥을 반 공기 정도 손에 쥐고 동그랗게 만든 후 구멍을 파서 김치와 두부소보로를 넣
고 오므려 세모지게 만든다.
4 김으로 띠를 두른 뒤 도시락에 담는다.

두부를 수분 없이
고슬고슬하게
볶아야 밥이 쉽게
상하지 않는다.

청경채볶음

재료 청경채 2포기, 양파 1/4개, 당근 1/6개, 통깨 조금, 식용유 1큰술, 굴소스 1/2큰술,
후춧가루 조금

이렇게 만드세요

1 청경채는 잘 씻어 밑동에 칼집을 넣고 길게 3~4쪽으로 가른다.
2 양파와 당근은 5cm 길이로 채썬다.
3 달군 팬에 기름을 두르고 양파를 볶아 향을 낸다.
4 양파 향이 퍼지면 청경채와 당근을 넣고 센불에서 볶은 뒤 굴소스와 후춧가루를 넣고
간을 맞추고 통깨를 뿌린다.

청경채를 아삭하게
볶으려면 잎을
하나씩 떼지 말고
길게 포기를 나누어
볶는 것이 좋다.
이렇게 하면 단맛이
덜 빠져 맛도 좋다.

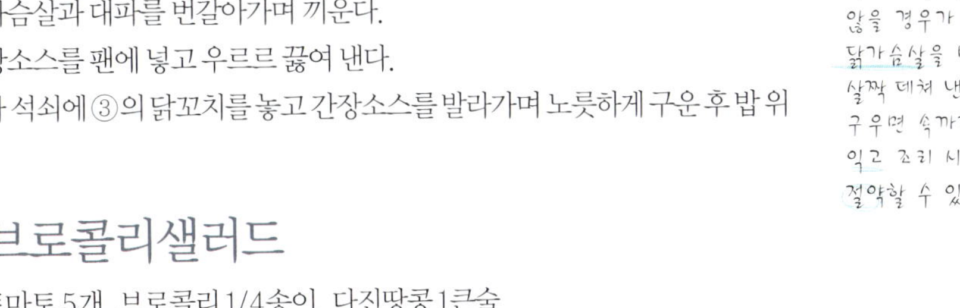

닭가슴살꼬치구이밥과
토마토브로콜리샐러드

담백한 닭가슴살에 달콤짭조름한 간장소스를 덧발라 굽고 상큼한 브로콜리토마토샐러드를 함께 먹으면 퍽퍽한 닭가슴살을 훨씬 맛있게 즐길 수 있다.

닭가슴살꼬치구이밥

재료 닭가슴살 1쪽, 대파 1/4뿌리, 밥 1그릇

간장소스 간장·물 2큰술씩, 청주 1큰술, 설탕 2작은술, 조청 1작은술, 후춧가루 조금

이렇게 만드세요

1 닭가슴살은 2×3cm 크기로 네모지게 잘라 소금을 조금 넣은 끓는물에 살짝 데친다.

2 대파는 3cm 정도 길이로 자른다.

3 꼬치에 닭가슴살과 대파를 번갈아가며 끼운다.

4 분량의 간장소스를 팬에 넣고 우르르 끓여 낸다.

5 달군 팬이나 석쇠에 ③의 닭꼬치를 놓고 간장소스를 발라가며 노릇하게 구운 후 밥 위에 올린다.

도톰한 닭가슴살에 양념을 발라가며 구우면 양념만 타고 속까지 잘 익지 않을 경우가 많다. 닭가슴살을 미리 살짝 데쳐 낸 후 구우면 속까지 잘 익고 조리 시간도 절약할 수 있다.

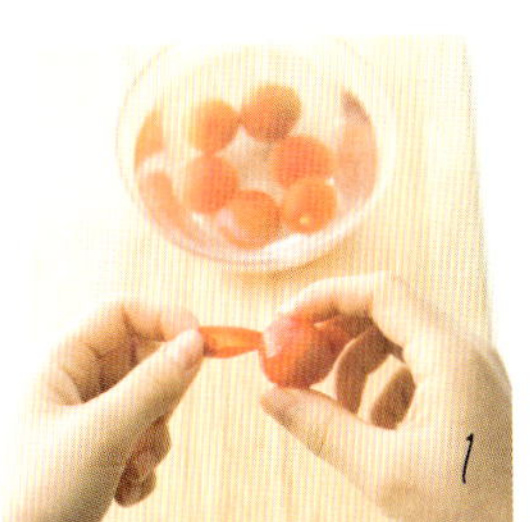

토마토브로콜리샐러드

재료 방울토마토 5개, 브로콜리 1/4송이, 다진땅콩 1큰술

샐러드소스 022. 레몬즙·식초 1큰술씩, 꿀 1작은술, 소금 1/4작은술

이렇게 만드세요

1 방울토마토는 끓는물에 살짝 데쳐 껍질을 벗기고 반으로 가른다.

2 브로콜리는 방울토마토 크기로 송이를 나누어 끓는 물에 살짝 데친다.

3 브로콜리와 방울토마토를 고루 섞어 그릇에 담고 다진땅콩을 뿌린다. 먹기 직전 샐러드소스를 뿌린다.

토마토의 겉껍질은 소화가 잘 안 되고 영양소가 거의 없다. 껍질을 벗긴 뒤 조리하면 소화도 잘되고 간도 더욱 잘 밴다

현미누룽지와 핫초코

main 현미누룽지   side 핫초코

남은 현미밥에 여러 가지 재료들을 잘게 잘라 섞어 놓은 후리카케를 넣고 잘 버무린 다음 프라이팬에 펴 노릇하게
구우면 색다른 현미누룽지가 된다. 여기에 진한 핫초코 한 잔을 곁들이면 추운 겨울 영양 간식으로 그만이다.

현미누룽지

재료 현미밥 1그릇, 후리카케 2큰술

이렇게 만드세요

1 현미밥에 후리카케를 잘 섞는다.

2 마른 팬에 ①의 밥을 찬물을 발라가며 동글납작하게 편다.

3 중약불로 노릇하게 구워 누룽지를 만들어 접시에 담는다

밥을 얇게 펴기
위해서는 숟가락이나
국자에 찬물을
발라가며 밥을 눌러
편다.

핫초코

재료 다크초콜릿커버추어(사방 5cm) 1개, 우유 1컵

이렇게 만드세요

1 초콜릿을 잘게 잘라 중탕으로 녹인다.

2 우유를 미지근하게 데운 뒤 녹인 초콜릿을 부어 따뜻하게 데운다.

우유에 초콜릿을
넣고 바로 데우면
우유에 막이 생기고
타 버린다.
번거롭지만
초콜릿을 녹인 뒤
우유에 넣어야 잘
섞인다.

고구마치즈전과 굴계피조림

main 고구마치즈전 side 굴계피조림

고구마와 치즈는 맛과 영양 모두 궁합이 딱이다. 여기에 향긋한 굴계피조림을 곁들이면 감기 예방에도 효과적이다.

고구마치즈전

재료 호박고구마 2개, 밀가루 5큰술, 파마산치즈 간 것 6큰술, 식용유 조금

이렇게 만드세요

1 고구마는 잘 씻어 껍질을 벗기고 강판에 곱게 간다.
2 ①에 밀가루와 파마산치즈 간 것을 넣고 고루 섞는다.
3 달군 팬에 기름을 살짝 두르고 한입 크기로 노릇하게 부친다.

치즈가 짭조름하기 때문에 별도로 간을 하지 않아도 좋다. 아이들이 좋아하는 모차렐라나 카망베르치즈를 다져 넣어도 맛있다.

굴계피조림

재료 굴 3개, 계피 1조각, 물 1컵, 유기농설탕 3큰술, 꿀(또는 조청) 1큰술

이렇게 만드세요

1 굴은 껍질을 벗기고 모양을 살려 도톰하게 슬라이스한다.
2 냄비에 물과 설탕, 계피조각을 넣고 중불로 끓인다.
3 계피 향이 우러나면 굴을 넣고 윤기 나게 조린다.
4 국물이 자박하게 졸아들면 꿀이나 조청을 두른 후 병에 담아 두고 조금씩 꺼내 먹는다.

계피 향이 우러난 물에 굴을 넣고 끓여야 물러지지 않고 맛있게 조려진다. 마지막에 꿀이나 조청을 두르면 윤기도 나고 보관하는 동안 촉촉한 상태가 유지된다.

main 쑥모둠콩버무리
side 금귤꿀차

쑥모둠콩버무리와 금귤꿀차

영양 가득한 쑥모둠콩버무리에 향긋하면서도 달콤한 맛이 일품인 금귤꿀차를 곁들이면 온가족이 오후 내내 든든하다.

쑥모둠콩버무리

재료 쌀가루(백설기용) 4컵, 불린모둠콩 2/3컵, 쑥 100g, 설탕 5큰술, 물 1/2컵

이렇게 만드세요

1 쌀가루에 물을 넣어서 잘 섞은 다음 체에 내린다.

2 불린 모둠콩은 씻어서 물기를 제거하고, 쑥도 잘 다듬은 다음 씻어서 준비한다.

3 체에 내린 쌀가루와 모둠콩, 쑥, 설탕을 잘 섞어 찜기에 젖은 면포를 깔고 김이 오르면 내용물을 넣는다.

4 20분 정도 푹 찐 뒤 불을 끈 후 5분 정도 뜸을 들인다.

쑥을 씻은 다음 물기를 완전히 제거하면 쌀가루가 쑥에 잘 붙지 않으므로 물기가 어느 정도 남아 있도록 한다.

금귤꿀차

재료 금귤 200g, 꿀 150g

이렇게 만드세요

1 금귤은 씻어서 물기를 제거한 다음 저며서 준비한다.

2 손질한 금귤은 통에 담고 꿀을 넣어서 1주일 정도 상온에 둔다.

3 먹기 직전 컵에 덜어 넣은 다음 뜨거운 물을 타서 마신다.

금귤과 꿀을 섞어서 바로 차로 마시면 향을 제대로 즐길 수 없다. 1주일 정도 상온에 보관해 향이 충분히 우러난 다음 차로 마시는 것이 좋다. 날이 더울 경우 냉장고에 보관한다.

제철 재료로 차린
일주일 밥상 플랜

	아침	점심	저녁
월	고구마밥 버섯된장찌개 오이깍두기	김치비빔국수 두부구이 콩나물장조림	두부김치전골 봄동겉절이, 콩비지전
화	달걀간장비빔밥 신김치볶음, 콩자반	감자수제비 두부채소전	청국장, 김치제육볶음 메추리알꽈리고추조림
수	참나물된장차즈케 유자양배추무침	오징어마파소스 덮밥 무파래맑은국	시금치불고기 애호박두반장볶음 밤양파생채
목	햄달걀토스트 레몬커피 토마토샐러드	짜장밥 오이생채 단무지무침	굴탕밥 순두부바지락조림 쑥갓사과생채
금	현미꼬마김밥 달걀국	팥칼국수 무말랭이무침 동치미	부추제육덮밥 상추양파겉절이 무꽈리고추조림
토	쇠고기콩나물된장 국밥, 달걀버섯전	동치미물국수 김실파무침	떡잡채, 황태콩나물국 동태채소전

3·4월 밥상

봄나물이 풍성한 반가운 봄. 봄의 전령사인 달래, 냉이, 씀바귀와 자연의 맛 한껏 머금은
바지락, 조개류가 싱그러운 봄을 알린다. 봄 향기 한가득 챙겨 담은 장바구니는 그 어느
때보다 행복한 모습이다. 꽃샘추위가 기승을 부리는가 싶으면 어느새 아지랑이 피어오
르는 노곤한 봄으로 접어들고 가족들은 춘곤증에 시달리게 되는데, 이때 건강한 엄마표
제철밥상이 그 효력을 발휘한다.

두릅솥밥과 돼지고기안심볶음

main 달래간장 곁들인 두릅솥밥　**side** 돼지고기안심볶음　**plus** 채소유자청고추장무침

달래간장 곁들인 두릅솥밥

재료 두릅 2팩, 대추 4개, 은행 8개, 불린쌀 3컵, 물 3컵
달래간장 달래 1/5묶음, 간장 6큰술, 참기름 1/2큰술, 다시마물 2큰술, 깨소금 1/2큰술

이렇게 만드세요

1 대추는 깨끗이 닦고, 은행은 끓는 물에 데친 다음 껍질을 벗긴다.

2 두릅은 순만 3cm 길이로 잘라서 준비한다.

3 솥에 쌀, 대추, 은행을 넣고 물을 부은 뒤 밥을 짓는다.

4 밥물이 없어지고 솥에 밥알이 들러붙는 소리가 나면 두릅을 넣고 10분간 뜸을 들인다.

5 달래는 1cm 길이로 썰어 분량의 재료를 섞어 달래간장을 만든 다음 곁들인다.

데친 은행은 식기 전에 바로 껍질을 깐다. 식혀서 까면 껍질이 붙어서 까기 힘들다 두릅솥밥에 달래간장이면 제철 향 그득 담은 한 그릇 요리 완성! 돼지고기안심볶음으로 단백질을 보충하고, 상큼한 채소유자초고추장무침으로 풍미를 돋우자.

돼지고기안심볶음

재료 돼지고기 안심 250g, 콜라비 1/8개, 풋고추·홍고추 1개씩, 양파 1/3개, 대파 1/4뿌리, 생강즙 1큰술, 굴소스 1과1/2큰술, 물 1컵, 다진마늘 1작은술, 후춧가루 1/4작은술, 참기름 2작은술, 식용유 1큰술

밑간양념 간장 1작은술, 다진마늘 1/2작은술, 후춧가루 1/4작은술, 참기름 1작은술

이렇게 만드세요

1 돼지고기는 사방 3cm로 썬 뒤, 분량의 밑간양념으로 1시간 동안 재운다. 콜라비는 사방 1.5cm, 0.5cm두께로 썰고 고추, 양파도 비슷한 크기로 썬다. 대파는 어슷썬다.

2 팬에 기름을 두른 다음 돼지고기 안심을 볶다가 굴소스 1큰술, 물 1컵을 넣고 국물이 거의 없어지도록 볶는다.

3 ②에 콜라비, 양파, 다진마늘, 후추, 굴소스 1/2큰술을 넣어서 볶은 다음 고추, 대파를 넣어서 섞는다. 다 익으면 참기름을 둘러 낸다.

채소유자청초고추장무침

재료 당근 1/5개, 빨강·노랑 파프리카 1/2개씩, 어린잎채소 1컵, 식초 1/2큰술

유자청초고추장 고추장·식초 3큰술씩, 유자청 2큰술, 통깨 1큰술, 올리고당 1큰술

이렇게 만드세요

1 당근, 파프리카는 5cm 길이로 채썬 뒤, 식초를 넣은 찬물에 담갔다가 물기를 제거한다. 어린잎채소는 씻어서 물기를 없앤다.

2 유자청은 체에 거르고 건더기는 곱게 다져 섞은 다음 나머지 재료도 모두 넣어 유자청초고추장을 만든 뒤, ①에 뿌린다.

두릅은 줄기 쪽에 가시가 있어 손질하기 불편하다. 칼등으로 가시를 먼저 제거한 다음 조리하는 것이 좋다.

버섯국수전골과 씀바귀주꾸미무침

main 맛송이버섯국수전골
side 씀바귀주꾸미무침
plus 딸기돌나물샐러드, 무김치, 밥

맛송이버섯국수전골

재료 맛송이버섯 1팩, 수타소면 100g, 애호박 1/4개, 홍고추 2개, 양파 1/3개, 대파 1/2뿌리, 홍합 2컵, 물 4컵, 간장 3큰술, 다진마늘 1큰술, 굵은소금 조금, 후춧가루 1/2작은술

이렇게 만드세요

1 맛송이버섯은 밑동을 제거한 다음 큰 것은 2등분한다. 애호박은 반달 모양으로 썬다.
2 고추는 어슷하게 썰고, 양파는 굵게 채썬다. 대파는 5cm 길이로 자른다.
3 홍합은 수염을 제거하고 바락바락 주물러 씻은 뒤 물기를 제거한다.
4 수타소면은 끓는 물에 삶아 찬물에 헹군 뒤 사리를 지어 준비한다.
5 전골냄비에 재료를 돌려 담고 분량의 물과 간장을 섞은 간장물을 부어 끓이다가 홍합이 입을 벌리면 마늘, 소금, 후춧가루로 간을 맞춘다.

면을 전골에 바로 넣어 삶으면 면 표면에 묻은 가루 때문에 국물이 탁하고 걸쭉해진다.

푸짐한 냄비 하나로 승부하는 국수전골. 씹히는 맛이 일품인 맛송이버섯으로 식감을 살리고, 씀바귀주꾸미무침과 딸기돌나물샐러드로 제철 느낌을 살리면 완벽!

씀바귀주꾸미 무침

재료 씀바귀 100g, 주꾸미 3마리, 고추장 3큰술, 다진마늘 1/2큰술, 고춧가루·국간장·설탕 1작은술씩, 참기름 1/2큰술, 깨소금·굵은소금 1큰술씩

이렇게 만드세요

1 씀바귀는 끓는물에 데친 후 찬물에 담가 쓴맛을 우려낸다.

2 주꾸미는 굵은소금으로 주물러 씻어 찬물에 30분간 담가 둔다.

3 씀바귀는 4cm 길이로 자르고 주꾸미도 먹기 좋게 잘라 둔다.

4 고추장, 마늘, 간장, 설탕을 잘 섞어 씀바귀를 먼저 넣고 무친 다음 주꾸미, 고춧가루, 깨소금, 참기름을 넣어 한 번 더 버무린다.

소금으로 문질르면 주꾸미의 살이 질겨지기 때문에 마지막에 찬물에 다시 담가 부드럽게 한다.

딸기돌나물샐러드

재료 돌나물 2컵, 딸기 8개, 식초 1큰술
프렌치발사믹드레싱 다진양파 4큰술, 마른청양고추 1개, 발사믹식초 1큰술, 레몬즙·식초 2큰술씩, 다진마늘 1/2큰술, 꿀 3큰술, 포도씨오일 4큰술, 후춧가루 1/2작은술, 소금 2/3작은술

이렇게 만드세요

1 돌나물은 끝의 지저분한 것들을 떼어낸 뒤 물에 흔들어서 씻고, 먹기 좋은 크기로 뜯어 둔다.

2 딸기는 식촛물(식초 1큰술, 물 1컵 비율)에 5분간 담갔다가 씻어 잔류농약을 제거한다. 물기를 없앤 다음 4등분이나 편으로 썰어서 준비한다.

3 양파는 찬물에 담갔다가 빼 물기를 제거하고, 청양고추는 잘게 다져 포도씨오일을 제외한 나머지 드레싱 재료를 잘 섞는다.

4 ③의 소스에 오일을 섞으면 드레싱 완성. 돌나물과 딸기를 접시에 담은 다음 드레싱을 뿌린다.

포도씨오일을 같이 섞으면 녹는 데 시간이 많이 걸리기 때문에 오일을 넣기 전 설탕, 소금 등을 미리 녹여 놓는다.

씀바귀는 끓는물에 데친 다음 찬물에 어느 정도 담가 두느냐에 따라 쓴맛을 조절할 수 있다. 적당히 씁쓸한 맛이 나야 풍미가 좋으므로 담가 두는 시간은 1시간을 넘기지 말 것.

봄나물강된장비빔밥과 굴파슬리튀김

main 봄나물강된장비빔밥
side 굴파슬리튀김
plus 냉이호두볶음

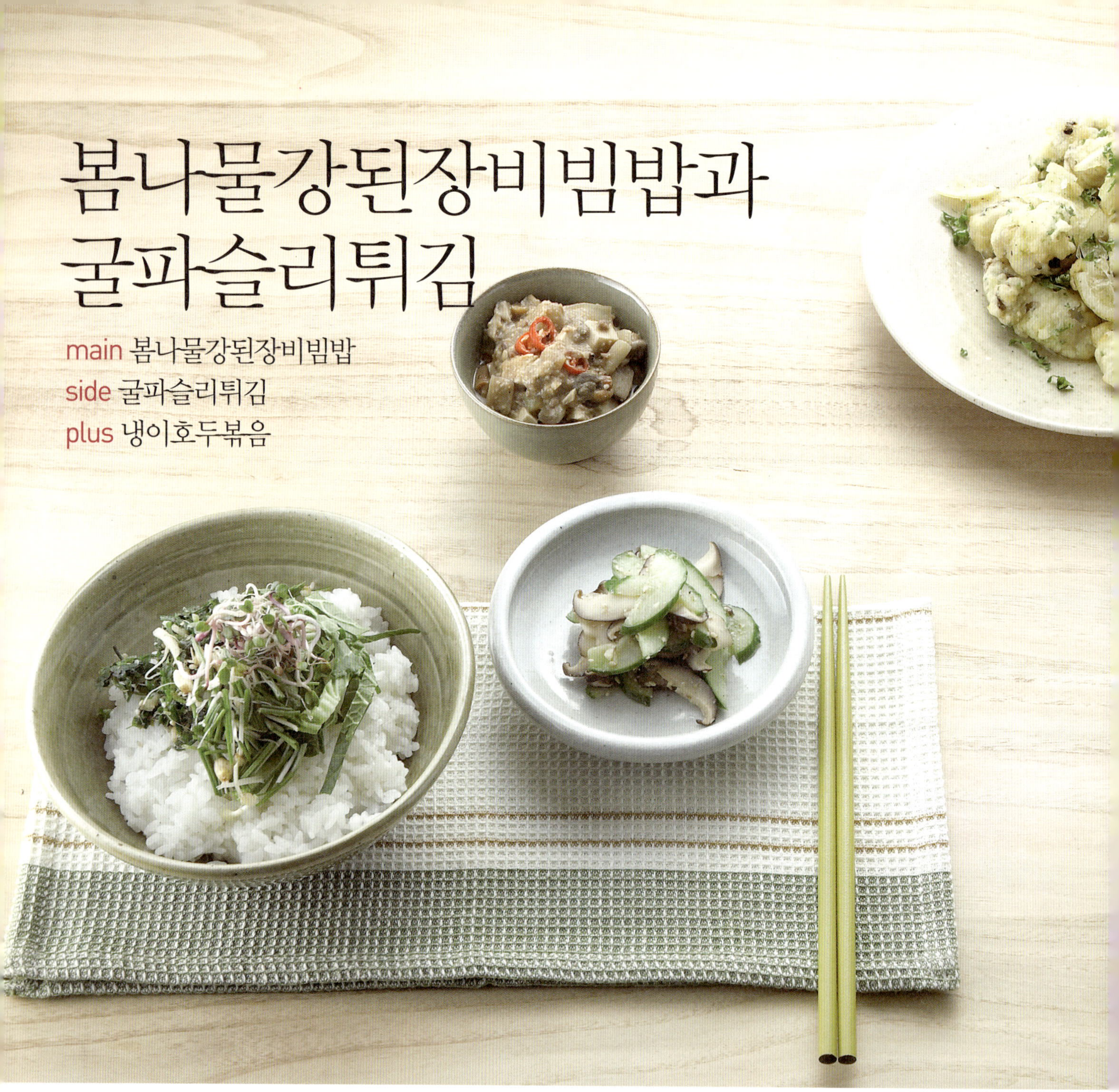

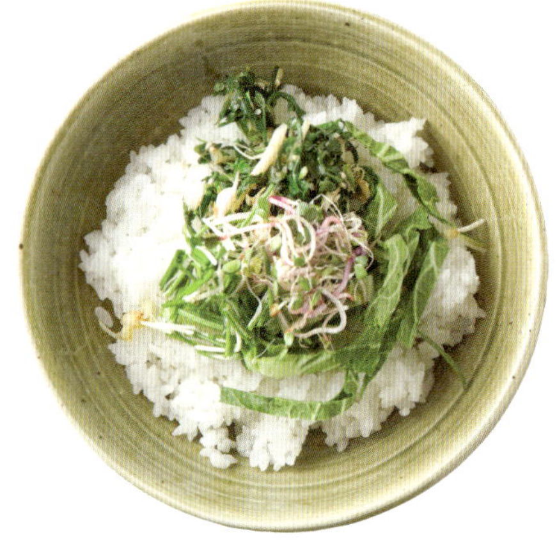

봄나물강된장비빔밥

재료 냉이 100g, 봄동 8잎, 달래 1/2묶음, 밥 4공기, 새싹채소 1/2팩, 들기름 3큰술, 소금 조금

강된장 된장 4큰술, 두부 1/4모, 청양고추 3개, 불린표고버섯 2장, 마른홍합 30g, 다진마늘 1/2큰술, 대파 1/4뿌리, 홍고추 1개, 물 2컵

이렇게 만드세요

1 냉이는 끓는물에 살짝 데친 다음 3cm로 썰어서 소금, 들기름을 조금 넣어서 무친다.

2 봄동, 달래는 씻은 뒤 먹기 좋게 썰고, 새싹채소도 씻어 물기를 빼둔다.

3 두부, 표고버섯은 사방 0.5cm로 썰고, 마른홍합은 4등분하고 고추는 송송 썰어 나머지 재료와 함께 냄비에 담고 국물이 자작해지도록 끓인다.

4 밥 위에 준비한 봄나물을 얹은 다음 들기름을 뿌리고 강된장을 곁들인다.

각종 나물부터 강된장과 굴까지…. 자연의 기운을 듬뿍 받은 제철재료로 차려낸 건강밥상. 뻔한 밑반찬 대신 담백하면서도 특유의 풍미를 가진 굴파슬리튀김과 씹는 맛이 일품인 냉이호두볶음을 곁들이면 보양식이 따로 없다.

굴파슬리튀김

재료 굴 200g, 달걀 2개, 튀김가루 1컵, 다진파슬리 3큰술,
소금 1과 1/4작은술, 식용유 적당량
레몬소스 레몬청 3큰술, 식초·올리브오일 2큰술씩,
후춧가루 1/4작은술, 소금 1/3작은술

이렇게 만드세요

1 굴은 깨끗이 씻은 뒤 물기를 제거한다.

2 분량의 달걀, 소금, 파슬리가루를 섞어 튀김옷을 만든 다음 튀김가루를 바른 굴을 넣어 튀김옷을 입힌다.

3 180℃로 달군 기름에 튀김옷을 입힌 굴을 넣고 노릇하게 튀겨 레몬소스를 곁들여 낸다.

굴의 물기를 충분히 제거해야 튀길 때 기름이 많이 튀지 않는다.

냉이호두볶음

재료 냉이 150g, 호두 5개, 다진마늘 1작은술, 참기름 1작은술,
깨소금 1/2큰술, 소금 1/2작은술, 식용유 1큰술

이렇게 만드세요

1 냉이는 씻은 뒤 3cm 길이로 자르고 호두는 0.5cm 크기로 자른다.

2 기름을 두른 팬에 먼저 마늘을 넣고 볶아 향이 나면 냉이를 볶으면서 소금으로 간한다.

3 냉이의 숨이 어느 정도 죽으면 호두를 넣어서 한번 더 볶은 다음 불을 끄고 참기름, 깨소금을 넣는다.

냉이는 숨이 죽을 정도로만 볶아야 향이 유지되고 아삭아삭 씹히는 맛도 좋다.

굴을 씻을 때는 소금물로 씻어야 맛과 향이 유지된다. 굴에 소금 1작은술을 넣고 버무려 검은 거품이 나오면 찬물로 2~3회 헹구어 내도 된다.

닭가슴살볶음우동과 계살무침

main 닭가슴살봄동볶음우동   **side** 계살무침
plus 단무지시치미무침, 미역미소국

칼로리는 낮고 단백질은 풍부한 닭가슴살과 제철 재료인 봄동으로 색다른 볶음우동을 만들어 보자. 짭조름한 계살무침과 새콤한 단무지시치미무침, 구수한 미역미소국을 곁들이면 맛과 영양, 다이어트까지, 일석삼조 식단이 완성된다.

닭가슴살봄동볶음우동

재료 닭가슴살1개, 봄동1/2포기, 홍피망1/2개, 콜리플라워1/3개,
우동면·우동원액4인분씩, 참기름1작은술, 식용유·시치미2큰술씩
고기밑간 소금1/3작은술, 후춧가루1/4작은술, 맛술1/2큰술,
참기름1/2큰술

이렇게 만드세요

1 닭가슴살은 포를 뜬 후 1cm 폭으로 썰어서 소금, 후춧가루, 맛술,
참기름을 넣고 30분간 재워 둔다.

2 봄동은 1cm 폭으로 썰어서 준비하고, 콜리플라워는 2cm 크기로
자른다. 피망은 채썰어 준비한다.

3 물이 끓으면 우동면을 넣고 면이 부드럽게 풀어지면 건진다.

4 기름 두른 팬에 닭가슴살을 볶다가 닭가슴살이 익으면 콜리플라
워를 넣고 익힌우동면과 우동원액을 넣어서 볶는다.

5 국물이 거의 없어지면 봄동을 넣고 불을 끈 다음 참기름을 두르고
기호에 따라 시치미를 얹는다.

푸른색 채소는
오래 볶으면 색이
변하고 맛도
떨어지므로
봄동은 불을 끄기
직전에 넣는다.

게살무침

재료 냉동 홍게살 60g, 날치알 3큰술, 참기름·소금 1작은술씩,
깨소금 1/2큰술, 식촛물(식초 1/2큰술, 물 1컵) 1컵

이렇게 만드세요

1 끓는물에 소금을 녹인 뒤, 체에 담은 홍게살을 한 번 담갔다가 빼
물기를 제거한 다음 식힌다.

2 날치알은 식촛물에 살짝 담갔다가 물기를 제거한다.

3 게살이 식으면 참기름과 깨소금을 쳐서 그릇에 담고 날치알을 얹
는다.

냉동게살은 그냥
먹으면 짜고
위생에도 좋지
않기 때문에 끓는
물에 살짝 담갔다
식혀서 사용한다.

단무지시치미무침

재료 치자단무지 100g, 시치미 1큰술, 참기름 1작은술,
쪽파 2뿌리

이렇게 만드세요

1 단무지는 먹기 좋은 크기로 썬 뒤 물기를 제거하고, 쪽파는 송송
썬다.

2 단무지에 시치미(고춧가루, 후춧가루, 검은깨 등 7가지 향신료를
섞어 만든 일식 조미료의 일종)를 넣고 무친 다음 참기름, 쪽파를 넣
어서 한 번 더 무친다.

닭가슴살은 맛술, 생강즙, 후춧가루 등으로
밑간을 한 다음 조리하면 퍽퍽한 맛이 줄어들고
풍미도 훨씬 좋아진다.

양송이버섯덮밥과
돌미나리사과물김치

main 양송이버섯덮밥
side 돌미나리사과 물김치
plus 취나물깨소스무침
무장아찌무침

부드러운 풍미와 씹는 맛이 살아 있는 양송이버섯덮밥. 곁들이 반찬으로는 김치 대신 시원하면서도 새콤한 맛이 일품인
돌미나리사과물김치를 준비해보자. 고소한 나물무침과 짭짤한 장아찌를 더하면 맛의 균형이 완벽해진다.

양송이버섯덮밥

재료 양송이 8개, 청경채 2개, 홍피망 1/2개, 오징어 1마리, 무순 1팩,
다진마늘·참기름 1큰술씩, 간장·물녹말 4큰술씩, 후춧가루 1/2작은술,
밥 4공기, 다시마물 6컵, 소금 조금

이렇게 만드세요

1 양송이는 0.5cm 폭으로 도톰하게 썰고 청경채는 3cm 길이로 자른다.

2 피망은 씨를 제거한 다음 청경채와 같은 크기로 썬다. 무순은 씻어서 물
기를 제거한다.

3 오징어는 껍질을 벗긴 다음 사방 0.2cm 폭으로 칼집을 넣고 2×4cm
크기로 썬다.

4 기름 두른 팬에 마늘을 먼저 볶아 향이 오르면 양송이, 오징어를 볶는다.
다시마물을 붓고 간장, 소금, 후춧가루를 넣어서 간을 한다.

5 국물이 끓으면 물녹말을 넣어서 농도를 맞추고 피망, 청경채를 넣고 불
을 끈 다음 참기름을 둘러 완성한다.

6 그릇에 밥을 담고 양송이볶음을 올린 다음 무순을 얹어 낸다.

물녹말은 농도를
봐 가며
2~3회에 걸쳐
나누어 넣는 것이
좋다.

돌미나리사과물김치

재료 돌미나리 40g, 사과 1/4개, 홍고추 1개,
식촛물(식초 2큰술, 물 2컵) 2컵

물김치양념 생강 1쪽, 설탕 1작은술, 식초 2큰술, 물 2컵, 굵은소금 1큰술

이렇게 만드세요

1 돌미나리는 잘 씻은 뒤 식촛물에 5분간 담갔다가 물기를 제거한 후 3cm
길이로 썬다.

2 사과는 깨끗하게 씻은 다음 사방 2.5cm 크기로 나박썰기한 뒤 식촛물
에 담근다. 고추는 송송 썰어서 준비한다.

3 생강을 얇게 저민 다음 나머지 재료들을 섞어 물김치 양념을 만든다.

4 손질한 돌미나리와 사과를 양념에 버무린다.

냉장고에 1시간
정도 넣어 두었다
먹으면 시원하고
재료들의 맛도 잘
어우러져 한층
맛있다.

취나물깨소스무침

재료 취나물 200g, 소금 적당량

깨소스 깨소금 6큰술, 국간장·참기름 1큰술, 다진마늘 1/2큰술,
다시마물 3큰술

이렇게 만드세요

1 취나물은 소금 넣은 끓는물에 데쳐 찬물에 헹궈 먹기 좋은 크기로 썬다.

2 곱게 간 깨소금에 나머지 재료를 잘 섞어 깨소스를 만든다.

3 취나물에 깨소스를 버무린다.

취나물을 데칠 때는
줄기 쪽이
부드러워지면
꺼내서 바로 찬물에
헹궈야 물컹해지지
않는다.

돌미나리와 사과는 반드시 식촛물에 담갔다가
사용한다. 잔류농약과 이물질 제거는 물론,
사과의 갈변을 방지해주는 효과도 있다.

모둠조개봄동국과
닭가슴살매운강정

모둠조개봄동국

재료 조개(모시조개, 바지락 등) 200g, 물 6컵, 봄동 1포기,
다진마늘 1/2큰술, 대파 1/4뿌리, 국간장 1큰술, 굵은소금 적당량

이렇게 만드세요

1 조개는 바락바락 주물러 씻은 다음 소금물에 2시간 정도 담가 두어 해감
을 뺀다.

2 봄동은 2cm 폭으로 썰고 대파는 어슷하게 썬다.

3 냄비에 조개와 물을 넣고 끓으면 국간장으로 기본 간을 하고 봄동, 다진
마늘, 대파를 넣어 한소끔 끓인 뒤 소금으로 간을 맞춘다.

아이부터 어른까지 누구나 맛있게 먹을 수 있으면서 폼나는 한 상을 차리고 싶다면 퓨전 밥상이 정답. 모둠조개봄동국과 현미밥으로 한식의 기본을 지키면서 닭가슴살매운강정에 간장소스새우찜을 함께 낸다.

닭가슴살매운강정

재료 닭가슴살 2조각, 간장·참기름 1작은술씩, 맛술 1큰술, 후춧가루 1/3작은술, 녹말가루 5큰술, 달걀 1개, 다진땅콩 1/4컵, 식용유 적당량

강정소스 고추장·조청 3큰술씩, 간장 1/2큰술, 설탕 2큰술, 물 1/2컵

이렇게 만드세요

1 닭가슴살은 사방 2.5cm 크기로 썬 뒤 간장, 후춧가루, 맛술, 참기름을 넣어서 30분간 재운다.

2 분량의 강정소스를 냄비에 담고 끓인 다음 식힌다.

3 재워 놓은 닭가슴살에 달걀, 녹말가루를 묻힌 다음 180℃ 기름에서 두 번 튀긴다.

4 준비한 강정 소스에 튀긴 닭을 버무리고 다진땅콩을 뿌린다.

강정소스를 끓일 때는 불을 너무 세게 하지 말 것. 수분이 많이 날아가면 버무릴 때 잘 묻지 않기 때문.

닭은 두 번 튀겨 표면이 약간 단단해져야 바삭한 맛이 난다.

간장소스새우찜

재료 대하 4마리, 녹말가루 2큰술

간장소스 간장 1과1/2큰술, 굴소스 1/2큰술, 다진생강 1큰술, 후춧가루 1/3작은술, 맛술 2큰술, 물 1/2컵, 물녹말 1과1/2큰술, 참기름 1작은술

이렇게 만드세요

1 대하는 내장을 꺼내, 껍질과 머리를 제거한 뒤 등에 칼집을 넣는다.

2 대하에 녹말가루를 묻혀 10분간 찐 뒤 간장소스를 뿌린다.

대하의 배 쪽에 칼집을 넣으면 새우의 모양이 꽃처럼 벌어지지 않기 때문에 꼭 등에 칼집을 넣는다.

main 모둠조개봄동국
side 닭가슴살매운강정, 간장소스새우찜
plus 뿌리채소김치, 발아현미밥

조개는 바닷물과 비슷한 농도의 소금물(3% 정도)에 1시간 이상 담가서 해감을 뺀 다음 물을 빼고, 냉동했다가 필요할 때마다 꺼내 쓰면 편리하다.

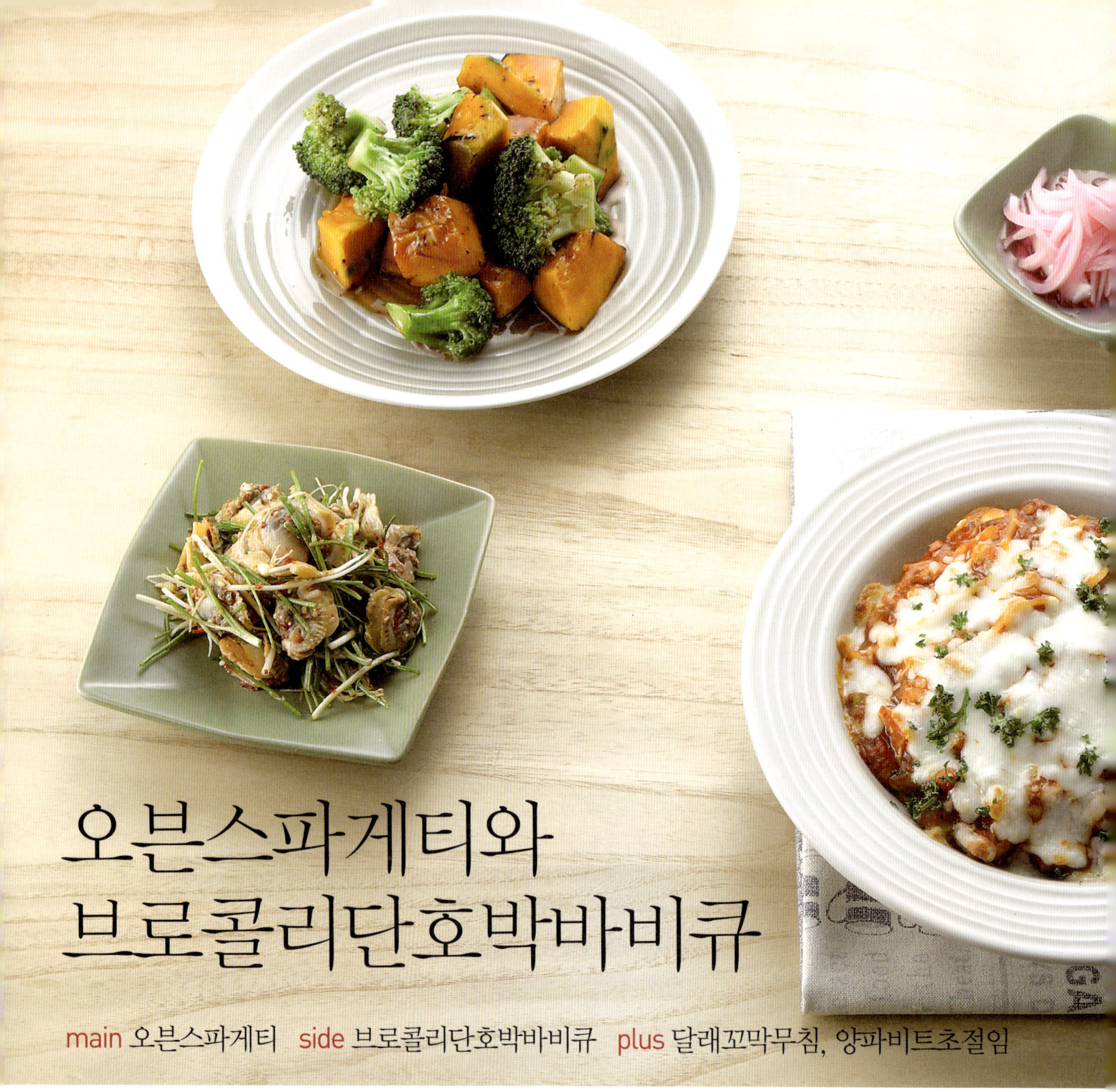

오븐스파게티와 브로콜리단호박바비큐

main 오븐스파게티 side 브로콜리단호박바비큐 plus 달래꼬막무침, 양파비트초절임

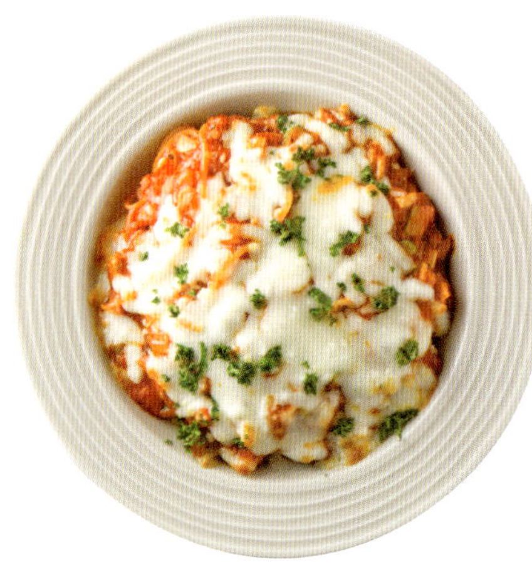

오븐스파게티

재료 스파게티면 200g, 올리브오일 1큰술, 모차렐라치즈 1컵, 다진파슬리 2큰술, 소금 적당량

스파게티소스 토마토홀(통조림) 1캔, 다진양파 3큰술, 다진셀러리 2큰술, 다진마늘·올리브오일 1큰술씩, 소금 1/2작은술, 후춧가루 1/3작은술, 바질가루 1/2큰술, 오레가노가루 1작은술

이렇게 만드세요

1 스파게티면은 끓는물에 소금과 올리브오일을 넣고 6분간 삶아 건진다.

2 기름 두른 팬에 마늘, 양파를 볶다가 셀러리와 으깬 토마토홀을 넣는다.

3 소금, 후춧가루, 바질, 오레가노, 후춧가루를 넣어 한 번 더 끓인다.

4 삶은 스파게티면을 소스에 잘 버무린 다음 기호에 맞게 소금으로 간한 뒤, 모차렐라치즈를 얹고 다진파슬리를 뿌려 230℃ 오븐에서 5분간 익힌다.

담백한 맛을 즐길 수 있는 브로콜리단호박바비큐와 상큼하고 쫄깃한
달래꼬막무침으로 맛과 영양의 균형을 잡고, 김치 대신 양파비트 초절임으로
개운하게 마무리한다.

브로콜리단호박바비큐

재료 브로콜리 1/2개, 단호박 1/4개, 올리브오일 4큰술, 꼬치 8개,
통후추 으깬 것 1큰술, 소금 적당량,
바비큐소스 우스터소스·꿀 2큰술, 스테이크소스 4큰술,
후춧가루 1/4작은술, 물 1/2컵

이렇게 만드세요

1 브로콜리는 3cm 크기로 잘라 끓는물에 데친 다음 찬물에 헹궈 물
기를 뺀다.

2 단호박은 껍질과 씨를 제거하고 1.5cm 두께, 3cm 길이로 썰어 올
리브오일 1큰술을 두른 팬에 2/3정도 익도록 볶는다.

3 분량의 바비큐소스를 냄비에 담고 걸쭉해지도록 끓여서 식힌다.

4 꼬치에 브로콜리, 단호박 순으로 끼운 다음 바비큐소스를 발라 살
짝 굽는다.

달래꼬막무침

재료 달래 1/2묶음, 꼬막 250g, 홍고추 1개,
무침양념 간장 2큰술, 고춧가루·깨소금 1큰술씩, 참기름 1작은술,
소금 조금

이렇게 만드세요

1 달래는 4cm 길이로 썰고 고추는 반 갈라 씨를 제거하고 달래와 같
은 크기로 썬다.

2 꼬막은 깨끗이 씻어 소금을 넣고 삶다가 입이 벌어지면 불을 끈다.

3 꼬막을 살만 발라 꼬막 삶은 물에 헹군 다음 차게 식힌다.

4 꼬막과 달래, 고추채를 무침양념에 버무린다.

꼬막이 입을 벌리면 바로 불을 끈다. 꼬막을
너무 오래 삶으면 질겨지고 맛도 떨어진다.

버섯죽순볶음과
영양부추겉절이

main 버섯죽순볶음
side 영양부추겉절이
plus 무말랭이오징어젓무침, 누룽지죽, 갓김치

버섯죽순볶음

재료 애느타리버섯 1/2팩, 통조림죽순 1개, 다진마늘 1작은술,
참기름 1작은술, 식용유 1큰술, 물 1/2컵, 소금 조금, 깨소금 적당량

이렇게 만드세요

1 애느타리버섯은 밑동을 제거한 다음 먹기 좋은 크기로 찢는다.

2 죽순은 물에 헹궈 4cm 길이로 자르고 빗살 모양이 살도록 썬다.

3 기름 두른 팬에 애느타리버섯을 넣고 센불에서 볶으면서 소금으로
간하고 물을 조금 부어 익힌다.

4 물이 거의 없어지면 죽순과 다진마늘을 넣어 볶다가 불을 끄고 참기
름을 두르고 깨소금을 뿌려 완성한다.

통조림죽순은
가운데 하얀
석회 성분이
있는데, 반드시
젓가락 등으로
긁어낸 후 조리할
것.

입맛 없는 아침엔 훌훌 넘어가는 누룽지죽이 제격. 담백하고 쫄깃한
애느타리버섯죽순볶음에 짭쪼름한 무말랭이오징어젓무침, 신선한
영양부추겉절이를 곁들이면 건강한 아침밥상이 완성된다.

영양부추겉절이

재료 영양부추 1/2단, 홍고추 1/2개
겉절이양념 간장 2큰술, 식초 1큰술, 설탕 1작은술

이렇게 만드세요

1 영양부추는 4cm 길이로 자르고 홍고추는 씨를 제거한 다음 곱
게 채썬다.
2 접시에 영양부추와 고추를 담은 뒤 겉절이양념을 끼얹는다.

겉절이양념을
미리 넣으면
영양부추의 숨이
죽으므로 먹기
직전에 끼얹어
내는 것이 좋다.

무말랭이오징어젓무침

재료 무말랭이 40g, 간장 3큰술, 설탕 1큰술,
고춧가루 1/2큰술, 양념된 오징어젓 100g, 다진마늘 1/2큰술,
깨소금 1/2큰술, 참기름 1작은술

이렇게 만드세요

1 무말랭이는 찬물에 담가 부드러워지면 여러 번 주물러 헹군 다
음 물기를 제거하고 간장 3큰술, 설탕 1큰술에 재워 둔다.
2 무말랭이에 간이 배면 물기를 꼭 짠 뒤 고춧가루를 넣고 무쳐 색
을 입힌다.
3 무말랭이에 오징어젓, 다진마늘, 깨소금, 참기름을 넣어 잘 버
무린다.

무말랭이는 미리
설탕과 간장에
재워 두어야
오징어젓과
무쳤을 때 맛이
겉돌지 않는다.

무말랭이는 자연 건조한 것과 열 건조한 것이
있는데, 건조방식에 따라 붙는 속도가 다르다.
찬물에 불려 부드러워지면 바락바락 주물러
특유의 맛을 제거한 다음 사용한다.

쑥완자국과 메추리알장조림

main 쑥 완자국
side 메추리알장조림
~plus 흑미밥
쪽파고추장무침

쑥완자국

재료 쑥 3컵, 대파 1/4뿌리, 동태살 150g, 소금 1/4작은술,
흰후춧가루 1/5작은술, 참기름 1/2작은술, 녹말가루 5큰술, 달걀 1개,
국간장 1큰술, 굵은소금 적당량, 물 6컵

이렇게 만드세요

1 쑥은 분량의 반만 끓는 물에 데쳐 찬물에 헹군 다음 잘게 다져 물기를 제
거한다. 대파는 어슷하게 썬다.

2 동태살은 다진 후 물기를 없애고 데친 쑥과 소금, 후춧가루, 참기름을
넣어 간한 다음 달걀흰자 1/2개, 녹말가루를 넣고 완자를 만든다.

3 냄비에 물을 부은 다음 분량의 국간장, 소금 1작은술을 넣고 끓기 시작
하면 불을 줄인 후 준비한 완자를 넣고 속까지 익도록 약한 불에서 끓인다.

4 대파, 소금, 남은 쑥과 달걀 푼 것을 넣고 간을 맞춘 뒤 불을 끈다.

봄기운 가득한 쑥과 단백질이 풍부한 생선살로 완자를 넣어 만들어 끓인
쑥완자국만 먹어도 든든하다. 밥과 함께 먹을 땐 짭잘한 장조림이나 장아찌를
더해 맛의 균형을 살릴 것.

메추리알장조림

재료 메추리알 10개, 돼지고기(안심) 300g, 물 8컵,
마른청양고추 2개, 통후추 1/2큰술, 간장 4큰술, 설탕 1큰술,
물엿·맛술 2큰술씩, 생강 1쪽, 청양고추 1개

이렇게 만드세요

1 메추리알을 8분 정도 삶은 뒤 찬물에 담가 껍질을 벗긴다.

2 돼지고기는 덩어리째 찬물에 30분간 담가 핏물을 제거하고 끓는
물에 넣어 데친다.

3 냄비에 물 8컵을 붓고 가늘게 자른 마른청양고추와 통후추를 넣
고 끓으면 돼지고기를 넣고 40분간 끓인다.

4 돼지고기가 충분히 익으면 고기를 건져 먹기 좋게 찢어 두고, 국
물은 체에 밭친다.

5 고기국물에 간장, 설탕, 물엿, 맛술을 넣고 고기와 메추리알을 넣
은 다음 생강을 저며 넣고 끓인다.

6 국물이 1컵 정도로 졸아들면 청양고추를 넣고 불을 끈다.

처음에는
센불에서 끓이다가
불을 낮춰 속까지
충분히 익도록
끓인다.

쪽파고추장무침

재료 쪽파 30뿌리, 고추장 2큰술, 다진마늘 1작은술,
깨소금 1큰술, 참기름 1/2큰술

이렇게 만드세요

1 쪽파는 끓는물에 데쳐 찬물에 헹군 다음 물기를 제거하고 4cm 길
이로 자른다.

2 쪽파를 고추장, 마늘, 깨소금을 넣고 무친 다음 참기름을 넣고 버
무린다.

쪽파는 너무 오래
익히면 진액이
나오므로 숨이
죽으면 바로 꺼내
찬물에 헹군다.

동태살을 얼렸다 녹이면 수분이 생기는데,
수분이 많으면 완자가 쉽게 풀어진다. 조리 전에
키친타월 등으로 동태살의 물기를 완전히
제거해야 한다.

main 바나나찰밥
side 무양파장아찌, 모과차

바나나찰밥과 무양파장아찌

바쁜 아침, 만들기 쉽고 먹기에도 부담 없는 바나나찰밥으로 색다른 아침상을 차려 보자. 전날 찰밥을 미리 만들어놓으면 더욱 편리하다. 개운한 모과차를 함께 내면 국이 필요 없다.

바나나찰밥

재료 바나나 4개, 찹쌀·물 1컵, 흑미 1/4컵, 소금 1/2작은술, 참기름 1/2큰술

이렇게 만드세요

1 찹쌀은 물에 1시간 정도 블린 뒤 불린 흑미와 함께 분량의 물과 소금을 넣고 밥을 한다.

2 밥을 한김 나가게 한 다음 참기름을 넣어 잘 버무리고 상온에서 식힌다.

3 김발에 비닐을 깐 뒤 밥을 얇게 펴고 바나나를 올려 김밥 말듯이 돌돌 만다.

4 바나나찰밥을 먹기 좋게 자른다.

흑미는 일반 찹쌀보다 불는 시간이 오래 걸리므로 전날 밤에 미리 불려놓도록.

무양파장아찌

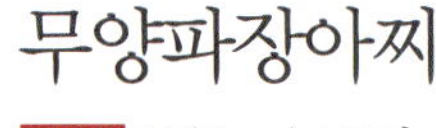

재료 무(4cm) 1토막, 양파 1/4개, 미니파프리카 2개, 소금 1큰술
장아찌간장 설탕 1큰술, 식초 2큰술, 소금 1과1/2작은술, 물 2컵

이렇게 만드세요

1 무는 사방 1.5cm 크기로 나박썰기한 뒤 소금을 뿌려 10분간 재웠다가 찬물에 헹궈 물기를 제거한다.

2 양파는 무와 같은 크기로 썰고, 미니파프리카는 0.3cm 두께로 썰어 준비한다.

3 냄비에 장아찌간장을 넣고 끓여 충분히 식힌다.

4 밀폐용기에 양파와 파프리카, 무를 넣고 끓여서 식힌 간장을 부어 냉장고에 하루 보관한 다음 먹는다.

간장물이 끓으면 불을 바로 끄고 충분히 식혀 넣어야 식감이 아삭하고 잡내가 나지 않는다.

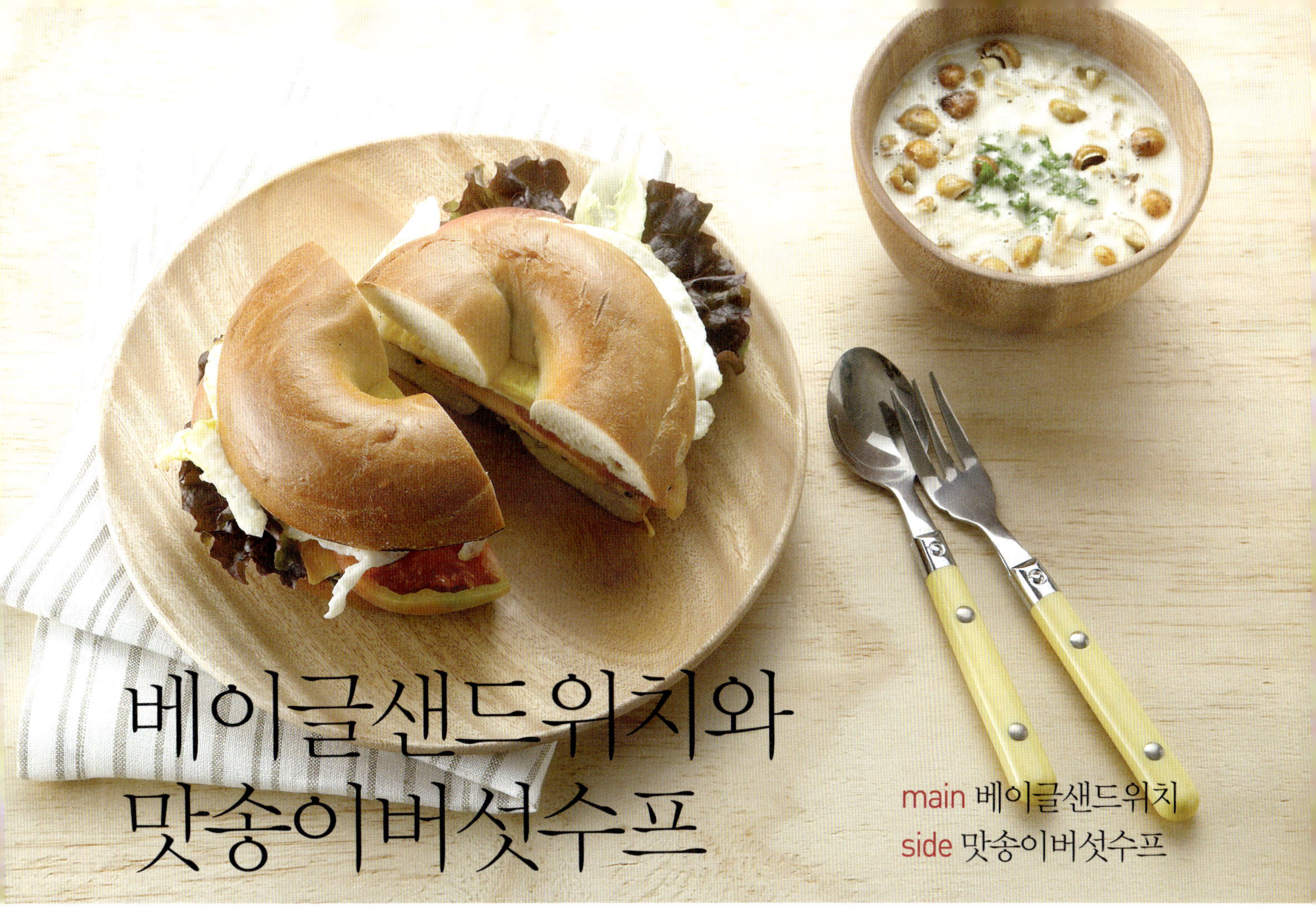

베이글샌드위치와 맛송이버섯수프

main 베이글샌드위치
side 맛송이버섯수프

샌드위치는 바쁜 아침 손쉽게 먹기 좋은 메뉴. 식빵 대신 탄수화물이 풍부한 베이글을 선택하고, 5분만 시간을 내어 우유 대신 수프를 곁들여 볼 것. 맛과 영양 두 마리 토끼를 다 잡을 수 있다.

베이글샌드위치

재료 베이글·달걀 4개, 치즈 4장, 토마토 2개, 양상추 4장, 머스터드소스 2큰술, 식용유 2큰술씩, 소금 적당량

이렇게 만드세요

1 베이글은 반 잘라서 구운 다음 머스터드소스를 앞뒤로 바른다.
2 토마토는 0.5cm 두께로 자른 다음 소금을 조금 뿌려서 수분을 제거한다.
3 양상추는 찬물에 5분간 담갔다 빼서 물기를 제거하고 달걀은 프라이를 한다.
4 베이글 안에 양상추, 달걀프라이, 치즈, 토마토를 넣고 먹기 좋게 자른다.

베이글은 포를 뜨듯이 반 잘라 충분히 달궈진 팬에 살짝 구워야 질기지 않고 맛있다.

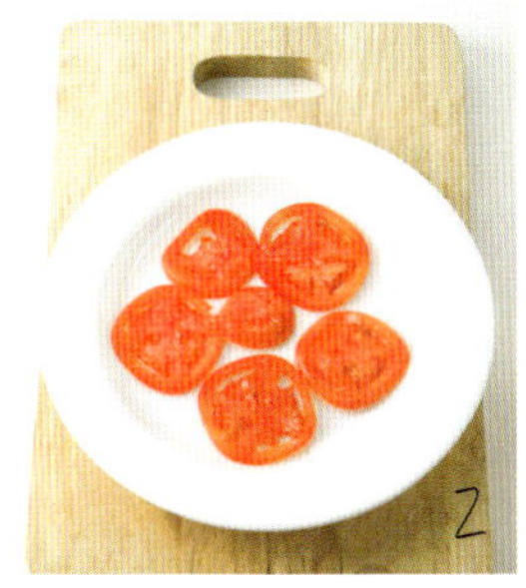

맛송이버섯수프

재료 맛송이버섯 10개, 버터 2큰술, 밀가루 2와1/3큰술, 감자(중간크기) 1과1/2개, 흰후춧가루 1/3작은술, 우유 1컵, 물 6컵, 소금 적당량

이렇게 만드세요

1 맛송이버섯은 굵은 것은 찢어 2cm 길이로 썰어 버터 1작은술을 넣고 살짝 볶는다.
2 감자는 껍질을 벗긴 뒤 은행잎 모양으로 자른 다음 얇게 썰어서 찬물에 담가 둔다.
3 팬에 버터를 두르고 감자를 볶다가 밀가루를 넣어 색이 투명해질 때까지 볶는다.
4 물을 붓고 중불에서 끓여 감자가 푹 익으면 불을 끄고 식혀 믹서에 곱게 간다.
5 냄비에 믹서에 간 감자와 볶아 놓은 맛송이버섯을 넣고 끓인다. 끓기 시작하면 우유를 붓고 소금과 후춧가루를 넣어 간을 맞춘 다음 바로 불을 끈다.

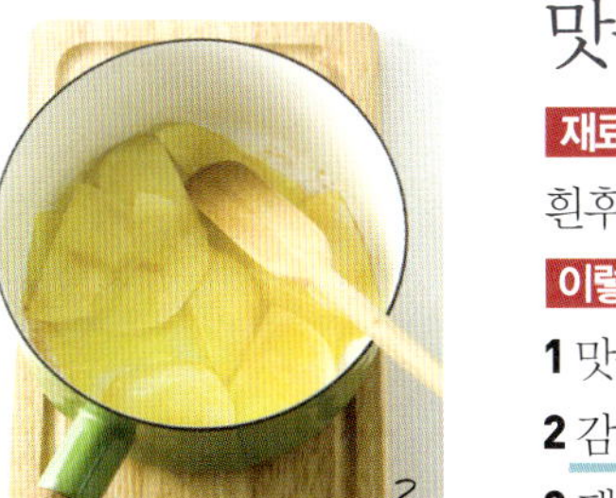

감자를 물에 담그면 표면의 녹말가루가 씻기고 갈변도 방지된다.

쌀국수볶음과 달걀샐러드

쌀국수볶음

재료 쌀국수(4mm) 250g, 셀러리 2대, 양파 1/2개, 숙주 150g,
쪽파 3뿌리, 마른고추 1개, 후춧가루 1/3작은술, 간장·식용유 2큰술씩,
피시소스·다진마늘·참기름 1/2큰술씩, 새우가루 3큰술

이렇게 만드세요

1 쌀국수는 찬물에 20분간 불렸다가 물기를 빼고 셀러리는 어슷하게 썬다.

2 양파는 채썰고, 숙주는 찬물에 5분간 담갔다가 물기를 제거한다. 쪽파와
고추는 송송썬다.

3 팬에 기름을 두른 뒤 마늘, 고추를 넣어 향을 낸 다음 쌀국수, 양파, 셀러
리, 숙주를 차례로 넣고 볶는다.

4 간장, 피시소스, 새우가루 2큰술, 후춧가루를 넣어서 볶다가 채소가 살
짝 숨이 죽으면 불을 끄고 참기름을 뿌린 후 쪽파와 새우가루를 얹는다.

쌀국수는 물에
불린 다음 볶아야
쫄깃한 식감이
살아난다. 삶아서
볶으면 면이 뚝뚝
끊어진다.

별식이 생각날 땐 이국적이면서도 우리 입맛에 잘 맞는 쌀국수볶음을 준비해보자. 부드러운 달걀샐러드와 새콤한 과일주스칵테일을 곁들이면 전채부터 메인, 디저트까지 한번에 해결된다.

달걀샐러드

재료 달걀 6개, 치커리 8장, 양상추 3장

소스 레몬즙 2큰술, 송송썬 풋고추·홍고추 1개 분량씩, 흰후춧가루 1/4작은술, 피시소스·포도씨오일 1큰술씩, 소금 조금

이렇게 만드세요

1 달걀은 상온에 10분간 두었다가 찬물에 소금 1/2큰술, 식초 2큰술을 넣은 뒤 삶는다. 물이 끓기 시작한 후 13분 정도 삶아 찬물에 담근다.

2 치커리는 물에 헹궈 놓고 양상추는 물에 5분간 담갔다가 소쿠리에 건져 물기를 제거한다.

3 양상추를 깔고 먹기 좋게 자른 달걀과 치커리를 올린 다음 소스를 끼얹는다.

냉장 보관한 달걀을 바로 삶으면 깨지기 쉽다. 상온에 보관했다가 삶고, 삶은 후 바로 찬물에 담가야 껍질이 잘 벗겨진다.

과일주스칵테일

재료 오렌지 1개, 귤 2개, 레몬즙 3큰술, 핫소스 1/2작은술, 탄산수 3컵

이렇게 만드세요

1 오렌지, 귤, 레몬은 깨끗하게 씻어서 준비한다.

2 오렌지와 귤은 껍질을 벗긴 다음 1cm크기로 썰어서 믹서에 넣고 곱게 간다.

3 레몬은 반으로 자른 다음 즙만 내려서 준비한다.

4 준비된 재료와 탄산수, 핫소스를 넣어서 섞는다. 기호에 따라 꿀이나 설탕을 넣는다.

레몬에는 씨가 많기 때문에 믹서에 갈면 맛이 좋지 않다 그래서 즙만 내려서 사용한다.

main 쌀국수볶음
side 달걀샐러드
plus 과일주스칵테일
　　　태국식무김치

레몬은 꽃소금으로 통째 잘 문질러 씻는다. 레몬껍질 사이사이에 있는 농약이나 불순물을 깨끗하게 제거할 수 있다.

매운낙지덮밥과 대합맑은국

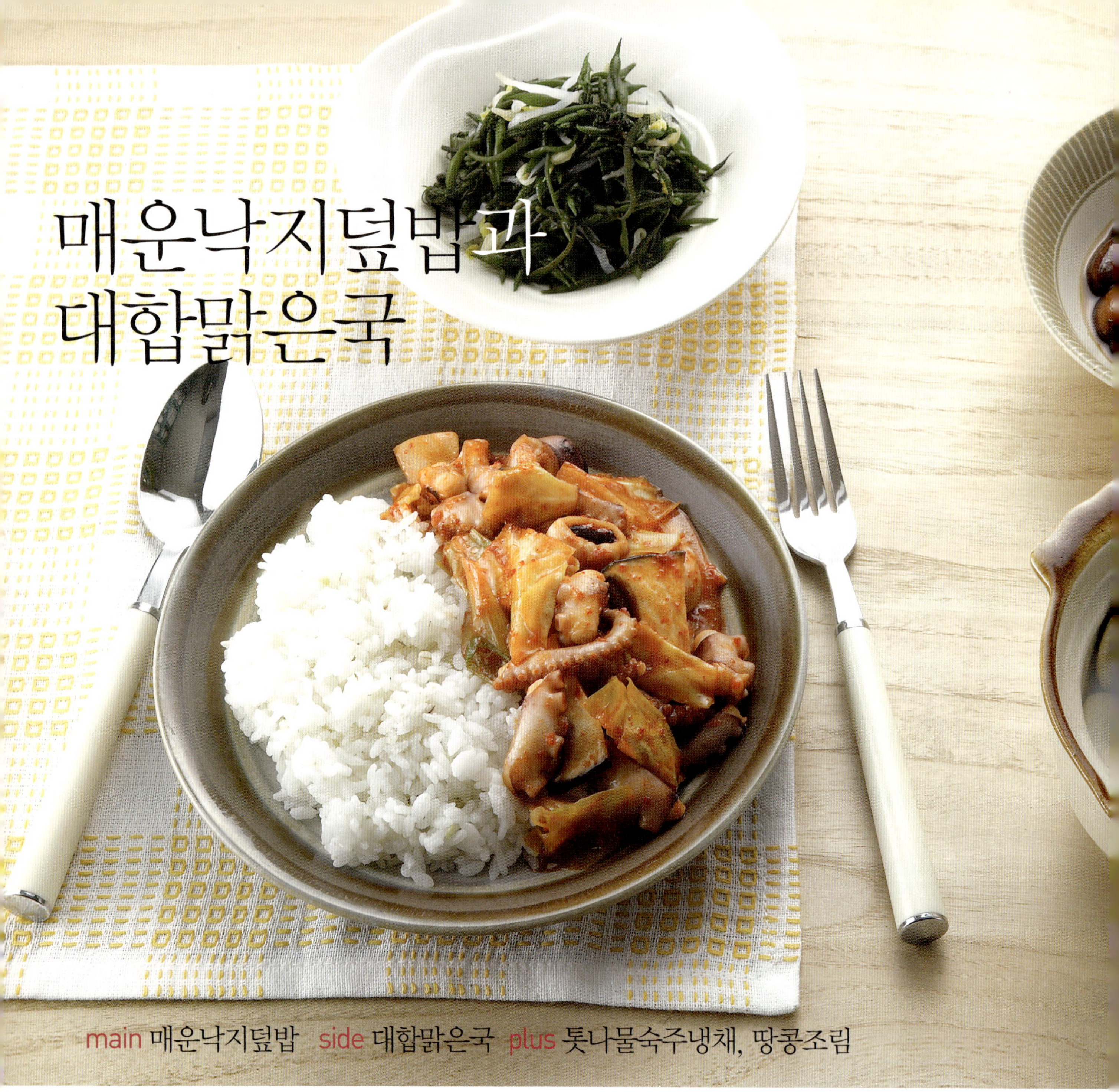

main 매운낙지덮밥 side 대합맑은국 plus 톳나물숙주냉채, 땅콩조림

매운낙지덮밥

재료 낙지 3마리, 양배추 8장, 당근 1/4개, 대파 1/2뿌리, 양파 · 풋고추 · 홍고추 각 1개씩, 밥 4공기, 고춧가루 · 간장 3큰술씩, 청양고춧가루 · 다진마늘 · 설탕 · 깨소금 1큰술씩, 식용유 2큰술, 후춧가루 1/3작은술, 물녹말 2~3큰술, 물 1컵, 참기름 1/2큰술, 소금 적당량

이렇게 만드세요

1 낙지는 소금으로 바락바락 문질러 씻은 다음 찬물에 30분간 담갔다가 6cm 길이로 썬다.

2 양배추와 당근은 4cm 길이 편으로 썰고, 양파는 굵게 채썬다. 대파, 풋고추 · 홍고추는 어슷하게 썬다.

3 팬에 기름을 두른 다음 마늘을 넣어 향이 오르면 낙지, 양배추, 당근, 양파를 넣어 볶으면서 분량의 고춧가루, 간장, 설탕, 후춧가루를 넣어 양념한다.

4 ③에 물을 넣고 끓으면 소금으로 간을 맞춘 후 대파, 고추를 넣고 물녹말로 농도를 맞춘다.

5 국물이 걸쭉해지면 불을 끄고 깨소금, 참기름을 섞어 밥 위에 얹는다.

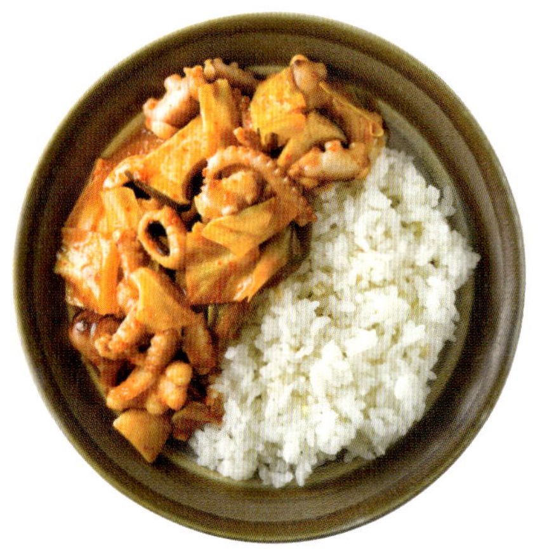

매콤한 맛이 일품인 낙지덮밥에는 대합맑은국이 찰떡궁합. 곁들이 반찬으로
시원하고 아삭한 톳나물숙주냉채와 고소한 땅콩조림을 함께 내면 이보다 더
좋을 순 없다.

대합맑은국

재료 대합(생합) 200g, 통조림죽순 1/2개, 물 5컵,
굵은소금 적당량

이렇게 만드세요

1 대합은 소금물에 담가 해감을 뺀다.

2 통조림 죽순은 속의 하얀 석회를 젓가락으로 긁어낸 뒤, 2cm 크
기로 잘라서 준비한다.

3 냄비에 물을 붓고 대합과 죽순을 넣은 뒤 끓으면 소금으로 간을 맞
춘다.

조개는 너무 오래
끓이면 질겨지기
때문에 조개가
입을 벌린 뒤
한소끔 끓으면
바로 간해서 내는
것이 좋다.

톳나물숙주냉채

재료 톳나물 150g, 숙주 100g, 식초 2큰술, 소금 적당량,
참기름·다진마늘 1/2큰술

이렇게 만드세요

1 톳나물은 끓는물에 소금을 넣어서 살짝 데친 뒤 먹기 좋은 크기로
썬다.

2 숙주는 소금을 조금 넣은 물에 살짝 데친 후 찬물에 헹궈 물기를
제거한다.

3 톳나물과 숙주를 잘 섞은 다음 소금, 참기름, 다진마늘로 간을 맞
춘 뒤 냉장고에 넣어 둔다. 먹기 직전에 식초를 넣어 슬쩍 버무린 후
접시에 담는다.

미리 식초를
넣어 두면 색이
변하고 싱싱한
맛도 덜하다.

톳나물은 물이 팔팔 끓을 때 넣어서 바로 뒤집어
주면 색이 파릇하게 변한다. 물이 끓기 전에
넣으면 짙은 갈색이 그대로 남게 되니 주의한다.

바지락쑥칼국수와 묵무침

main 바지락쑥칼국수   **side** 묵무침   **plus** 풋마늘김치

풋풋하고 시원한 맛이 일품인 바지락쑥칼국수. 바지락이 익는 동안 올방개묵을 조물조물 무쳐내면 후다닥 한 끼 식사가 해결된다.

바지락쑥칼국수

재료 칼국수면 300g, 쑥 1과1/2컵, 바지락 300g, 애호박·당근 1/4개씩, 양파 1/2개, 다진마늘 1큰술, 국간장 1큰술, 대파 1/4뿌리, 물 8컵, 소금 적당량

이렇게 만드세요

1 쑥은 먹기 좋게 자르고 애호박·당근은 반달로, 양파는 채썰고 대파는 어슷썬다.

2 바지락은 옅은 소금물에 담가 해감을 빼고 칼국수면은 끓는 물에 소금을 조금 넣어서 1분 정도 데친 다음 찬물에 헹궈 둔다.

3 물이 끓으면 데쳐 놓은 칼국수와 애호박, 당근, 양파, 바지락을 넣고 마늘과 국간장을 넣는다.

4 바지락이 입을 벌리고 면이 어느 정도 익으면 소금으로 간을 맞춘다. 그런 다음 쑥과 대파를 넣어서 한 번 더 끓인다.

쑥은 너무 오래 끓이면 향이 다 달아난다. 국수가 다 익은 후 마지막에 넣어 한소끔만 끓인다.

묵무침

재료 달래 1/2묶음, 올방개묵 1/2팩, 소금 1/2작은술, 깨소금 1큰술, 참기름 1/2큰술

이렇게 만드세요

1 달래는 깨끗하게 씻은 다음 4cm 길이로 잘라서 준비한다.

2 올방개묵은 5cm 길이로 자른 다음 사방 1cm로 자른다.

3 달래와 올방개묵에 소금, 깨소금, 참기름을 넣어 버무린다.

올방개묵이 딱딱하다면? 끓는 물에 소금을 넣고 올방개묵을 데친 다음 찬물에 담갔다 사용하면 부드러워진다.

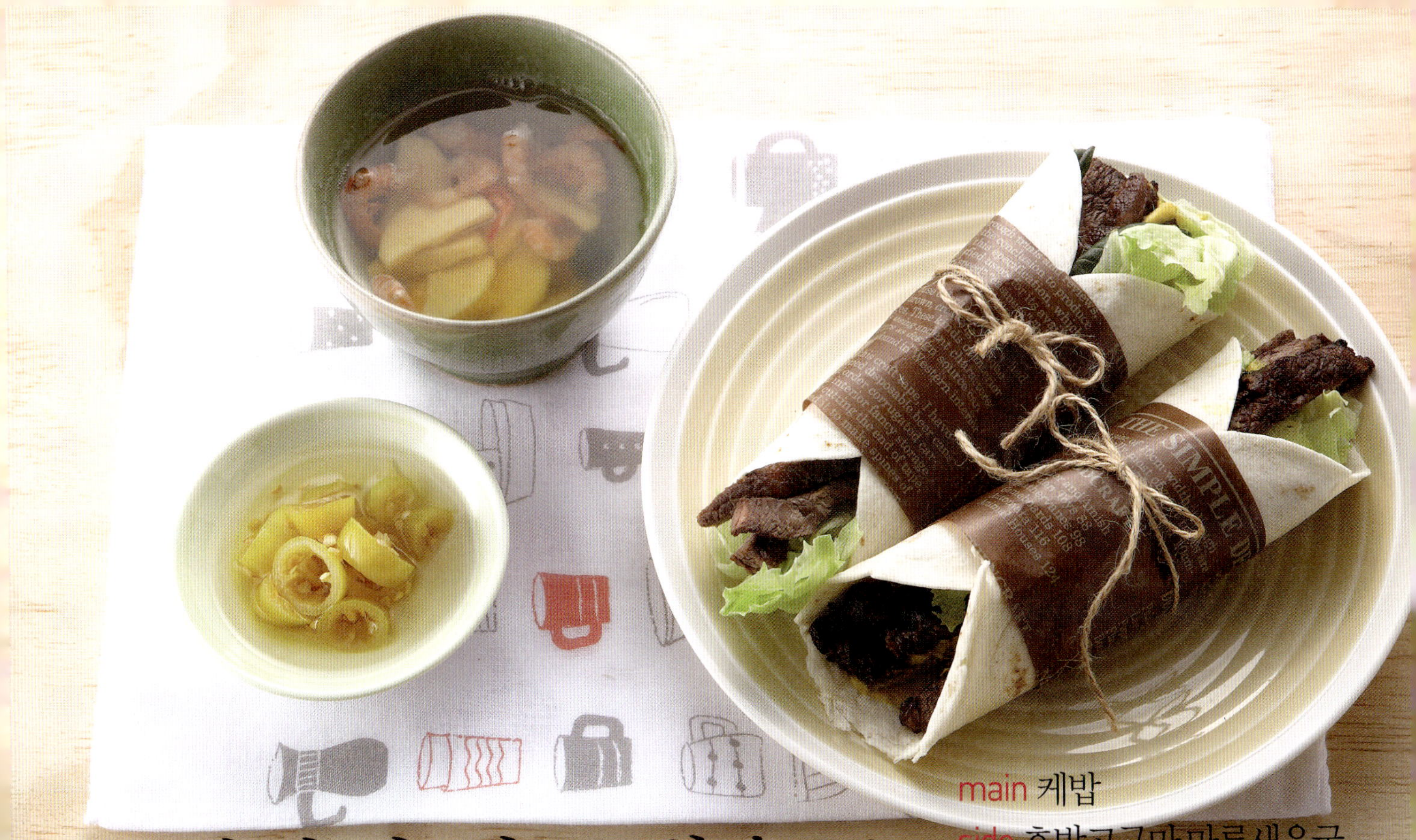

main 케밥
side 호박고구마 마른새우국
plus 할라피뇨

케밥과 마른새우국

요리솜씨가 없거나 마땅한 식재료가 없어도 또띠야만 있으면 고민 끝! 냉동실에 있는 고기 등 각종 자투리 재료들을 또띠야에 돌돌 말면 폼 나는 한 끼 메뉴가 완성된다.

케밥

재료 쇠고기(채끝) 100g, 양상추·치커리 4잎, 머스터드소스 2큰술, 소금·후춧가루 1/3작은술씩, 참기름 1/2작은술, 또띠야 8장

이렇게 만드세요

1 쇠고기는 소금, 후춧가루, 참기름에 30분간 재운 뒤 팬이나 석쇠에 얹어서 속까지 잘 익도록 굽는다.

2 양상추, 치커리는 찬물에 담갔다가 물기를 제거하고, 구운 고기는 0.5cm 폭으로 썰어서 준비한다.

3 또띠야는 팬에 따뜻하게 데운 후 머스터드소스를 바르고 양상추, 치커리, 쇠고기를 넣어서 돌돌 만다.

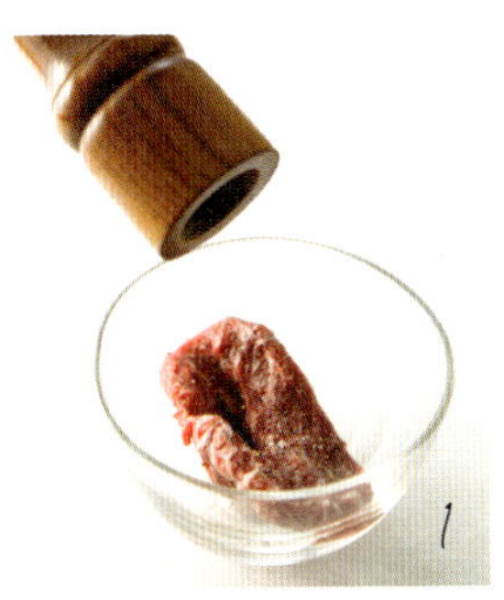

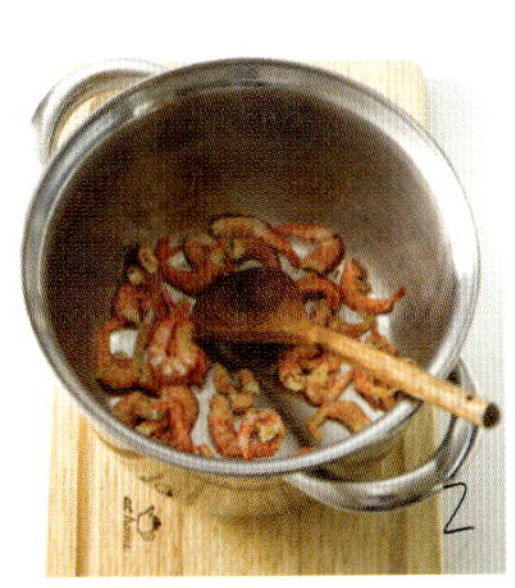

또띠야를 너무 센불에서 구우면 타거나 뻣뻣해진다. 약한 불에서 살짝 데우는 것이 좋다.

호박고구마마른새우국

재료 호박고구마 1과1/2개, 마른새우 30g, 국간장 1/2큰술, 물 6컵, 굵은소금 적당량

이렇게 만드세요

1 호박고구마는 껍질을 벗겨 반 자른 다음 반달 모양으로 얇게 썰어 찬물에 담근다.

2 냄비에 마른새우를 넣고 볶다가 물을 붓고 끓기 시작하면 준비한 호박고구마를 넣고 끓인다.

3 국물에 국간장을 넣고 소금으로 간을 맞춘다.

마른새우는 냄비에 기름을 두르지 않고 볶은 다음 물을 넣어서 끓인다. 그래야 국물이 구수하고 더 깊은 맛이 난다.

닭봉바비큐와 아보카도샐러드

main 고추장닭봉바비큐
side 아보카도샐러드
plus 토마토새우쌀피말이

아이와 어른 모두 좋아하는 매콤한 바비큐닭봉. 신선한 아보카도샐러드로 입맛을 돋우고, 주먹밥 대신 토마토새우쌀피말이를 곁들이면 맛과 영양, 스타일까지 살아 있는 도시락이 완성된다.

고추장닭봉바비큐

재료 닭봉 16개, 간장 1/2큰술, 후춧가루 1/3작은술, 참기름 1작은술, 고추장 3큰술, 설탕 2큰술, 물 1컵, 물엿 3큰술

이렇게 만드세요

1 닭봉은 깨끗하게 씻은 다음 간장, 후춧가루, 참기름을 넣어서 30분간 재운다.

2 밑간한 닭봉은 중불에서 앞뒤가 노릇노릇해질 때까지 굽듯이 익힌다.

3 팬에 고추장, 설탕, 물을 넣고 끓으면 구운 닭봉을 넣어 중약불에서 조린다. 국물이 반으로 줄어들면 물엿을 넣는다.

4 국물이 거의 없어지고 자작해지면 불을 끄고 그릇에 담는다.

처음부터 물엿을 넣고 조리면 닭봉이 딱딱해진다.

아보카도샐러드

재료 아보카도 1개, 주황파프리카 1/4개, 다진파슬리·꿀 1큰술씩, 올리브오일 2큰술, 후춧가루 1/3작은술, 소금 조금

이렇게 만드세요

1 아보카도는 겉의 색이 검으면서 손으로 눌렀을 때 들어갈 정도로 잘 익은 것을 골라 사방 1cm 크기로 잘라 둔다.

2 파프리카도 아보카도와 같은 크기로 썬다.

3 아보카도와 파프리카에 다진파슬리, 올리브오일, 꿀, 소금, 후춧가루를 넣고 섞는다.

아보카도는 가운데 큰 씨를 중심으로 반 자른 다음 양손으로 잡고 비틀어 주면 잘 분리된다. 그런 다음 속의 노란 부분을 수저로 파낸다.

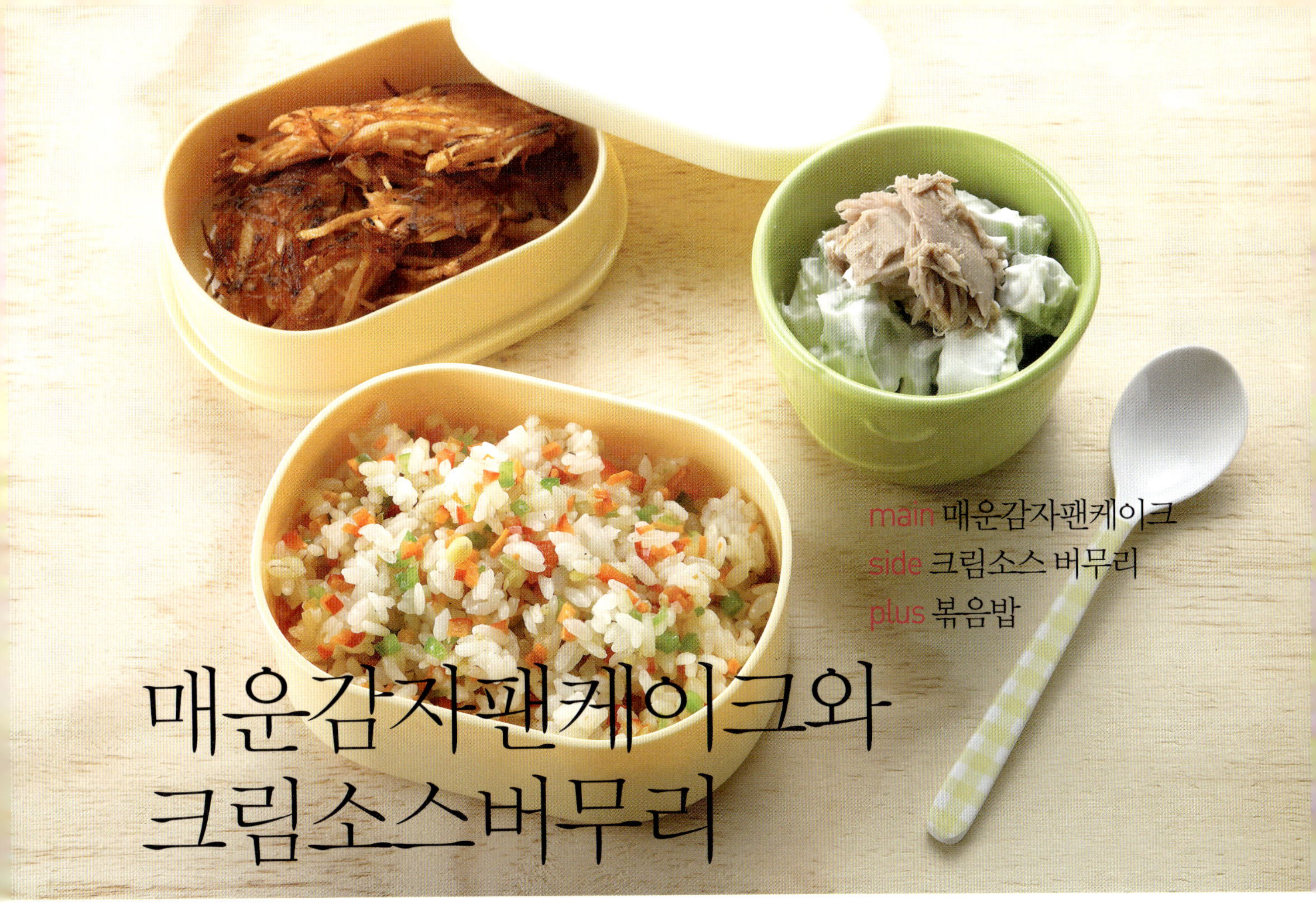

main 매운감자팬케이크
side 크림소스 버무리
plus 볶음밥

매운감자팬케이크와 크림소스버무리

냉장고 속 남은 채소들과 찬밥을 없애기에 좋은 볶음밥. 감자와 오이, 참치는 슬쩍 빼놓은 뒤 조금만 솜씨를 발휘하면 그럴듯한 3색 별미 도시락이 완성된다.

1

매운감자팬케이크

재료 감자 2개, 양파 1/4개, 고춧가루 1/2큰술, 모차렐라치즈 1/4컵, 소금·식용유 적당량씩

이렇게 만드세요

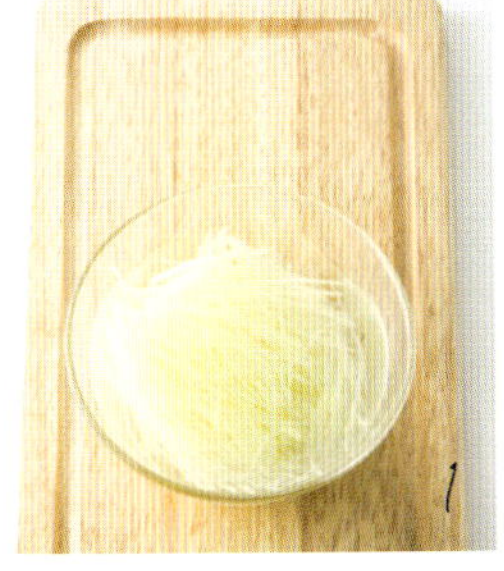

1 감자는 껍질을 벗겨 채썬 뒤 찬물에 담가 전분을 제거하고 물기를 없앤다.
2 양파는 곱게 채썰어 감자 채썬 것과 섞어 고춧가루, 소금을 넣어서 간을 맞춘다.
3 ②에 모차렐라치즈를 섞은 다음, 기름 두른 팬에 올리고 앞뒤가 노릇해지도록 부친다.

전분을 제거해야 맛이 깔끔하고 물기를 충분히 빼줘야 팬케이크가 질퍽거리지 않는다.

3

크림소스버무리

재료 오이 1과1/2개, 참치 1/2캔, 후춧가루 1/3작은술, 크림치즈 1큰술, 사워크림 3큰술, 소금 적당량

이렇게 만드세요

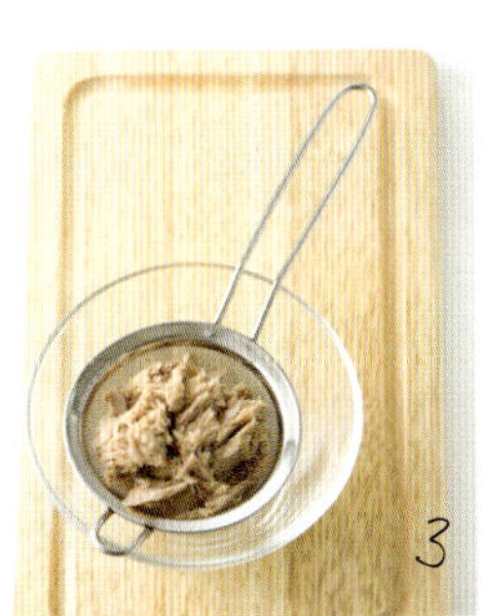

1 오이는 소금으로 문질러 씻은 다음 2cm 두께로 썬다.
2 오이에 소금 1/2작은술을 넣고 살짝 절인 다음 물기를 제거한다.
3 참치는 체에 걸러 기름기를 제거한다.
4 크림치즈, 사워크림, 후춧가루를 넣고 잘 섞은 다음 참치와 오이를 넣어 버무린다.

오이의 수분을 제거해야 소스의 농도가 묽어지지 않는다.

쌀푸딩과 사과계피에이드

main 쌀푸딩　**side** 사과계피에이드

요즘 인기 디저트 1순위인 푸딩의 홈 메이드 버전! 단맛은 줄이고 영양은 높인 쌀푸딩에 개운한 맛이 일품인 사과계피에이드를 곁들이면 아이부터 어른까지 부담 없이 즐길 수 있다.

쌀푸딩

재료 쌀가루 1/4컵, 달걀 2개, 설탕 20g, 우유 1과1/2컵, 가루젤라틴 3g
캐러멜시럽 설탕·물 1/2컵씩

이렇게 만드세요

1 쌀가루, 달걀, 우유, 설탕, 가루젤라틴을 넣고 잘 섞는다.
2 냄비에 설탕을 넣고 갈색이 되도록 가열한 다음 물을 부어서 젓지 말고 캐러멜시럽을 만든다.
3 푸딩틀에 캐러멜시럽을 부은 다음 ①의 재료를 붓고 김이 오른 찜통에 넣고 15분 정도 찐다.
4 찐 푸딩은 식힌 다음 냉장고에 3시간 정도 두었다가 먹는다.

사과계피에이드

재료 사과 1개, 계피(10cm) 1토막, 물 8컵, 꿀 적당량, 탄산수 2컵

이렇게 만드세요

1 사과는 씻어서 물기를 제거한 다음 껍질째 먹기 좋은 크기로 썬다.
2 솔로 문질러 깨끗하게 씻은 계피와 사과, 분량의 물을 냄비에 넣고 끓인다.
3 국물 양이 3컵 정도 남으면 불을 끄고 체에 거른 다음 기호에 맞게 꿀을 넣고 차게 식힌다. 컵에 사과계피차를 따른 다음 탄산수를 섞는다.

가루젤라틴은 찬 우유에 넣으면 잘 풀어진다. 뜨거운 물에 넣으면 덩어리지니 주의.

사과와 계피는 처음에는 센불에서 끓이다가 중불로 낮춰 향이 충분히 우러나오도록 끓인다. 센불에서 계속 끓이면 향이 우러나기 전 물이 증발해 버리니 주의.

	아침	점심	저녁
월	모둠콩밥 달걀북어국 꽈리고추새우볶음 김구이, 동치미	시금치수제비 봄동겉절이 깻잎장아찌 굴깍두기	봄나물강된장비빔밥 레몬소스 곁들인 굴파슬리튀김 냉이호두볶음
화	잡곡밥, 냉이국 명란달걀찜 고춧잎장아찌 배추김치	고추장바비큐닭봉 아보카도샐러드 토마토새우쌀피말이	양송이버섯덮밥 돌미나리사과물김치 취나물깨소스무침 무장아찌무침
수	누룽지죽 버섯죽순볶음, 영양부추겉절이 무말랭이오징어젓 무침, 갓김치	케밥 호박고구마 마른새우국 할라피뇨	발아현미밥 모둠조개봄동국 닭가슴살매운강정 간장소스새우찜 뿌리채소김치
목	베이글샌드위치 맛송이버섯수프	바지락쑥칼국수 묵무침 풋마늘김치	두릅솥밥 돼지고기안심볶음 채소유자초고추장무침
금	흑미밥, 쑥완자국 메추리알장조림 쪽파고추장무침	쌀국수볶음 달걀샐러드 태국식무김치 과일주스칵테일	밥, 맛송이버섯국수전골 씀바귀주꾸미무침 딸기돌나물 샐러드 무김치
토	바나나찰밥 무양파장아찌 모과차	볶음밥 매운감자팬케이크 크림소스버무리	오븐스파게티 브로콜리단호박바비큐 달래꼬막무침 양파비트초절임
일	스크램블드에그 베이컨, 프렌치 토스트, 커피	매운낙지덮밥 대합맑은국 톳나물숙주냉채 땅콩조림	닭가슴살봄동볶음우동 미역미소국 게살무침 단무지시치미무침

주꾸미불고기와 미나리메밀적

주꾸미불고기

재료 주꾸미 12마리, 두릅 2팩, 양파 1/2개, 당근 1/4개, 대파 1/4뿌리, 굵은소금 조금

고추장양념 고추장 2큰술, 고춧가루·올리고당 1큰술씩, 간장·다진마늘· 설탕·통깨·참기름 1/2큰술씩, 후춧가루 조금

이렇게 만드세요

1 주꾸미는 굵은소금으로 바락바락 주물러 씻은 다음 찬물에 30분 정도 담가둔다.

2 두릅은 겉잎과 가시를 제거하고 소금을 조금 넣은 끓는물에 데친다. 찬물에 헹궈 물기를 빼고 4cm 길이로 자른다.

3 양파는 굵게 채썰고, 당근은 반달 모양으로 썬다. 대파는 어슷썬다.

4 고추장양념 재료를 골고루 섞어 주꾸미에 버무린 다음 달군 팬에 볶는다. 준비한 양파, 당근, 대파도 함께 넣어 볶는다. 주꾸미가 다 익으면 두릅을 넣고 버무리듯 살짝 볶는다.

주꾸미를 찬물에 잠시 담가 두면 소금으로 주물러 씻으면서 밴 짠맛도 빠지고 육질도 부드러워진다.

매콤달콤한 주꾸미불고기에 봄내음 가득한 미나리메밀적을 곁들이면 환상궁합. 여기에 바삭바삭 씹는 맛이 일품인 짭조름한 뱅어포양념구이까지 더하면 영양까지 알찬 건강 밥상이 된다.

미나리메밀적

재료 미나리 1/3단, 소금·식용유·밀가루 적당량씩
반죽 메밀가루 1컵, 달걀 1개, 밀가루·물 1/2컵씩

이렇게 만드세요

1 미나리는 줄기만 다듬어 물에 씻은 다음 10cm 길이로 잘라 소금을 살짝 뿌려 둔다.

2 분량의 재료를 고루 섞어 반죽을 만들고 소금을 넣어 간한다.

3 미나리가 살짝 숨이 죽으면 물기를 털고 밀가루를 얇게 뿌린 후 여분의 밀가루는 털어낸다.

4 팬에 기름을 두르고 반죽을 한 국자 떠 넣어 둥글게 펴고 그 위에 밀가루 바른 미나리를 얹고 메밀반죽을 조금 더 얹은 다음 앞뒤로 노릇하게 굽는다.

미나리에 소금을 뿌리면 살짝 숨이 죽고 전을 부쳤을 때 수분이 적게 나온다.

뱅어포양념구이

재료 뱅어포 4장, 닭안심 1조각, 참기름 1작은술, 쪽파 2뿌리, 통깨 1/2큰술
고추장양념 고추장 2큰술, 설탕 1큰술, 다진마늘·간장 1작은술씩

이렇게 만드세요

1 닭안심은 힘줄과 지방을 제거하고 잘게 다진 다음 달군 팬에 볶아 식힌다. 여기에 분량의 고추장양념 재료를 넣고 잘 섞어 뱅어포양념을 만든다. 쪽파는 송송 썰어둔다.

2 뱅어포는 참기름을 발라 달군 팬에 애벌로 굽는다.

3 애벌구이한 뱅어포에 고추장 양념을 바른 다음 다른 뱅어포로 덮고 팬에 살짝 구운 다음 먹기 좋게 썰고 통깨와 쪽파를 뿌린다.

닭고기를 잘게 다진 다음 볶아서 식혀야 양념을 섞었을 때 수분이 많이 생기지 않아 뱅어포에서 비린내가 나지 않는다.

main 주꾸미불고기
side 미나리메밀적
plus 뱅어포양념구이
　상추쌈, 잡곡밥

Cooking Tip

뱅어포에 참기름을 바른 다음 애벌구이를 하면 양념을 바른 후 오래 굽지 않아도 되므로 양념이 타지 않게 구울 수 있다.

묵은김치잡채와
꽃게토마토소스조림

main 묵은김치잡채   **side** 꽃게토마토소스조림   **plus** 아스파라거스간장장아찌, 껍질콩볶음밥

묵은김치잡채

재료 묵은김치 1/2포기, 청·홍피망·양파 1/4개씩, 쪽파 10뿌리, 미나리 20줄기, 소금 조금, 다진 마늘·참기름 1작은술씩, 깨소금 1/2큰술, 식용유 적당량

이렇게 만드세요

1 김치는 소를 털어내고 물에 헹군 뒤 5분간 찬물에 담가 짠맛을 뺀 뒤 물기를 제거하고 0.5×6cm 길이로 채썬다.

2 피망은 씨를 제거하고 김치와 같은 길이로 채썰고, 쪽파와 미나리는 5cm 길이로 썬다. 양파는 채썬다.

3 팬에 기름을 두른 다음 마늘을 넣어 볶다가 김치를 볶아내 식힌다. 사용하던 팬에 기름을 약간 더 두른 다음 준비한 채소들을 넣어 살짝 볶아 식힌다.

4 볶아서 식힌 김치와 채소를 고루 섞고 소금, 깨소금, 참기름을 넣어 버무린다.

채소를 너무 오래 볶으면 물러져 씹는 맛이 좋지 않다. 잘 달군 팬에 마늘을 볶아 향을 낸 다음 채소는 재빨리 볶아낸다.

당면 대신 깊은 맛이 나는 묵은김치와 피망으로 색다른 잡채를 만들어보자. 여기에 새콤달콤한 토마토소스로 만든 꽃게조림, 아삭한 아스파라거스 장아찌, 껍질콩볶음밥을 곁들이면 별미가 따로 없다.

꽃게토마토소스조림

재료 꽃게 2마리, 토마토 3개, 토마토케첩 1컵, 양파 1/4개, 셀러리 1대, 마늘 2쪽, 후춧가루 1/3작은술, 올리브오일 2큰술, 소금·후춧가루 조금씩, 월계수잎 2장, 물 1컵

이렇게 만드세요

1 꽃게는 솔로 깨끗하게 씻어서 등딱지를 떼어내고 모래와 아가미를 제거한 다음 먹기 좋게 자른다.

2 토마토는 열십자로 칼집을 넣은 다음 끓는 물에 데쳐 껍질을 벗기고 8등분으로 썰어 씨를 제거한다.

3 양파는 잘게 다지고, 마늘은 얇게 저민다. 셀러리는 질긴 섬유질을 제거한 다음 0.5cm 길이로 썬다.

4 팬에 올리브오일을 두른 다음 마늘, 양파를 넣어 볶다가 꽃게도 넣어 볶는다. 여기에 물을 붓고, 토마토케첩, 월계수잎을 넣고 자작하게 조려지면 토마토, 셀러리, 소금, 후춧가루를 넣어서 한 번 더 끓인 다음 불을 끈다.

토마토의 씨를 제거하지 않고 조리하면 신맛이 강해진다. 껍질은 식감이 좋지 않으므로 제거한 다음 사용한다.

아스파라거스장아찌

재료 아스파라거스 10개(2묶음)

장아찌간장 간장 4큰술, 식초·설탕·맛술 1큰술씩, 마른청양고추 2개, 물 1/2컵

이렇게 만드세요

1 아스파라거스는 5cm 길이로 썰어 데쳐서 헹군다.

2 분량의 재료로 장아찌간장을 만들어 끓여서 식힌 다음 체에 거른다. 데쳐놓은 아스파라거스를 장아찌간장에 담가 하루 정도 냉장 보관한 다음 먹는다.

너무 오래 삶으면 장아찌를 했을 때 씹히는 맛과 향이 없어진다. 겉만 살짝 익을 정도로 데친다.

묵은김치는 그냥 조리하면 짠맛이 강하므로 물에 담가 짠맛을 조금 뺀 다음 조리한다.

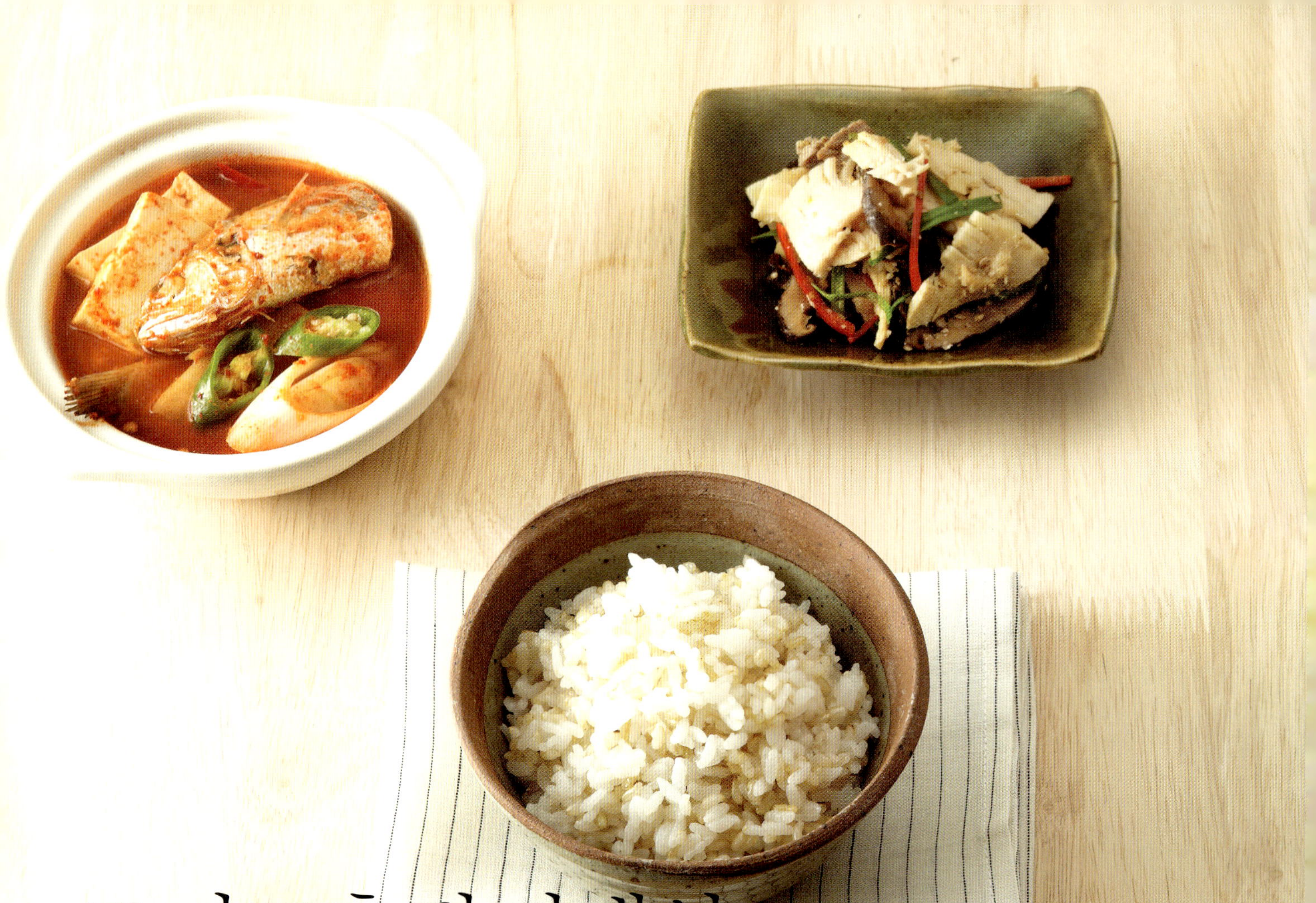

조기고추장찌개와 죽순쇠고기볶음

main 조기고추장찌개 side 죽순쇠고기볶음 plus 김밥채장아찌, 고들빼기김치, 현미밥

조기고추장찌개

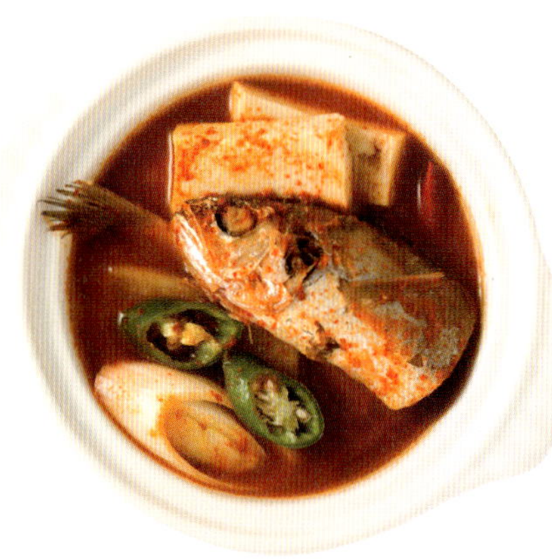

재료 조기 2마리, 무(4cm) 1토막, 두부 1/2모, 양파 1/4개, 대파 1/4뿌리, 풋고추·홍고추 1개씩, 다시마(사방 5cm) 2장, 물 4컵, 다진마늘 1/2큰술, 고추장·맛술 1큰술씩, 국간장 1작은술, 후춧가루·굵은소금 조금씩

이렇게 만드세요

1 조기는 비늘, 지느러미, 내장을 제거하고 소금을 뿌려 10분간 재운 다음 물기를 제거한다.

2 무는 3×4cm 크기로 도톰하게 썰고, 두부도 같은 크기로 썬다. 양파는 굵게 채썰고, 대파와 고추는 어슷 썬다.

3 냄비에 물을 붓고 다시마를 넣어 거품이 날 정도로 끓인 다음 다시마는 건지고 고추장, 맛술, 국간장, 무를 넣어 끓인다. 끓어오르면 조기와 두부, 양파, 마늘을 넣어 더 끓이다가 소금, 후춧가루로 간하고, 고추와 대파를 넣어서 한 번 더 끓인다.

> 조기에 소금을 뿌려 잠시 재워두면 비린맛도 덜 나고 간이 배어 국물과도 맛이 잘 어우러진다.

나른한 봄날, 매콤하고 칼칼한 조기고추장찌개와 부드러운 죽순쇠고기볶음으로 가족들의 입맛을 돋워보자. 오독오독 씹히는 맛이 좋은 채썬 밤을 곁들인 김밥채장아찌는 짜지 않고 만들어 금방 먹을 수 있어 더 좋다.

죽순쇠고기볶음

재료 죽순 2개, 쇠고기 50g, 미나리 10줄기, 표고버섯·붉은고추 1개씩, 소금 조금, 간장 1작은술, 다진 파·식용유 1큰술씩, 다진 마늘·깨소금 1/2큰술씩, 참기름 적당량

이렇게 만드세요

1 쇠고기는 곱게 채썬 다음 간장과 참기름을 1/2작은술씩 넣어 밑간한다.

2 표고버섯은 뜨거운 물에 불린 다음 곱게 채썰고 간장과 참기름 1/2작은술씩을 넣어 밑간한다.

3 죽순은 반 자른 다음 속의 하얀 석회질을 빼고 5cm 길이로 저민다.

4 붉은고추는 씨를 제거하고 5cm 길이로 곱게 채썰고, 미나리는 줄기만 다듬어 4cm 길이로 썬다.

5 팬에 기름을 두른 다음 마늘을 넣어 볶다가 쇠고기, 표고버섯을 넣어 볶는다. 죽순, 붉은고추도 넣어 볶고, 소금으로 간한다. 미나리도 넣어 한 번 더 섞은 다음 불을 끄고 참기름, 깨소금을 넣어 버무린다.

미나리같이 연한 채소는 다른 재료를 다 볶은 다음 불을 끄기 바로 직전에 넣어 살짝 숨만 죽여야 질기지 않다.

김밥채장아찌

재료 김 10장, 밤 5개

장아찌양념 마른청양고추 2개, 간장·맛술·올리고당 1/4컵씩, 설탕 2큰술, 후춧가루 1/4작은술

이렇게 만드세요

1 김은 5×10cm 크기로(8등분) 자른다. 밤은 껍질을 벗긴 다음 곱게 채썬다.

2 냄비에 분량의 장아찌양념을 넣어서 걸쭉하게 끓인 다음 밤채를 넣어 한 번 더 끓여 식힌다. 완전히 식으면 김을 켜켜이 쌓아가며 사이사이에 밤채를 넣은 양념장을 끼얹는다.

양념을 충분히 식히지 않고 끼얹으면 김에서 비린맛이 나므로 충분히 식혀야 한다. 또 국물을 아주 걸쭉하게 조리는 것이 중요하다.

Cooking Tip

장아찌용 김은 얇은 것보다 두꺼운 김밥용 김을 사용해야 맛과 식감이 좋다.

도미살간장조림과 참나물무침

main 도미살간장조림   side 참나물무침   plus 열무물김치, 김구이, 밥

도미살간장조림

재료 도미살1마리 분량, 녹말가루 4큰술, 식용유 2큰술, 소금·후춧가루 조금씩

조림간장 간장 3큰술, 설탕 1/2큰술, 올리고당 2큰술, 다진파·청주 1큰술씩, 다진마늘 1작은술, 마른고추 2개, 물 1/2컵

이렇게 만드세요

1 도미살은 소금, 후춧가루를 조금씩 뿌려 10분간 재웠다가 녹말가루를 묻혀 팬에 기름을 넉넉히 두른 다음 노릇하게 굽는다.

2 냄비에 분량의 조림간장 재료들을 넣어 바글바글 끓인 다음 준비한 도미살을 넣어서 조리고, 국물이 거의 없어지면 불을 끈다.

조림장에 수분이 너무 많을 때 조리면 튀긴 도미살이 풀어질 수 있다. 조림장을 바글바글 끓여 수분을 날린 다음 넣는다.

쫀득쫀득하고 살이 많은 도미는 간장조림을 하면 맛이 참 잘 어우러지며, 식감도 일품이다. 짭조름한 도미살간장조림에 향긋하고 고소한 참나물무침과 시원한 열무물김치를 곁들이면 입맛은 물론 기분까지 상큼해진다.

참나물무침

재료 참나물 200g, 소금 조금, 깨소금 · 참기름 1/2큰술씩

이렇게 만드세요

1 끓는 물에 소금을 조금 넣고 참나물을 데친 다음 찬물에 헹군다. 3cm 길이로 썰고 물기를 제거한다.

2 데친 참나물을 소금으로 간한 다음 깨소금, 참기름을 넣어 버무린다.

참기름을 먼저 넣고 버무리면 간이 잘 배지 않는다. 소금으로 간을 맞춘 다음 참기름을 넣는다.

열무물김치

재료 열무 1단, 붉은고추 10개, 풋고추 3개, 양파 1개, 미나리 20줄기, 쪽파 10줄기, 마늘 5쪽, 생강 2쪽, 밀가루 3큰술, 굵은소금 1/2컵, 물 15컵, 고춧가루 2큰술

이렇게 만드세요

1 열무는 6cm 길이로 썰어 3회 정도 씻어 헹군 다음 소금을 뿌려 절인다.

2 붉은고추 8개는 꼭지를 제거한 다음 잘게 썰어서 믹서에 갈고, 남은 붉은고추 2개와 풋고추는 어슷 썬다.

3 양파는 곱게 채썰고, 쪽파와 미나리는 4cm 길이로 썬다. 마늘과 생강은 얇게 저며 썬다.

4 분량의 물에 밀가루를 풀어 저어가며 풀을 끓여 식힌 다음 믹서에 간 붉은고추와 고춧가루를 넣어 골고루 섞는다. 절인 열무와 썰어놓은 다른 채소들도 넣고 한나절 정도 상온에 두었다가 냉장 보관한다.

붉은고추를 갈아서 양념하면 국물 맛이 훨씬 시원해진다.

Cooking Tip

열무를 씻을 때 상처가 나면 김치에서 풋내가 난다. 큰 그릇에 물을 넉넉히 받은 다음 살살 흔들어 씻는 것이 중요하다.

main 홍시감자수프
side 견과류쑥찰떡

홍시감자수프와 견과류쑥찰떡

주홍빛 색감이 식욕을 자극하는 홍시. 감자를 갈아 넣어 수프로 만들면 한 그릇만 먹어도 속이 든든하다. 고소한 견과류를 올린 쑥찰떡 역시 식사 대용으로 손색없으며, 달콤한 꿀까지 발라주면 아이들도 좋아하는 영양 간식이 된다.

홍시감자수프

재료 홍시 3개, 우유 1컵, 감자(중간 크기) 2개, 물 8컵, 버터 1큰술, 소금·후춧가루 조금씩

이렇게 만드세요

1 감자는 껍질을 벗겨 굵게 다져 찬물에 헹군 다음 버터를 두른 팬에 볶다가 물을 붓고 끓인다. 감자가 익으면 믹서에 넣어 곱게 간다.

2 냉동한 홍시라면 실온에서 녹인 다음 껍질을 벗기고 체에 내린다.

3 믹서에 간 감자를 냄비에 넣고 우유를 부어 끓이다가 소금, 후춧가루로 간하고, 체에 내린 홍시를 넣어 한 번 더 끓으면 불을 끈다.

홍시는 생으로도 먹기 때문에 불을 끄기 직전에 넣는다. 그래야 향과 영양을 살릴 수 있다.

견과류쑥찰떡

재료 쑥가루·아몬드·꿀 2큰술씩, 찹쌀 2컵, 소금 1/4작은술, 호두 5개

이렇게 만드세요

1 찹쌀은 불린 다음 물기를 제거하고 분쇄기에 소금과 같이 넣어서 곱게 간 다음 체에 내린다. 여기에 쑥가루를 골고루 섞어 김 오른 찜기에 면보를 깔고 찐다.

2 견과류는 사방 0.5cm 크기로 다진다.

3 쟁반에 참기름을 바르고 찐 쑥찹쌀을 고르게 펼쳐 식힌 다음 다진 호두와 아몬드를 위에 올리고 꿀을 바른다.

찹쌀을 불린 다음 분쇄기에 갈 때는 물기를 최대한 제거해야 곱게 갈린다. 찹쌀가루를 체에 내릴 때는 고운 밀가루용 체보다는 헷눈이 약간 굵은 것이 좋다.

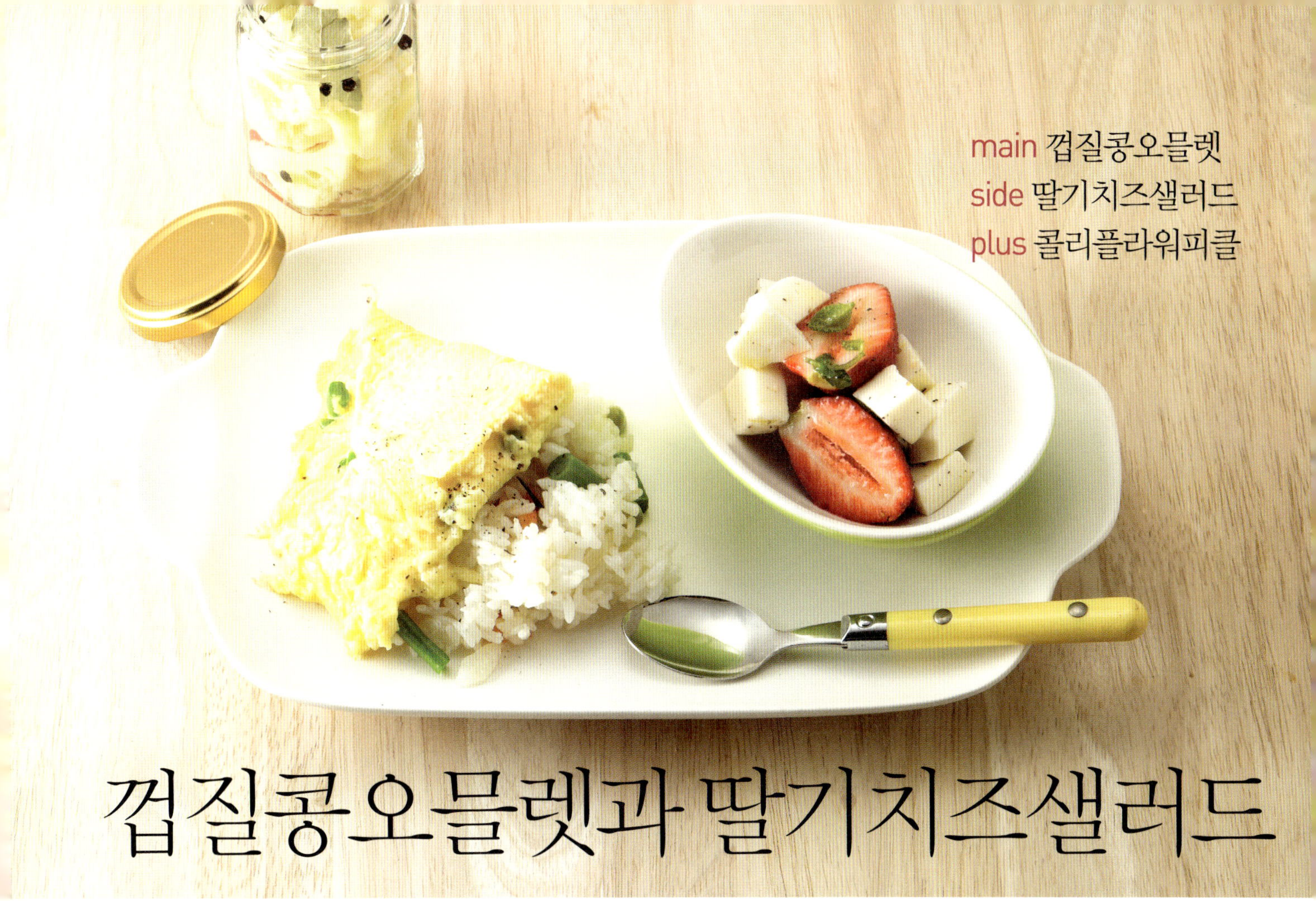

main 껍질콩오믈렛
side 딸기치즈샐러드
plus 콜리플라워피클

껍질콩오믈렛과 딸기치즈샐러드

채소 싫어하는 아이까지 반하게 만드는 껍질콩오믈렛. 채소는 잘게 다지고 고소하게 볶은 닭안심과 달걀을 듬뿍 넣어 만들므로 채소 맛을 의식하지 못한다. 여기에 상큼하고 달콤한 딸기와 신선한 치즈를 곁들인 샐러드까지 더하면 영양도 만점이다.

1

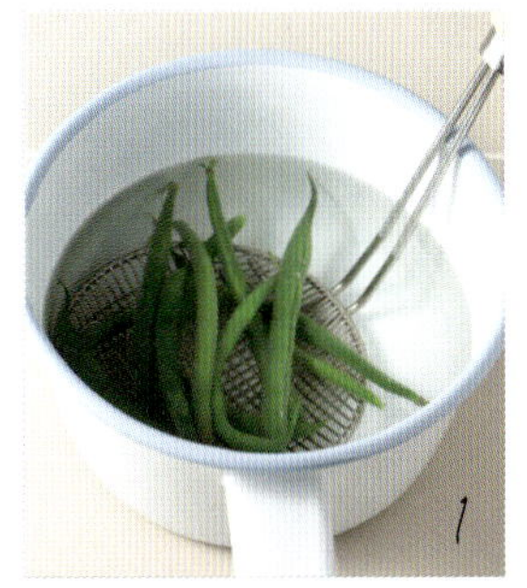

껍질콩오믈렛

재료 달걀 12개, 껍질콩 1/2컵, 줄기콩 8개, 당근 1/5개, 양파 1/3개, 닭안심 3조각, 밥 3공기, 소금 · 후춧가루 조금씩, 식용유 적당량

이렇게 만드세요

1 껍질콩과 줄기콩은 끓는 물에 소금을 조금 넣고 데친 다음 찬물에 헹구고 줄기콩은 1cm 길이로 썬다. 당근과 양파는 잘게 다진다.

2 닭안심은 사방 1cm 크기로 썬다. 기름을 두른 팬에 양파를 볶다가 썰어놓은 닭안심을 같이 볶는다. 당근과 밥도 넣어서 볶고 소금, 후춧가루로 간한다. 여기에 껍질콩과 줄기콩을 넣어서 한 번 더 볶는다.

3 달걀은 골고루 풀어 달군 팬에 기름을 두르고 한 번에 달걀 3개 분량씩을 부어 스크램블한 다음 볶은 밥 위에 얹어 낸다.

껍질콩은 소금을 넣은 끓는 물에 데쳐야 색이 누렇게 변하지 않고 영양소 파괴도 덜하다.

1

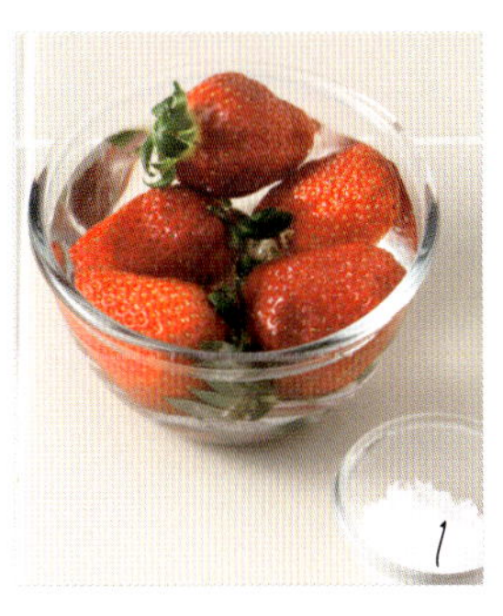

딸기치즈샐러드

재료 딸기 12개, 생모차렐라치즈 300g, 올리브오일 4큰술, 소금 · 통후춧가루 조금씩, 민트잎 1큰술

이렇게 만드세요

1 딸기는 소금물에 담갔다가 흐르는 물에 씻어 물기를 제거한 다음 먹기 좋게 썬다.

2 생모차렐라치즈는 사방 1.5cm 크기로 썰고 민트잎은 굵게 다진다.

3 딸기와 치즈, 민트잎, 오일, 소금, 후춧가루를 넣어 골고루 버무린다.

딸기를 소금물에 잠시 담가 두면 겉에 묻은 불순물을 깨끗이 제거할 수 있고 소금의 짠맛으로 인해 딸기의 단맛이 더 강해진다.

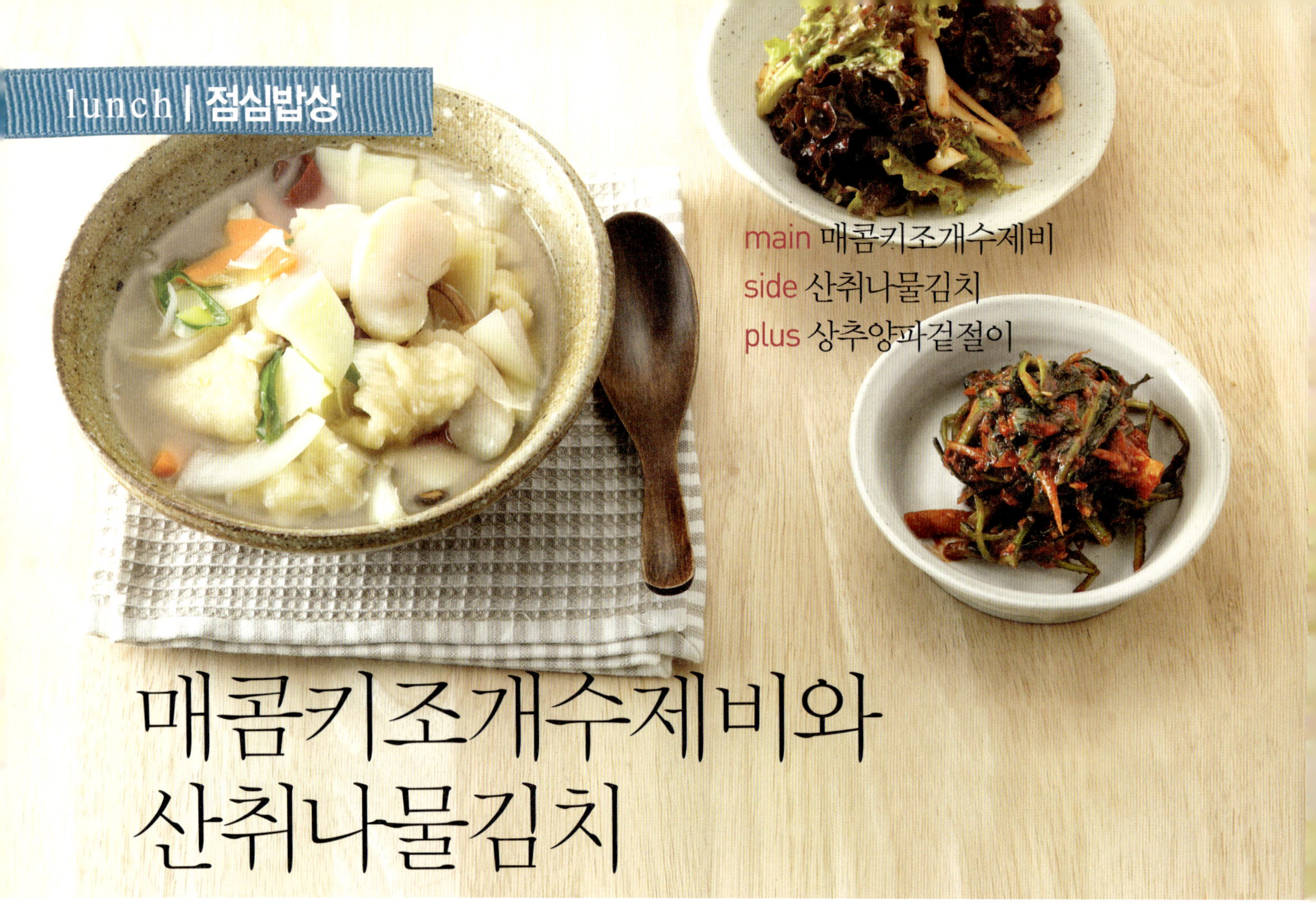

main 매콤키조개수제비
side 산취나물김치
plus 상추양파겉절이

매콤키조개수제비와 산취나물김치

감칠맛이 일품인 키조개수제비를 한술 뜨고 꼬들꼬들한 산취나물로 향긋하고 매콤하게 만든 김치 한 젓가락을 곁들이면, 12첩 임금님 수라상이 부럽지 않다.

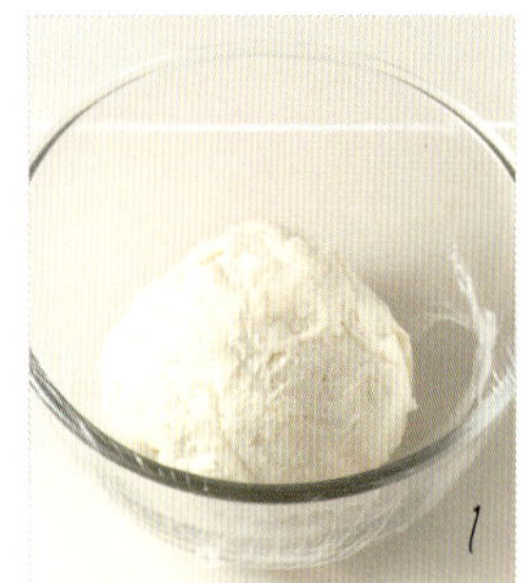

매콤키조개수제비

재료 키조개 8개, 청양고추 3개, 양파 1/2개, 대파 1/4뿌리, 감자 1개, 당근 1/4개, 다시마(사방 5cm) 4장, 물 12컵, 참치액 · 다진 마늘 1/2큰술씩, 굵은소금 적당량

수제비반죽 밀가루 3컵, 달걀 1개, 소금 조금, 물 1컵

이렇게 만드세요

1 수제비 반죽은 30분 정도 실온에서 숙성시키고 다시마는 육수를 낸다.

2 키조개는 얇게 저며 썬다. 양파는 채썰고, 대파는 어슷 썬다. 감자는 0.5cm 두께의 반달 모양으로 썰어 찬물에 담그고, 당근도 감자와 같은 모양과 크기로 썬다.

3 냄비에 육수를 붓고 청양고추를 넣어 끓으면 감자와 당근을 넣은 다음 수제비를 떠 넣는다. 참치액, 마늘, 소금을 넣어 간하고 대파, 양파, 키조개를 넣어 한소끔 더 끓인다.

수제비 반죽을 미리 해 숙성을 시키면 반죽을 뗄 때 손에 잘 들러붙지 않고 한층 더 쫀득거린다.

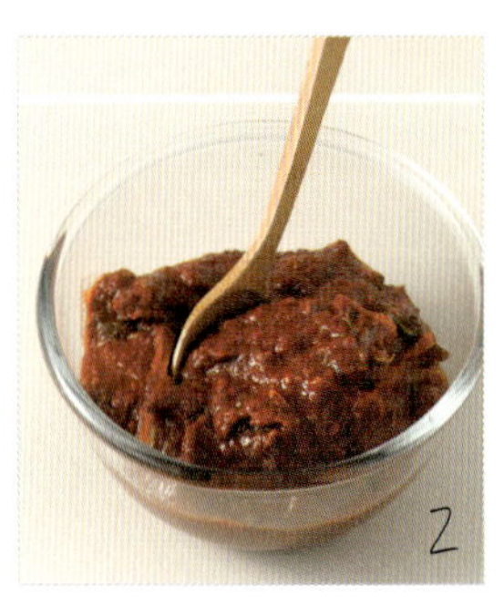

산취나물김치

재료 산취나물 1kg, 양파 1개, 쪽파 · 미나리 20줄기씩, 풋고추 · 붉은고추 2개씩, 굵은소금 1/2컵 **김치양념** 고춧가루 1과1/2컵, 찹쌀풀 1컵, 다진 마늘 2큰술, 다진 파 3큰술, 다진 생강 1/2큰술, 새우젓 3큰술, 멸치액젓 1/4컵

이렇게 만드세요

1 산취나물은 소금물에 잠시 담가 헹궈서 4cm 길이로 썰고 양파는 채썰고, 쪽파와 미나리는 4cm 길이로 썬다. 고추는 어슷 썬다.

2 30분 전쯤에 미리 만들어둔 김치양념에 산취나물과 미나리, 양파, 쪽파, 고추를 함께 넣고 골고루 버무린다.

양념을 미리 만들어 두면 고춧가루가 불어 김치의 색과 맛이 더 좋아진다.

main 고등어돈부리
side 일식풍양상추샐러드
plus 초생강

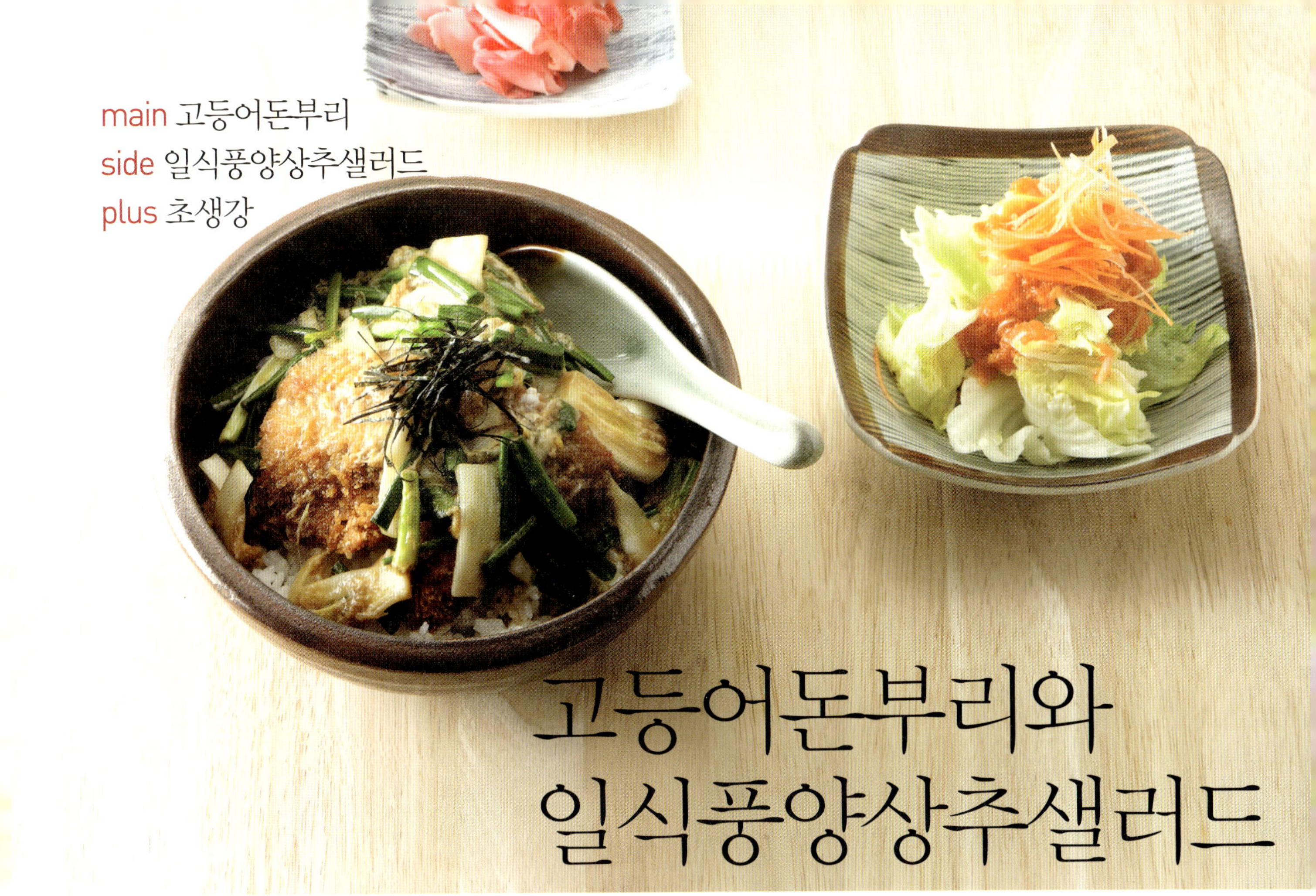

고등어돈부리와 일식풍양상추샐러드

버섯, 돼지고기 대신 고등어를 고소하게 튀겨 돈부리를 만들어보자. 달콤하고 부드러운 달걀간장소스가 생선 비린맛을 확 잡아주며, 도톰한 고등어살이 씹히는 맛도 일품이다. 여기에 아삭아삭한 양상추샐러드, 새콤한 초생강을 곁들이면 상큼하게 마무리할 수 있다.

3

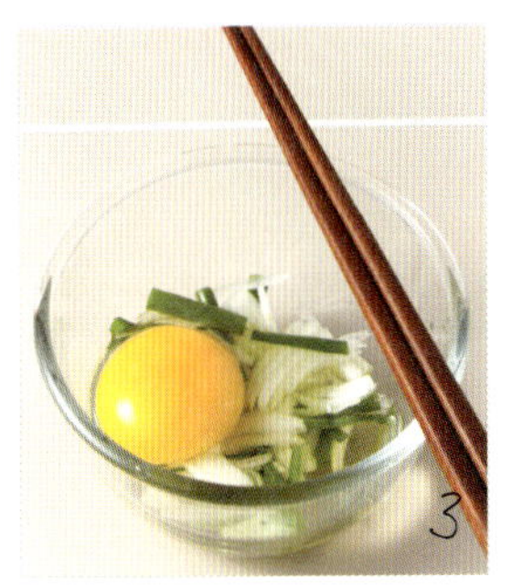

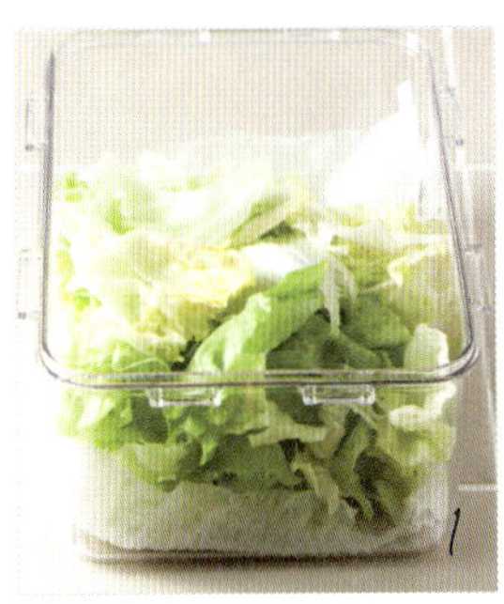

고등어돈부리

재료 밥 4공기, 달걀 3개, 양파 1/2개, 쪽파 15줄기, 김 1장

고등어커틀릿 고등어살 1마리 분량, 소금 · 후춧가루 조금씩, 밀가루 1/2컵, 달걀 1개, 빵가루 1컵, 식용유 적당량

소스 다시마가쓰오육수 3컵, 간장 1/4컵, 설탕 1큰술, 맛술 2큰술

이렇게 만드세요

1 고등어는 소금, 후춧가루로 간해 밀가루, 달걀, 빵가루 순으로 옷을 입혀 기름에 튀긴다.

2 다시마가쓰오육수와 분량의 간장, 설탕, 맛술을 골고루 섞어 소스를 만든다.

3 양파는 0.5cm 굵기로 채썰고, 쪽파는 4cm 길이로 썬다. 김을 채썰어둔다. 양파와 쪽파, 달걀을 풀어 섞어두고, 냄비에 소스를 부어 충분히 끓이다가 양파와 쪽파를 섞은 달걀물을 부어 달걀이 반숙이 되도록 익힌다.

4 밥 위에 고등어커틀릿을 올리고 달걀물을 풀어 익힌 소스를 끼얹고 채썬 김을 올려 낸다.

소스가 충분히 끓을 때 달걀을 넣어야 재빨리 익어 부드러운 맛을 즐길 수 있다.

1

일식풍양상추샐러드

재료 양상추잎 5장, 당근(2cm) 1토막

당근소스 당근 1/4개, 배 1/8개, 대파 1/3뿌리, 포도씨오일 3큰술, 가쓰오부시장국 2큰술

이렇게 만드세요

1 양상추는 뜯어서 찬물에 담갔다가 물기를 제거하고 냉장고에 30분 정도 둔다.

2 당근은 곱게 채썬다. 소스용 당근과 배는 곱게 갈고 대파는 송송 썰어서 나머지 소스 재료와 골고루 섞는다. 그릇에 양상추와 당근을 얹은 다음 당근소스를 뿌린다.

양상추를 찬물에 담갔다가 냉장고에 30분~1시간 정도 두면 더 아삭거리고 신선한 맛이 난다.

main 머위쌈밥
side 주꾸미엿장조림
plus 무간장짠지무침

머위쌈밥과 주꾸미엿장조림

흔한 된장소스 대신 참기름에 고소하게 버무린 낙지젓을 곁들인 머위쌈밥은 한입에 쏙쏙 먹기에도 편리한 별미
도시락 메뉴. 차게 먹어도 맛있는 주꾸미엿장조림과 무간장짠지무침까지 더하면 깔끔하면서도 푸짐하다.

머위쌈밥

재료 머윗잎 24장, 밥 4공기, 낙지젓 4큰술, 참기름·깨소금 1큰술씩, 소금 조금

이렇게 만드세요

1 머윗잎은 소금을 넣은 끓는물에 데치고 찬물에 담갔다가 질긴 섬유질을 벗긴다.
2 밥에 잘게 다진 낙지젓을 섞고 참기름, 깨소금을 뿌려 골고루 버무린 다음 먹기 좋은
크기로 뭉쳐 머윗잎으로 싼다.

머윗잎을 데치기
전에 질긴 섬유질을
벗기면 손이 검게
변한다. 데친 다음
벗기면 수월하고
손에 물도 들지
않는다.

주꾸미엿장조림

재료 주꾸미 10마리, 마늘 10쪽, 마른청양고추 2개, 간장·조청 3큰술씩,
청주 2큰술

이렇게 만드세요

1 주꾸미는 소금으로 문질러 씻은 다음 찬물에 잠시 담갔다가 끓는물에 살짝 데친다.
2 냄비에 마른청양고추, 마늘, 간장, 조청, 청주를 넣어서 자작하게 끓으면 주꾸미를 넣
고 섞듯이 조린다.

주꾸미는 데친 다음
조려야 수분이 많이
나오지 않고 살도
부드럽다.

main 로즈메리시폰케이크
side 딸기두유카푸치노
plus 딸기잼

로즈메리시폰케이크와 딸기두유카푸치노

구우면서 아로마테라피 효과까지 누릴 수 있는 로즈메리시폰케이크. 폭신폭신 한입에 사르르 녹아드는 부드러운 맛은 지친 마음까지 달래준다. 여기에 단맛 오른 딸기와 두유를 갈아넣은 카푸치노 한 잔을 더하면 맛 궁합도 최선!

로즈메리시폰케이크

재료 박력분 100g, 베이킹파우더 1/2작은술, 달걀노른자 3개, 슈거파우더 40g, 포도씨오일 50g, 소금 1/4작은술, 두유 60g, 럼 1큰술, 다진로즈메리 1큰술, 해바라기씨 2큰술, 머랭(달걀흰자 4개, 슈거파우더 20g)

이렇게 만드세요

1 박력분, 베이킹파우더는 체에 내리고 여기에 달걀노른자와 슈거파우더를 섞는다.

2 포도씨오일에 소금을 섞은 다음 두유와 럼도 고루 섞는다.

3 ②에 ①과 다진 로즈메리와 해바라기씨를 넣어서 칼로 자르듯이 섞는다.

4 볼에 달걀흰자와 슈거파우더를 넣어서 거품이 나게 세게 쳐서 머랭을 만든 다음 ③의 반죽에 2번에 걸쳐 나눠 넣으며 거품이 가라앉지 않도록 섞는다.

5 미니 시폰 틀에 반죽을 7부 정도 붓고, 160℃ 오븐에서 30분 정도 굽는다.

머랭은 그릇을 뒤집었을 때 흐르지 않고 뿔이 난 것처럼 형태를 유지할 때까지 거품을 내는 것이 알맞다.

딸기두유카푸치노

재료 딸기 12개, 두유 4컵, 꿀 1큰술, 소금 조금

이렇게 만드세요

1 딸기는 씻어서 소금물에 조금 담갔다가 물기를 제거한 다음 적당한 크기로 썬다.

2 두유는 저어서 거품이 나면 거품은 따로 덜어놓고 두유만 딸기, 꿀과 함께 믹서에 넣어서 곱게 간다.

3 컵에 딸기두유를 담고 그 위에 거품을 얹는다.

두유는 미리 거품을 낸 다음 거품을 덜어내고 딸기와 갈면 맛이 한층 더 깔끔하면서도 부드럽다.

검은콩스무디와 초콜릿볼

main 검은콩스무디
side 초콜릿볼

시판하는 초코쿠키보다 달콤하면서도 각종 과일들이 어우러져 맛과 영양에도 좋은 초콜릿볼. 구수하면서도 포만감 있는 검은콩코코넛스무디와 곁들이면 오후 내내 든든하다.

검은콩스무디

재료 검은콩 2/3컵, 냉동한 코코넛밀크 1컵, 우유 3컵, 코코넛가루 2큰술, 물 2컵, 꿀 적당량

이렇게 만드세요

1 검은콩은 씻어서 분량의 물을 붓고 10분 정도 삶아 콩이 부드러워지면 불을 끈다.
2 검은콩을 식힌 뒤 냉동한 코코넛밀크, 우유, 꿀을 섞어 믹서에 간다.
3 ②를 컵에 담은 다음 코코넛가루를 얹어 낸다.

콩은 충분히 불린 다음 삶아야 고소한 맛이 난다. 콩이 부드러워지면 일단 먹어 보아 맛이 비린지 메주 냄새가 나는지 확인하는 것이 안전하다.

초콜릿볼

재료 다크초콜릿 100g, 말린과일(귤, 살구, 크랜베리, 푸룬 등) 1컵, 아몬드 1/2컵

이렇게 만드세요

1 말린과일과 아몬드는 알갱이가 씹힐 정도로 다진다.
2 다크초콜릿은 스텐인리스 믹싱볼에 담아 중탕한다. 녹기 전까지 젓지 않도록 주의.
3 다크초콜릿이 다 녹으면 상온으로 식힌 다음 말린과일과 아몬드 다진 것을 섞어 지름 2cm 크기의 볼을 만든다.
4 냉장고에서 30분간 굳힌다.

초콜릿이 뜨거울 때 과일을 넣으면 모양을 잡기 어려우므로 굳지 않은 정도로 식었을 때 과일을 섞어 바로 모양을 잡는다.

제철 재료로 차린
일주일 밥상 플랜

	아침	점심	저녁
월	밥, 김구이 도미살간장조림 참나물무침 열무물김치	볶음우동 미소된장국 오이초무침 양배추샐러드	흑미밥, 순두부찌개 고사리나물 갈치구이 배추김치
화	껍질콩오믈렛 딸기치즈샐러드 콜리플라워피클	불고기덮밥 콩나물맑은국 애호박볶음 미나리김치	껍질콩볶음밥 묵은김치잡채 꽃게토마토소스조림 아스파라거스간장장아찌
수	홍시감자수프 견과류쑥찰떡	짬뽕밥 단무지 배추김치	현미밥 조기고추장찌개 죽순쇠고기볶음 김밥채장아찌 고들빼기김치
목	밥, 감자바지락국 쇠고기장조림 짠지물김치	매콤키조개수제비 산취나물김치 상추양파겉절이	잡곡밥 청국장무찌개 풋마늘초고추장무침 고등어소금구이
금	밥 새우근대국 달걀명란말이 총각무김치	고등어돈부리 일식풍양상추샐러드 초생강	잡곡밥, 상추쌈, 배추김치 주꾸미불고기 미나리메밀적 뱅어포양념구이
토	녹두죽 북어조림 나박김치	머위쌈밥 주꾸미엿장조림 무간장짠지무침	홍합토마토스파게티 해물칼조네 오리엔탈드레싱채소샐러드 할라피뇨
일	프렌치토스트 과일사우어크림버무리 커피	강된장비빔밥 열무김치 마른멸치볶음	참치주먹밥 쇠고기스키야키 우동, 락교

5·6월 밥상

채소와 과일이 넉넉한 행복한 달. 통통하게 살이 오른 꽃게로 게장도 담그고 제철인 꽈리고추로 고추장아찌도 담글 수 있다. 포슬포슬 감자도 넉넉히 쪄서 먹고 더덕이 한창이므로 더덕장아찌도 만들어 보자. 싱싱한 멍게회도 놓치지 말자. 제철재료는 최고의 맛을 볼 수 있는데다 값도 저렴하므로 빠뜨리지 말고 장바구니에 챙겨야 한다. 풍성한 식탁을 차리기에 더없이 좋은 계절이다.

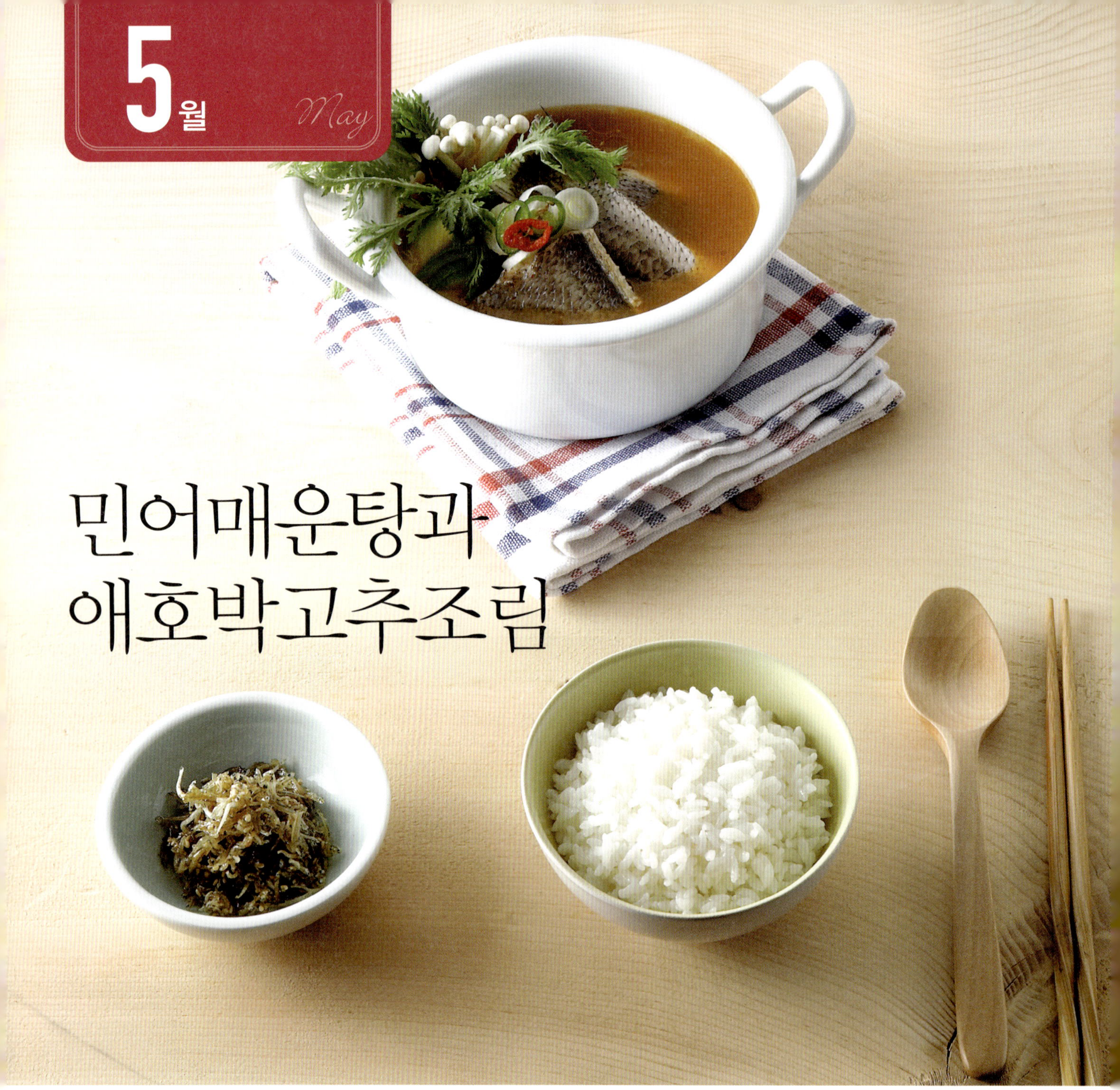

5월 May

민어매운탕과 애호박고추조림

민어매운탕

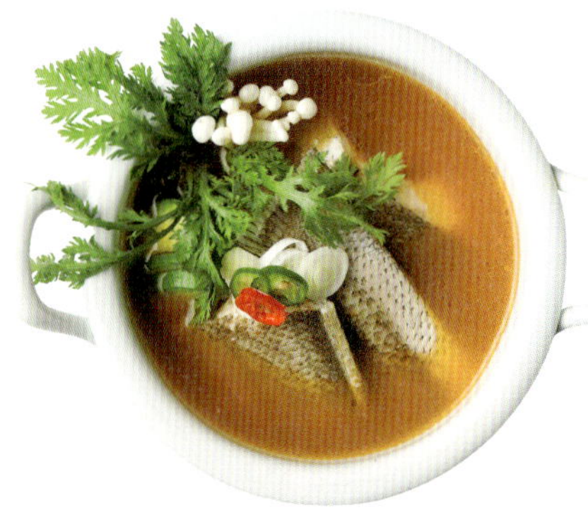

재료 민어(작은 것) 1마리, 애호박 1/2개, 팽이버섯 1봉지, 대파 1뿌리, 풋고추·홍고추 1개씩, 쑥갓 4~5줄기, 굵은소금·후춧가루 조금씩

국물양념 다시마물 5컵, 고추장·국간장·다진마늘 1큰술씩, 된장·생강즙 1작은술씩, 고춧가루 2큰술

이렇게 만드세요

1 민어는 손질해 5~6cm 길이로 잘라 소금, 후춧가루를 뿌린다.

2 애호박은 반달썰기하고 팽이버섯은 밑동을 잘라 가닥을 나누고 대파, 고추는 어슷썰고, 쑥갓은 여린 줄기만 다듬어 둔다.

3 다시마물에 고추장과 된장을 푼 뒤 나머지 국물양념을 잘 섞어 끓인다.

4 국물이 끓어오르면 민어, 애호박을 넣고 민어가 익으면 남은 채소들을 넣어 한소끔 끓여 소금, 후춧가루로 간을 맞춘다.

국물이 끓은 후 생선을 넣어야 살이 쉽게 부서지지 않는다.

main 민어매운탕
side 애호박고추조림
plus 가지깨소스나물,
　　　잔멸치볶음, 밥

살이 올라 맛 좋은 민어로 시원하게 끓인 매운탕이면 초여름 더위도 가뿐하다.
매콤한 애호박고추조림과 새콤한 가지깨소스나물을 곁들이면 밥상은
풍성해지고 입맛은 더욱 개운해진다.

애호박고추조림

재료 애호박 2개, 쇠고기 우둔살(채썬 것) 100g, 꽈리고추 30개,
홍고추 1/2개, 마늘 2쪽, 통깨·식용유·소금 조금씩
조림장 다시마물 1컵, 간장 3큰술, 설탕 1큰술, 조청 1/2큰술,
생강즙 1작은술, 후춧가루·참기름 조금씩

이렇게 만드세요

1 애호박은 4~5cm 길이로 잘라 삼발래로 잘라 씨 부분을 저며낸다.
2 애호박에 소금을 살짝 뿌려 10분 정도 절인다.
3 분량의 조림장을 고루 섞은 후 2큰술 정도 덜어 곱게 채썬 쇠고기에
밑간한다.
4 꽈리고추는 잘 씻어 꼭지를 따고 홍고추와 마늘은 3cm 길이로 채썬다.
5 바닥이 두꺼운 냄비를 달군 후 식용유를 두르고 채썬 마늘을 볶아 향
을 낸 다음 남은 조림장을 부어 자글자글 끓인다.
6 조림장이 끓어오르면 쇠고기를 넣어 젓가락으로 흩어가며 볶는다.
7 고기가 익으면 애호박, 꽈리고추, 홍고추채를 넣고 조림장을 끼얹어
가며 조린 후 통깨를 뿌린다.

가지깨소스나물

재료 가지 2개, 소금 조금, 깨소금 3큰술, 국간장·참기름 1큰술씩,
다진마늘 1/2큰술, 설탕 1작은술, 식초 2큰술

이렇게 만드세요

1 가지는 5cm 길이로 자르고 4~6등분으로 갈라 김이 오른 찜통에 쪄
서 식힌 후 물기를 살짝 짠다.
2 나머지 재료를 고루 섞어 깨소스를 만든다.
3 그릇에 가지를 담고 소스를 넣어 살살 무쳐 낸다.

손질한 민어에 굵은소금을 살짝 뿌려 두면
밑간도 되고 살이 단단해져 잘 부스러지지 않아
매운탕을 깔끔하게 끓일 수 있다.

닭감자매운불고기와
근대감자국

main 닭감자매운불고기　**side** 근대감자국　**plus** 두부채소전, 김, 단호박밥

닭감자매운불고기

재료 닭(1kg 내외) 1마리, 감자(중간 크기) 2개, 대파 1뿌리,
양파 1/2개, 풋고추·홍고추 1개씩, 통깨 조금
양념 간장 2큰술, 고추장·고춧가루·설탕·조청·다진마늘·참기름·
깨소금 1큰술씩, 양파즙 3큰술, 생강즙 1작은술, 소금·후춧가루 조금씩

이렇게 만드세요

1 닭고기는 살만 발라 끓는물에 살짝 데쳐 한입 크기로 자른다.

2 감자는 1cm 두께로 반달썰기해 찬물에 담가 녹말기를 제거한다.

3 양파는 굵직하게 채썰고 대파와 고추는 어슷하게 썬다.

4 닭고기와 감자에 양념을 버무려 두고, 볶기 직전에 양파, 대파, 고추
를 넣고 고루 주물러 놓는다.

5 팬에 닭과 감자부터 넣고 볶다가 나머지 채소를 넣어 볶는다.

초여름 지친 가족들의 원기회복에는 닭고기가 딱이다. 삼계탕만 만들어 먹지 말고 매콤하게 볶은 닭감자불고기로 가족들의 입맛을 잡아 보자. 담백한 근대감자국과 두부채소전을 곁들이면 매콤한 입 안을 부드럽게 달래 준다.

근대감자국

재료 근대 12장, 감자(중간 크기) 1과1/2개, 대파 1/2대, 풋고추·홍고추 1개씩, 다진마늘 1큰술, 소금·후춧가루·고춧가루 조금씩
국물 쌀뜨물 6컵, 다시마(5×10cm) 1장, 된장 2큰술, 고추장 1큰술

이렇게 만드세요

1 근대는 억센 줄기를 잘라내고 씻어 소금물에 살짝 데친 후 5~6cm 길이로 자른다.

2 감자는 껍질을 벗기고 5mm 두께로 반달썰기해 찬물에 담가 녹말기를 뺀다.

3 대파와 고추는 어슷썬다.

4 쌀뜨물에 다시마를 넣고 한소끔 끓인 후 다시마는 건져내고 된장과 고추장을 푼다.

5 감자를 넣고 익힌 후 근대를 넣고 15분 정도 끓인다.

6 대파, 고추, 다진마늘을 넣고 소금, 후춧가루로 간을 맞춘 후 한소끔 더 끓여 기호대로 고춧가루를 뿌린다.

된장과 고추장을 섞어 국을 끓이면 된장의 텁텁함과 고추장의 들큰함이 사라지고 맛이 더욱 좋다.

두부채소전

재료 두부 1/2모, 당근·양파·청피망 조금씩, 밀가루 2큰술, 달걀 1개, 소금·포도씨오일 조금씩

이렇게 만드세요

1 두부는 으깨어 물기를 짜고 채소는 곱게 다진다.

2 두부와 다진 채소를 섞어 치댄 뒤 소금으로 간하고 밀가루로 농도를 맞춘다.

3 동글납작하게 빚은 뒤 달걀물을 입혀 부친다.

두부는 수분을 꼭 짠 후 전을 부쳐야 물이 나와 전이 갈라지는 것을 막을 수 있다.

감자는 도톰하게 썰어 찬물에 담가 녹말기를 제거해야 서로 들러붙지 않는다.

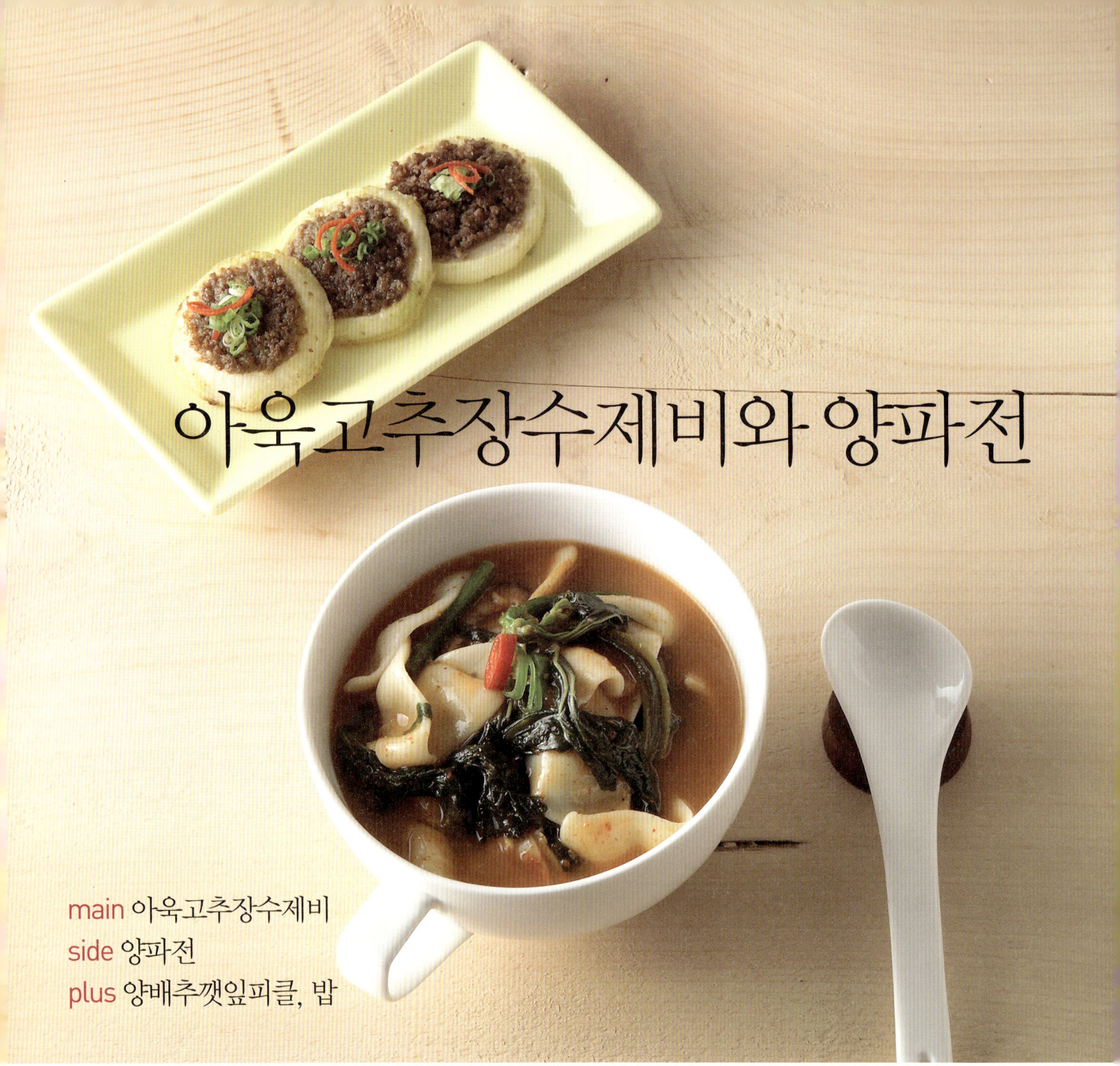

아욱고추장수제비와 양파전

main 아욱고추장수제비
side 양파전
plus 양배추깻잎피클, 밥

아욱고추장수제비

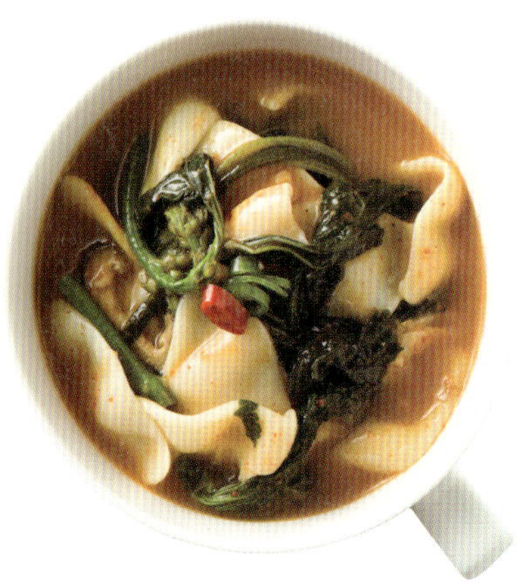

재료 아욱 100g, 생표고버섯 2개, 애호박 1/4개, 풋고추 1개, 홍고추 1/2개, 대파 1/4뿌리, 다시마물 6컵, 고추장 2큰술, 고춧가루 1큰술, 다진마늘 1작은술, 소금·후춧가루 조금씩

수제비반죽 우리밀가루 2컵, 감자(중간 크기) 1개, 소금 조금

이렇게 만드세요

1 감자는 강판에 갈아 밀가루, 소금과 섞어 말랑하게 반죽한다.

2 아욱은 잘 씻어 소금물에 살짝 데쳐 꼭 짜고 버섯은 채썰고 애호박은 나박 썰고 고추와 대파는 어슷썬다.

3 다시마물에 고추장과 고춧가루를 풀어 팔팔 끓이다가 먹기 좋게 썬 아욱을 넣고 20분 정도 끓인다.

4 수제비를 떠 넣고 떠오르면 준비한 채소와 다진마늘을 넣고 한소끔 끓인 후 소금, 후춧가루로 간한다.

아욱 맛이 충분히 우러난 다음 수제비를 넣어야 국물 맛이 더욱 좋다. 감칠맛이 부족하면 국간장을 조금 넣어 간한다.

영양소가 풍부해 아이들 성장발육에 특히 효능이 좋은 아욱. 아욱을 넣어
매콤하게 끓인 고추장 수제비에 사각거리는 양배추 피클, 감칠맛 나는
양파전까지 곁들이면 별미 밥상을 쉽게 차릴 수 있다.

양파전

재료 양파 2개, 쇠고기(다진 것) 100g, 달걀 2개, 홍고추 1/2개,
쪽파 3뿌리, 참기름·소금·생강즙·밀가루·식용유 적당량씩
쇠고기양념 간장·다진마늘 1큰술씩, 설탕 1/2큰술, 후춧가루 조금,
참기름 조금

이렇게 만드세요

1 양파는 1cm 정도 두께로 도톰하게 썰어 모양이 부서지지 않게 고
정한 후 끓는물에 살짝 데친다.
2 쇠고기는 분량의 양념으로 밑간한 후 달군 팬에 보슬보슬하게 볶아
식힌다.
3 송송 썬 쪽파와 곱게 채썬 홍고추를 쇠고기와 고루 섞어 고기소를
만든다.
4 양파의 앞뒤에 밀가루를 무치고 곱게 푼 달걀물을 고루 입힌다.
5 달군 팬에 양파를 올리고 달걀이 익기 전에 고기소를 올려 앞뒤로
노릇하게 익힌다.

*양파는 한 번
데친 후 사용해야
빨리 익을 뿐
아니라 맛도 더
달고 부드럽다.*

양배추깻잎피클

재료 양배추 5~6장, 깻잎 4~5장
피클물 식초 3큰술, 물·유자청 2큰술씩, 설탕 1큰술, 소금 1작은술

이렇게 만드세요

1 양배추와 깻잎은 깨끗이 씻어 곱게 채썰어 고루 섞는다.
2 분량의 재료를 고루 섞어 피클물을 만든다.
3 밀폐용기나 병에 양배추와 깻잎채를 넣고 피클물을 부어 냉장 보관
한다.

*만들어 금방 먹는
피클이므로 간이
빨리 밸 수 있도록
양배추와 깻잎은
곱게 채썬다.*

아욱은 줄기 쪽의 거친 섬유질은 벗겨내고 잎은
푸른 물이 가시게 소금물에 여러 번 비벼 씻은
다음 요리를 해야 풋내도 나지 않고 부드럽다.

오렌지목살스테이크와 토마토상추샐러드

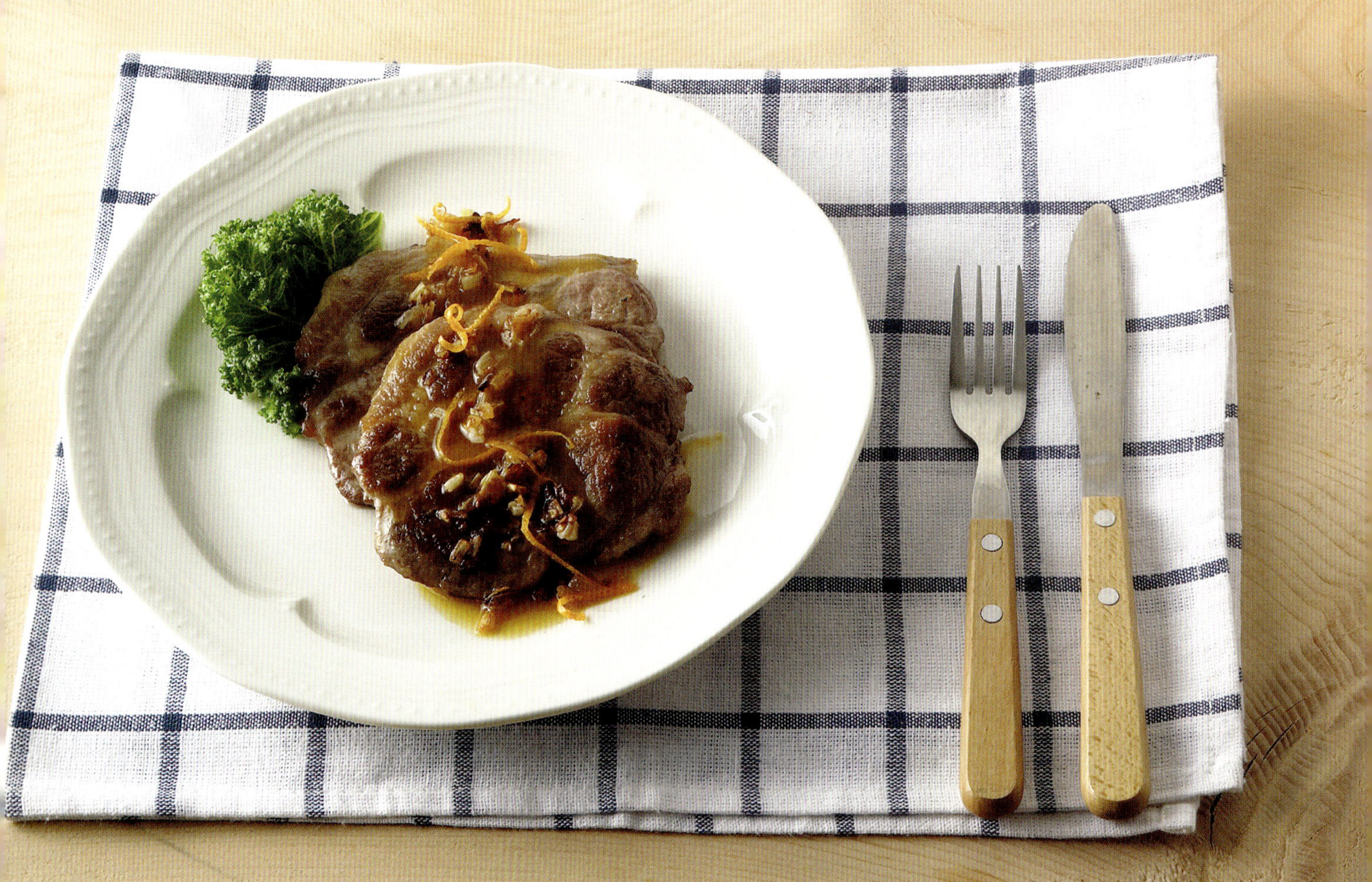

main 오렌지목살스테이크 side 토마토상추샐러드 plus 깍두기치즈볶음밥, 피클

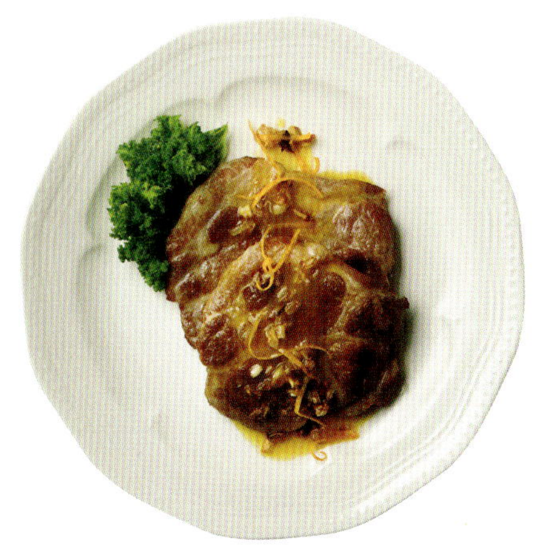

오렌지목살스테이크

재료 돼지고기목살(스테이크용) 400g, 올리브오일 3큰술, 오렌지 2개, 다진파슬리 1작은술

고기밑간 오렌지즙 3큰술, 양겨자 1큰술, 레드와인 · 설탕 · 간장 1큰술씩, 월계수잎 1장, 말린로즈메리 · 소금 · 후춧가루 조금씩

오렌지소스 양파 1/4개, 마늘 1쪽, 마른고추 1/2개, 레드와인 3큰술, 오렌지즙 5큰술, 밑간국물 2큰술, 소금 · 후춧가루 조금씩

이렇게 만드세요

1 돼지고기는 잔칼집을 넣은 뒤 고기밑간에 재웠다가 오일 두른 팬에 익힌다.

2 양파와 마늘은 다지고 고추는 잘게 잘라 고기를 구운 팬에 먼저 볶아 향을 낸 후 레드와인을 넣고 반으로 줄 때까지 졸이다가 나머지 소스 재료를 넣고 소금, 후춧가루로 간을 한다.

3 접시에 고기를 담고 뜨거운 소스를 끼얹은 후 다진파슬리를 뿌린다.

레드와인이 충분히 졸아든 뒤 남은 소스 재료를 넣어야 오렌지색과 향이 잘 밴 소스를 만들 수 있다.

제철 과일이 적은 초여름 부족한 비타민을 챙기기엔 오렌지가 제격이다.
새콤달콤한 오렌지 과즙을 고기요리에 활용하면 누린내 제거는 물론 육질을
부드럽게 해준다.

토마토상추샐러드

재료 방울토마토 20개, 상추 15장, 양파 1/4개

드레싱 올리브오일·식초 3큰술씩, 다진마늘 1작은술, 간장 1큰술,
씨겨자·설탕 1큰술씩, 소금·후춧가루 조금씩

이렇게 만드세요

1 방울토마토는 잘 씻어 꼭지를 따고 2~4등분한다.

2 상추는 한입 크기로 뜯어 찬물에 담갔다 건진다.

3 양파는 곱게 채썰어 찬물에 담갔다 건진다.

4 준비한 재료를 고루 섞어 담고 드레싱을 뿌린다.

깍두기치즈볶음밥

재료 찬밥 2공기, 깍두기 국물 1컵, 송송썬 깍두기 1/2컵, 참기름
2큰술, 설탕 2작은술, 모차렐라치즈 1/2컵, 쪽파 3뿌리, 통깨 조금

이렇게 만드세요

1 깍두기는 양념을 대충 털어내고 굵직하게 다지듯이 썬다.

2 냄비나 뚜껑이 있는 달군 팬에 참기름을 넉넉히 두르고 깍두기 국
물과 깍두기, 설탕을 넣고 달달 볶는다.

3 국물이 자박하게 졸고 깍두기가 말갛게 익으면 찬밥을 넣어 고슬하
게 볶는다.

4 밥과 김치가 고루 섞이면 모차렐라치즈를 넣고 뚜껑을 덮어 5분 정
도 뜸을 들인다.

5 뚜껑을 열고 통깨를 뿌리고 부드럽게 녹은 치즈와 볶음밥을 고루 비
벼 먹는다.

오렌지소스를 만들 때는 주스를 사용하는
것보다 직접 즙을 짜서 쓰는 것이 향이 더욱
좋다. 오렌지 과육만으로 향이 부족하다면
껍질을 조금 채썰어 넣는다.

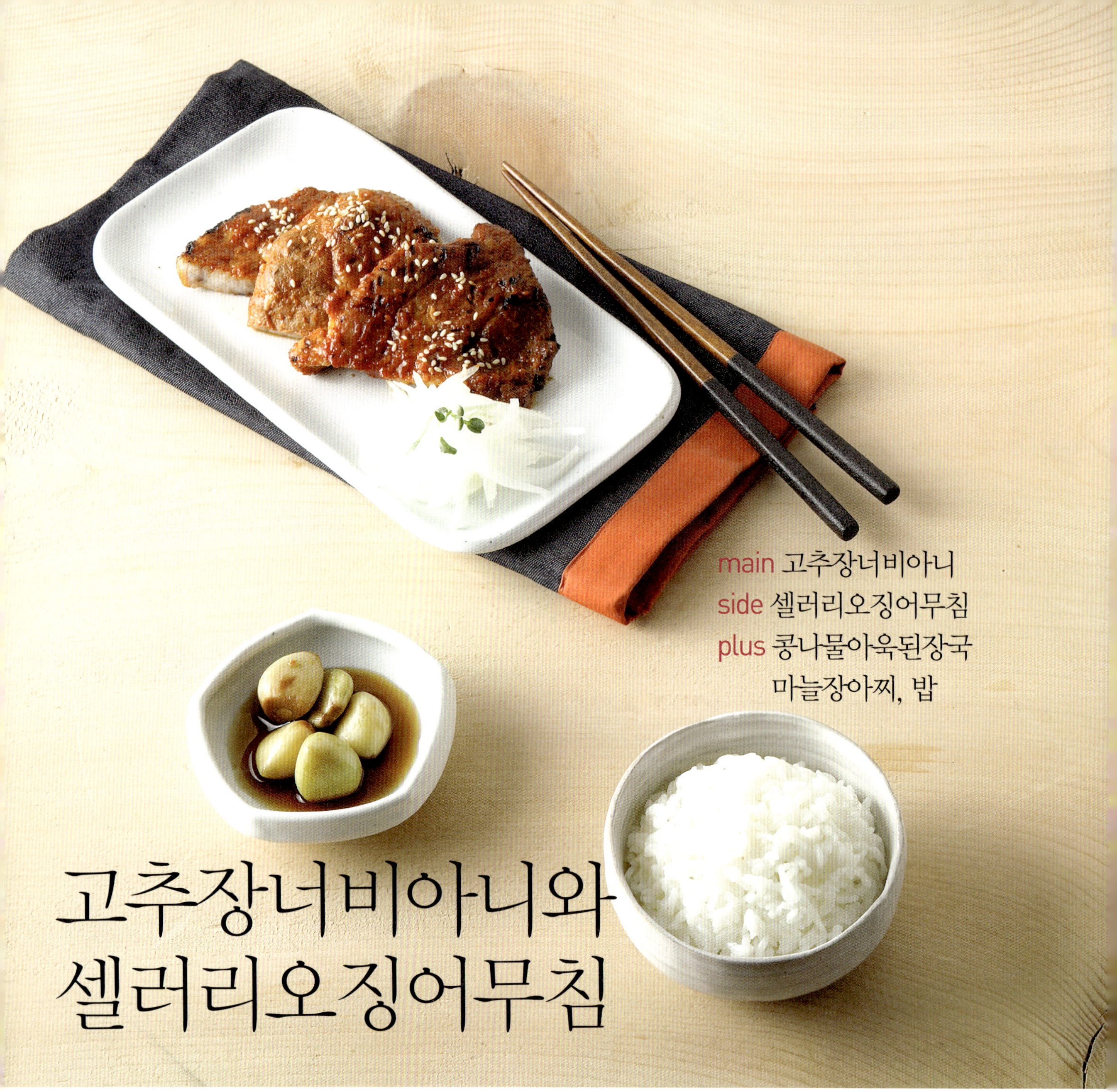

main 고추장너비아니
side 셀러리오징어무침
plus 콩나물아욱된장국
마늘장아찌, 밥

고추장너비아니와 셀러리오징어무침

고추장너비아니

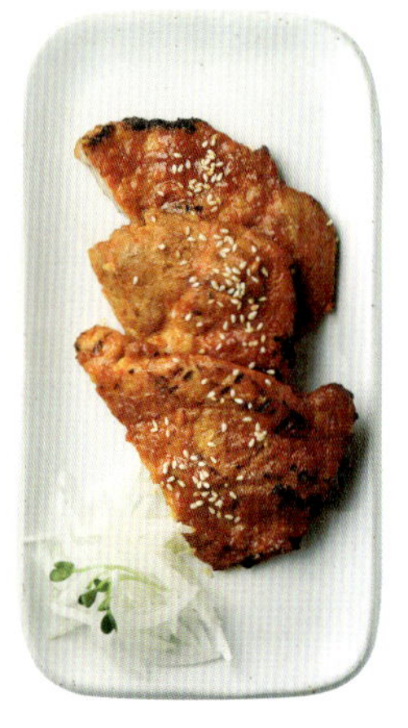

재료 돼지고기 목살(구이용) 500g, 소금·후춧가루·청주 1큰술씩, 양파 1개, 식용유 1큰술, 통깨 조금

구이양념 고추장 3큰술, 간장·설탕·조청·고춧가루·참기름 1큰술씩, 다진마늘 2큰술, 다진생강 1작은술

이렇게 만드세요

1 돼지고기는 잔칼집을 낸 후 소금, 후춧가루, 청주로 살짝 밑간한다.
2 양파는 곱게 채썰어 찬물에 담갔다 건진다.
3 분량의 재료를 고루 섞어 양념을 만든 후 1/2 정도만 덜어 고기를 재운다.
4 달군 팬에 식용유를 두른 후 고기를 굽는다.
5 고기가 익으면 나머지 양념을 발라가며 구운 후 양파채를 곁들이고 통깨를 뿌린다.

고기를 구울 때 양념이 타는 듯하면 물을 약간 넣어 가며 볶듯이 굽는다.

돼지고기 목살은 고추장양념에 재웠다 먹으면 맛이 좋아 식탁의 단골메뉴다.
시원하고 담백한 콩나물아욱된장국에 상큼한 셀러리오징어무침을 곁들이면
고기의 느끼한 맛을 잡아 준다.

셀러리오징어무침

재료 셀러리 2대, 오이 1/2개, 당근 1/5개, 오징어(몸통 부분) 1마리,
다진땅콩 조금
겨자소스 연겨자·물·설탕 1큰술씩, 식초 2큰술, 소금 1작은술,
간장·참기름 조금씩

이렇게 만드세요
1 셀러리는 섬유질을 제거하고 5cm 길이로 채썰어 찬물에 담가 둔다.
2 오이와 당근은 5cm 길이로 채썬다.
3 오징어는 잔칼집을 넣고 한입 크기로 썰어 끓는물에 데친다.
4 분량의 재료를 고루 섞어 겨자소스를 만든다.
5 큰 그릇에 수분을 제거한 셀러리와 오징어, 오이, 당근, 다진땅콩을
고루 담고 소스를 뿌려 접시에 담는다.

셀러리를 찬물에
담가 두면 특유의
아린맛이
없어지고 아삭한
맛이 더해진다.

콩나물아욱된장국

재료 아욱 200g, 콩나물 150g, 대파 1/2뿌리
국물 쌀뜨물 6컵, 국물용 멸치 10마리, 다시마(5×10cm) 1장,
된장 2큰술, 다진마늘 1큰술, 소금 조금

이렇게 만드세요
1 아욱은 줄기를 꺾어 섬유질을 벗겨내고 으깨듯 씻어 풋내를 없앤다.
2 콩나물은 꼬리만 살짝 다듬어 씻어 건진다.
3 손질한 멸치는 마른 냄비에 달달 볶다가 다시마를 넣고 쌀뜨물을 부
어 한소끔 끓인 다음 국물만 받아 둔다.
4 국물에 된장, 다진마늘, 소금을 넣고 한소끔 끓인 후 아욱을 넣고
20분 정도 끓이다가 콩나물을 넣고 어슷썬 대파를 넣어 끓인다.

쌀뜨물을 쓰면
국물이 한층
구수하고 윗물이
생기지 않는다.

Cooking Tip

고추장 양념을 너무 많이 넣으면 고기가 익기
전에 양념이 먼저 탄다. 양념을 남겨 살살
덧발라 가며 굽는다.

오징어매운국과 도토리묵전

main 오징어매운국
side 도토리묵전
plus 고구마순된장무침, 밥

적당한 국거리가 없을 때 제일 만만한 재료가 바로 무다. 시원한 무와 제철 오징어를 넣어 끓인 오징어매운국은 속풀이용으로도 안성맞춤이다. 고구마순된장무침에 도토리묵으로 전을 부쳐 향수 어린 시골밥상을 차려 보자.

오징어매운국

재료 오징어 1마리, 무 1/6개, 양파 1/2개, 대파 1/2뿌리, 홍고추 1개
국물 다시마물 6컵, 국간장·다진마늘 1큰술씩, 고추장 1과1/2큰술,
고춧가루 2큰술, 소금·후춧가루 조금씩

이렇게 만드세요

1 깨끗이 손질한 오징어 몸통은 잔칼집을 낸 뒤 한입 크기로 썰고 다리는
5~6cm 길이로 썬다.
2 무는 5mm 두께로 은행잎 모양으로 썰고 양파는 채썰고 대파와 홍고추
는 어슷 썬다.
3 달군 냄비에 참기름을 조금 두른 후 무와 양파를 넣어 볶는다.
4 다시마물을 부어 무가 말개지도록 끓인 후 나머지 국물 재료를 넣고 한
소끔 끓인다.
5 국물이 끓어오르면 오징어, 대파, 홍고추를 넣고 한소끔 끓으면 거품을
걷어내고 기호에 따라 소금, 후춧가루로 간을 맞춘다.

오징어는 껍질째
넣어야 국물에
감칠맛을 더할 수
있다.

도토리묵전

재료 도토리묵 1모, 밀가루 4큰술, 달걀 1개, 대파 1뿌리, 식용유 조금
양념장 간장 2큰술, 다진청양고추·홍고추 1개 분량씩, 통깨 1작은술,
참기름 1작은술

이렇게 만드세요

1 도토리묵은 3×4cm 정도 크기, 1cm 두께로 도톰하게 잘라 밀가루에
살살 버무려 둔다. 대파는 5cm 길이로 곱게 채썬다.
2 분량의 재료를 고루 섞어 양념장을 만든다.
3 밀가루를 버무린 도토리묵을 달걀물에 담갔다가 기름 두른 달군 팬에
노릇하게 지진다.
4 도토리묵을 담고 대파채를 곁들인 후 양념장과 함께 낸다.

도토리묵은
미끈거려
부침옷이 잘 붙지
않으므로 미리
밀가루에 살살
버무려 둔다.

고구마순된장무침

재료 고구마순 200g, 소금·흑임자 조금씩
무침양념 된장 1과1/2큰술, 고추장·다진마늘 1/2큰술씩, 다진파 1큰술,
참기름·깨소금 1큰술씩

이렇게 만드세요

1 고구마순은 껍질을 벗기고 소금물에 데쳐 식힌 후 5~6cm 길이로 썬다.
2 분량의 재료를 고루 섞어 무침양념을 만든다.
3 그릇에 고구마순과 양념을 넣고 조물조물 무쳐 흑임자를 뿌린다.

고구마순을 데친
뒤 꼭 짜 물기를
제거해야 무침이
완성된 후에도
겉물이 돌지
않는다.

시원하고 칼칼한 국물 맛을 내려면 달군 팬에
무를 먼저 볶아 맛을 충분히 우려낸 후 양념을
넣는다.

피망안심잡채와
오이물김치

main 피망안심잡채   side 오이물김치
plus 멸치땅콩고추장볶음, 밥

제철을 맞은 피망은 단맛과 아삭한 맛이 좋아 과일처럼 그냥 먹어도 맛있다. 비타민이 풍부한 피망과 부드러운 돼지고기 안심으로
만든 잡채는 아이들도 좋아하는 메뉴. 새콤한 오이물김치와 멸치땅콩고추장 볶음만 준비하면 30분 만에 뚝딱 식탁을 차릴 수 있다.

피망안심잡채

재료 청피망 1과1/2개, 홍피망 1/2개, 양파 1/3개, 돼지고기 안심
150g, 소금·후춧가루·청주 1/2큰술씩, 식용유 조금

볶음양념 간장·청주 1큰술씩, 굴소스 1/2큰술, 참기름 조금,
후춧가루 조금

이렇게 만드세요

1 피망은 잘 씻어 씨를 빼고 5~6cm 길이로 채썰고 양파도 채썬다.

2 돼지고기 안심은 결 방향으로 피망과 같은 길이로 채썰어 소금, 후
춧가루, 청주로 밑간한다.

3 달군 팬에 식용유를 두르고 양파를 볶아 향을 낸 뒤 돼지고기를 넣
어 볶는다.

4 고기가 익으면 채썬 피망과 볶음양념을 넣고 간이 고루 배도록 센
불에서 재빨리 볶는다.

돼지안심은
부스러지기 쉬우므로
결 방향대로 썰어
살짝 밑간한 후
볶는다.

오이물김치

재료 백오이 5개, 무 1/6개, 쪽파 50g, 홍고추 2개, 물 5컵,
굵은 소금 1/2컵

오이소양념 까나리액젓·다진마늘 1큰술씩, 생강즙 1작은술,
설탕 1/2큰술, 소금 조금

김치국물 물 3컵, 소금·설탕 조금씩

이렇게 만드세요

1 오이는 4~5cm 길이로 잘라 씨 부분을 동그랗게 도려내고 소금을
1/2분량만 넣어 만든 소금물에 2~3시간 정도 나른하게 절인다.

2 무와 쪽파, 홍고추는 3cm 길이로 채썰어 오이소양념으로 살살 버
무려 소를 만든다.

3 절인 오이는 잘 씻은 후 수분을 제거하고 구멍을 벌려 소를 채운다.

4 밀폐용기에 오이를 차곡차곡 담고 소를 버무린 그릇에 물 3컵을 부
어 잘 헹군 후 소금, 설탕을 넣어 간을 한다음 오이가 잠길 정도로 부
어 하루 정도 숙성한 후 냉장 보관한다.

오이를 충분히
절이지 않으면
보관하는 동안 쉽게
무른다. 오이를 절인
후 살짝 눌러 보아
부서지지 않고
부드럽게 눌려지면
잘 절여진 것이니
알아둘 것.

멸치땅콩고추장볶음

재료 중멸치(볶음용) 2컵, 볶은땅콩 2큰술, 식용유 조금

고추장양념 물 2큰술, 고추장 1과1/2큰술, 간장 1/2큰술, 다진파·
청주 1큰술씩, 다진마늘·설탕·조청 1/2큰술씩, 참기름 조금

이렇게 만드세요

1 멸치는 마른 팬에 볶아 잡티를 털고 땅콩은 껍질 벗겨 반 가른다.

2 달군 팬에 식용유를 두르고 분량의 고추장양념을 넣어 자글자글 끓
이다가 멸치와 땅콩을 넣고 볶아 넓은 접시에 펼쳐 식힌다.

아이 밑반찬으로
준비할 때는
고추장 대신
케첩을 넣어 살짝
볶는다.

아삭한 피망의 맛을 제대로 느끼려면 다른
재료가 다 익은 후 마지막에 넣어 센 불에서
단시간에 볶아야 한다.

현미땅콩죽과
미나리멍게무침

현미땅콩죽

재료 현미찹쌀 1컵, 생땅콩 1/2컵, 소금 1작은술, 물 8~10컵

이렇게 만드세요

1 현미찹쌀은 잘 씻은 후 불려 대강 으깨어 냄비에 담고 물 6컵을 부어 무르도록 끓인다.

2 생땅콩은 잘 씻은 후 삶아 헹군 다음 핸드블렌더에 넣고 물 1컵을 부어 곱게 간다.

3 현미가 푹 퍼지면 땅콩 간 것을 넣고 땅콩이 익을 정도로 끓여 소금으로 간한다.

현미찹쌀이 부드럽게 퍼진 뒤 땅콩을
넣고 끓여야 죽에 땅콩의 고소한 맛이
고루 퍼진다.

현미를 갈지 않고 통으로 부드럽게 끓인 현미죽에 고소한 땅콩을 갈아 넣은 현미땅콩죽은 남녀노소 누구나 맛있게 즐길 수 있다. 바다 내음 가득한 멍게와 다시마, 푸른 향 가득한 미나리로 만든 반찬을 함께 내면 건강식이 따로 없다.

main 현미땅콩죽
side 미나리멍게무침
plus 다시마자반, 백김치

미나리멍게무침

재료 미나리 한줌, 멍게 3개, 오이 1/2개, 양파 1/4개, 통깨 조금
무침양념 멸치액젓·고춧가루 1큰술씩, 설탕 1/2큰술, 식초 2큰술, 다진마늘 1/2큰술, 생강즙 1작은술, 소금·후춧가루 조금씩

이렇게 만드세요
1 멍게는 옅은 소금물에 씻어 한입 크기로 자른다.
2 미나리는 줄기만 다듬어 깨끗이 씻어 5cm 길이로 자르고 오이와 양파는 같은 길이로 곱게 채썬다.
3 그릇에 멍게, 미나리, 오이, 양파를 고루 섞어 담고 무침양념에 살살 버무려 통깨를 뿌린다.

멍게, 미나리, 오이, 당근 등 채소를 따뜻한 밥 위에 올린 후 초고추장을 곁들여 비비면 초간단 멍게비빔밥이 완성된다.

다시마자반

재료 다시마(10×10cm) 2장, 식용유 적당량, 설탕 조금
이렇게 만드세요
1 다시마는 젖은 행주로 표면의 흰 가루를 닦아 내고 행주로 10분 정도 감싸 둔다.
2 다시마가 조금 부드러워지면 한입 크기의 사각형으로 자른다.
3 170℃ 정도의 기름에 다시마를 바삭하게 튀긴 후 뜨거울 때 설탕을 뿌린다.

다시마는 마른 상태에서 자르면 부스러진다. 젖은 행주로 살짝 감싸 부드럽게 한 후 자르면 훨씬 간편하고 깨끗하게 자를 수 있다.

Cooking Tip

현미찹쌀은 익는 데 시간이 걸리므로 미리 부드럽게 불려 놓는 것이 좋다.

셀러리쌀국수와 피망돼지고기전

main 셀러리쌀국수   **side** 피망돼지고기전   **plus** 오이눈썹나물, 단호박찜

셀러리쌀국수

재료 쌀국수 200g, 셀러리 1대, 숙주 한 줌, 당근 1/5개
국물 건어물육수(국물용 멸치 10마리, 마른새우 1/2컵, 셀러리 1대, 물 8컵) 6컵, 국간장 1큰술, 소금·후춧가루 조금씩

이렇게 만드세요
1 냄비에 분량의 건어물육수 재료를 넣고 팔팔 끓여 체에 걸러 국물을 만든다.
2 셀러리와 당근은 5cm 길이로 어슷하게 썰고 숙주는 살짝 데친다.
3 육수를 끓이다가 국간장, 다진마늘, 소금, 후춧가루로 간한다.
4 쌀국수는 찬물에 불렸다가 끓는 물에 살짝 데쳐 그릇에 담고 준비한 채소를 올린다.
5 국수에 뜨거운 육수를 붓는다.

국수를 끓일 때 셀러리를 넣어 보자. 강한 향이 은은하게 변해 부담없이 즐길 수 있다. 다이어트에 좋은 쌀국수에 피망고기전과 오이눈썹나물을 곁들여 퓨전 아침밥상을 차려 보자.

피망돼지고기전

재료 청피망·홍피망 1개씩, 다진돼지고기 150g, 두부 1/6모, 식용유 적당량, 밀가루 5큰술, 달걀 1개
양념 다진파·참기름 1/2큰술씩, 소금·다진마늘 1작은술씩, 깨소금 1작은술, 후춧가루 조금

이렇게 만드세요

1 피망은 2×3cm의 네모꼴로 자르고 두부는 으깨 물기를 짠다.
2 다진돼지고기는 키친타월에 올려 핏물을 제거하고 꼭 짠다.
3 다진돼지고기와 두부를 잘 섞고 양념을 넣어 고루 치댄다.
4 피망은 반 갈라 씨를 떼내고 속에 밀가루를 바른 후 치댄 반죽을 조금씩 떼 채워 넣는다.
5 밀가루, 달걀물 순으로 옷을 입혀 기름 두른 팬에 노릇하게 지진다.

고기가 붙은 쪽부터 익혀야 피망 색이 곱게 산다.

오이눈썹나물

재료 오이 1개, 쇠고기(우둔살) 50g, 실고추·소금 조금씩, 식용유 조금, 참기름·잣가루 1작은술씩
쇠고기양념 간장 1/2큰술, 설탕·참기름·다진파 1작은술씩, 다진마늘 1/2작은술, 깨소금·후춧가루 조금씩

이렇게 만드세요

1 오이는 잘 씻어 반으로 가른 후 씨 부분을 제거하고 어슷하게 썰어 소금을 살짝 뿌려 절인다.
2 쇠고기는 4cm 길이로 곱게 채썰어 양념해 고슬고슬하게 볶아 식힌다.
3 절인 오이를 꼭 짠 후 식용유를 두른 달군 팬에 재빨리 볶아 식힌다.
4 그릇에 오이와 쇠고기, 실고추를 담고 참기름과 소금을 넣어 버무린 후 잣가루를 뿌린다.

오이는 미리 절였다 볶아야 아삭한 맛을 살릴 수 있다. 쇠고기 없이 오이만 담백하게 볶아도 맛있다.

Cooking Tip

건어물육수를 끓일 때 셀러리를 넣으면 비린내를 제거해 더욱 담백하고 시원한 맛이 난다.

morning | 아침밥상

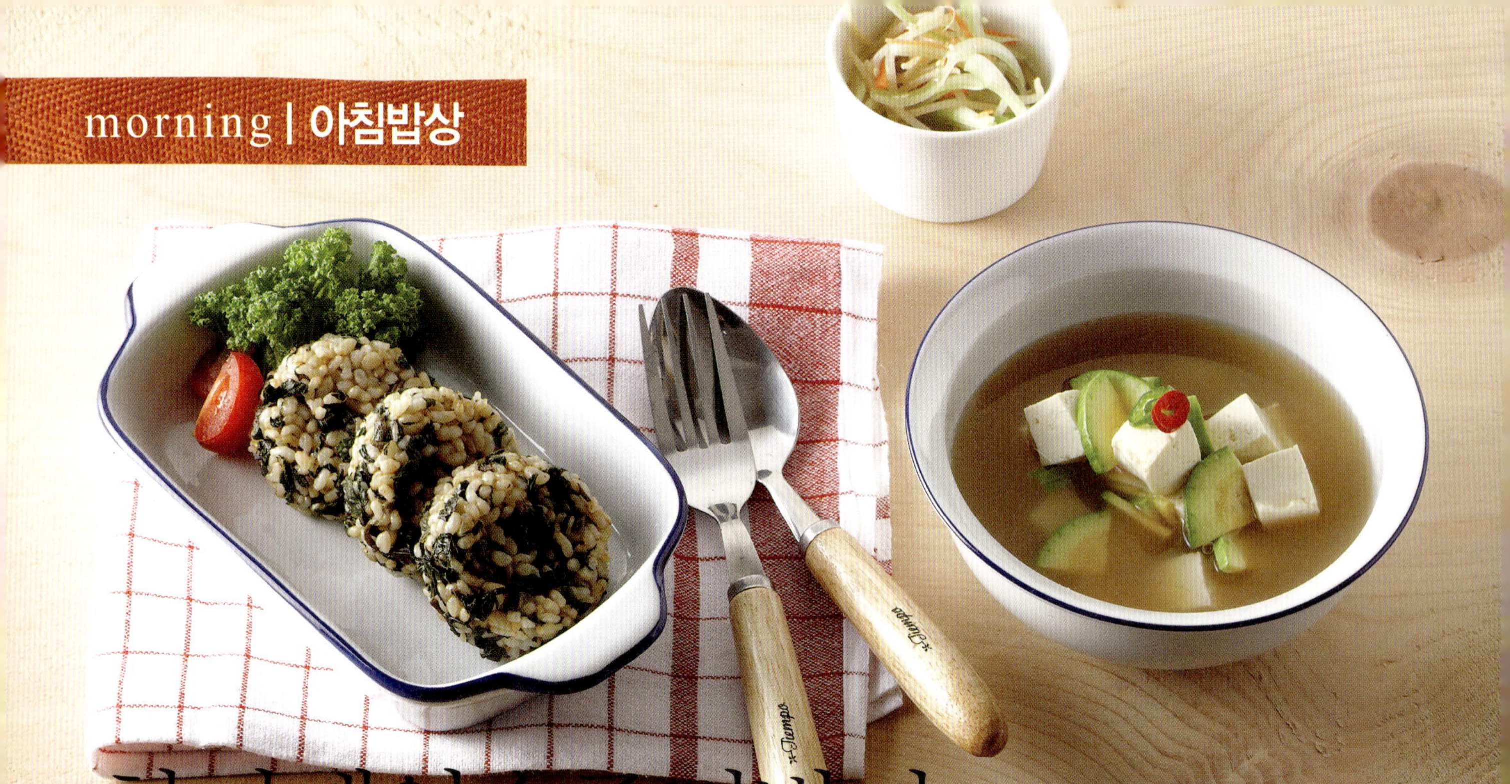

현미깻잎순주먹밥과 애호박된장국

main 현미깻잎순주먹밥
side 애호박된장국
plus 셀러리채소무침

건강에 좋은 현미와 향긋하고 부드러운 깻잎순을 잘 뭉쳐 만든 현미주먹밥에 달큰하게 끓인 애호박된장국을 곁들이면 바쁜 아침을 간편하고 든든하게 해결할 수 있다.

2

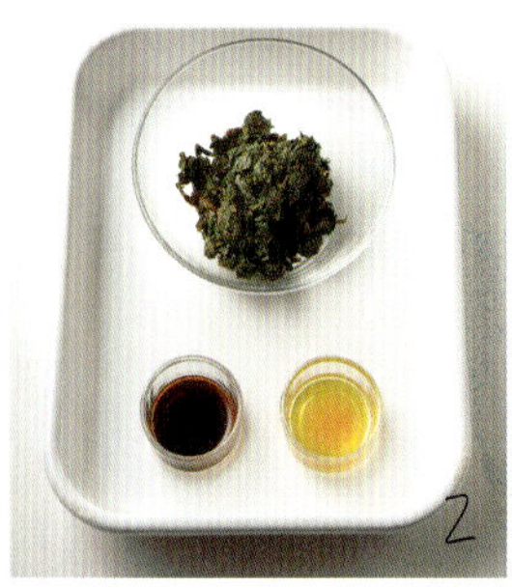

현미깻잎순주먹밥

재료 현미밥 3공기, 깻잎순 80g, 들기름 1큰술, 국간장 1작은술, 소금 조금

이렇게 만드세요

1 깻잎순은 억센 부분은 잘라내고 끓는 소금물에 살짝 데쳐 헹군 후 물기를 뺀다.

2 깻잎순을 송송 썰어 들기름과 국간장을 넣고 조물조물 무친다.

3 따뜻한 현미밥에 깻잎순을 섞고 소금으로 간을 맞춘 뒤 한입 크기로 뭉친다.

깻잎순에 간을 한 후 밥에 버무려야 주먹밥에 간이 잘 밴다. 기호에 따라 씹는 맛이 좋은 단무지나 오이지를 송송 썰어 넣어도 된다.

4

애호박두부된장국

재료 애호박 1/2개, 두부 1/2모, 풋고추 1개, 홍고추 1/2개

국물 쌀뜨물 6컵, 다시마(10×10cm) 1장, 된장 2큰술, 다진마늘 1큰술, 소금 조금, 후춧가루 조금

이렇게 만드세요

1 애호박은 5mm 두께로 은행잎 모양으로 썰고 고추는 송송 썬다.

2 두부는 사방 1cm 크기로 썬다.

3 쌀뜨물에 다시마를 넣고 한소끔 끓인 후 된장을 풀어 끓인다.

4 애호박과 두부를 넣고 15분 정도 끓인 후 다진마늘과 고추를 넣고 소금과 후춧가루로 간을 맞춘다.

된장을 고루 풀어 끓인 후 애호박과 두부를 넣어야 국물 맛이 텁텁해지지 않는다.

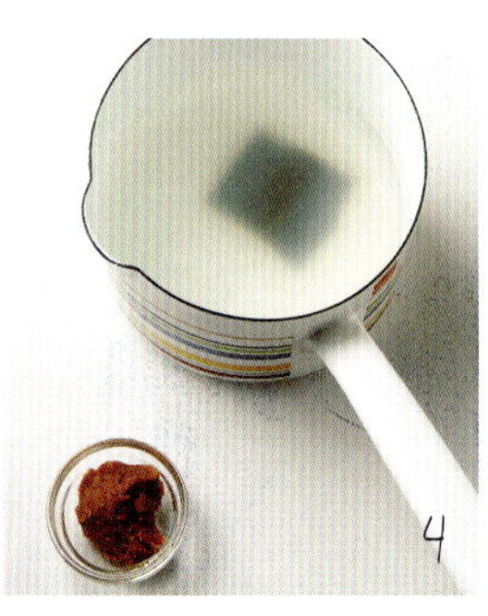

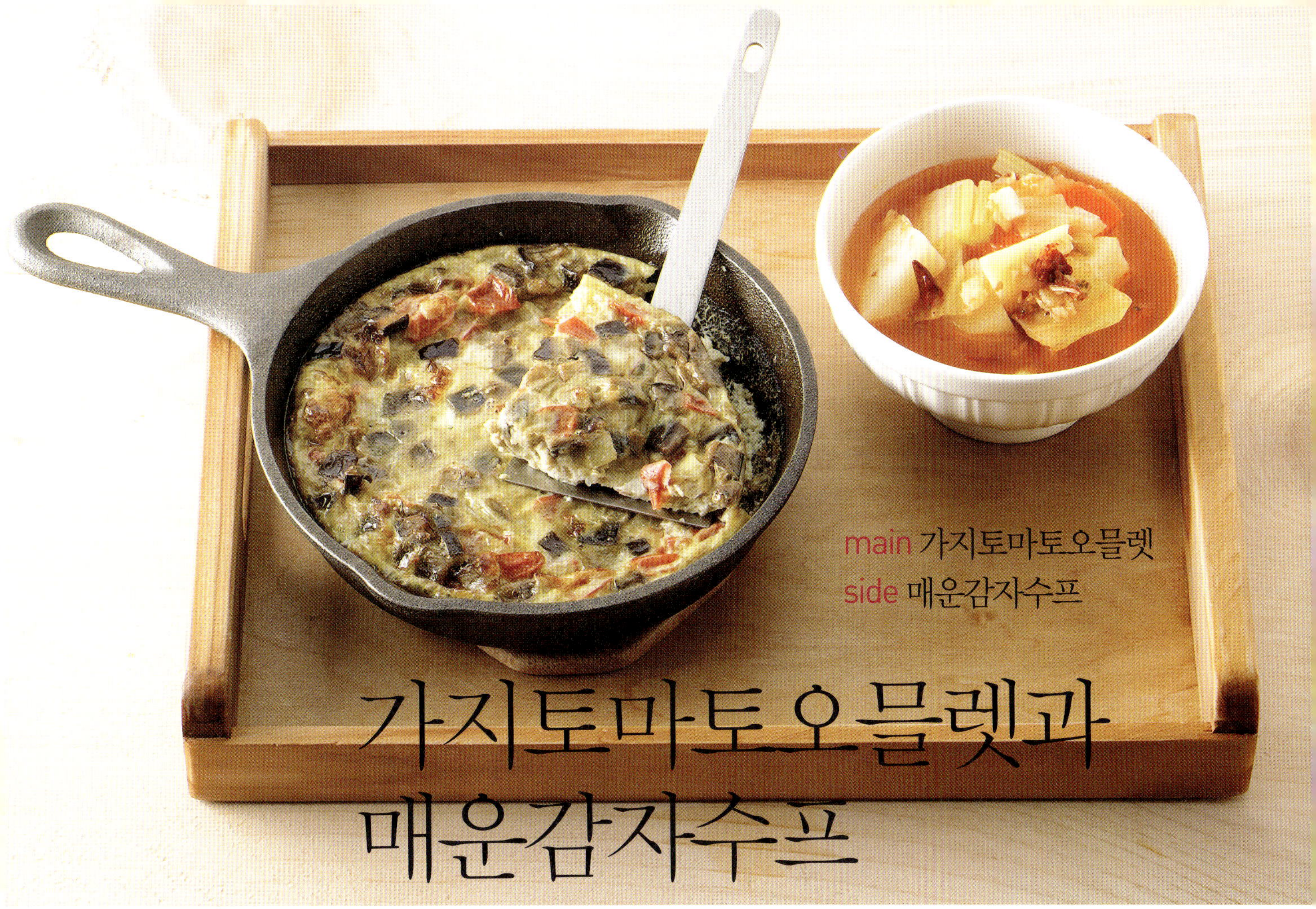

main 가지토마토오믈렛
side 매운감자수프

가지토마토오믈렛과 매운감자수프

제철이라 맛이 오른 가지와 토마토를 듬뿍 넣어 만든 두툼한 오믈렛에 매콤한 감자수프까지 곁들이면 트렌디한 브런치 카페 메뉴 부럽지 않다.

5

1

가지토마토오믈렛

재료 가지·토마토 1개씩, 양파 1/4개, 달걀 4개, 우유 1/2컵, 식용유 2큰술, 소금·후춧가루 조금씩

이렇게 만드세요

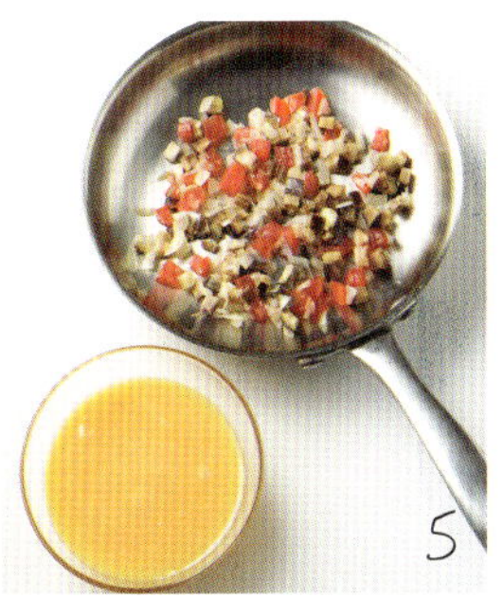

1 달걀과 우유를 섞어 체에 내린 후 소금과 후춧가루로 살짝 간해 달걀물을 만든다.
2 가지와 양파는 잘 씻어 굵직하게 다진다.
3 토마토는 열십자로 칼집을 낸 후 끓는물에 데쳐 껍질을 벗기고 굵직하게 다진다.
4 식용유 두른 달군 팬에 양파와 가지, 토마토를 차례로 넣어 재빨리 노릇하게 볶는다.
5 채소 볶던 팬의 불을 줄이고 달걀물을 넣고 멍울이 안 생기게 저어가며 익힌다.
6 달걀이 도톰하게 익으면 먹기 좋은 크기로 자른다.

달걀물을 부은 후 불이 너무 세면 오믈렛이 속까지 익지 않고 타고, 오래 익히면 질겨져 맛이 없다. 먼저 채소를 볶아 익힌 후 달걀물을 넣어야 익는 시간을 맞출 수 있다.

매운감자수프

재료 감자 2개, 당근 1/4개, 셀러리 1대, 양배추 4장, 다진마늘 1큰술, 올리브오일 1큰술, 베이컨 2줄, 다진이태리고추(마른 것) 2개 분량, 다진양파 1/2개 분량, 닭육수 4컵, 토마토소스 1컵, 소금·후춧가루·파슬리가루 조금씩

이렇게 만드세요

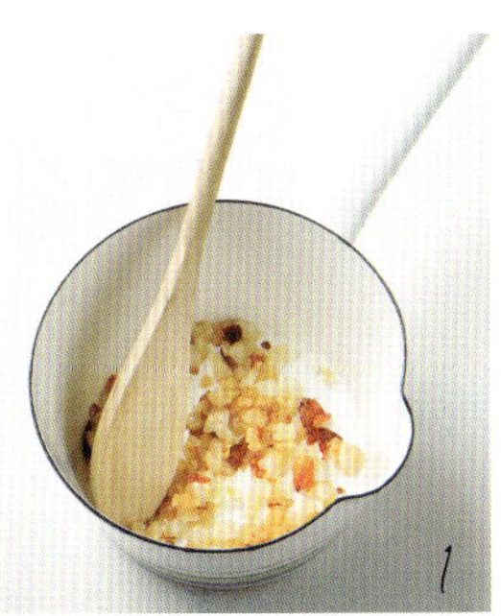

1 달군 냄비에 올리브오일을 두르고 다진마늘과 양파, 고추를 볶아 향을 낸다.
2 ①에 먹기 좋게 썬 감자와 양배추, 당근, 셀러리를 볶다가 닭육수를 넣고 끓인다.
3 토마토소스를 넣고 끓이다 소금과 후춧가루로 간한 후 파슬리가루를 뿌린다.

마늘과 양파, 고추를 충분히 볶아야 향이 풍부해지고 칼칼하고 매운맛이 제대로 우러나온다.

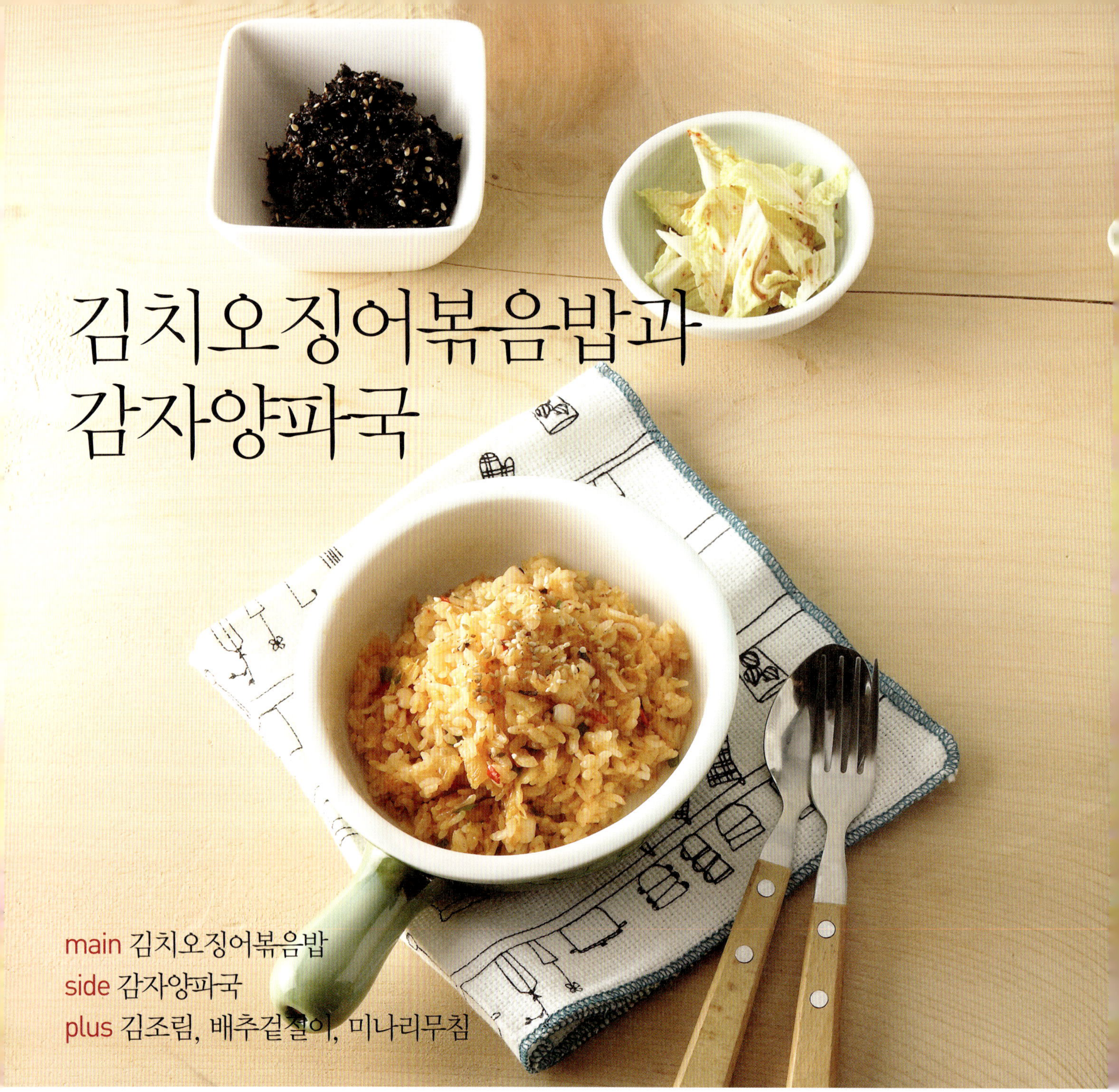

김치오징어볶음밥과 감자양파국

main 김치오징어볶음밥
side 감자양파국
plus 김조림, 배추겉절이, 미나리무침

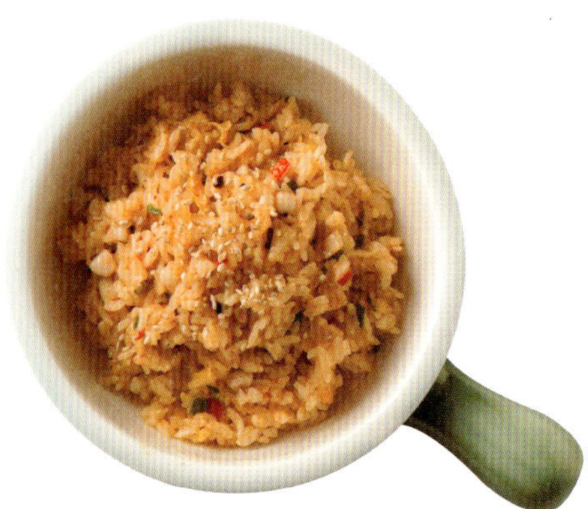

김치오징어볶음밥

재료 신김치 5줄기, 오징어 1/2마리, 양파·청피망·홍피망 1/4개씩, 찬밥 2공기, 김치국물 1/2컵, 설탕 1/2큰술, 소금·후춧가루 조금씩, 식용유 조금

이렇게 만드세요

1 신김치는 소를 대충 털어내고 씻어 송송썬다.
2 오징어, 양파, 피망은 굵직하게 다진다.
3 달군 팬에 식용유를 두르고 김치와 설탕을 넣고 볶는다.
4 김치가 말갛게 색이 변하면 김치국물을 부어 자글자글 조린다.
5 찬밥과 오징어, 채소를 넣어 볶다가 소금과 후춧가루로 간을 맞춘 다음 통깨를 뿌린다.

볶음밥에 김치국물을 넣으면 감칠맛을 살릴 수 있다.

새콤한 신김치에 오징어를 다져 넣은 김치볶음밥에 감칠맛 좋은 감자양파국,
짭조름한 김조림을 곁들이면 바쁜 아이를 위해 후다닥 점심밥상을 만들 수 있다.

감자양파국

재료 감자(중간 크기) 2개, 양파 1/2개, 쪽파 2뿌리, 다시마물 4컵,
국간장·참기름·다진마늘 1/2큰술씩, 소금·후춧가루 조금씩

이렇게 만드세요

1 감자는 껍질을 벗기고 반달 모양으로 도톰하게 썰어 찬물에 담가
녹말기를 뺀다.

2 양파는 채썰고 쪽파는 5cm 길이로 자른다.

3 달군 냄비에 참기름을 두르고 감자와 양파, 국간장을 넣고 볶는다.

4 감자가 말개지면 다시마물을 넣고 20분 정도 끓인다.

5 감자가 익으면 쪽파와 마늘을 넣고 소금, 후춧가루로 간한다.

감자국을 끓일 때 감자의 녹말기를 제거하지 않으면 국물 맛이 텁텁해진다. 양파는 오래 끓이면 끓일수록 감칠맛이 나 국물맛이 더 좋아진다.

김조림

재료 김 10장, 통깨 3큰술

조림장 물 1컵, 간장 2큰술, 설탕 1큰술, 조청 1/2큰술,
참기름·다진마늘 1작은술씩, 마른고추 1개, 생강즙 조금

이렇게 만드세요

1 분량의 재료를 고루 섞어 조림장을 만든 후 한소끔 끓인다.

2 끓는 조림장에 적당히 자른 김을 넣고 중간불로 줄여 한소끔 더 끓
인다.

3 김에 양념이 배어들면 약불에서 저어가며 국물이 없도록 조려 통
깨를 뿌린다

김을 적당히 잘라 넣어야 덩어리지지 않고 잘 풀어진다.

신김치에 설탕을 넣어 볶으면 신맛은 줄어들고
볶은 후에도 윤기가 돌아 더 맛있어 보인다.

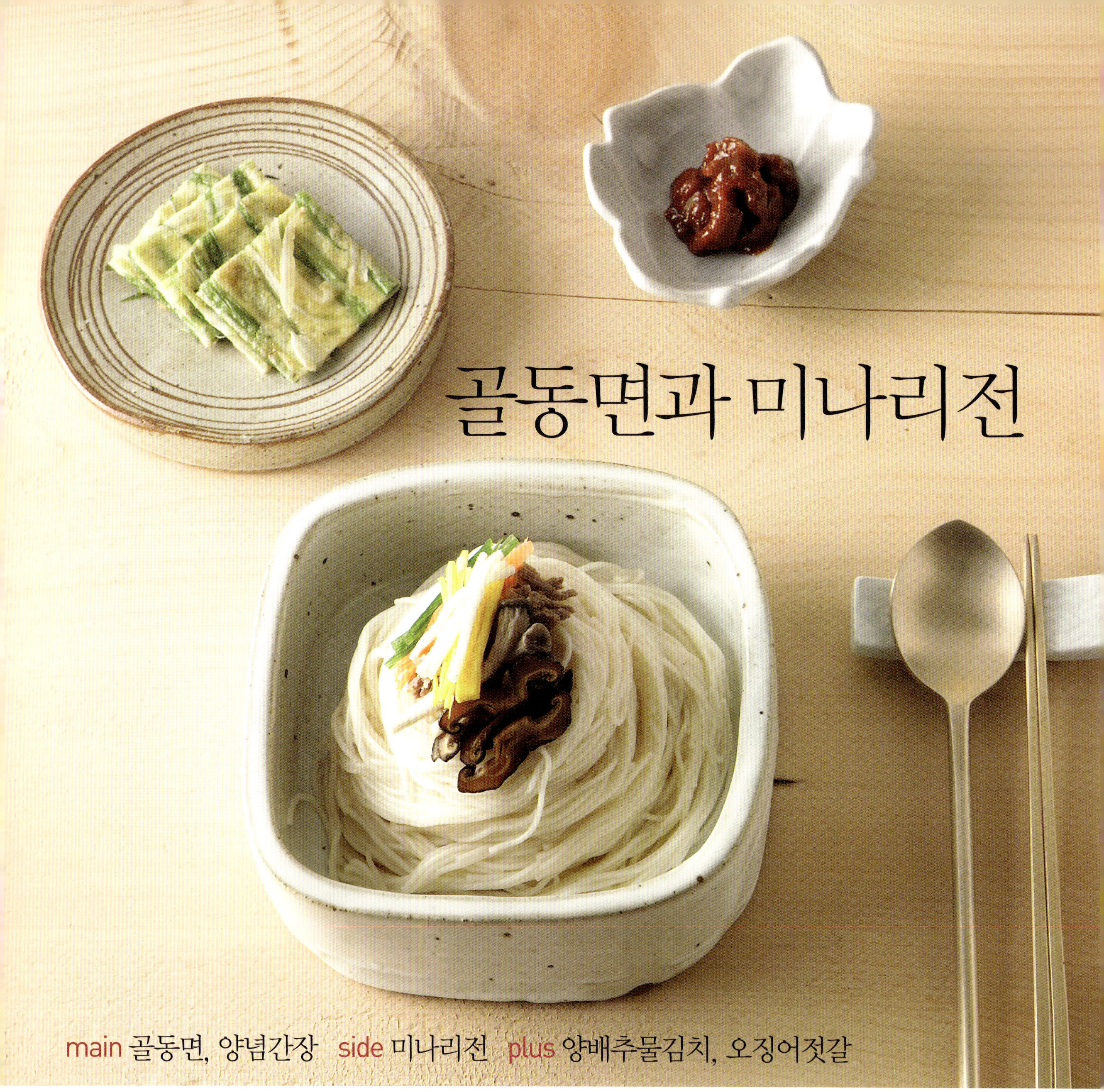

골동면과 미나리전

main 골동면, 양념간장 side 미나리전 plus 양배추물김치, 오징어젓갈

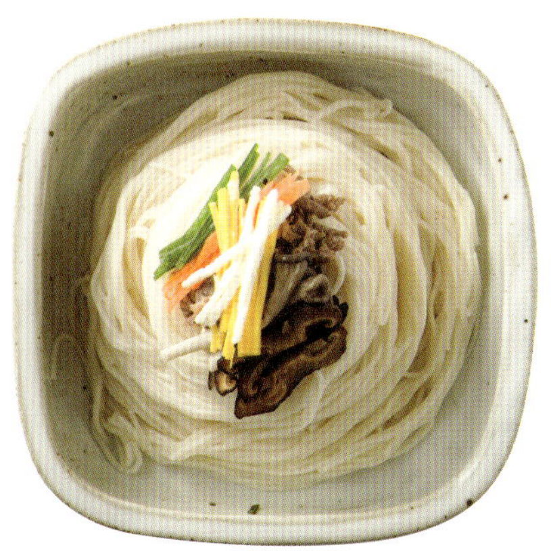

골동면

재료 소면 200g, 쇠고기(우둔살) 50g, 불린표고버섯 2장, 애느타리버섯 50g, 오이 1/2개, 당근 1/4개, 달걀 1개, 소금·식용유 조금씩

고기버섯양념 간장 1큰술, 설탕·다진파 1/2큰술씩, 다진마늘·깨소금·참기름 1작은술씩, 후춧가루 조금

비빔간장 간장 4큰술, 꿀·참기름 2큰술씩, 깨소금 1큰술

이렇게 만드세요

1 쇠고기와 버섯은 채썰거나 가닥을 나눠 고기버섯양념에 각각 무친다.

2 오이와 당근은 5cm 길이로 채썰어 각각 소금으로 간해 볶아 식히고 버섯과 고기도 각각 볶아 식힌다. 달걀은 황백 지단을 부쳐 채썬다.

3 소면을 삶아 헹궈 그릇에 담고 준비해둔 꾸미를 올리고 비빔간장을 곁들인다.

버섯은 기름을 조금만 둘러 노릇해질 때까지 충분히 볶아야 느끼하지 않고 쫄깃한 질감을 살릴 수 있다.

골동면은 조선시대 임금에게 진상했던 비빔국수를 높여 부르던 궁중용어다.
여러 가지 재료를 고루 넣고 간장소스에 비빈 골동면에 시원한 양배추물김치와
미나리전까지 곁들이면 주말 별미점심 메뉴로 그만이다.

미나리전

재료 미나리 100g, 양파 1/2개, 밀가루 1과1/2컵, 달걀 1개,
물 1컵, 소금 1/2작은술, 식용유 조금

이렇게 만드세요

1 달걀과 물, 소금을 고루 섞어 밀가루에 넣고 되직하게 반죽한다.

2 미나리는 다듬어 씻고 양파는 곱게 채썬다.

3 미나리를 가지런히 해서 반죽에 담갔다 여분의 반죽은 대충 훑어
내린 후 기름 두른 달군 팬에 둥글납작하게 펼쳐 깐다.

4 미나리 위에 양파를 올리고 반죽을 조금 더 올려 노릇하게 부친다.

미나리가 익으면 수분이 많이 나오므로 반죽은 약간 되직한 정도가 적당하다.

양배추물김치

재료 양배추 500g, 백오이 1개, 깻잎 20장, 쪽파 4~5뿌리,
홍고추 1개, 굵은소금 1/2컵, 물 5컵

김치국물 물 5컵, 소금 1과1/2큰술, 설탕·고춧가루 1큰술씩,
다진마늘 1큰술, 다진생강 1작은술

이렇게 만드세요

1 양배추는 반으로 갈라 분량의 물과 굵은소금으로 만든 소금물에
1~2시간 절인 후 한 잎씩 떼어 헹군다.

2 깻잎·오이·홍고추는 4~5cm 길이로 채썰고 쪽파는 같은 길이
로 썬다.

3 고춧가루와 다진마늘·생강을 면보에 싸 분량의 물에 살살 흔들
어 색과 향을 우린다.

4 절인 양배추에 채소들을 고루 섞어 켜켜이 올리고 꼭 눌러 3×
2.5cm 크기로 썰어 밀폐용기에 담아 김치국물을 부어 하루 정도
숙성시킨 후 냉장 보관해두고 먹는다.

양배추김치는 오래 보관하면 맛이 없어진다. 먹을 분량만큼 조금씩 만들어 별미김치로 즐긴다.

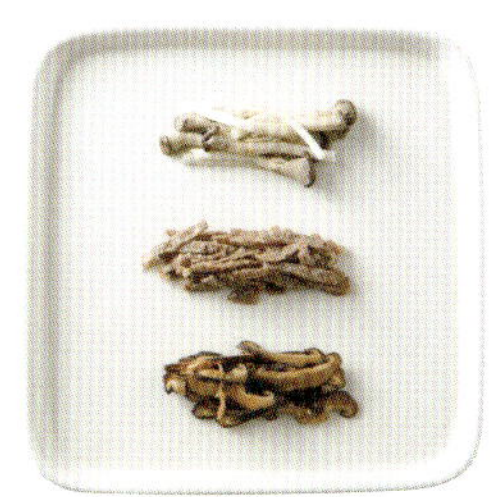

골동면 꾸미로 올릴 재료는 귀찮더라도 각각
볶아야 각 재료의 풍미를 살릴 수 있다.

main 채소돌솥알밥
side 신김치청포묵무침

채소돌솥알밥과
신김치청포묵무침

냉장고에 굴러다니는 채소들을 몽땅 다져 넣고 날치알과 함께 비빔밥을 해보자. 톡톡 터지는 날치알과 채소가
아삭아삭 씹혀 별미다. 청포묵에 새콤한 신김치를 넣어 무쳐 함께 내면 금상첨화.

채소돌솥알밥

재료 밥 2공기, 오이 1/2개, 당근 1/4개, 셀러리 1/2대, 씻은 배추김치 1줄기,
날치알 5큰술, 무순 조금, 구운 김 1장, 레몬즙 1큰술
비빔간장 간장 4큰술, 다진양파·다진당근 1큰술씩, 식초·깨소금 1큰술씩,
레몬즙·참기름 2큰술씩

이렇게 만드세요

1 오이, 당근, 셀러리, 씻은 배추김치는 씹는 맛이 좋게 굵게 다진다.

2 날치알은 레몬즙에 살짝 버무려 둔다. 무순은 끝 부분을 다듬고 김은 곱게 채썬다.

3 돌솥에 참기름을 두르고 밥을 담고 준비한 고명을 돌려 담는다.

4 센불에 올려 타닥타닥 소리가 날 때까지 데운 후 비빔간장을 곁들인다.

날치알을
냉동제품 이라
해동하면 냄새가 날
수 있다. 날치알에
레몬즙을 뿌리면
잡내가 날아가고
싱싱해진다.

신김치청포묵무침

재료 청포묵 1/2모, 신김치 2줄기, 오이 1/3개, 김 1/2장
김치양념 깨소금 1큰술, 참기름 2작은술, 간장·설탕·고운고춧가루 1작은술씩

이렇게 만드세요

1 청포묵은 6cm 길이로 채썰어 끓는 물에 살짝 데친다.

2 김치는 소를 털어내고 가늘게 채썰어 분량의 양념으로 밑간한다.

3 오이는 곱게 채썰고 김은 바삭하게 구워 잘게 부순다.

4 그릇에 청포묵과 김치, 오이를 넣고 살살 버무린 후 김가루를 뿌린다.

김치를 밑간한 후 버무려야
묵은내가 나지 않고 간이
고르게 밴다.

베지볼스파게티와 당근채소피클

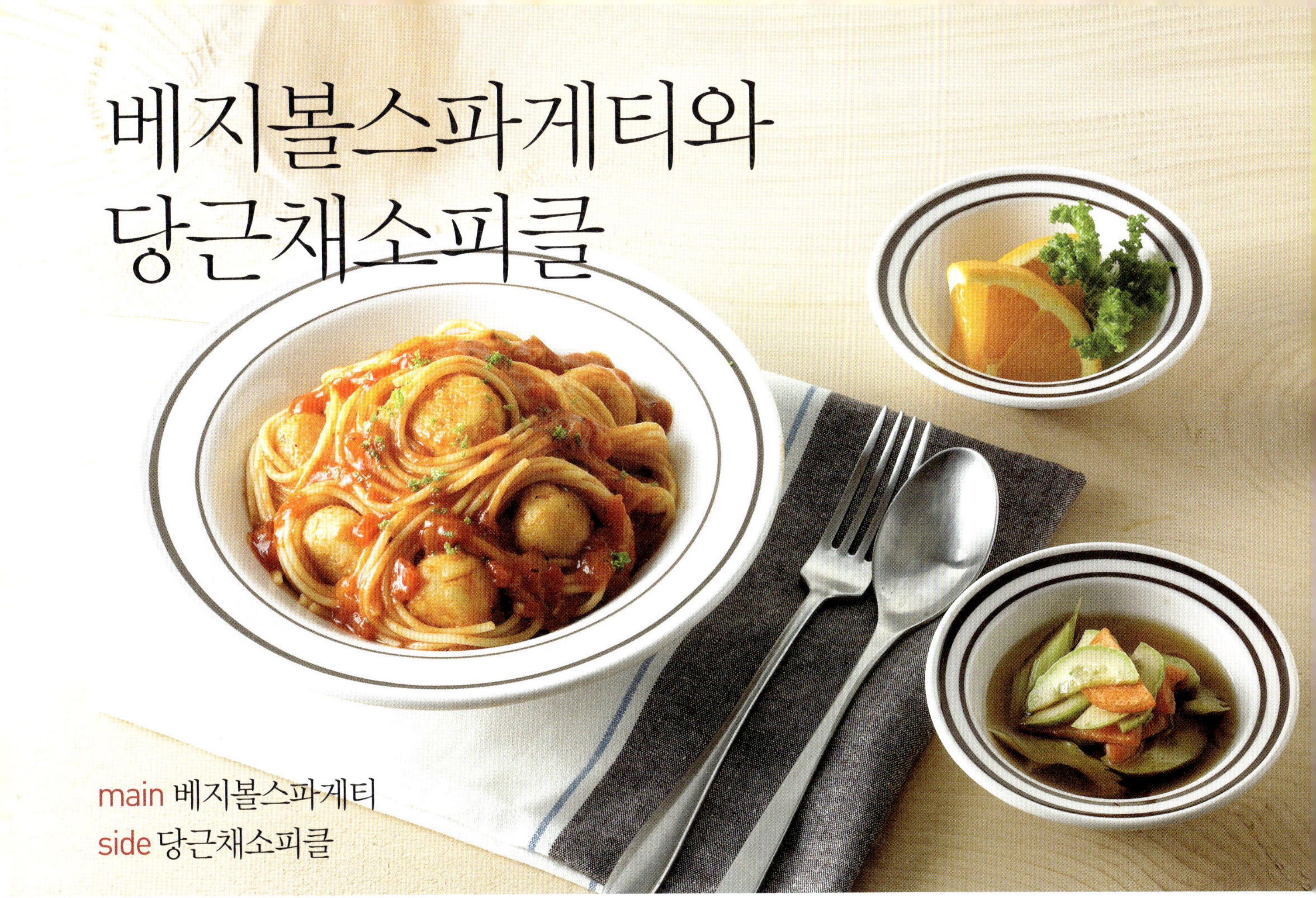

main 베지볼스파게티
side 당근채소피클

감자를 갈아 넣어 고기 대신 씹는 맛을 낸 베지볼로 만든 스파게티는 채소를 싫어하는 아이들도 맛있게 먹는다. 여기에 당근과 갖은 채소를 넣은 피클을 곁들이면 레스토랑 부럽지 않은 식탁이 완성된다.

1

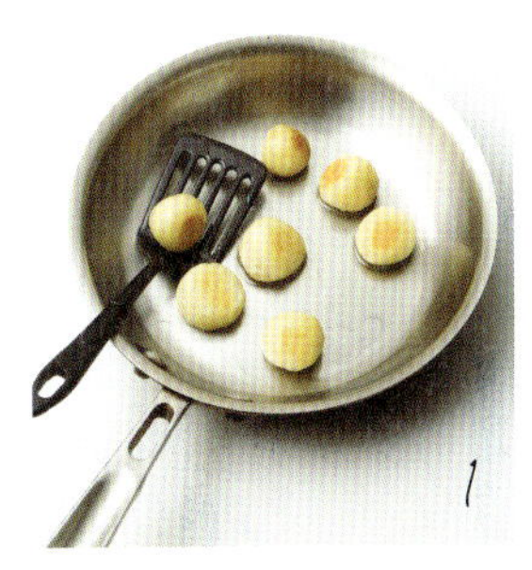

베지볼스파게티

재료 스파게티면150g, 올리브오일1큰술, 다진양파1/4개, 다진마늘1작은술, 닭육수·토마토소스 1컵씩, 소금·후춧가루·설탕 조금씩

베지볼 감자(작은 것) 1개, 두부 1/2모, 양파 1/4개, 양송이 1개, 빵가루 3큰술, 소금·후춧가루·밀가루·올리브오일 조금씩

이렇게 만드세요

1 강판에 간 감자와 칼등으로 으깬 두부는 면보에 놓고 물기를 짜고, 양파와 양송이는 다져 볶아 식혀 빵가루, 소금, 후춧가루를 넣어 치대 경단을 빚어 노릇하게 지진다.

2 오일을 두르고 다진양파와 마늘을 볶다가 토마토소스와 설탕을 넣어 끓으면 닭육수와 월계수잎을 넣고 조린 후 소금, 후춧가루로 간을 맞춰 소스를 완성한다.

3 소스에 베지볼과 스파게티면을 버무리고 파슬리 가루를 뿌린다.

감자 간 것과 두부는
수분을 적당히
제거해야 볼이
갈라지지 않고
매끈하게 만들어진다.
또 중불에서 경단을
살살 굴려가며 익혀야
고르게 잘 익는다.

1

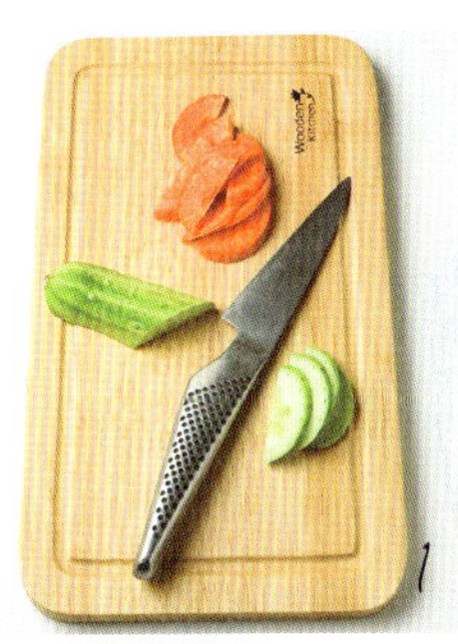

당근채소피클

재료 당근1개, 셀러리 1대, 오이 1개

피클물 식초·물 1컵씩, 설탕 1/2컵, 간장 4큰술, 소금 3큰술, 마른고추·레몬 1개씩, 통후추 1큰술

이렇게 만드세요

1 당근과 오이, 셀러리는 어슷하고 도톰하게 썰어 밀폐용기에 담는다.

2 팔팔 끓여 식힌 피클물을 부어 냉장 보관하고 3일 후 다시 피클물을 끓여 식혀 붓는다.

채소를 어슷하고
도톰하게 썰면
피클물과 닿는 면적이
넓어져 간도 빨리 배고
훨씬 아삭하다.

불고기쌈밥과
상추깨소스샐러드

main 불고기쌈밥
side 상추깨소스샐러드

우리나라 대표음식인 불고기는 그냥 먹는 것도 맛있지만 한입에 쏙 들어가도록 쌈밥을 만들면 야외 나들이 메뉴로도 그만이다. 여기에 싱싱하고 고소한 깨소스상추샐러드를 곁들이면 별미 도시락 완성.

불고기쌈밥

재료 밥 1공기, 쇠고기(불고기감) 70g, 통깨 조금
불고기양념 간장 1큰술, 설탕 1/2큰술, 다진파·참기름 1작은술씩, 다진마늘 1/2작은술, 후춧가루 조금

이렇게 만드세요
1 쇠고기는 분량의 양념에 재워 둔다.
2 밥은 따뜻할 때 한입 크기로 뭉쳐 둔다.
3 달군 팬에 고기를 겹치지 않게 넣고 굽는다.
4 고기가 따뜻할 때 밥을 감싸 주먹밥을 만든다.

불고기는 찢어지지 않게 한 장씩 구워야 밥을 잘 감쌀 수 있다.

상추깨소스샐러드

재료 청상추·적상추 5장씩, 오이·양파·홍고추 1/4개씩, 통깨 조금
깨소스 깨소금·간장·매실청 1큰술씩, 참기름 1작은술

이렇게 만드세요
1 깨끗이 씻은 상추는 한입 크기로 뜯어 찬물에 담갔다 건진다.
2 오이와 양파, 홍고추는 4cm 길이로 채썰어 찬물에 담갔다 건진다.
3 분량의 재료를 고루 섞어 깨소스를 만든다.
4 채소를 고루 섞어 담고 소스를 뿌려 완성한다.

상추는 칼로 자르면 비타민 산화가 빨리 일어나 색이 까맣게 변하므로 손으로 가볍게 뜯어 찬물에 담갔다 건져 신선함을 살린다.

생선커틀릿덮밥과 양파깍두기

main 생선커틀릿덮밥 side 양파깍두기

바삭한 커틀릿은 쉽게 눅눅해지지 않아 도시락 메뉴로 인기다. 여기에 촉촉한 덮밥소스를 뿌려 주면 부드럽게 먹을 수 있다. 달달하고 아삭한 양파깍두기까지 곁들이면 먼 나들이에도 든든하다.

생선커틀릿덮밥

재료 동태살 3~4쪽, 밥 1공기, 당근·애호박 1/8개씩, 양파 1/4개, 팽이버섯 1/4봉지, 달걀 1개, 소금·후춧가루 조금씩, 튀김기름 적당량

튀김옷 밀가루 1/2큰술, 달걀 1/2개, 빵가루 1/2컵

덮밥소스 다시마물 1/2컵, 간장 1작은술, 소금·후춧가루 조금씩

이렇게 만드세요

1 동태살은 소금, 후춧가루로 밑간한 후 밀가루, 달걀, 빵가루 순서로 튀김옷을 입힌다.

2 당근, 애호박, 양파는 곱게 채썰고 팽이버섯은 밑동을 자르고 가닥을 나눈다.

3 덮밥소스 재료를 끓이다가 채소를 넣고 달걀을 풀어 반숙으로 익힌다.

4 170℃의 기름에 커틀릿을 노릇하게 튀겨 덮밥소스를 뿌린 밥 위에 올린다.

달걀은 반숙으로 익혀야 밥을 부드럽게 비벼 먹을 수 있다. 덮밥소스 때문에 커틀릿이 눅눅해지는 것이 걱정이라면 따로 담아가는 것도 좋다.

양파깍두기

재료 햇양파 5~6개, 부추 100g

양념 멸치액젓 1/2컵, 고춧가루 6큰술, 다진마늘 2큰술, 다진생강 1큰술, 소금 조금, 설탕 조금

이렇게 만드세요

1 양파는 사방 2cm 크기로 썰고 부추는 3~4등분한다.

2 양파와 부추에 멸치액젓을 부어 가끔 뒤적여 주며 1시간 정도 절인 다음 액젓국물에 남은 양념을 고루 섞어 부추와 양파에 살살 버무린다.

양파와 부추를 액젓에 절였다 버무리면 버무리기도 쉽고 풋내도 나지 않는다. 액젓국물을 따라내 양념을 만들기 때문에 양념에 양파와 부추의 향이 배어 더 맛있다.

"

dessert | 간식

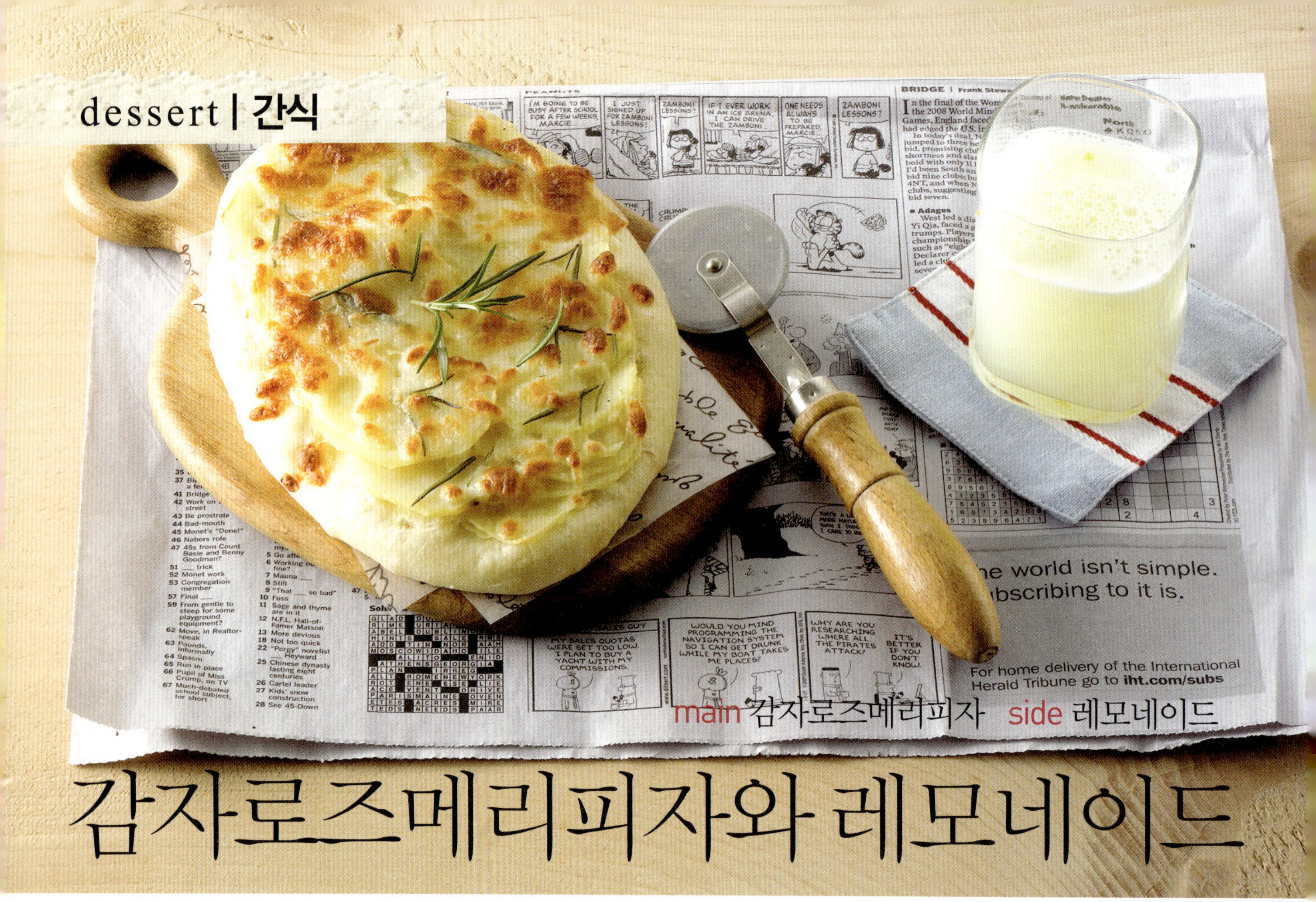

main 감자로즈메리피자 side 레모네이드

감자로즈메리피자와 레모네이드

초여름 갓 캔 감자는 다른 소스 없이 약간의 허브만 곁들여 조리해도 포실하고 맛있다. 담백한 포테이토피자에 상큼한 레모네이드로 엄마표 웰빙 간식을 만들어 보자.

2

1

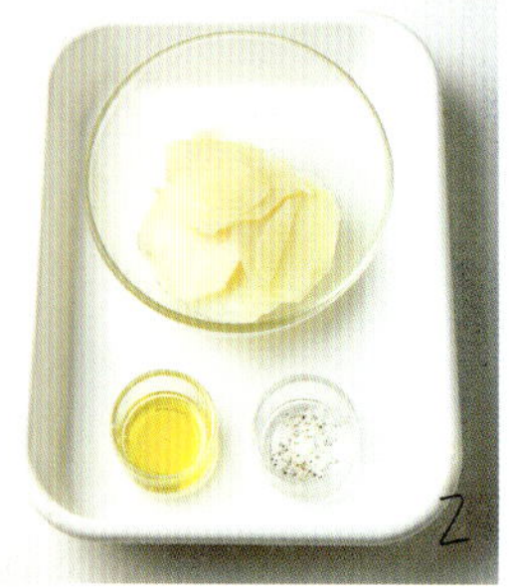

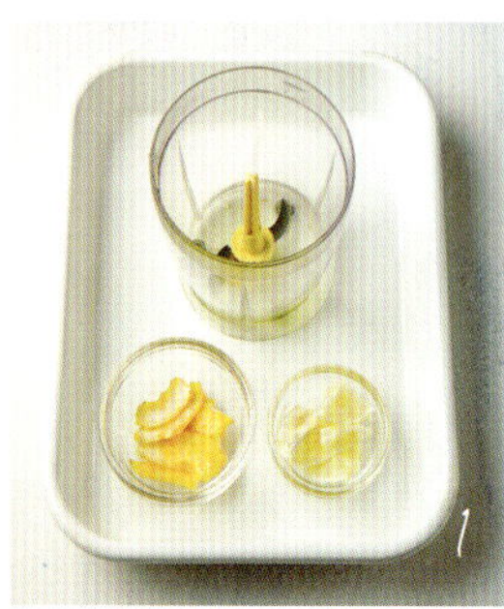

감자로즈메리피자

재료 감자 2개, 로즈메리 2~3줄기, 모차렐라치즈 1컵, 파마산치즈가루 1큰술, 올리브오일 3큰술, 소금·후춧가루 조금씩

도우 강력분 1컵, 인스턴트 드라이이스트 1작은술, 설탕 1작은술, 소금 1/2작은술, 물 1/2컵, 올리브오일 1큰술

이렇게 만드세요

1 밀가루와 이스트, 소금, 설탕을 잘 섞은 후 분량의 물을 부어 반죽하다 올리브오일을 넣고 매끈하게 반죽해서 40분 정도 발효시켜 피자 도우를 만든다.

2 깨끗이 손질한 감자는 2mm 두께로 얇게 썰어 찬물에 담갔다가 끓는 소금물에 1분 정도 데친 후 올리브오일과 소금, 후춧가루에 버무려 둔다.

3 도우를 팬에 편 후 포크로 구멍을 뚫어 200℃의 오븐에 10분 정도 굽는다.

4 피자치즈와 감자를 켜켜이 올리고 파마산치즈가루를 뿌린다.

5 로즈메리를 뜯어 올리고 230℃로 예열한 오븐에 치즈가 흘러내릴 정도로 굽는다.

감자를 최대한 얇게 썰어야 바삭하고 고소한 맛의 포테이토피자를 완성할 수 있다. 감자를 껍질 깎는 칼로 얇게 저며 끓는 물에 살짝 데친 후 올리브오일에 버무리면 서로 달라붙지 않고 바삭하게 구워진다.

레모네이드

재료 레몬 1개, 탄산수 1컵, 꿀 조금

이렇게 만드세요

1 레몬은 과육과 껍질의 노란 부분만 잘라내어 핸드블렌더에 넣고 곱게 간다.

2 ①을 체에 걸러 탄산수와 섞은 후 기호에 맞게 꿀을 타 완성한다.

레몬껍질의 흰색 부분은 쓴맛이 나므로 넣지 않는다. 탄산수 대신 사이다를 섞으면 달콤함이 더해진다.

	아침	점심	저녁
월	셀러리쌀국수 피망돼지고기전 오이눈썹나물	채소돌솥알밥 신김치청포묵무침	밥, 민어매운탕 애호박고추조림 가지깨소스나물
화	프렌치토스트 양배추샐러드 오렌지주스	김치오징어볶음밥 감자양파국, 김조림 배추겉절이 미나리무침	밥 피망안심돼지잡채 오이물김치 멸치땅콩고추장볶음
수	현미깻잎순주먹밥 애호박된장국	베지볼스파게티 당근채소피클	호박밥 근대감자국 닭감자매운불고기 두부채소전
목	콩나물국밥 김자반무침 무말랭이볶음	골동면 미나리전 배추물김치	밥, 오징어매운국 도토리묵전 고구마순된장무침
금	현미땅콩죽 미나리멍게무침 다시마부각 백김치	생선커틀릿덮밥 양파깍두기	밥, 콩나물아욱된장국 고추장너비아니 셀러리오징어겨자무침
토	가지토마토오믈렛 매운감자수프	닭가슴살사과 샌드위치 감자크림수프 토마토피클	밥, 아욱고추장수제비 양파전 양배추깻잎즉석피클
일	햄치즈크로아상 샌드위치 베이컨과 달걀 아메리카노	불고기쌈밥 상추깨소스셀러드	깍두기치즈볶음밥 오렌지목살스테이크 토마토상추샐러드

멍게생채비빔밥과
콩나물오징어국

멍게생채비빔밥

재료 멍게 300g, 미나리 50g, 상추 10장, 오이 1/2개, 양파 1/4개, 청양고추 1개, 무순 조금, 밥 4공기, 소금 조금

초고추장 고추장 5큰술, 식초 3큰술, 설탕 2큰술, 다시마육수·다진마늘 1큰술씩, 참기름 1/2큰술, 통깨 조금

이렇게 만드세요

1 멍게는 옅은 소금물에 씻어 한입 크기로 잘라 체에 건져 물기를 뺀다.

2 미나리는 여린 줄기만 씻어 먹기 좋은 크기로 자른다.

3 상추는 한 장씩 씻어 굵직하게 채썬다.

4 오이와 양파는 곱게 채썰고 청양고추는 얇게 송송썰고 무순은 끝만 다듬는다.

5 대접에 따뜻한 밥을 한김 식혀 담고 준비한 재료를 돌려 담는다.

6 분량의 재료를 섞어 초고추장을 만든 후 비빔밥에 곁들인다.

갓 지은 뜨거운 밥 위에 생채소와 멍게를 바로 얹으면 풋내와 비린내가 날 수 있으니 대접에 밥을 담을 때는 한김 식혀 담는다.

싱싱한 멍게에 미나리, 상추 등 각종 채소를 듬뿍 곁들인 매콤한 비빔밥과 시원하고 담백한 콩나물오징어국, 개운한 미나리물김치까지 곁들이면 입맛 잃기 쉬운 초여름, 미각을 돋우기에 그만이다.

main 멍게생채비빔밥
side 콩나물오징어국
plus 미나리물김치
　　　잔멸치볶음

콩나물오징어국

재료 콩나물 300g, 오징어 1마리, 대파 1/4뿌리, 다시마육수 6컵, 국간장·다진마늘 1큰술씩, 소금 1작은술

이렇게 만드세요

1 콩나물은 씻어 소쿠리에 건져 물기를 뺀다.

2 손질한 오징어는 잔칼집을 넣어 다리와 함께 5cm 길이로 자른다.

3 콩나물에 육수를 부어 뚜껑을 덮고 센 불에서 끓이다가 오징어, 국간장, 다진마늘, 소금을 넣고 더 끓인 후 굵게 다진 대파를 넣고 불을 끈 후 10초 정도 둔다.

콩나물은 잔뿌리가 없고 줄기가 곧고 통통하며 흰 것을 골라야 시원하고 아삭한 맛을 그대로 즐길 수 있다.

미나리물김치

재료 미나리·무 300g씩, 마늘 2쪽, 생강 1/2쪽, 홍고추 1개, 청양고추 1개

절임소금 굵은소금 1큰술(미나리), 굵은소금 2작은술(무)

김치국물 생수 10컵, 배 1/2쪽, 무 200g, 양파 1/2개, 소금 2큰술, 고운고춧가루 2큰술, 설탕 1큰술

이렇게 만드세요

1 미나리는 줄기만 다듬어 씻어 5cm 길이로 썬 후 분량의 소금을 뿌려 10분 정도 절인 다음 물기를 살짝 짜고 물은 따로 받아둔다.

2 무는 5cm 길이로 채썰어 분량의 소금에 절인 후 체에 건지고 물은 따로 받아둔다. 마늘과 생강, 홍고추, 청양고추는 곱게 채썬다.

3 생수 5컵과 배, 무, 양파를 믹서에 갈아 면보에 거른 다음 남은 생수와 소금, 고운고춧가루, 설탕을 섞어 김치국물을 만든다.

4 절인 미나리와 무, 받아둔 절임물, 채썬 향신채소를 고루 담고 김치국물을 부어 하룻밤 정도 숙성시킨 후 냉장 보관한다.

미나리와 무 절였던 물을 받아 김치국물에 섞으면 미나리와 무 향을 살릴 수 있다.

Cooking Tip

멍게는 껍질이 두꺼워 손질해놓은 것을 사오는 경우가 많다. 손질한 멍게는 옅은 소금물에 씻어야 살이 흐물거리지 않고 싱거워지지 않는다.

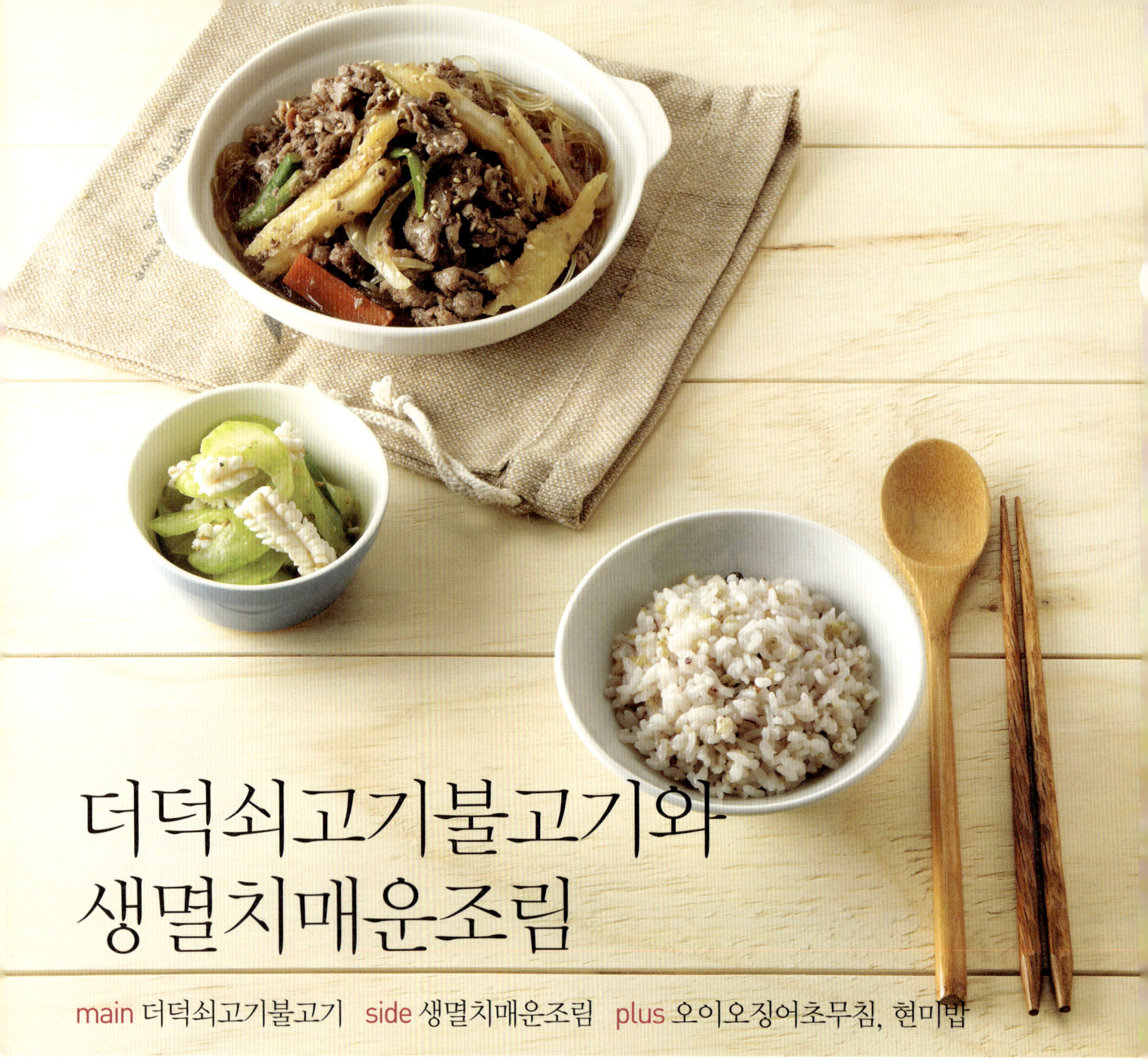

더덕쇠고기불고기와 생멸치매운조림

main 더덕쇠고기불고기 side 생멸치매운조림 plus 오이오징어초무침, 현미밥

더덕쇠고기불고기

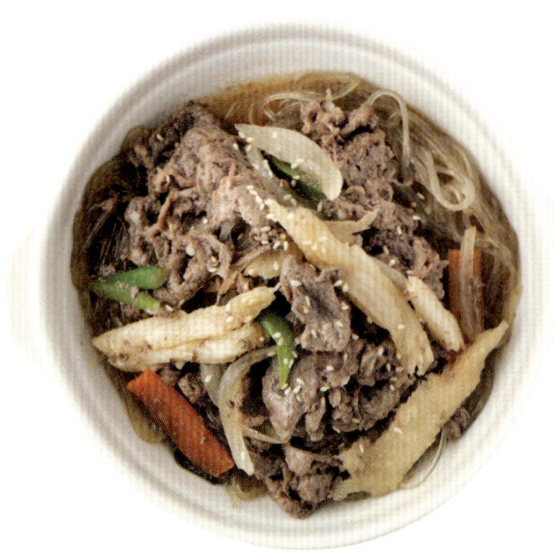

재료 쇠고기(불고기감) 400g, 깐 더덕 4~5뿌리, 당면 50g, 양파 1/2개, 대파 1뿌리, 당근 1/5개, 소금·통깨 조금씩

불고기양념 다시마육수 1컵, 간장 4큰술, 설탕 2큰술, 청주·참기름·다진 마늘·깨소금 1큰술씩, 후춧가루 조금

이렇게 만드세요

1 분량의 재료를 섞어 불고기양념을 만든다.

2 깨끗이 씻은 더덕은 석쇠에 올려 살짝 구운 후 껍질을 돌려 깎아 방망이로 두들겨 부드럽게 한 후 소금물에 담가 둔다.

3 당면은 물에 담가 불려 2~3등분하고 양파, 대파, 당근은 5cm 길이로 굵게 채썬다.

4 쇠고기에 불고기양념을 조물조물 무친 후 더덕과 채썬 채소를 섞는다.

5 달군 팬에 준비한 고기와 더덕, 채소를 볶아 익히고 당면을 넣어 마저 익힌 후 통깨를 뿌려 낸다.

당면을 너무 일찍 넣으면 재료가 익기도 전에 면이 국물을 흡수해버려 요리가 떡떡해지므로 요리 마지막에 넣는다.

사포닌 성분이 풍부한 쌉싸래한 더덕과 야들야들한 쇠고기, 부드러운 당면이 조화를 이룬 불고기는 가족 보양식으로 그만이다. 5월 제철을 만난 생멸치조림과 새콤한 오이오징어초무침을 곁들이면 금상첨화.

생멸치매운조림

재료 생멸치 20마리, 굵은소금 조금, 대파 1/2뿌리, 풋고추·양파 1개씩, 홍고추 1/2개

조림장 다시마육수 1컵, 간장·고춧가루 2큰술씩, 고추장·설탕·생강즙 1작은술씩, 조청·청주·다진마늘 1큰술씩, 후춧가루 조금

이렇게 만드세요

1 생멸치는 비늘과 내장, 머리, 지느러미를 제거하고 흐르는 물에 씻은 후 굵은소금을 조금 뿌려 둔다.

2 대파와 풋고추와 홍고추는 어슷썰고 양파는 굵직하게 채썬다.

3 냄비에 양파를 깔고 생멸치를 올린 후 어슷썬 대파와 고추를 얹고 분량의 재료를 섞어 만든 조림장을 끼얹어 센불에서 끓인다.

4 국물이 끓어오르면 중불로 줄이고 국물을 끼얹어가며 조린다.

생멸치는 내장을 제거하지 않으면 쓴맛이 나므로 꼭 내장을 제거하고 조리한다.

오이오징어초무침

재료 오이 1개, 오징어 1마리, 굵은소금·통깨 조금씩

무침양념 식초 2큰술, 설탕 1큰술, 다진마늘 2작은술, 소금·고춧가루·깨소금 1작은술씩

이렇게 만드세요

1 손질한 오징어는 잔칼집을 넣고 5cm 길이로 채썰어 데친다.

2 오이는 굵은소금으로 문질러 씻어 반으로 갈라 어슷썰고 소금을 조금 뿌려 절인 후 찬물에 헹궈 꼭 짠다.

3 분량의 무침양념에 오징어를 먼저 넣고 조물조물 무친 뒤 오이를 넣어 고루 무치고 통깨를 뿌린다.

오이는 생으로 무치면 물이 나와 나중에 간이 싱거워지므로 굵은소금을 조금 뿌려 10분 정도 절인 후 찬물에 헹궈 살짝 짠 뒤 무친다.

더덕은 진이 나와 껍질 벗기기가 힘들다. 석쇠에 올려 살짝 구우면 겉면이 익어 진이 나오지 않아 껍질 벗기기가 한결 쉽다.

오징어두부전골과 닭고기마늘종볶음

main 오징어두부전골　**side** 닭고기마늘종볶음　**plus** 도라지미나리생채, 밥

오징어두부전골

재료 오징어 2마리, 두부 1모, 신김치 150g, 콩나물 100g, 대파 1/4뿌리, 양파 1/4개, 풋고추 1개, 홍고추 1/2개, 소금·후춧가루·식용유 조금씩

오징어양념 고춧가루·고추장·다진 마늘 1큰술씩, 간장 2작은술, 생강즙 1작은술, 참기름·후춧가루·설탕 조금씩

국물 다시마육수 4컵, 고춧가루 2큰술, 국간장 2작은술, 다진마늘 1작은술, 소금·후춧가루 조금씩

이렇게 만드세요

1 손질한 오징어는 잔칼집을 넣고 한입 크기로 썰어 오징어양념에 무친다.

2 두부는 1.5cm 두께로 잘라 소금과 후춧가루로 간하여 10분 정도 두었다가 물기를 닦아내고 달군 팬에 기름을 두르고 노릇하게 부친다.

3 콩나물은 깨끗이 다듬어 씻고 김치는 소를 털어내고 5cm로 채썰고 대파와 양파, 고추도 채썬다.

4 준비한 재료를 돌려 담아 국물을 붓고 끓인다.

오징어와 두부 등에 미리 간을 하기 때문에 국물 간은 싱겁게 해야 전체 간이 적당해진다.

오징어와 두부, 신김치와 콩나물을 듬뿍 넣어 끓인 오징어두부전골은 재료가 다양해 다른 반찬이 필요 없다. 입맛 돋우는 닭고기마늘종볶음과 씹는 맛을 살린 미나리도라지생채로 계절의 향을 더해 보자.

닭고기마늘종볶음

재료 닭다리살 2개 분량, 마늘종 10개, 양파 1/4개, 홍고추 1/3개, 식용유·통깨 조금씩

닭밑간 다진마늘·청주 1큰술씩, 생강즙 1작은술, 소금·후춧가루 조금씩

볶음양념 간장 4큰술, 설탕 1과1/2큰술, 참기름 1큰술, 조청 1작은술

이렇게 만드세요

1 닭다리살은 겉기름을 제거하고 한입 크기로 썰어 밑간을 한다.

2 마늘종은 시든 부분과 억센 부분을 제거하고 5cm 길이로 자른다.

3 양파와 홍고추는 4cm 길이로 곱게 채썬다.

4 달군 팬에 식용유를 조금 두르고 닭고기를 볶다가 2/3 정도 익으면 볶음양념을 넣어 볶는다.

5 닭고기가 익으면 마늘종과 양파도 넣어 볶은 후 홍고추와 통깨를 넣고 마무리한다.

익는 데 시간이 걸리는 닭고기를 먼저 익힌 뒤 마늘종을 넣어야 무르지 않고 아삭한 맛을 살릴 수 있다.

도라지미나리생채

재료 도라지 6뿌리, 미나리 한 움큼, 풋고추 1개, 홍고추 1/3개, 굵은소금·통깨 조금씩

무침양념 고춧가루·식초 2큰술씩, 설탕·깨소금 1큰술씩, 참기름 1/2큰술, 다진 마늘 2작은술, 소금 1작은술

이렇게 만드세요

1 도라지는 껍질을 돌려 깎아 5cm 길이로 얇게 채썰어 굵은소금에 살살 버무려 아린맛을 빼고 찬물에 여러 번 헹군 후 물기를 제거한다.

2 미나리는 줄기만 4~5cm 길이로 썰고, 고추는 4cm 길이로 채썬다.

3 손질한 채소에 고춧가루를 먼저 넣어 물을 들이고 나머지 무침양념을 순서대로 넣고 살살 버무린 후 통깨를 뿌려 낸다.

도라지는 소금물에 담가 두거나 소금에 버무려 두면 아린맛을 뺄 수 있는데, 찬물에 여러 번 헹구어 사용해야 아린맛과 짠맛이 빠져 간이 잘 밴다.

전골에 두부를 넣을 때는 소금과 후춧가루로 간을 해 수분을 제거한 다음 노릇하게 부쳐 사용한다. 이렇게 하면 두부가 단단해져 국물이 끓는 동안 부스러지지 않는다.

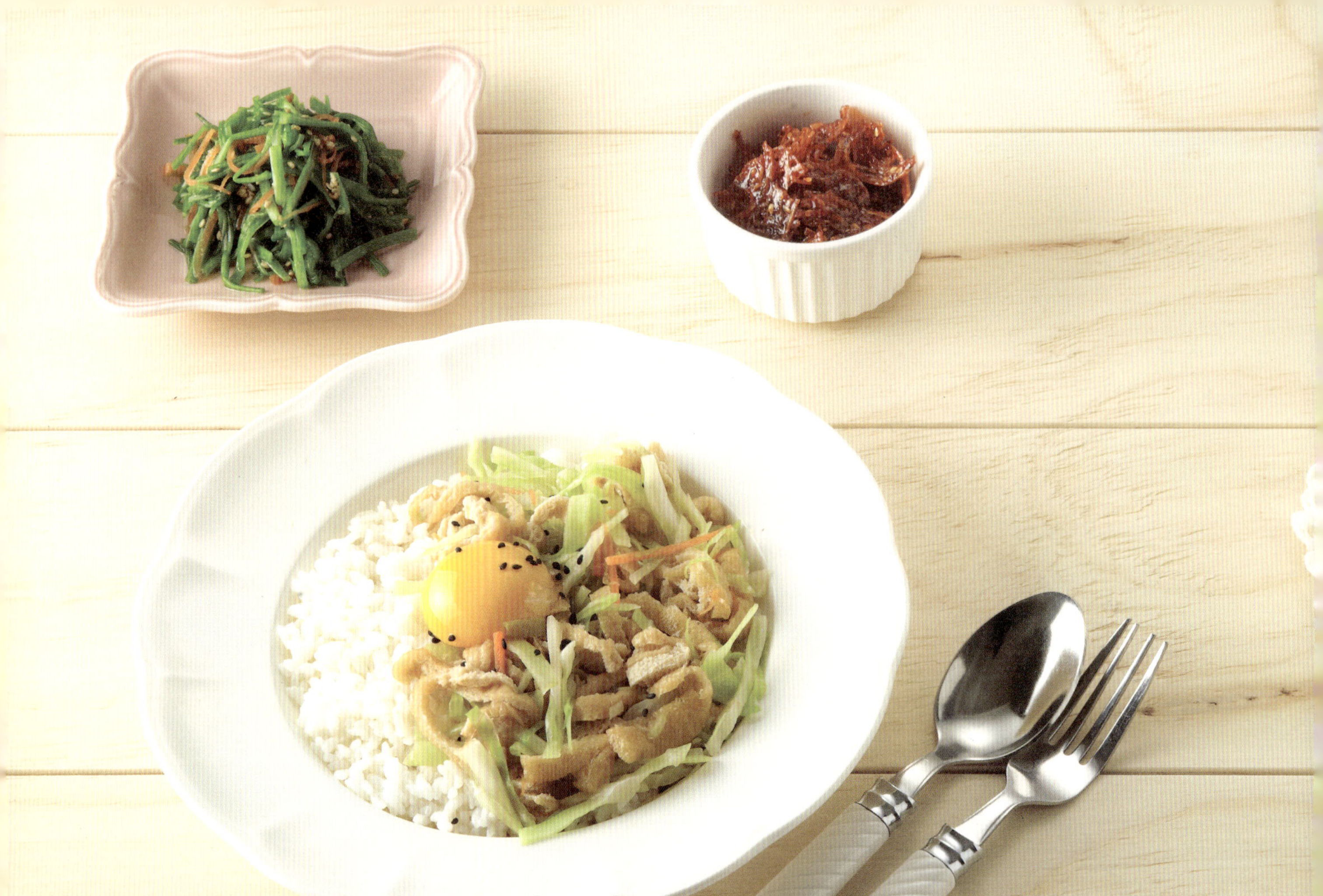

양배추유부덮밥과 미역두부된장국

main 양배추유부덮밥 side 미역두부된장국 plus 미나리당근나물, 뱅어포무침

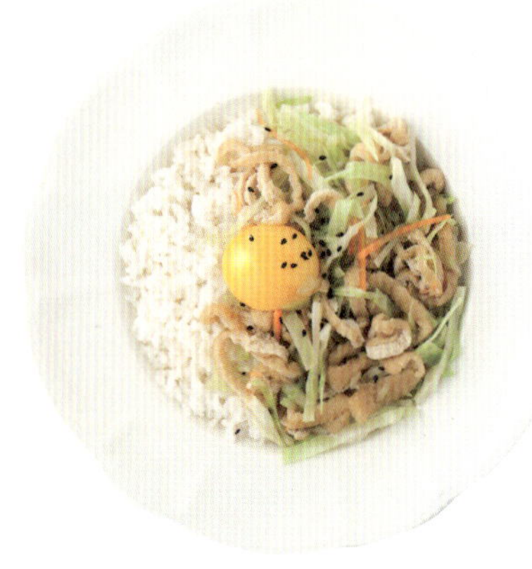

양배추유부덮밥

재료 양배추(1/4통 크기) 6장, 유부 5개, 청피망 1/2개, 당근 1/6개, 대파 1/4뿌리, 달걀노른자 4개, 밥 4공기, 흑임자 조금

덮밥양념 다시마육수 1컵, 간장 4큰술, 설탕 · 청주 2큰술씩, 참기름 1큰술, 다진마늘 1작은술

이렇게 만드세요

1 양배추는 한 장씩 잘 씻어 5cm 길이로 곱게 채썬 후 찬물에 담가 둔다.

2 유부는 끓는 물에 데쳐 곱게 채썬다.

3 청피망과 당근, 대파는 5cm 길이로 곱게 채썬다.

4 팬에 분량의 덮밥양념을 넣고 자글자글 끓이다 양배추와 다른 채소를 먼저 익힌 뒤 유부를 넣어 익힌다.

5 따뜻한 밥 위에 덮밥양념을 끼얹고 달걀노른자를 올린 후 흑임자를 뿌려 낸다.

양배추는 요리 직전까지 찬물에 담가 두면 아삭한 맛을 살릴 수 있는 것은 물론 농약 성분도 제거할 수 있다.

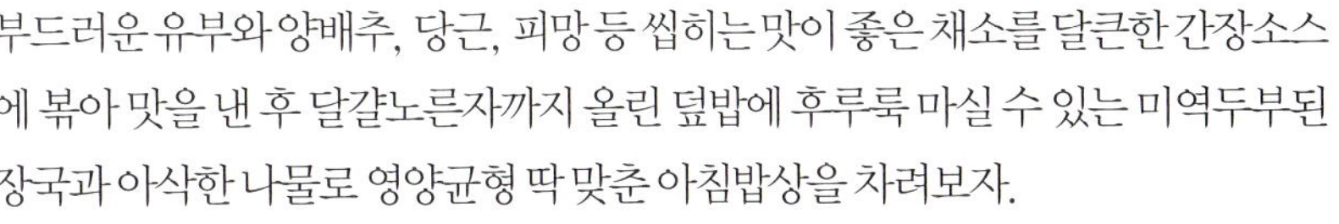

부드러운 유부와 양배추, 당근, 피망 등 씹히는 맛이 좋은 채소를 달큰한 간장소스에 볶아 맛을 낸 후 달걀노른자까지 올린 덮밥에 후루룩 마실 수 있는 미역두부된장국과 아삭한 나물로 영양균형 딱 맞춘 아침밥상을 차려보자.

미역두부된장국

재료 마른미역 15g, 두부 1/2모, 된장 2큰술, 다진 마늘 1큰술, 다시마육수 5컵, 소금·후춧가루 조금씩

이렇게 만드세요

1 마른미역은 찬물에 30분 정도 담가 불린 뒤 바락바락 씻어 먹기 좋은 크기로 썬다.

2 두부는 사방 1cm 크기로 썬 후 소금, 후춧가루로 간을 한다.

3 다시마육수에 분량의 된장을 풀고 다진 마늘을 넣어 끓이다 미역을 넣고 한소끔 더 끓인다.

4 미역이 파랗게 변하면 두부를 넣고 끓인 후 소금, 후춧가루로 간을 맞춘다.

미역을 너무 오래 불리면 향과 맛이 없어지므로 30분에서 1시간 정도만 불린다.

미나리당근나물

재료 미나리 200g, 당근 1/6개, 소금·통깨 조금씩

무침양념 간장 1/2작은술, 다진 마늘 1작은술, 참기름 1큰술, 깨소금 1/2큰술, 소금 조금

이렇게 만드세요

1 미나리는 잎과 억센 줄기를 잘라내고 부드러운 줄기만 끓는 소금물에 살짝 데친 후 찬물에 헹궈 물기를 짜고 4cm 길이로 썬다.

2 당근은 4cm 길이로 곱게 채썰어 끓는 소금물에 데친 후 물기를 꼭 짠다.

3 미나리와 당근을 분량의 무침양념으로 조물조물 무친 후 통깨를 뿌린다.

식이섬유와 비타민이 풍부한 미나리와 카로틴이 풍부한 당근은 서로 부족한 영양분을 채워주므로 영양 궁합이 딱이다.

유부는 끓는 물에 한 번 데친 후 사용해야 겉도는 기름기를 없앨 수 있다.

main 채소오므라이스
side 더덕과일초무침

채소오므라이스와 더덕과일초무침

남은 찬밥과 냉장고 속 자투리 채소로 뚝딱 만들 수 있는 오므라이스에 더덕과 배, 사과로 만든 초무침을 곁들이면 바쁜 아침 식탁이 든든하다.

채소오므라이스

재료 찬밥 2공기, 자투리 채소 다진 것 1/2컵(당근, 청피망, 양파, 버섯 등), 달걀 3개, 식용유 3큰술, 소금·마요네즈·돈가스소스·케첩 조금씩

이렇게 만드세요

1 달군 팬에 식용유를 두르고 다진채소를 넣고 소금, 후춧가루로 간하여 볶는다.

2 채소가 익으면 찬밥을 넣고 고슬하게 볶는다.

3 달걀과 우유를 고루 섞어 기름 두른 달군 팬에 부어 젓가락으로 저어가며 몽글몽글 반 정도 익힌 뒤 볶은 밥을 넣고 럭비공 모양으로 접은 후 마요네즈, 돈가스소스와 케첩을 뿌려 낸다.

달걀이 완전히 익은 후에는 밥에 잘 감싸지지 않으므로 몽글몽글하게 반 정도 익었을 때 밥을 넣고 감싼다.

더덕과일초무침

재료 더덕 3개, 배·사과 1/4개씩, 잣가루 조금

초무침양념 식초 2큰술, 잣가루·유자청 1큰술씩, 설탕·다진마늘·소금 1/2작은술씩, 참기름 1작은술

이렇게 만드세요

1 더덕은 껍질을 돌려 깎은 후 반으로 갈라 방망이로 자근자근 두드려 잘게 찢어 둔다.

2 배는 껍질을 벗기고 사과는 껍질째 5cm 길이로 채썬다.

3 분량의 초무침양념을 고루 섞어 둔다.

4 더덕과 과일을 초무침양념에 살살 버무린 후 잣가루를 뿌린다.

더덕은 섬유질이 많아 채써는 것보다 방망이로 자근자근 두드린 후 잘게 찢어 사용해야 식감이 좋다.

명란현미주먹밥과
감자양파샐러드

입 안에서 톡톡 터지는 명란으로 만든 고소한 주먹밥에 싱그러운 요구르트드레싱을 곁들인 감자양파샐러드를 더
하면 간편한 한 끼가 완성된다.

명란현미주먹밥

재료 현미밥 2공기, 구운 김 1/2장, 단무지 슬라이스 2개, 통깨 1작은술
명란소 명란 1개, 맛술·참기름 1작은술씩

이렇게 만드세요

1 명란은 맛술과 참기름을 발라 달군 팬이나 그릴에 넣고 노릇하게 구워 굵직하게 다진다.
2 단무지는 잘게 다져 물기 없이 꼭 짜 통깨와 함께 밥에 살살 버무린다.
3 현미밥 반 공기 정도를 손에 쥐고 동그랗게 잡아 구멍을 뚫는다.
4 구멍 속에 명란조각을 듬뿍 넣고 잘 아물려서 세모나게 모양을 잡는다.
5 구운 김을 굵은 띠 모양으로 잘라 주먹밥을 감싸 완성한다.

명란은 맛술과
참기름으로
밑간을 하면
비린맛을 줄일 수
있다.

감자양파샐러드

재료 감자 1개, 양파 1/3개, 소금·치커리 조금씩
샐러드드레싱 플레인요구르트 1/2컵, 마요네즈 1큰술, 양겨자 1작은술, 소금 1/2작은술,
후춧가루 조금

이렇게 만드세요

1 감자는 껍질을 벗기고 사방 1.5cm 정도 크기로 깍둑 썰어 소금물에 부드럽게 삶는다.
2 양파는 굵직하게 다져 소금을 조금 넣고 15분 정도 절였다가 찬물에 헹군 후 물기를
짠다.
3 샐러드드레싱을 만들어 감자와 절인 양파에 고루 버무려 치커리를 깐 그릇에 담는다.

양파를 소금에
절인 후 꼭 짜서
사용하면 양파의
매운맛이
없어지고 오래
두고 먹어도
겉물이 생기지
않는다.

main 햄양파볶음샌드위치
side 감자우유수프

햄양파볶음샌드위치와
감자우유수프

남은 식빵으로 만든 햄양파볶음샌드위치와 담백하고 든든한 감자우유수프 한 그릇이면 카페 브런치 부럽지 않은 식탁이 완성된다.

햄양파볶음샌드위치

재료 식빵·슬라이스햄 4장씩, 양상추 2장, 양파·토마토 1/2개씩, 마요네즈 2큰술, 홀 스그레인 머스터드 1작은술, 식용유·소금·후춧가루 조금씩

이렇게 만드세요

1 슬라이스햄은 끓는 물에 데쳐 물기를 거둔다.
2 양파와 토마토는 곱게 채썰어 기름 두른 달군 팬에 소금과 후춧가루로 간하여 볶는다.
3 깨끗이 씻은 양상추는 손바닥으로 눌러 납작하게 만든다.
4 식빵의 한쪽 면에 마요네즈와 머스터드를 펴 바른다.
5 빵 위에 양상추, 슬라이스햄, 볶은 양파와 토마토, 양상추를 순서대로 올린 뒤 나머지 빵을 덮어 한입 크기로 잘라 낸다.

감자우유수프

재료 감자 1개, 양파 1/4개, 대파 1/4뿌리, 마늘 2쪽, 올리브오일 1큰술, 물 1과1/2컵, 우유 2컵, 소금·후춧가루 조금씩

이렇게 만드세요

1 감자는 껍질을 벗기고 얇게 반달썰기해 찬물에 담가 녹말기를 제거한다.
2 양파, 대파와 마늘은 곱게 채썬 후 올리브오일 두른 달군 팬에 볶아 향을 낸다.
3 향 오른 팬에 감자를 넣고 볶은 뒤 물과 우유를 1컵씩 넣고 감자가 무를 정도로 익힌 다음 믹서에 곱게 간 후 남은 우유 1컵을 부어 끓여 소금과 후춧가루로 간한다.

샌드위치용 식빵은 마요네즈나 버터를 꼼꼼히 발라야 채소나 다른 재료의 수분이 빵에 배어들지 않아 오랫동안 눅눅하지 않고 폭신하게 즐길 수 있다.

향신 채소를 볶아 향을 낸 뒤 감자를 볶으면 감자수프의 풍미가 좋아진다.

main 마늘종조개볶음라면
side 김치두부무침

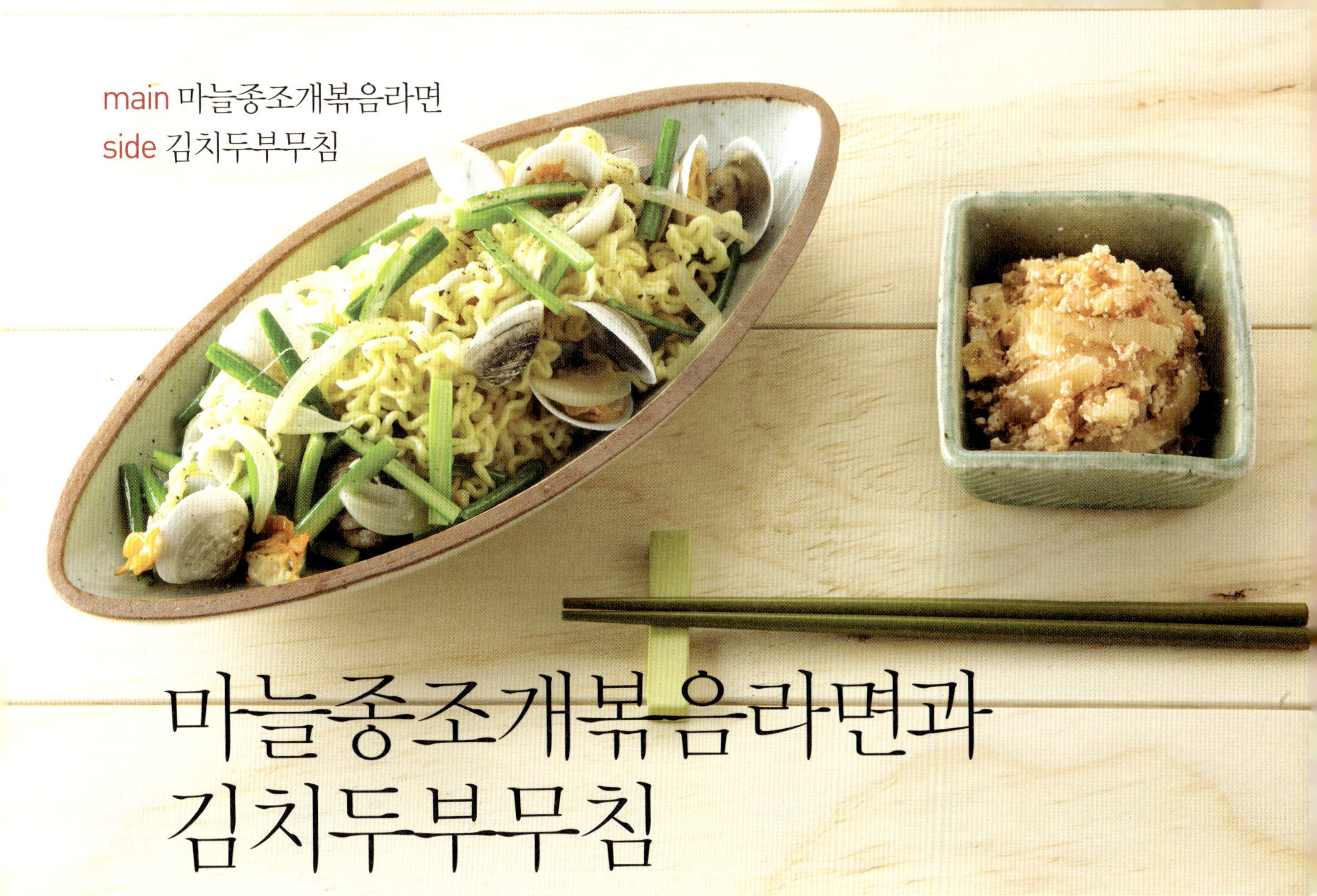

마늘종조개볶음라면과 김치두부무침

마늘종과 조개로 맛을 낸 볶음라면은 올리브오일 파스타 부럽지 않은 일품요리. 여기에 김치두부무침을 곁들이면 느끼한 맛을 잡을 수 있다.

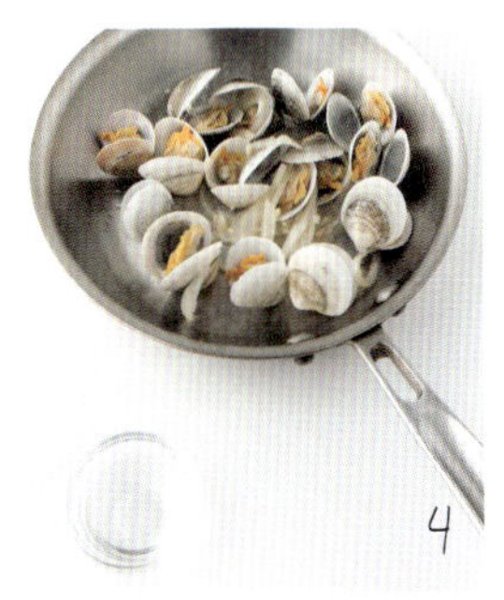

마늘종조개볶음라면

재료 마늘종 5개, 모시조개 1컵, 라면사리 1개, 양파 1/4개, 다진 마늘 1작은술, 쌀눈유 · 청주 1큰술씩, 소금 · 통후춧가루 조금씩

이렇게 만드세요

1 마늘종은 억센 부분을 제거하고 5cm 길이로 잘라 반으로 가른 후 소금물에 데친다.
2 라면은 끓는 물에 부드럽게 데쳐 찬물에 헹궈 건진다.
3 달군 팬에 쌀눈유를 두르고 다진 마늘과 채썬 양파를 볶아 향을 낸다.
4 향 오른 팬에 모시조개와 청주를 넣고 입을 벌릴 때까지 센 불에서 볶는다.
5 조개가 익으면 라면과 마늘종을 넣고 소금과 통후춧가루로 간하여 볶는다.

조개를 볶을 때는 청주를 넣고 센 불에서 볶아야 비린맛을 없앨 수 있다.

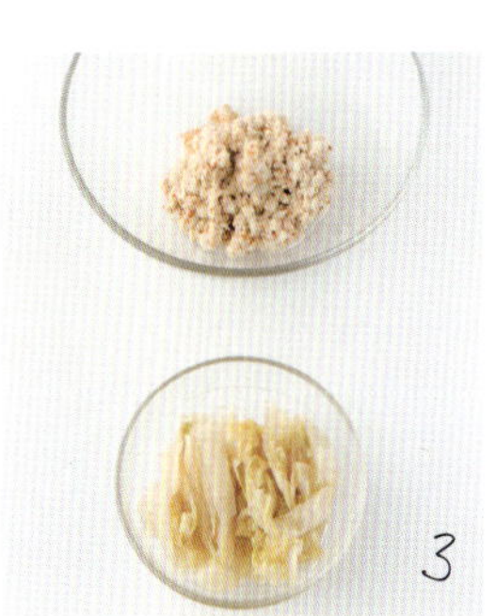

김치두부무침

재료 신배추김치 4줄기, 두부 1/4모, 통깨 조금

무침양념 고춧가루 · 설탕 · 다진 마늘 · 참기름 1작은술씩, 깨소금 2작은술, 소금 조금

이렇게 만드세요

1 배추김치는 양념을 씻어내고 5cm 길이로 썰어 국물을 짜낸다.
2 두부는 칼등으로 으깬 뒤 면보에 넣고 물기를 짠다.
3 그릇에 분량의 무침양념을 넣고 두부를 넣고 살살 버무린 후 김치를 넣고 버무리다 통깨를 뿌려 완성한다.

두부에 양념을 먼저 넣고 버무려야 간이 고르게 밴다.

main 양파돈가스랩샌드위치
side 토마토딸기주스

양파돈가스랩샌드위치와 토마토딸기주스

샌드위치는 빵으로 만들어야 한다는 편견을 버리자. 또띠아에 재료를 채워 넣어 돌돌 만 랩 샌드위치와 영양 가득한
제철 토마토딸기주스까지 곁들이면 스페셜 도시락이 완성된다.

양파돈가스랩샌드위치

재료 돈가스 1장, 양파 1/2개, 양상추 3장, 치커리 조금, 또띠아 2장, 마요네즈 2큰술,
돈가스소스 2작은술, 식용유 적당량

이렇게 만드세요

1 또띠아는 해동 후 마른 팬에 굽는다.

2 돈가스는 식용유를 넉넉하게 두른 팬에 노릇하게 구워 기름기를 제거한 뒤 1cm 두께
로 썬다.

3 양파는 굵게 채썰어 찬물에 헹구어 수분을 제거한다.

4 양상추와 치커리는 한입 크기로 썰어 찬물에 담가 건진다.

5 또띠아에 마요네즈를 펴 바르고 양상추, 치커리, 양파, 돈가스를 넣고 돈가스소스를
뿌리고 돌돌 말아 한입 크기로 썬다.

또띠아를 마른 팬에
구우면 부드러워져
재료를 넣고 말기에
편하다.

토마토딸기주스

재료 토마토 1개, 딸기 10개, 얼음 1/2개, 꿀 1큰술

이렇게 만드세요

1 토마토는 끓는 물에 데쳐 껍질을 벗기고 큼직하게 썬다.

2 딸기는 잘 씻어 꼭지를 제거하고 2~4등분한다.

3 믹서에 토마토, 딸기, 얼음, 꿀을 넣고 곱게 갈아 병에 담는다.

토마토 껍질에는
영양분이 거의 없다.
소화를 방해하는
것은 물론 믹서에
갈아도 건지가 남게
되므로 주스를 만들
때는 껍질을 벗긴다.

main 마늘닭날개튀김
side 오렌지소스양배추샐러드

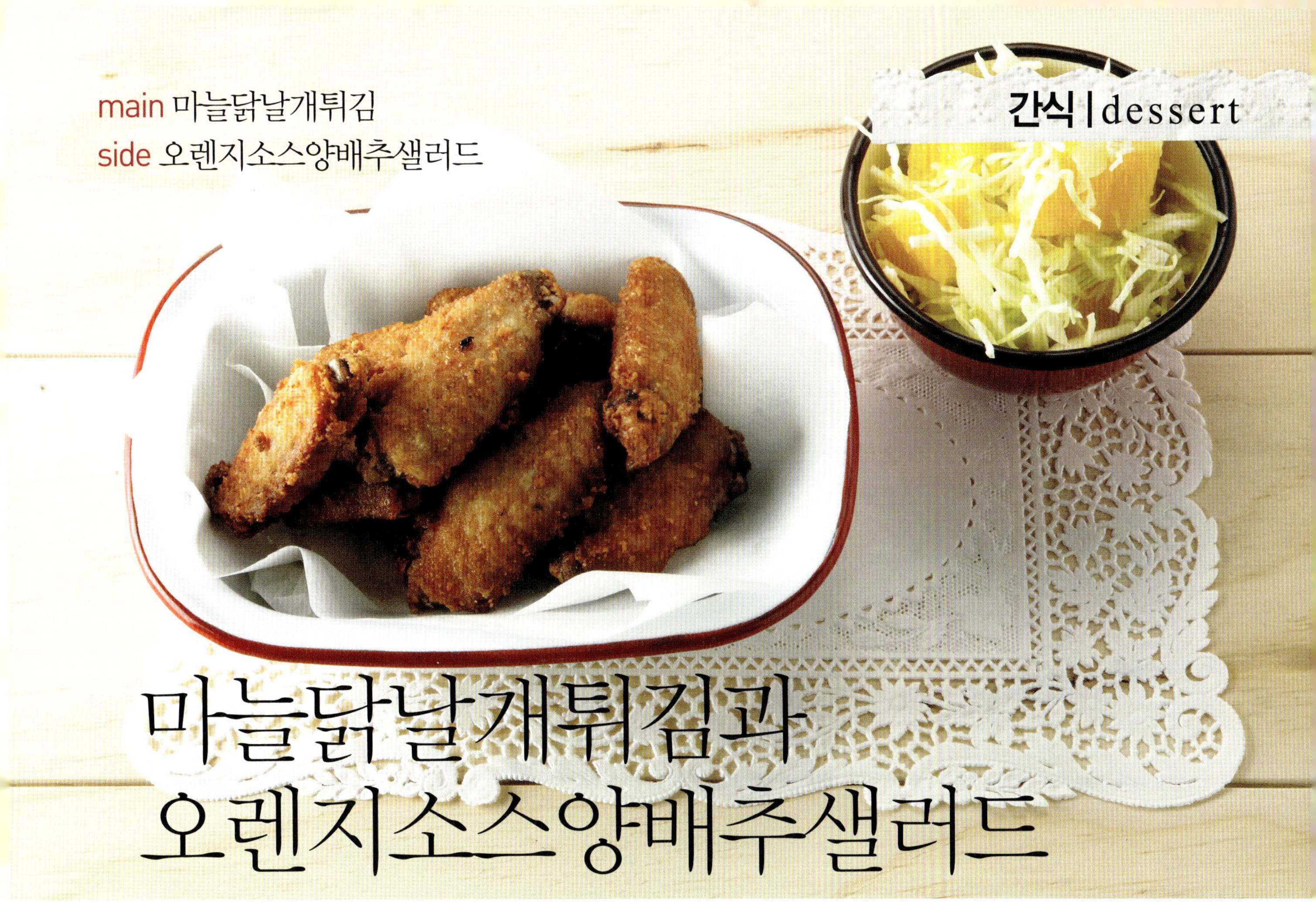

마늘닭날개튀김과 오렌지소스양배추샐러드

마늘로 밑간한 윙을 담백하게 튀기고, 상큼한 오렌지와 씹을수록 달큰한 양배추로 만든 샐러드를 함께 내보자. 완소 간식 메뉴로 칭찬받는다.

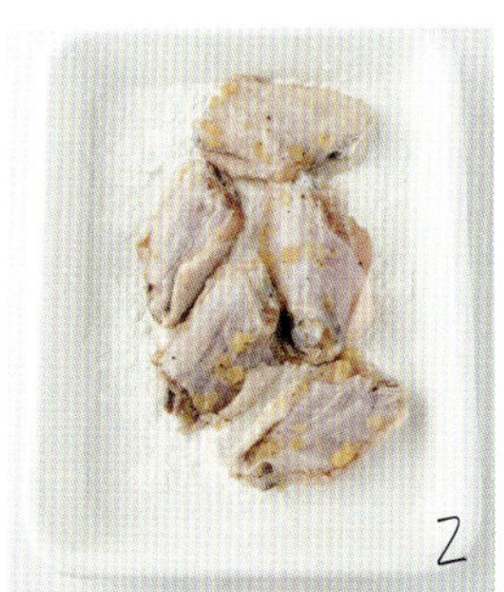

마늘닭날개튀김

재료 닭날개 10개, 다진 마늘 2큰술, 청주 1큰술, 소금 · 후춧가루 조금씩, 녹말가루 1/2컵, 쌀눈유 2컵

이렇게 만드세요

1 닭날개는 잘 씻어 다진 마늘과 청주, 소금, 후춧가루를 넣고 버무려 15분 정도 밑간한다.
2 밑간한 닭날개의 마늘을 훑어내고 녹말가루에 고루 버무린다.
3 160℃로 달군 기름에 녹말가루 묻힌 닭날개를 넣어 노릇하게 두 번 튀겨 낸다.

> 닭날개에 마늘양념을 버무려 두면 마늘 향이 배어 누린내가 나지 않는다. 튀길 때는 마늘을 훑어내고 튀겨야 타지 않는다.

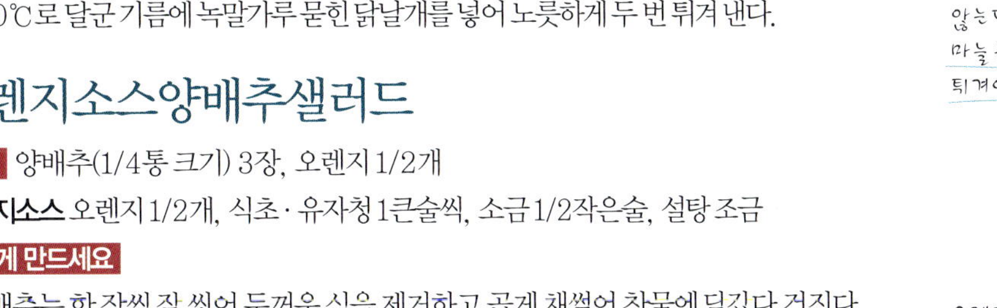

오렌지소스양배추샐러드

재료 양배추(1/4통 크기) 3장, 오렌지 1/2개

오렌지소스 오렌지 1/2개, 식초 · 유자청 1큰술씩, 소금 1/2작은술, 설탕 조금

이렇게 만드세요

1 양배추는 한 장씩 잘 씻어 두꺼운 심을 제거하고 곱게 채썰어 찬물에 담갔다 건진다.
2 오렌지 1/2개는 살만 발라내고 1/2개는 즙을 낸다.
3 분량의 재료를 고루 섞어 오렌지소스를 만든다.
4 양배추와 오렌지살을 고루 섞은 후 오렌지소스를 부어 낸다.

> 오렌지는 껍질을 제거하고 살만 발라내야 씹는 맛이 좋다. 소스를 만들 때는 주스보다는 생즙을 사용해야 향과 맛이 더욱 좋다.

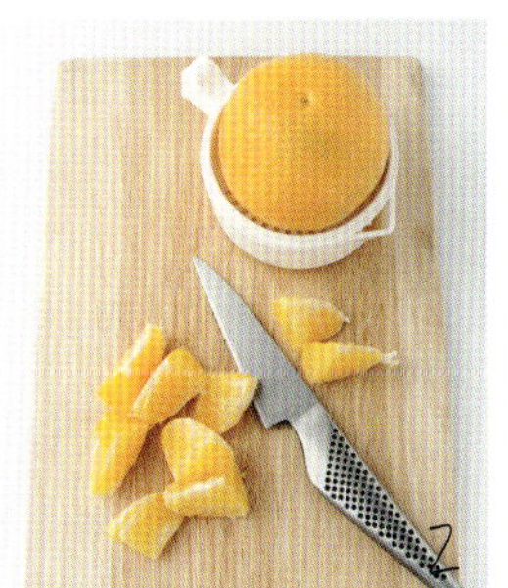

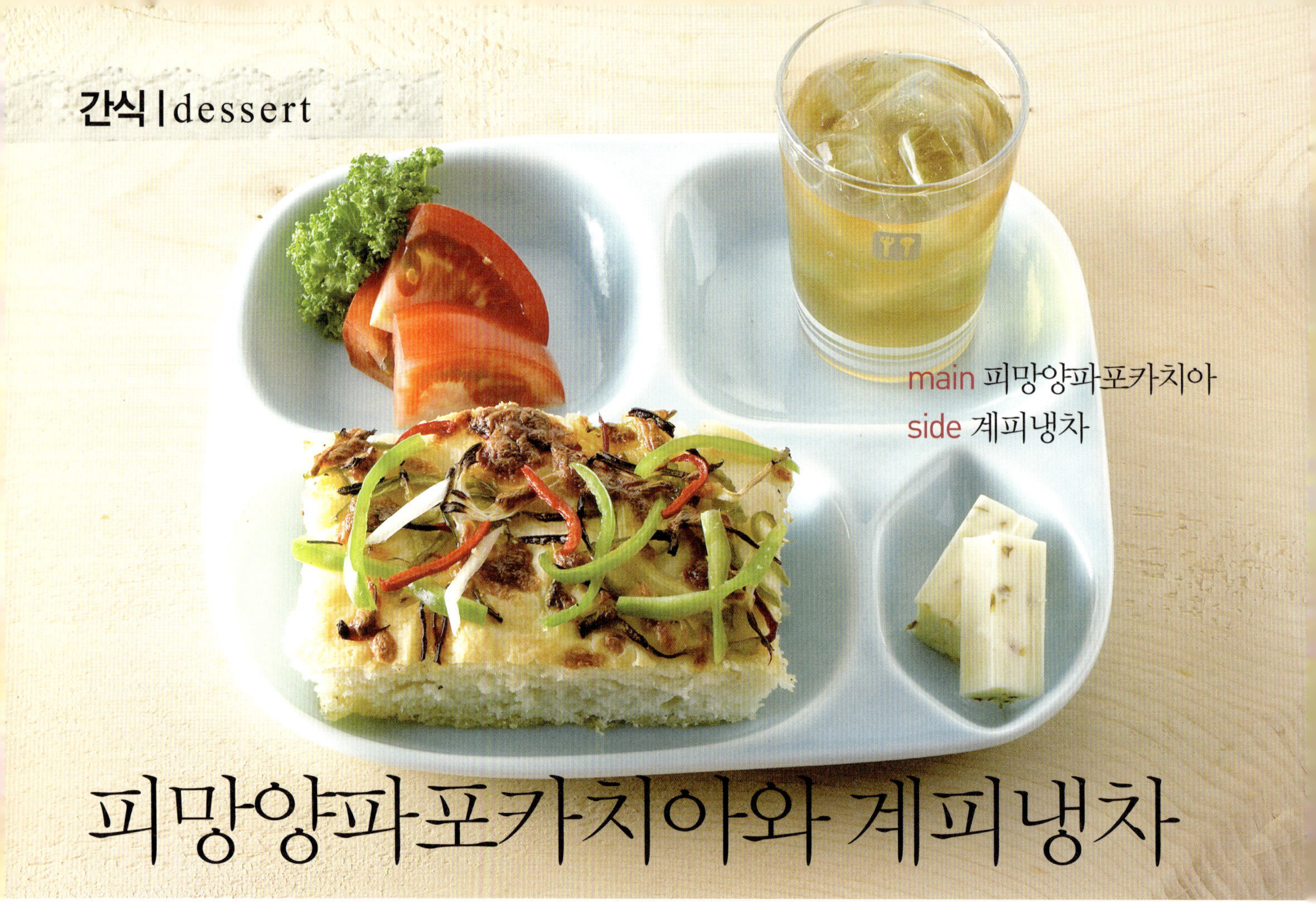

main 피망양파포카치아
side 계피냉차

피망양파포카치아와 계피냉차

담백하고 고소한 포카치아에 피망과 양파를 올리면 건강채소빵이 된다. 여기에 콜라 못지않게 톡 쏘는 계피냉차를 곁들이면 든든한 한 끼 식사 대용으로도 좋다.

3

1

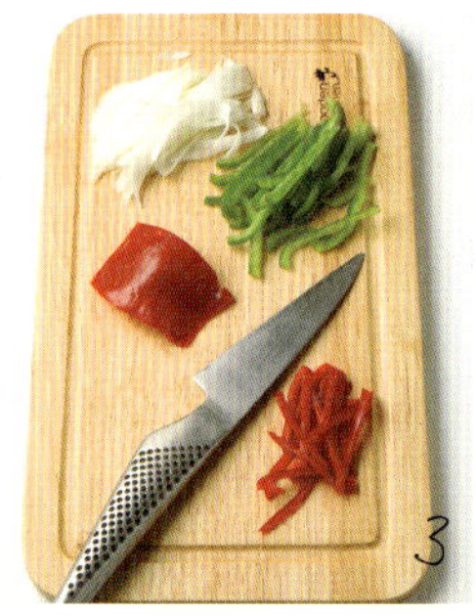

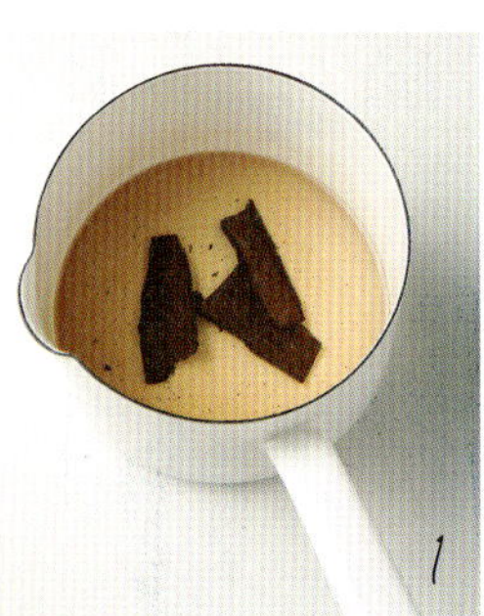

피망양파포카치아

재료 강력분 250g, 인스턴트 드라이이스트 1과1/2작은술, 소금 1작은술, 미지근한 물 2/3컵, 올리브오일 1큰술

토핑재료 올리브오일 3큰술, 청피망 1개, 홍피망·양파 1/2개씩, 모차렐라치즈 1/2컵

이렇게 만드세요

1 밀가루, 이스트, 소금을 고루 섞은 후 미지근한 물을 부어 반죽한 다음 올리브오일을 넣어 글루텐이 형성되도록 힘껏 치댄다.

2 ①을 40분 정도 1차 발효한다.

3 피망과 양파는 5cm 길이로 곱게 채썬다.

채소는 곱게 채썰어야 빵을 구울 때 떨어지지 않는다.

4 ②의 반죽을 2~3등분한 후 밀대로 타원형 모양으로 밀어 30분 정도 2차 발효한다.

5 반죽을 손가락으로 꾹꾹 누른 후 올리브오일과 피망, 양파, 치즈를 고루 뿌린다.

6 200℃로 예열한 오븐에서 25분 정도 굽는다.

계피냉차

재료 계피 1조각, 물 5컵, 매실청(또는 꿀) 조금

이렇게 만드세요

1 냄비에 깨끗이 씻은 계피와 물을 붓고 중간 불에서 물이 반 정도 졸아들 때까지 끓인다.

계피 향이 충분히 우러나도록 끓여야 탄산음료같이 시원한 맛이 난다.

2 아이들 입맛에 맞게 매실청이나 꿀을 탄 후 차게 해서 마신다.

	아침	점심	저녁
월	잔멸치김치볶음밥 양배추두부된장국	양파돈가스랩샌드 위치 토마토딸기주스	차돌박이된장찌개 참치양파볶음 더덕양념구이 파래자반무침
화	양배추유부덮밥 미역두부된장국 미나리당근나물 뱅어포무침	오징어간장볶음덮밥 오이생채	상추깻잎쌈 두부목살두루치기 마늘종쇠고기조림 오징어채소말이
수	자투리채소오므라이스 더덕과일초무침	햄양파볶음샌드위치 감자우유수프	멍게생채비빔밥 콩나물오징어국 미나리물김치 멸치볶음
목	콩나물된장죽 더덕쇠고기장조림	모닝빵달걀구이 상추콘샐러드	완두콩영양밥 양파어묵국 마늘종고추장무침 생멸치소금구이
금	명란현미주먹밥 감자양파샐러드	현미밥 콩나물국 두부버섯볶음스테이크	현미밥 더덕쇠고기불고기 생멸치매운조림 오이오징어초무침
토	오징어된장국밥 김채소달걀말이 완두콩순두부조림	마늘종모시조개볶음 라면 김치두부무침	밥 오징어두부전골 닭고기마늘종볶음 도라지미나리생채
일	크림치즈베이글 오렌지연어샐러드 블랙커피	마늘닭날개튀김 오렌지소스양배추 샐러드	닭마늘칼국수 상추양파겉절이 오징어김치전

7·8_월 밥상

찌는 더위에 입맛이 없어지고 자칫 건강을 잃기 쉬운 여름. 균형 잡힌 식단이 더욱 필요한 계절이다. 추어탕과 삼계탕 등의 보신요리도 챙겨서 상에 올리고 매콤달콤시원한 면 요리와 냉국 레시피도 챙겨두자. 땀을 많이 흘리는 계절이므로 음식 또한 담백하고 시원한 것이 제격이다. 녹황색 채소가 흔한 달이므로 꼭 챙기도록 하고 사계절식품을 부재료로 이용해 원기회복 여름밥상을 차리는 지혜를 발휘하자.

근대토장국과 조갯살부추전

근대토장국

재료 근대 1단, 국물멸치 15마리, 된장 2큰술, 고추장·다진마늘 1큰술씩, 대파 1/4뿌리, 쌀뜨물 7컵

이렇게 만드세요

1 근대는 잘 씻은 뒤 먹기 좋은 크기로 썰어 데친다.

2 멸치는 머리, 내장을 제거하고, 대파는 어슷하게 썬다.

3 냄비에 쌀뜨물과 멸치를 넣어서 거품이 날 정도로 가열한 다음 불을 끄고 멸치를 건진다.

4 ③에 된장, 고추장을 풀고 끓이다가 끓기 시작하면 근대, 대파, 마늘을 넣고 한소끔 더 끓인 다음 불을 끈다.

쌀을 처음 씻은 물에는 먼지와 잡티 등이 섞여 있기 쉬우므로 두 번째 씻은 쌀뜨물을 사용한다.

별다른 재료 없이도 뚝딱 끓여낼 수 있는 근대토장국은 속풀이에도 제격. 씹히는
맛이 좋은 조갯살부추전과 도라지참외생채를 곁들이면 잘 차린 제철밥상이
완성된다.

조갯살부추전

재료 조갯살 150g, 부추 1/5단, 홍고추 1개, 양파 1/4개, 달걀 1개,
밀가루 1컵, 물 1/3컵, 식용유 조금

이렇게 만드세요

1 조갯살은 옅은 소금물에 흔들어 씻은 다음 물기를 제거한다.

2 부추는 5cm 길이로 썰고 홍고추는 다지고 양파는 곱게 채썬다.

3 달걀, 물, 밀가루를 섞어 물이 없어질 때까지 고루 버무린 다음 부
추와 고추, 양파, 조갯살을 넣고 한 번 더 버무려 전 반죽을 완성한다.

4 팬에 기름을 두른 다음 반죽을 골고루 펴서 노릇하게 부친 뒤 먹기
좋게 잘라낸다.

도라지참외생채

재료 도라지 100g, 참외 1/2개, 고춧가루·설탕 2큰술씩,
식초 3큰술, 깨소금 1큰술, 다진마늘·소금 조금씩

이렇게 만드세요

1 도라지는 껍질을 벗긴 뒤 먹기 좋은 크기로 찢어서 옅은 소금물에
잠시 담가둔다.

2 참외는 껍질을 벗기고 씨를 제거한 다음 곱게 썰어 소금 1작은술
정도에 살짝 절인다.

3 소금물에 담가두었던 도라지를 맑은 물이 나올 때까지 주물러 헹
구고 물기를 제거한 다음 고춧가루, 식초, 설탕을 넣고 버무린다.

4 도라지에 간이 배면 절여둔 참외를 살짝 헹군 뒤 마늘, 깨소금을
넣고 한 번 더 무친다.

main 근대토장국
side 조갯살부추전
plus 도라지참외생채
갓김치, 밥

도라지는 쌉쌀하고 아린맛이 있기 때문에
찬물에 30분 정도 담가두거나 소금으로 주물러
씻는다. 시간을 절약하고 싶다면 소금물에
담가놓는다.

감자팥보리밥과 호박잎들깻국

main 감자팥보리밥 **side** 호박잎들깻국 **plus** 부추깻잎장떡, 열무물김치

초여름이 제철인 햇감자는 부드럽고 향이 좋아 밥에 넣어 먹기 좋다. 이맘때만 먹을 수 있는 호박잎에 맛이 잘 어우러지는 들깨를 넣어 국을 끓이면 다른 반찬 없이도 한 끼가 든든하다.

감자팥보리밥

재료 찰보리 1/2컵, 팥 1/4컵, 감자(중간 크기) 2개, 멥쌀 1과1/2컵,
밥물(팥 삶은 물 1컵, 보리 삶은 물 2컵) 3컵, 소금 조금

이렇게 만드세요

1 보리는 잘 씻어 잠길 정도로 물을 넉넉하게 부어 부드럽게 삶아 체에 건
지고 멥쌀은 깨끗이 씻어 불린 후 체에 건져 물기를 뺀다.

2 팥은 잘 씻어 찬물을 붓고 끓여 첫물은 따라 내고 다시 넉넉하게 물을 부
어 팥알이 터지지 않도록 삶는다. 팥물은 소금 간을 살짝 해 따로 둔다.

3 감자는 껍질을 벗기고 큼직하게 깍둑 썰어 찬물에 담갔다 건진다.

4 냄비에 쌀, 보리, 팥, 감자를 고루 섞어 솥에 안치고 밥물을 부어 센 불에
서 끓인다.

5 밥물이 잦아들면 불을 아주 약하게 줄여 뜸을 충분히 들인다.

감자를 찬물에 담가 녹말기를 제거한 후 밥에 넣어야 포실포실하게 잘 익는다.

호박잎들깻국

재료 호박잎 200g, 애느타리버섯 1팩(200g), 대파 1/2뿌리,
들깨가루 1컵, 소금 조금

국물과 양념 다시마물 6컵, 다진마늘·국간장·들기름 1큰술씩, 소금 조금

이렇게 만드세요

1 호박잎은 질긴 섬유질은 벗겨내고 흐르는 물에 비벼가며 푸른 물이 가
시게 씻은 후 4~5등분한다.

2 애느타리는 밑동을 잘라 가닥을 나누고 대파는 송송썬다.

3 냄비에 들기름을 두르고 호박잎과 애느타리버섯, 다진마늘, 국간장을
넣고 달달 볶는다.

4 다시마물 2컵은 들깨가루를 풀고 나머지 4컵은 ③에 붓고 20분 정도 끓
인다.

5 들깨가루 푼 물을 넣고 10분 정도 끓인 뒤 대파를 넣고 소금으로 모자란
간을 맞춘다.

여름 호박잎은 섬유질이 많고 잔털이 많아 비벼가며 푸른 물이 가시게 씻은 후 국을 끓여야 질기지 않고 풋내도 나지 않는다.

부추깻잎장떡

재료 부추 한 줌(100g), 깻잎 12장, 청양고추 2개, 홍고추 1개,
식용유 적당량

장떡반죽 밀가루 1과1/2컵, 물 1컵, 고추장 1큰술, 된장 1작은술,
다진마늘 1작은술씩

이렇게 만드세요

1 밀가루와 물을 섞어 반죽한 후 1~2시간 냉장고에 넣어 둔다

2 부추는 잘 손질해 3~4cm 길이로 썬다. 깻잎은 잘 씻어 돌돌 말아 부추
두께로 채썰고 고추는 3cm 길이로 채썬다.

3 차게 둔 반죽을 꺼내 고추장, 된장, 다진마늘을 잘 풀고 부추와 깻잎, 고
추를 넣고 고루 섞는다.

4 달군 팬에 기름을 두르고 반죽을 한 국자씩 떠놓아 앞뒤로 지진다.

장떡 반죽할 때 장은 부치기 직전에 풀어 넣어야 반죽이 묽어지지 않는다. 장을 처음부터 넣으면 반죽이 묽어질 뿐 아니라 늘어져 부칠 때도 힘들다.

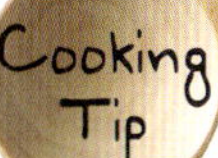

보리는 잘 익지 않으므로 미리 삶아 건져 둔다.
보리 삶은 물은 버리지 말고 밥물로 쓰면 밥이
훨씬 구수하고 맛이 좋다.

열무김치묵국과 감자범벅

main 열무김치묵국 **side** 감자범벅 **plus** 파래자반무침, 밥

잘 익은 열무김치는 따로 간을 하지 않아도 국수나 밥을 말아먹기 그만이다. 탱글탱글한 묵을 넣은 묵밥에 강원도식 감자범벅을 곁들이면 어릴 적 먹던 추억의 밥상이 완성된다.

열무김치묵국

재료 신열무김치 1과1/2컵(150g), 가지·오이 1개씩, 애호박 1/3개, 도토리묵 2모, 김 1장, 소금·참기름·통깨 조금씩

양념육수 다시마물·식초 4컵씩, 설탕 2큰술, 국간장 1큰술, 소금 조금

가지양념 국간장·깨소금 1작은술씩, 다진마늘 1/2작은술, 식초 조금

이렇게 만드세요

1 다시마물에 분량의 양념을 한 후 차갑게 보관한다.

2 도토리묵은 7cm 길이, 5mm 굵기로 채썰어 끓는 물에 데친 후 소금, 참기름으로 밑간한다.

3 가지는 5cm 길이로 잘라 김이 오른 찜통에 부드럽게 찐 후 쪽쪽 찢어 물기를 짠 후 분량의 양념에 조물조물 무친다.

4 애호박, 오이는 5cm 길이로 곱게 채썰어 소금을 살짝 뿌렸다가 꼭 짜 참기름을 살짝 두른 팬에 볶아 낸다.

5 신 열무김치는 양념을 훑어내고 5cm 길이로 썬다.

6 큰 그릇에 묵을 담고 채소와 김치를 듬뿍 올린 후 차갑게 해둔 양념육수를 붓고 3cm 길이로 곱게 채썬 김과 통깨를 올린다.

파래자반무침

재료 파래자반 50g(15×20cm 크기), 대파 1/4뿌리, 홍고추 1/4개, 통깨 조금

무침양념 간장·다시마물 2큰술씩, 설탕·조청·참기름 1큰술씩, 다진마늘 2작은술, 멸치액젓·깨소금 1작은술씩

이렇게 만드세요

1 파래자반은 잡티를 골라내고 잘게 찢어 놓는다.

2 분량의 재료를 섞어 무침양념을 만들어 놓는다.

3 대파와 홍고추는 4cm 길이로 곱게 채썰어 찬물에 담갔다 건진다.

4 무침양념에 파래자반을 넣고 간이 고루 배게 조물조물 무친 뒤 대파채와 홍고추채를 넣고 살살 버무린 뒤 통깨를 뿌린다.

감자범벅

재료 감자(중간 크기) 3개, 강낭콩 1/4컵, 마요네즈 5큰술, 소금 조금, 후춧가루 조금

이렇게 만드세요

1 감자는 잘 씻어 껍질을 벗기고 큼직하게 썰어 물을 넉넉하게 붓고 25분 정도 부드럽게 삶는다.

2 강낭콩은 잘 씻어 끓는 물에 소금 조금을 넣고 10분 정도 데친다.

3 감자가 따뜻할 때 포크나 매셔로 으깨어 강낭콩과 섞는다.

4 마요네즈와 소금, 후춧가루로 간을 하여 버무린다.

도토리묵은 한 번 데친 뒤 사용해야 쓴맛도 덜하고 말랑하고 탱글탱글한 식감이 잘 산다.

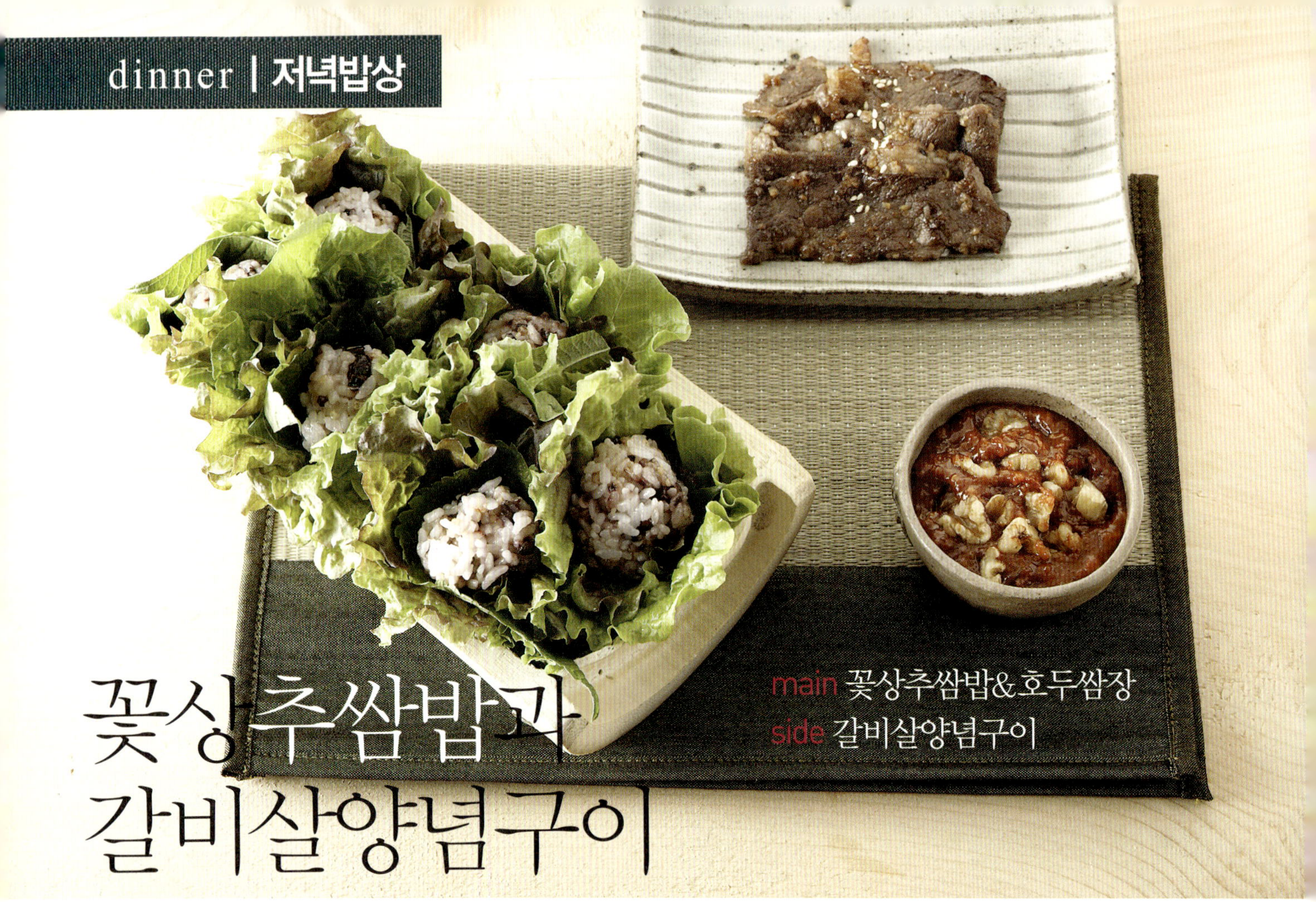

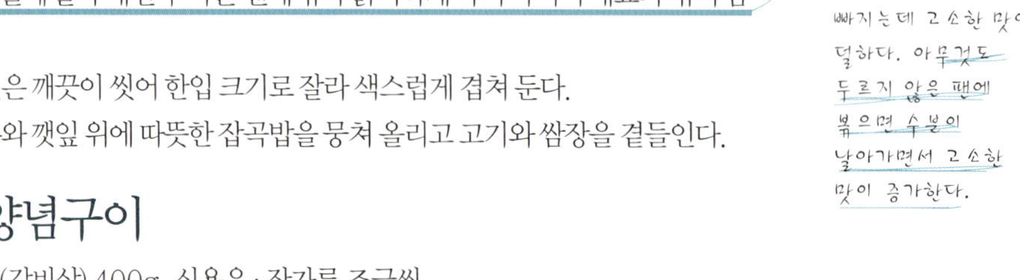

꽃상추쌈밥과 갈비살양념구이

main 꽃상추쌈밥&호두쌈장
side 갈비살양념구이

상추쌈밥에 흔한 쌈장 대신 영양 가득한 호두쌈장을 곁들이면 고소한 맛에 아이들도 잘 먹는다. 양념이 잘 밴 갈비살구이만 있으면 다른 밑반찬 없이도 든든한 저녁밥상이 된다.

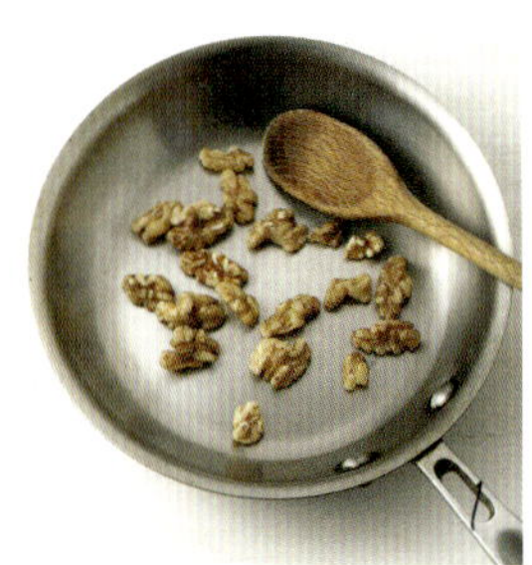

꽃상추쌈밥&호두쌈장

재료 청꽃상추·적꽃상추·깻잎 15장씩, 잡곡밥 4그릇

호두쌈장 호두 5개, 된장 3큰술, 고추장·참기름 1큰술씩, 깨소금 2작은술, 다진마늘·꿀 1작은술씩

이렇게 만드세요

1 호두를 끓는물에 살짝 데친 후 마른 팬에 볶아 굵직하게 다져 나머지 재료와 섞어 쌈장을 만든다.

2 상추와 깻잎은 깨끗이 씻어 한입 크기로 잘라 색스럽게 겹쳐 둔다.

3 준비한 상추와 깻잎 위에 따뜻한 잡곡밥을 뭉쳐 올리고 고기와 쌈장을 곁들인다.

호두를 끓는 물에 데치면 쓴맛은 빠지는데 고소한 맛이 덜하다. 아무것도 두르지 않은 팬에 볶으면 수분이 날아가면서 고소한 맛이 증가한다.

갈비살양념구이

재료 쇠고기(갈비살) 400g, 식용유·잣가루 조금씩

쇠고기양념 간장 2큰술, 설탕·다진파 1큰술씩, 다진마늘·참기름 1/2큰술씩, 깨소금 1작은술, 후춧가루 조금

이렇게 만드세요

1 쇠고기는 5mm 두께로 썰어 잔칼집을 준 후 분량의 양념장에 고루 버무려 밑간한다.

2 달군 팬에 기름 살짝 두른 후 밑간한 고기를 올려 앞뒤로 노릇하게 굽는다.

3 구운 고기를 한입 크기로 잘라 보기 좋게 담는다.

기름기가 많은 갈비살은 잔칼집을 충분히 주어야 구울 때 오그라드는 것을 막을 수가 있고 씹히는 맛도 좋아진다.

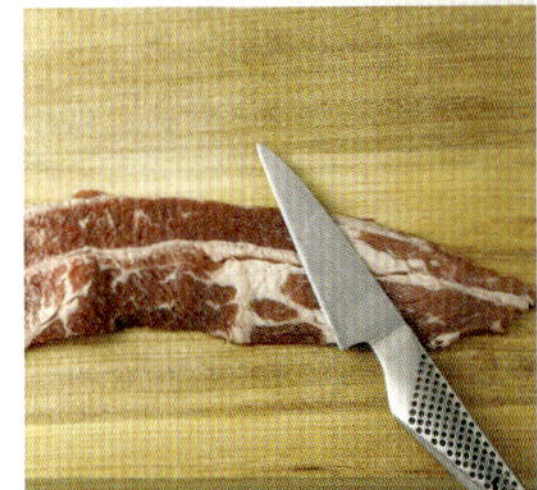

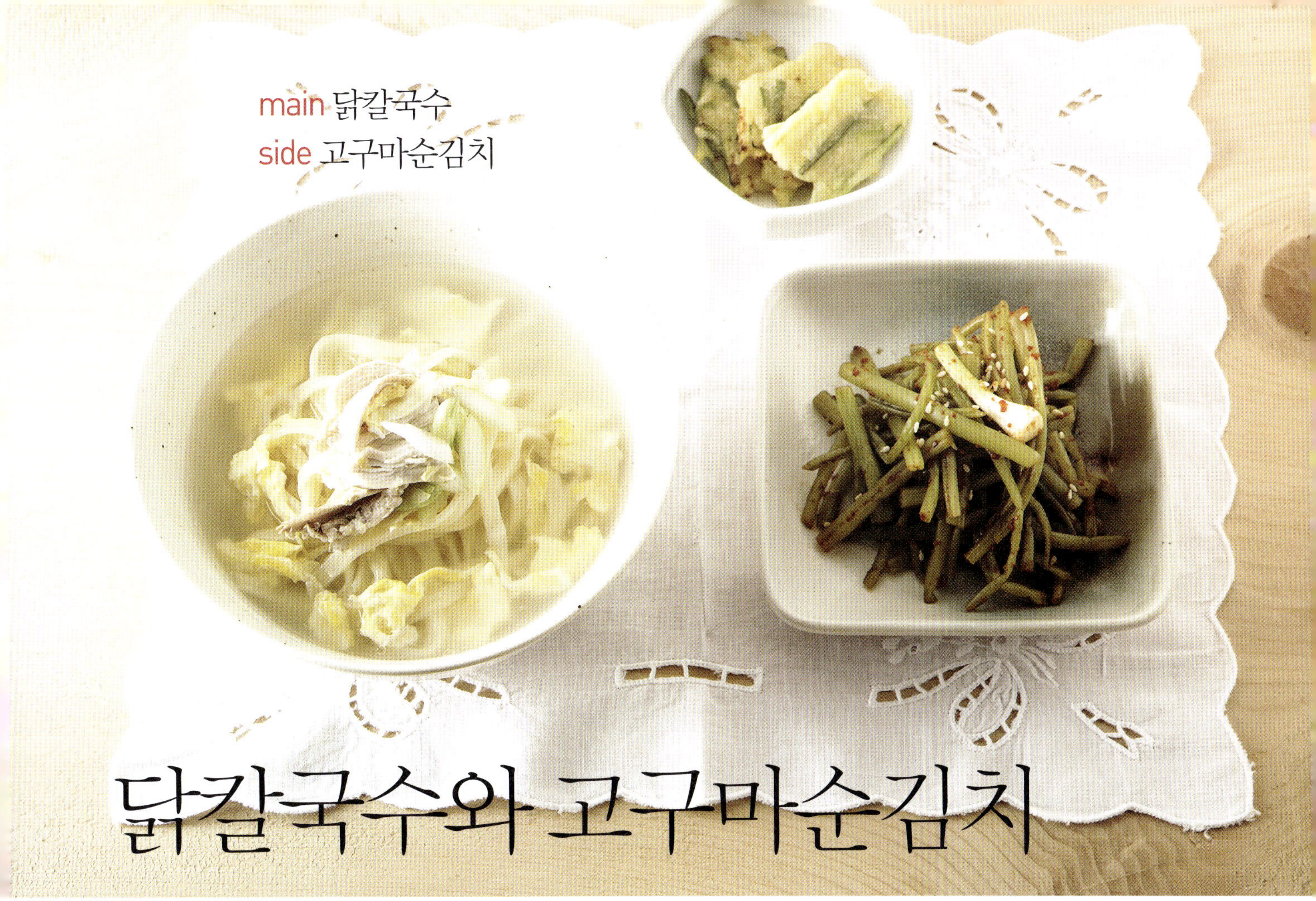

main 닭칼국수
side 고구마순김치

닭칼국수와 고구마순김치

칼국수만으로는 왠지 허전하고 닭백숙은 지겹다면 닭육수를 진하게 우려낸 닭칼국수를 추천한다. 제철에만 먹을 수 있는 고구마순김치를 곁들이면 개운하게 입맛을 돋운다.

닭칼국수

재료 닭(중간 크기) 1마리, 물 12컵, 양파 1개, 마늘 6쪽, 대파 1뿌리, 칼국수생면 600g, 달걀 2개, 소금 조금

닭양념 깨소금 · 다진마늘 1큰술씩, 소금 1/2큰술, 후춧가루 조금

양념간장 풋고추 2개, 홍고추 1개, 진간장 3큰술, 깨소금 1큰술, 고춧가루 1/2큰술

이렇게 만드세요

1 끓는물에 양파, 마늘, 대파잎을 10분 정도 우려낸 후 닭을 넣고 30분 정도 삶는다.
2 닭은 살만 발라내고 국물은 고운 면보에 걸러 맑은 육수만 받아 둔다.
3 발라낸 닭살을 양념에 버무린 후 육수에 넣고 다시 끓이면서 소금으로 간한다.
4 생면을 육수에 넣고 끓이다가 어슷썬 대파, 달걀을 넣고 양념간장을 곁들인다.

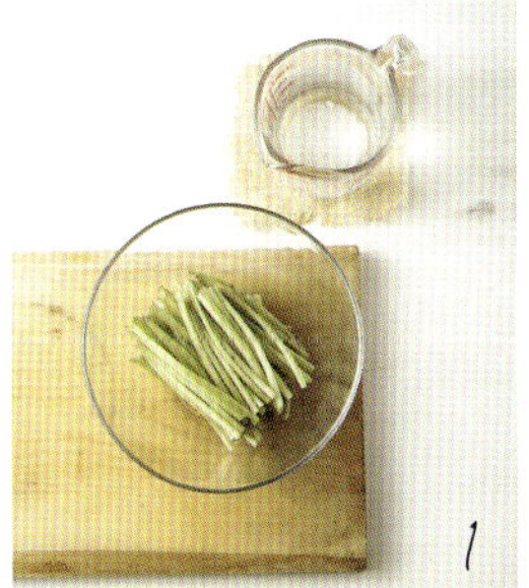

닭육수를 면보에 한 번 걸러서 쓰면 국물 맛이 깔끔하다. 발라낸 닭살에 양념을 해서 넣으면 감칠맛이 더해진다.

고구마순김치

재료 고구마순 1kg, 쪽파 50g, 절임물(굵은소금 1/2컵, 물 5컵)

양념 홍고추 5개, 마늘 6쪽, 고춧가루 · 멸치액젓 5큰술씩, 설탕 · 소금 조금씩

이렇게 만드세요

1 고구마순은 섬유질을 제거하고 7cm 길이로 잘라 절임물에 30분 정도 절인 다음 헹구고, 쪽파는 4~5cm 길이로 썬다.
2 홍고추, 마늘, 멸치액젓을 믹서에 간 뒤 고춧가루, 소금, 설탕으로 간을 맞춘다.
3 고구마순을 양념에 버무린 후 쪽파를 섞어 다시 한 번 고루 버무린다.

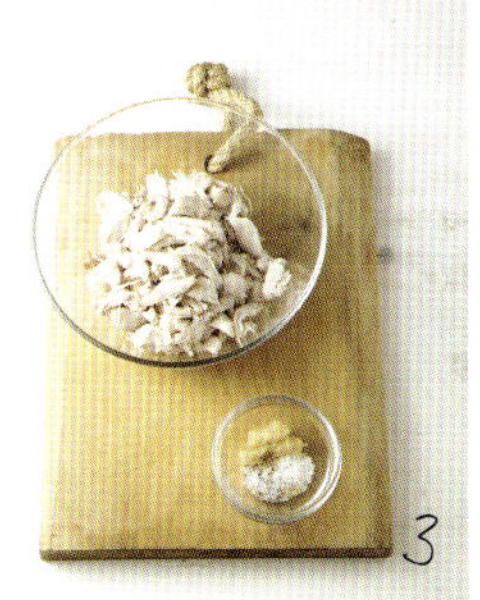

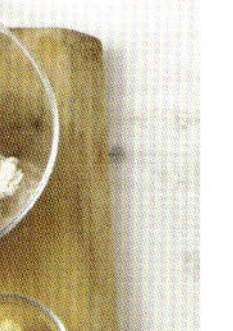

고구마순을 충분히 절인 후 김치를 담가야 풋내가 나거나 질기지 않다.

토마토부추비빔밥과
노각냉국

main 토마토부추비빔밥
side 노각냉국
plus 멸치땅콩볶음

토마토와 밥의 조합이 어쩐지 어색해 보이지만 상큼한 부추와 어우러져 기대 이상으로 맛있다. 시원한 노각냉국을 곁들이면 입맛 없는 아침에도 밥이 술술 넘어간다.

토마토부추비빔밥

재료 밥 4공기, 부추 두 줌(200g), 토마토 2개, 양파 1/2개

겉절이양념 간장 5큰술, 깨소금·식초 3큰술씩, 참기름 2큰술, 고춧가루 1큰술, 설탕·다진마늘 1큰술씩

이렇게 만드세요

1 부추는 3cm 길이로 썰고 양파도 채썰어 찬물에 담갔다 건진다. 토마토는 잘 씻어 6~8등분한다.

2 채소를 고루 담고 겉절이양념을 반 정도 덜어 버무린다.

3 대접에 밥을 담고 겉절이를 올린 후 남은 겉절이양념을 곁들인다.

> 채소에 양념의 반으로 미리 밑간을 해둬야 밥과 채소에 간이 고르게 맞는다.

노각냉국

재료 노각·양파 1/2개씩, 쪽파 1뿌리 소금·통깨 조금씩

노각&양파 양념 다진마늘·설탕 2작은술씩, 통깨 1작은술, 고운소금 조금

국물 물 5컵, 식초 6큰술, 설탕 3큰술, 국간장 1큰술, 소금 조금

이렇게 만드세요

1 노각은 껍질 벗겨 반 갈라 씨를 빼고 살만 어슷하게 썰어 소금을 살짝 뿌려 절인다.

2 절인 노각을 잘 씻어 꼭 짠 뒤 곱게 썬 양파채를 섞어 분량의 양념에 무친다.

3 ②를 그릇에 담고 차게 해둔 국물을 부은 뒤 송송 썬 쪽파와 통깨를 뿌린다.

> 오이와 양파에 밑간을 하면 채소와 국물이 잘 어우러져 훨씬 더 시원하고 감칠맛 난다. 국물은 충분히 얼려야 냉국이 심심하지 않다.

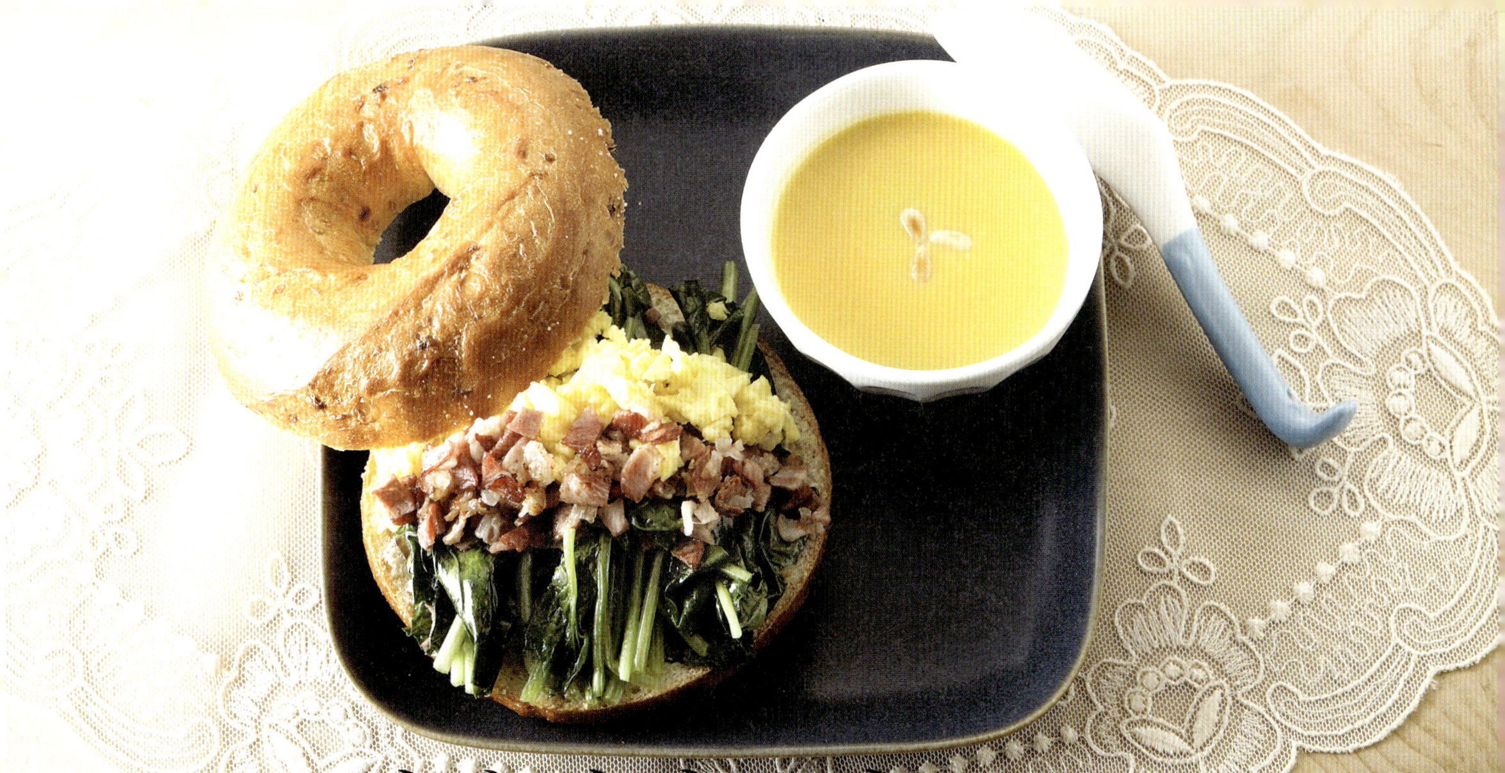

스크램블베이글과 단호박미소수프

main 스크램블베이글
side 단호박미소수프

시금치와 달걀까지 곁들인 영양만점 베이글에 미소로 맛을 낸 단호박수프를 곁들이면 호텔조식 부럽지 않은 최고급 브런치가 된다.

스크램블베이글

재료 베이글 4개, 시금치 12줄기, 양파 1/2개, 베이컨 4줄, 달걀 2개, 우유 6큰술, 발사믹식초 1큰술, 올리브오일 · 소금 · 후춧가루 조금씩

이렇게 만드세요

1 시금치는 가닥을 나누고 양파는 굵게 다지고 베이컨도 살짝 데친 뒤 굵게 다진다.
2 팬에 오일을 두르고 베이컨과 양파를 볶다가 시금치를 넣고 소금, 후추로 간한다.
3 베이글은 반으로 갈라 아무것도 두르지 않은 팬에 노릇하게 굽는다.
4 달걀과 우유, 소금, 후춧가루를 섞어 달군 팬에 넣고 스크램블을 만든다.
5 빵 위에 베이컨시금치볶음을 올리고 스크램블을 올린 뒤 발사믹식초를 뿌린다.

베이컨을 미리 데친 다음 구워야 기름기가 덜 돌아 시금치 맛이 훨씬 담백하다.

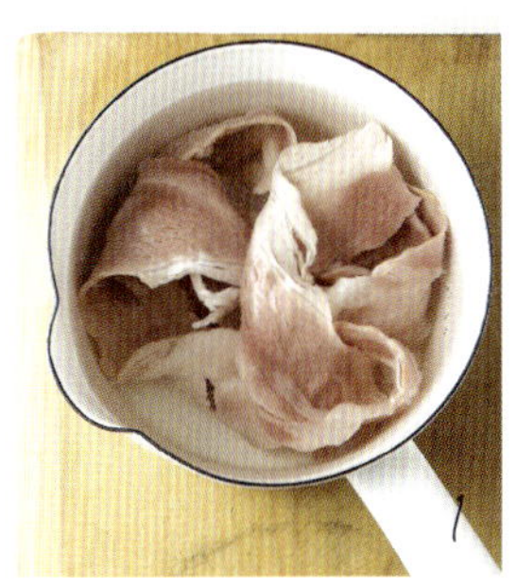

단호박미소수프

재료 단호박 · 양파 1/2개씩, 올리브오일 2큰술, 미소 1큰술, 물 2컵, 우유 2컵, 잣 3큰술, 소금 · 후춧가루 조금씩

이렇게 만드세요

1 단호박은 씨와 껍질을 제거하고 큼직하게 깍둑썬다.
2 양파는 굵직하게 다진 후 올리브오일을 두른 냄비에 달달 볶다가(타지 않게 주의한다) 단호박과 미소를 넣고 볶은 후 물 2컵을 붓고 푹 끓인다.
3 단호박이 푹 익으면 한김 식혀 믹서에 간 후 우유를 부어 끓이다가 소금, 후춧가루로 간한다. 잣은 고깔을 떼고 노릇하게 볶아 단호박수프 위에 듬뿍 뿌린다.

단호박의 카로티노이드 성분은 올리브오일 등 지용성 재료와 함께 섭취하면 흡수율이 높아진다. 잣은 노르스름하게 볶아야 수프와 어울려 고소한 맛을 낸다.

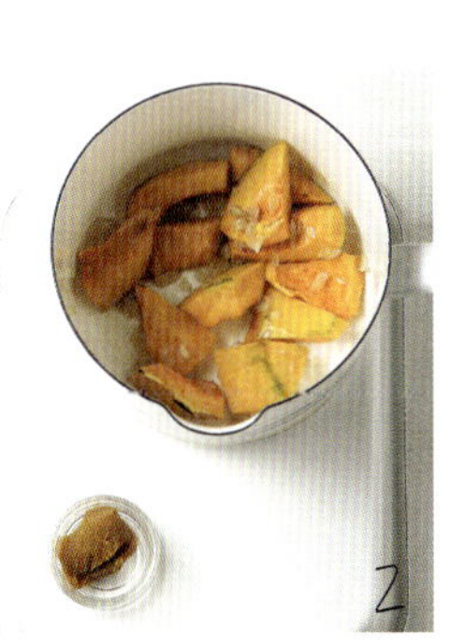

main 채소주먹밥
side 고구마순된장국

채소주먹밥과 고구마순된장국

각종 채소들을 잘게 썰어 볶아 주먹밥을 만들면 채소를 잘 먹지 않는 아이들도 고소한 맛에 잘 먹는다. 맑게 끓인
고구마순된장국은 담백해서 점심에 가볍게 먹기에 그만이다.

채소주먹밥

재료 애호박 1/2개, 부추 반 줌(50g), 당근 1/6개, 따뜻한 밥 4공기, 소금 조금,
후춧가루·참기름·통깨 조금씩

이렇게 만드세요

1 애호박과 당근은 3cm 길이로 곱게 채썰어 소금을 조금 뿌려 10분 정도 절인다.

2 부추는 잘 다듬어 씻어 3cm 길이로 썬다.

3 절인 애호박과 당근을 꼭 짜 참기름을 조금 두른 팬에 달달 볶는다.

4 애호박과 당근이 익으면 부추와 소금, 후춧가루, 통깨를 조금 넣고 재빨리 볶아 낸다.

5 따뜻한 밥에 볶은 채소를 넣고 섞은 다음 동그랗게 주먹밥을 빚는다.

애호박과 당근을 미리
절였다가 볶아야
물기가 생기지 않아
아삭하고 간이
적당하게 밴 주먹밥을
만들 수 있다.

고구마순된장국

재료 고구마순 200g, 양파 1/4개, 풋고추 1개, 홍고추 1/2개
국물과 양념 다시마물 5컵, 된장 2큰술, 다진파 1큰술, 다진마늘 1작은술, 국간장 조금,
소금·후춧가루 조금씩

이렇게 만드세요

1 고구마순은 질긴 섬유질을 벗겨내고 끓는 소금물에 살짝 데쳐 5cm 길이로 자른다.

2 양파와 고추는 4cm 길이로 채썬다.

3 다시마물에 된장을 풀어 끓인 후 고구마순과 양파를 넣고 20분 정도 끓인다.

4 다진파와 마늘, 채썬 고추를 넣고 한소끔 끓인 후 국간장과 소금, 후춧가루로 간한다.

고구마순은 미리
데친 다음 끓여야
국물에서 풋내도
안 나고 질기지
않고 부드럽다.

오미자물냉면과 떡갈비

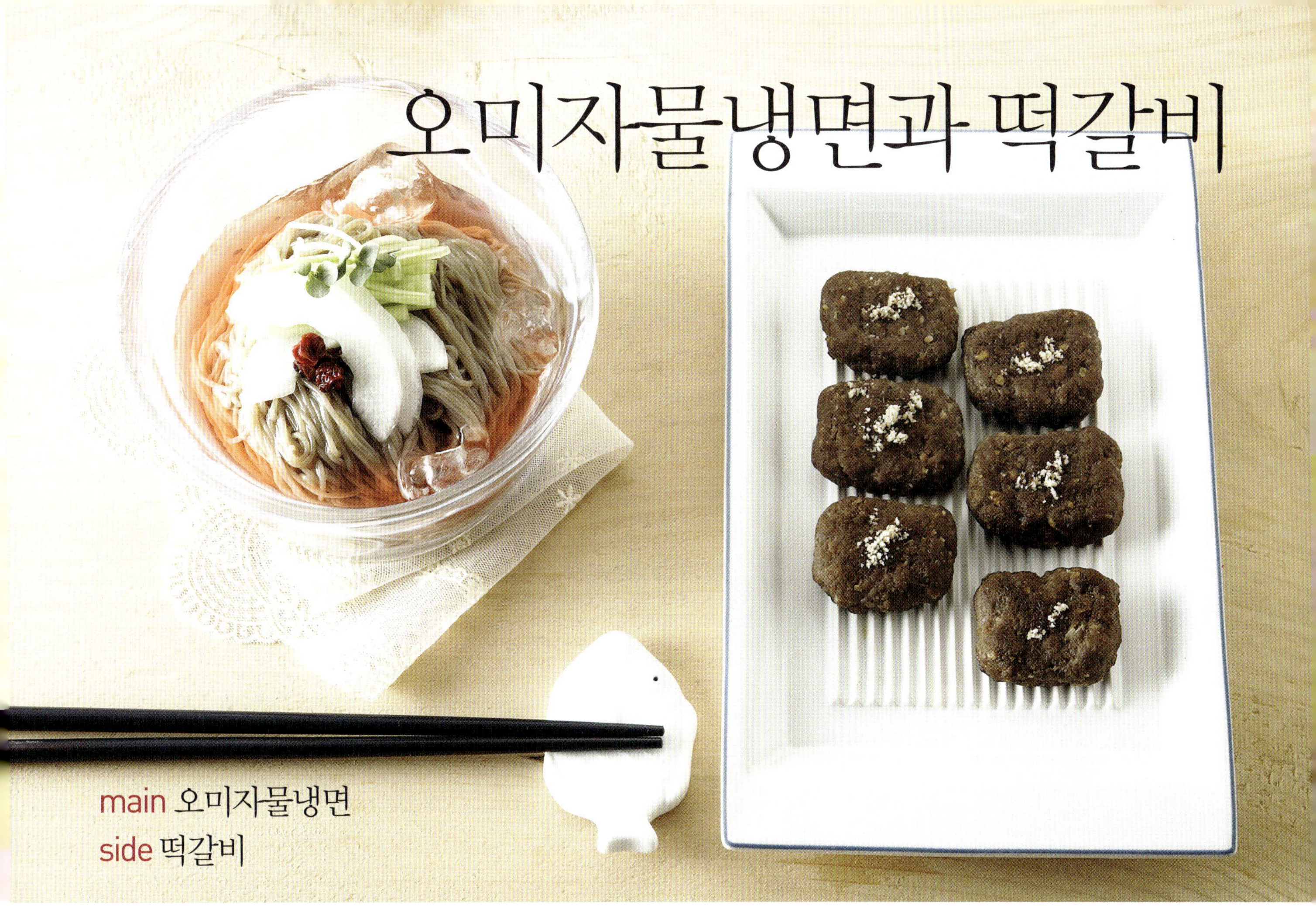

main 오미자물냉면
side 떡갈비

새콤달콤한 맛과 고운 색깔에 한 번 더 반하는 오미자물냉면은 더위를 이기는 최고의 보약이다. 한입에 쏙 들어가는 떡갈비로 부족하기 쉬운 영양균형까지 딱 맞췄다.

1

2

오미자물냉면

재료 신 백김치 4줄기, 냉면 400g, 오이·참외 1/2개씩, 무순 조금

김치양념 설탕 1큰술, 참기름·깨소금 1/2큰술씩

오미자육수 오미자 1컵, 물 10컵, 식초·설탕 4큰술씩, 연겨자 1큰술

이렇게 만드세요

1 오미자는 찬물에 담가 하룻밤 정도 우려낸 후 나머지 양념으로 간을 맞추어 차게 보관한다.

2 냉면은 가닥을 나누어 끓는물에 삶아 바락바락 헹구어 1인분씩 타래 지어 놓는다.

3 김치는 송송썰어 밑간하고 오이는 채썰고 참외는 과육 부분만 어슷썬다.

4 냉면 그릇에 냉면을 담고 고명을 고루 올린 뒤 오미자육수를 붓는다.

오미자는 찬물에서 충분한 시간을 두고 우려야 색이 곱다. 설탕과 식초의 양은 취향에 따라 가감하고 신김치는 밑간을 해서 넣어야 깔끔한 맛이 난다.

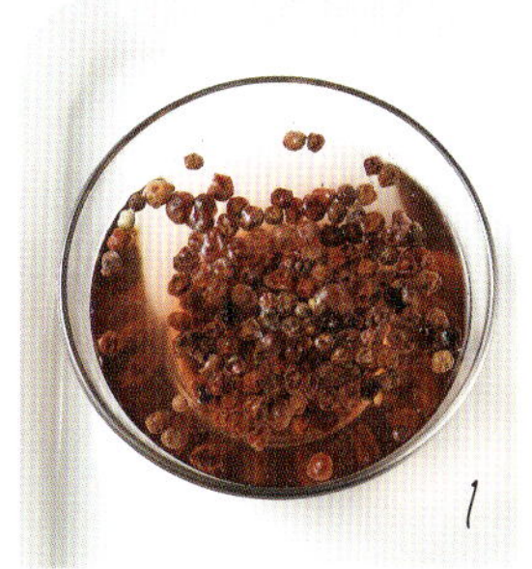

떡갈비

재료 살비살 400g, 통깨 소금

양념장 간장 3큰술, 호두가루 3큰술, 설탕 1큰술, 다진파·다진마늘·깨소금 1큰술씩, 참기름 1/2큰술, 조청 1작은술, 후춧가루 조금

이렇게 만드세요

1 갈비살은 입자가 씹히게 다진 후 양념장을 넣고 끈기가 생길 때까지 치댄다.

2 한입 크기로 모양을 만든 후 냉동고에 30분 정도 넣어 둔다.

3 달군 팬에 ③을 올려 골고루 익혀 통깨를 뿌린다.

떡갈비를 냉동실에 잠깐 넣어 두면 양념과 고기의 단백질이 잘 응고되어 구워도 갈라지거나 잘 타지 않는다.

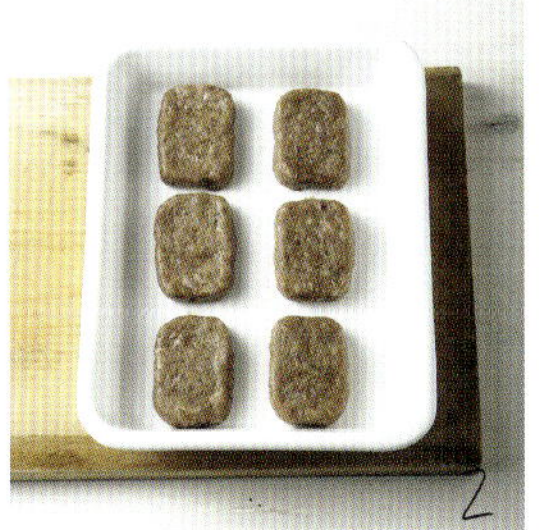

main 오이연어롤초밥
side 호두표고볶음

오이연어롤초밥과 호두표고볶음

새콤신선한 맛이 입맛을 자극하는 오이연어롤초밥은 손님초대요리에도 손색없는 메뉴. 호두와 쫀득한
표고버섯을 짭짤하게 볶아 곁들이면 물놀이 도시락으로도 그만이다.

오이연어롤초밥

재료 밥 1그릇, 오이 1개, 훈제연어 슬라이스 10조각, 날치알 2큰술, 레몬즙 1큰술,
소금·설탕 조금씩
배합초 식초 1큰술, 설탕 2작은술, 소금 1/3작은술

이렇게 만드세요

1 밥은 따뜻할 때 배합초에 버무려 간이 배게 둔다.

2 오이는 필러로 길게 잘라 소금, 설탕을 조금 뿌려 살짝 절인다.

3 훈제연어는 키친타월 위에 올려 기름기를 뺀다.

4 날치알은 해동한 후 레몬즙에 버무려 비린맛을 없앤다.

5 밥을 한입 크기로 말아 쥐고 오이와 훈제연어를 돌돌 만 후 날치알을 올린다.

오이를 미리 살짝 절여야 부서지지
않고 잘 말아진다. 훈제연어는
기름기를 살짝 제거해야 초밥이
느끼하지 않다.

호두표고볶음

재료 호두 4개, 마른표고버섯 3개, 통깨 조금
볶음양념 올리브오일·간장 1큰술씩, 조청 1작은술

이렇게 만드세요

1 호두는 껍질째 끓는물에 데쳐 굵게 다진다.

2 마른표고버섯은 흐르는 물에 잘 씻어 찬물에 담가 부드럽게 불린 후 꼭 짜 곱게 채썬다.

3 채썬 표고버섯과 다진 호두를 팬에 넣고 볶음양념을 넣고 윤기 나게 볶는다.

4 국물 없이 윤기 나게 볶이면 통깨를 넣고 재빨리 뒤적인다.

양념국물이 거의
없도록 바싹
볶아야 호두와
표고버섯이
떨어지지 않고 잘
어우러진다.

제철 재료로 차린
일주일 밥상 플랜

	아침	점심	저녁
월	스크램블베이컨 베이글 단호박미소수프 호두볶음	오이연어롤초밥 호두표고볶음 현미녹차	밥 미역된장국 채소팔보채 새우볶음
화	애호박쇠고기죽 오이즉석장아찌 고추김치	김치스파게티 감자샐러드 마늘식빵	감자팥보리밥 호박잎들깻국 부추깻잎장떡
수	비빔밥 노각냉국 토마토부추겉절이 멸치땅콩볶음	라이스버거 감자옥수수샐러드 자몽주스	수수밥 고등어자반찜 우렁이강된장 진미채볶음
목	참치오이피클 샌드위치 감자수프 오렌지주스	채소주먹밥 고구마순된장국	꽃상추쌈밥&호두쌈장 갈비살양념구이 양파겉절이
금	달걀부추볶음밥 유부된장국 진미채볶음	돈가스된장나베 토마토깻잎무침	밥 열무김치채소묵국 파래자반무침 감자범벅
토	현미밥 콩나물된장국 멸치볶음 달걀말이	채소짜장밥 양파달걀국 비지전	닭칼국수 고구마순김치 깻잎찜
일	프렌치토스트 과일샐러드 커피 요구르트	오미자물냉면 떡갈비	밥, 근대토장국 조갯살부추전 도라지참외생채 갓김치

8월 *August*

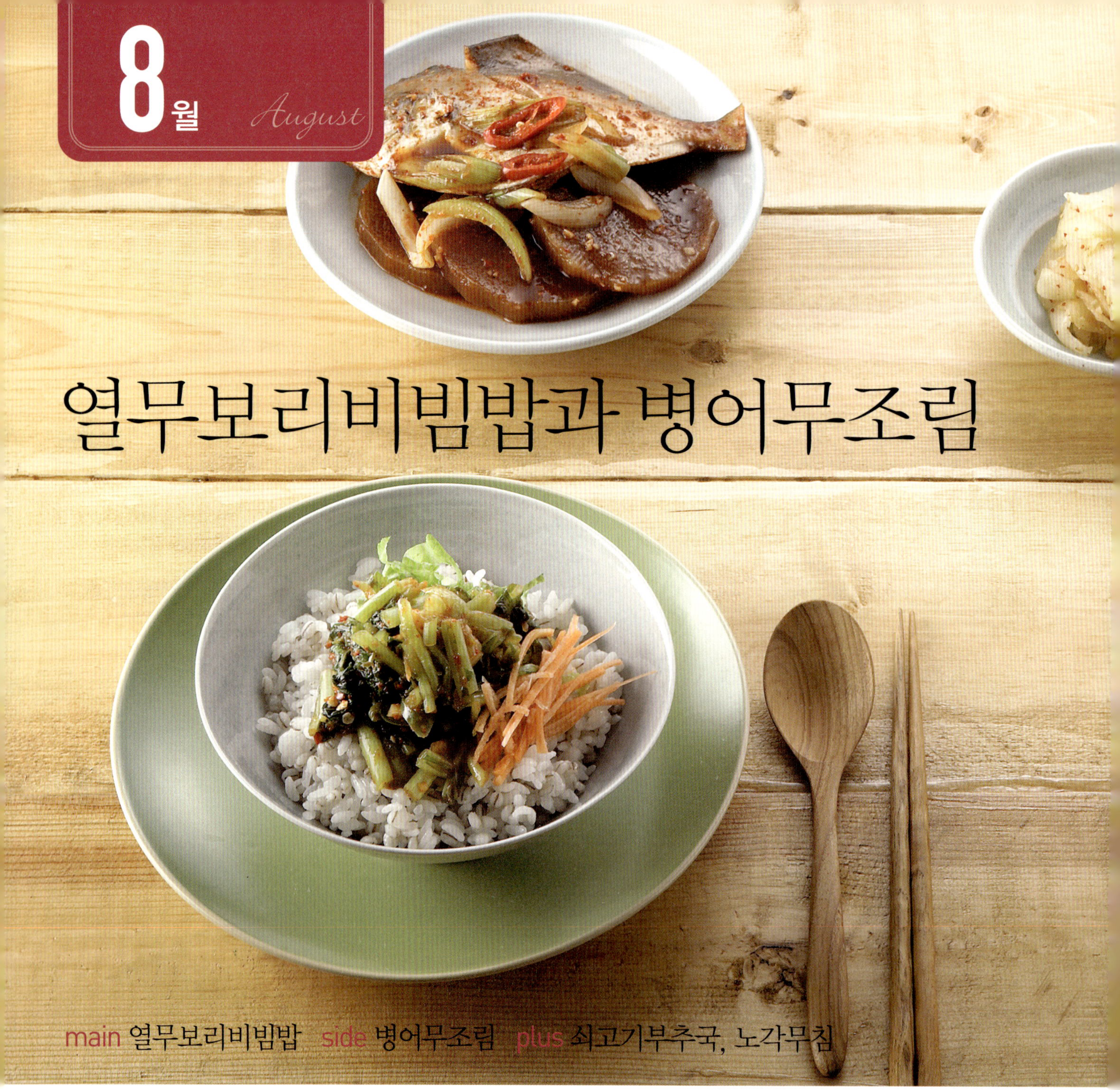

열무보리비빔밥과 병어무조림

main 열무보리비빔밥 side 병어무조림 plus 쇠고기부추국, 노각무침

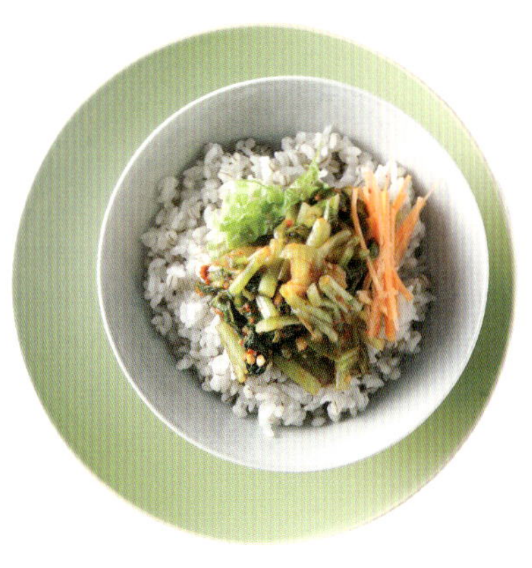

열무보리비빔밥

재료 열무김치 2컵, 보리밥 4공기, 상추 8장, 당근 1/4개, 참기름 2큰술, 고추장 적당량

이렇게 만드세요

1 열무김치는 3cm 길이로 썬 뒤 참기름 1작은술을 넣고 무친다.

2 상추, 당근은 곱게 채썬 뒤 각각 찬물에 담갔다 물기를 제거한다.

3 그릇에 밥을 담고 그 위에 열무김치, 상추, 당근을 얹은 뒤 참기름을 뿌리고 기호에 따라 고추장을 곁들여 먹는다.

열무김치가 짤 경우 잘게 썰어 참기름과 설탕을 조금 넣고 무치면 짠맛이 줄어든다.

무더위에 지쳐 입맛 떨어지기 쉬운 여름엔 매콤달콤하면서도 씹히는 맛이 일품인 열무보리비빔밥이 제격. 병어무조림으로 단백질을 보충하고, 담백하면서도 개운한 쇠고기부추국으로 맛의 균형을 잡아 주자.

병어무조림

재료 병어 2마리, 무(4cm) 1토막, 양파 1/2개, 풋고추 1개, 홍고추 1개, 대파 1/4뿌리

조림장 간장 4큰술, 고춧가루·물엿 2큰술씩, 다진마늘 1큰술, 설탕·생강즙 1큰술씩, 후춧가루 4작은술, 물 3컵

이렇게 만드세요

1 병어는 두 토막으로 자르고, 무는 1cm 두께로 자른 다음 끓는 물에 삶는다.

2 양파는 채썰고, 고추와 대파는 어슷하게 썬다.

3 냄비 바닥에 무를 깐 다음 조림장의 1/3분량을 먼저 넣어 졸이다가 병어를 넣고 남은 조림장을 넣은 뒤 마저 졸인다.

4 국물이 한 컵 정도 남으면 양파, 대파, 고추를 넣어서 한 번 더 끓여 완성한다.

무와 병어는 익는 시간이 다르므로 먼저 무를 졸인 다음 병어를 넣고 졸여야 간이 잘 배어 맛있게 조려진다.

쇠고기부추국

재료 양지머리 300g, 부추 1/5단, 참기름 1작은술, 마늘 3쪽, 국간장 1큰술, 굵은소금 적당량, 물 12컵

이렇게 만드세요

1 양지머리는 먹기 좋은 크기로 자른 다음 냄비에 참기름을 두르고 볶는다.

2 볶은 양지머리에 물을 붓고 국물이 반으로 줄 때까지 끓인다.

3 부추는 씻어서 4cm 길이로 자르고 마늘은 편으로 썬다.

4 끓고 있는 국물에 마늘을 넣고 간장, 소금으로 간한다.

5 부추를 넣고 한소끔 끓인 후 불을 끈다.

양지머리를 팬에 볶은 다음 끓이면 국물이 덜 탁하고 맛도 한층 구수하다.

무를 한 번 삶은 다음 조리면 무 특유의 냄새가 안 나고 조림장도 잘 스며든다.

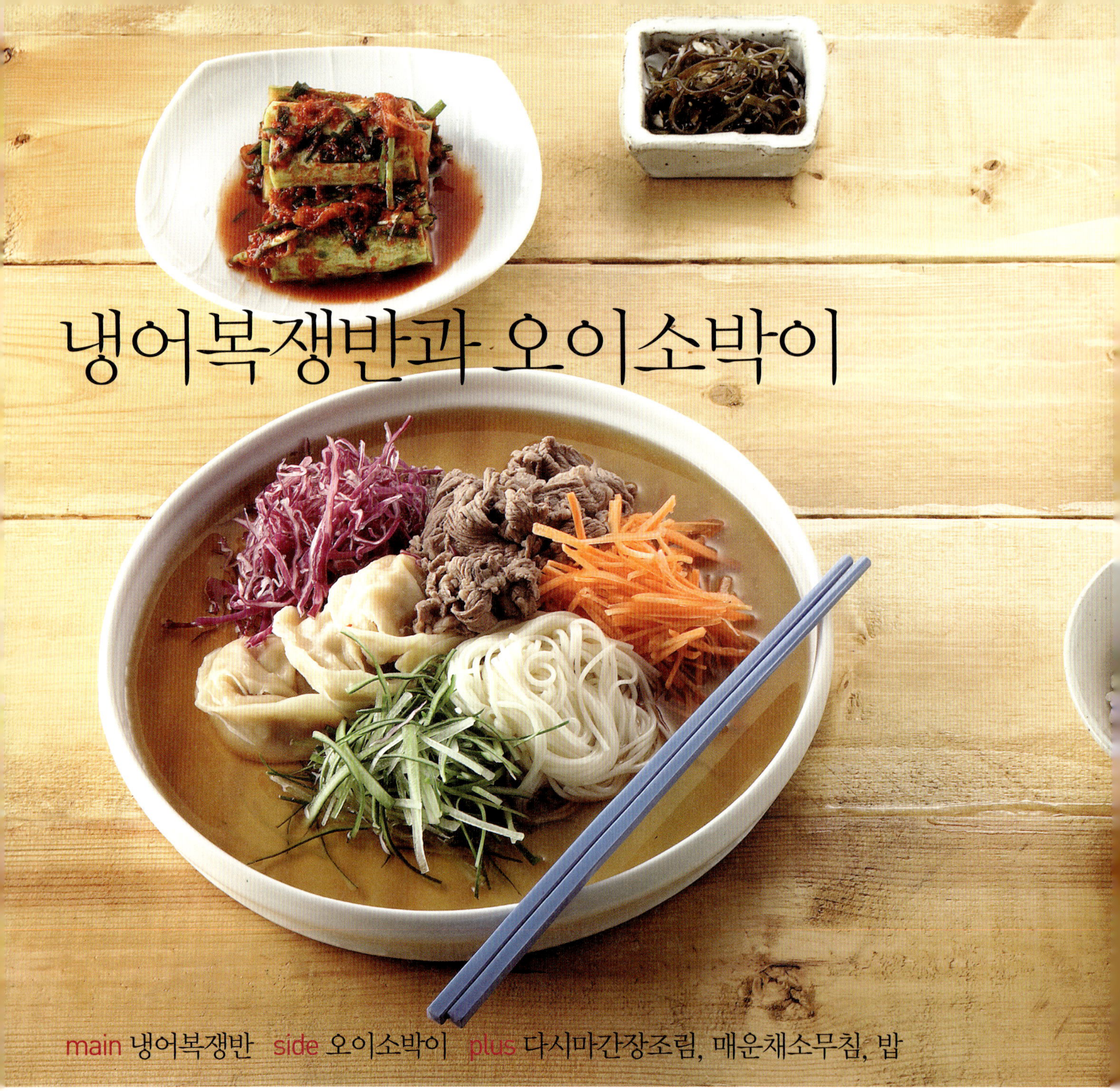

냉어복쟁반과 오이소박이

main 냉어복쟁반 side 오이소박이 plus 다시마간장조림, 매운채소무침, 밥

냉어복쟁반

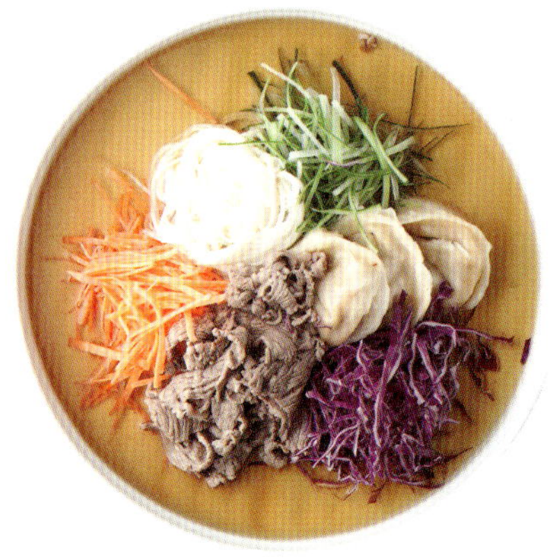

재료 쇠고기(불고기감) 200g, 오이 1/2개, 북어머리 1개, 다시마(5×5cm) 2장, 적채 4장, 만두 8개, 당근 1/5개, 국수 120g, 간장 3큰술, 식초 2큰술, 물 5컵, 맛술 1큰술, 소금 적당량

이렇게 만드세요

1 물 2컵과 맛술, 소금 1/4작은술을 섞어 끓으면 쇠고기를 넣고 데쳐 식힌다. 오이, 당근, 적채는 채썰고 만두는 찐 다음 식힌다.

2 다시마와 북어머리를 찬물(3컵 분량)에 넣고 끓이다 거품이 나면 다시마만 건져내고 10분 정도 더 끓인 후 체에 걸러 맑은 국물만 받은 다음 간장, 소금을 넣고 한소끔 끓인다. 국물이 식으면 식초를 넣은 뒤 냉장고에 넣어 차게 한다.

3 삶은 다음 차게 한 국수와 재료들을 담고 ②의 국물을 끼얹는다.

다시마를 너무 오래 끓이면 쓴맛이 나므로 거품이 나면 건져내야 국물 맛이 깨끗하다.

형형색색 푸짐해 손님초대요리로도 손색없는 냉어복쟁반 하나면 폼 나는
저녁상 완성! 김치 대신 오이소박이로 풍미를 돋우고 밑반찬으로는 씹히는 맛이
일품인 짭쪼름한 다시마간장조림을 곁들여 보자.

오이소박이

재료 오이 6개, 부추 1/3단, 양파 1/2개, 굵은소금 적당량
양념 고춧가루 2/3컵, 다진마늘 2큰술, 다진생강 1/2큰술,
새우젓 4큰술, 설탕 1작은술, 물 1컵

이렇게 만드세요
1 오이는 길게 칼집을 넣은 뒤 굵은소금 2큰술을 넣고 20분간 절인다.
2 부추는 3cm 길이로 잘라서 준비하고, 양파는 곱게 채썬다.
3 부추, 양파, 고춧가루, 마늘, 생강, 새우젓, 설탕, 물을 넣고 잘 섞은 다음 소금으로 간을 맞춘다.
4 절인 오이에 소를 넣어서 통에 담은 다음 먹을 때 썰어서 담는다.

미리 양념을 만들어 30분 정도 두어야 고춧가루에 양념 맛이 충분히 배어 감칠맛이 난다.

다시마간장조림

재료 다시마(10×10cm) 2장, 해바라기씨 3큰술, 간장 2큰술,
설탕 1큰술, 참기름 1작은술, 깨소금 1/2큰술, 식용유 조금

이렇게 만드세요
1 다시마는 따뜻한 물에 불린 후 5cm 길이로 곱게 채썰어 준비한다.
2 팬에 식용유를 두른 다음 해바라기씨를 넣고 볶는다.
3 냄비에 다시마를 넣고 간장과 설탕을 넣어 볶듯이 조린다.
4 해바라기씨를 섞고 참기름, 깨소금을 넣어 완성한다.

국물을 우려낸 다시마를 버리지 말고 냉동 보관했다가 채썰어서 밑반찬으로 활용하면 좋다.

냉어복쟁반 국물은 고기보다는 다시마,
북어머리같이 담백한 맛을 내는 재료를
사용해야 텁텁하지 않고 맛있다.

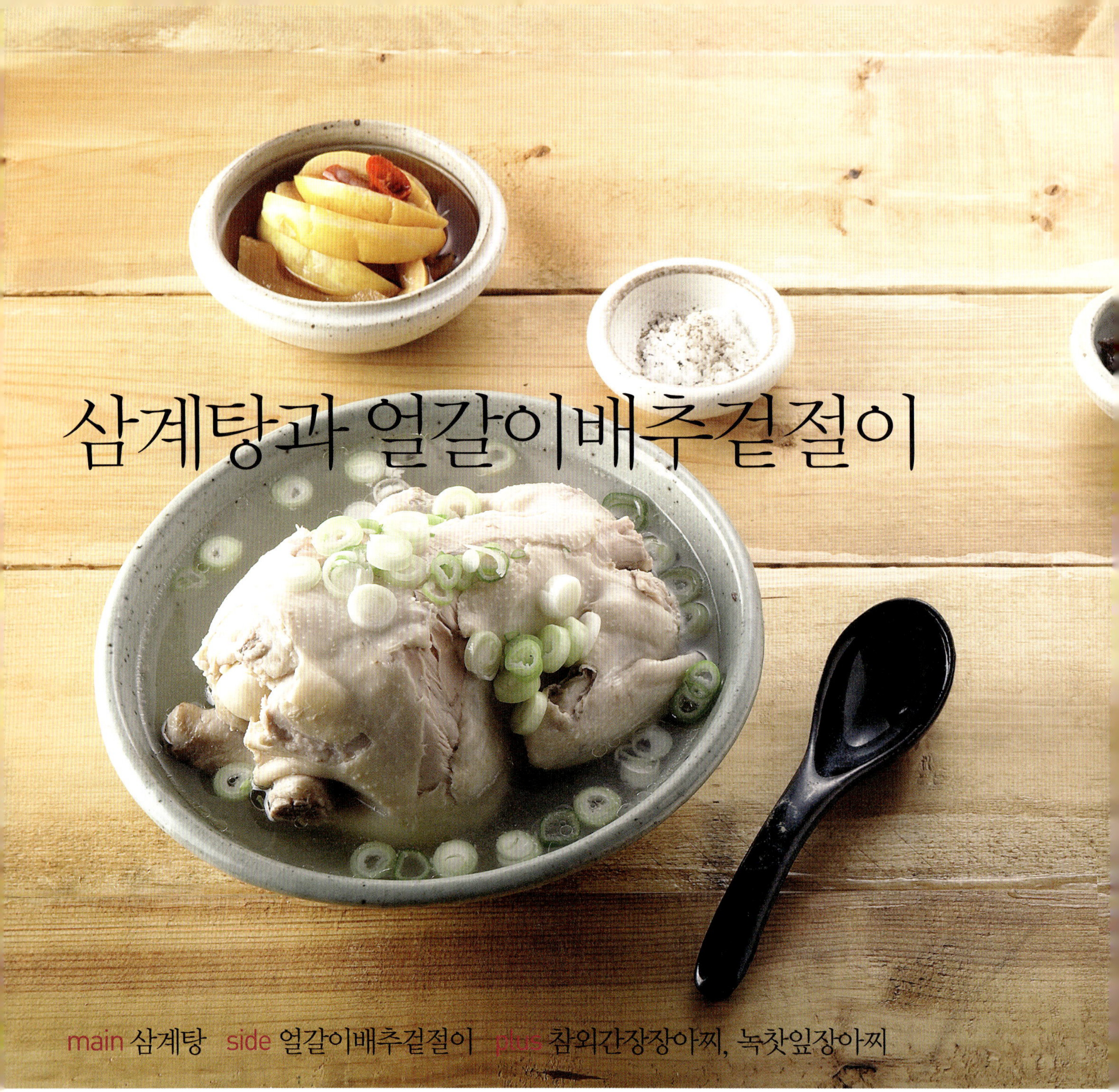

삼계탕과 얼갈이배추겉절이

main 삼계탕 side 얼갈이배추겉절이 plus 참외간장장아찌, 녹찻잎장아찌

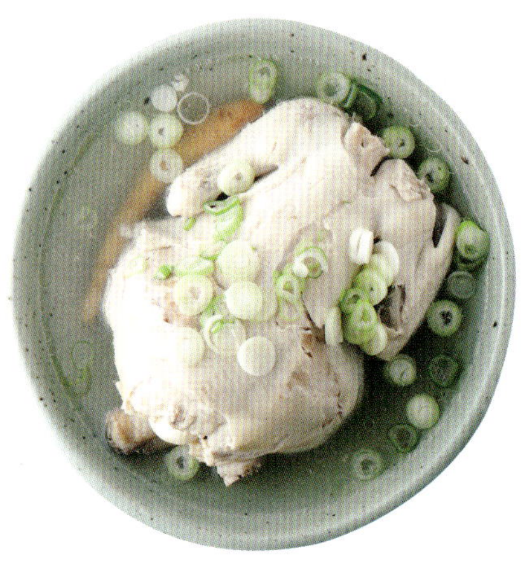

삼계탕

재료 영계 2마리, 대추 4개, 말린인삼 2뿌리, 마늘 4쪽, 밤 4개, 불린찹쌀 1컵, 대파 1/2뿌리, 물 20컵, 소금·후춧가루 적당량씩

이렇게 만드세요

1 깨끗이 손질한 닭의 뱃속에 불린 찹쌀을 넣는다.

2 마늘은 씻고, 밤은 껍질을 벗긴 다음 큰 것은 2등분해서 닭의 뱃속에 모두 넣는다. 대추도 마른 천으로 닦아 함께 넣는다.

3 닭의 속을 채운 다음 꼬치로 꿰매거나 양쪽 다리에 칼집을 넣어 엇갈리게 끼워 속의 내용물이 나오지 않도록 한다.

4 냄비에 물을 붓고 끓으면 말린인삼, 닭을 넣고 10분 정도 센불에서 끓이다가 중불로 바꾸어 40~50분간 푹 삶는다.

5 삼계탕 위에 대파를 송송썰어 얹은 뒤 소금, 후춧가루를 곁들인다.

삼계탕용 닭은 500~600g 정도가 먹기 좋고 육질도 부드럽다.

여름철 원기회복에는 삼계탕만 한 것이 없다. 푹 끓인 삼계탕에 갓 담근
매콤새콤한 얼갈이배추겉절이와 색다른 풍미의 참외간장장아찌를 곁들이면
아이들도 금세 한 그릇 뚝딱!

얼갈이배추겉절이

재료 얼갈이배추 2포기, 양파 1/4개, 풋고추·홍고추 1개씩,
쪽파 4뿌리, 액젓·고춧가루 2큰술씩, 설탕·깨소금 1큰술씩,
참기름 1큰술, 다진마늘 1큰술씩, 소금 조금

이렇게 만드세요

1 얼갈이배추는 6cm 크기로 자르고 물에 3~4회 정도 씻은 후 물기
를 제거한다.

2 양파는 곱게 채썰고 고추는 어슷썬다. 쪽파는 4cm 길이로 자른다.

3 액젓, 고춧가루, 설탕, 깨소금, 마늘을 잘 섞은 뒤 얼갈이배추와 양
파, 고추, 쪽파를 넣고 버무린다.

4 기호에 따라 먹기 직전에 참기름을 둘러도 된다.

참외간장장아찌

재료 참외 2개, 간장 4큰술, 식초·굵은소금·설탕 2큰술씩,
마른청양고추 1개, 물 2컵

이렇게 만드세요

1 참외는 반으로 잘라 씨를 제거하고 먹기 좋게 자른 뒤 소금 3큰술에
2시간 정도 절인다. 청양고추는 1cm로 자른다.

2 절인 참외는 씻은 뒤 물기를 제거하고 1시간 정도 바람에 꾸들꾸들
하게 말린다.

3 분량의 간장, 식초, 설탕, 물을 섞어 장아찌간장을 만들어 끓인 다음
한소끔 식힌 후 참외에 붓는다. 여기에 마른청양고추를 함께 넣는다.

4 하루 지난 다음 간장만 따라내 끓인 뒤 식혀서 다시 붓기를 두 번 정
도 더 한다.

5 완성된 참외장아찌는 냉장고에 보관해 시원하게 먹는다.

닭의 뱃속에 쌀이나 밤 등을 넣을 때는 불린
쌀을 안쪽에 넣고 구멍이 큰 쪽에 밤이나
대추를 넣어 입구를 막는다.

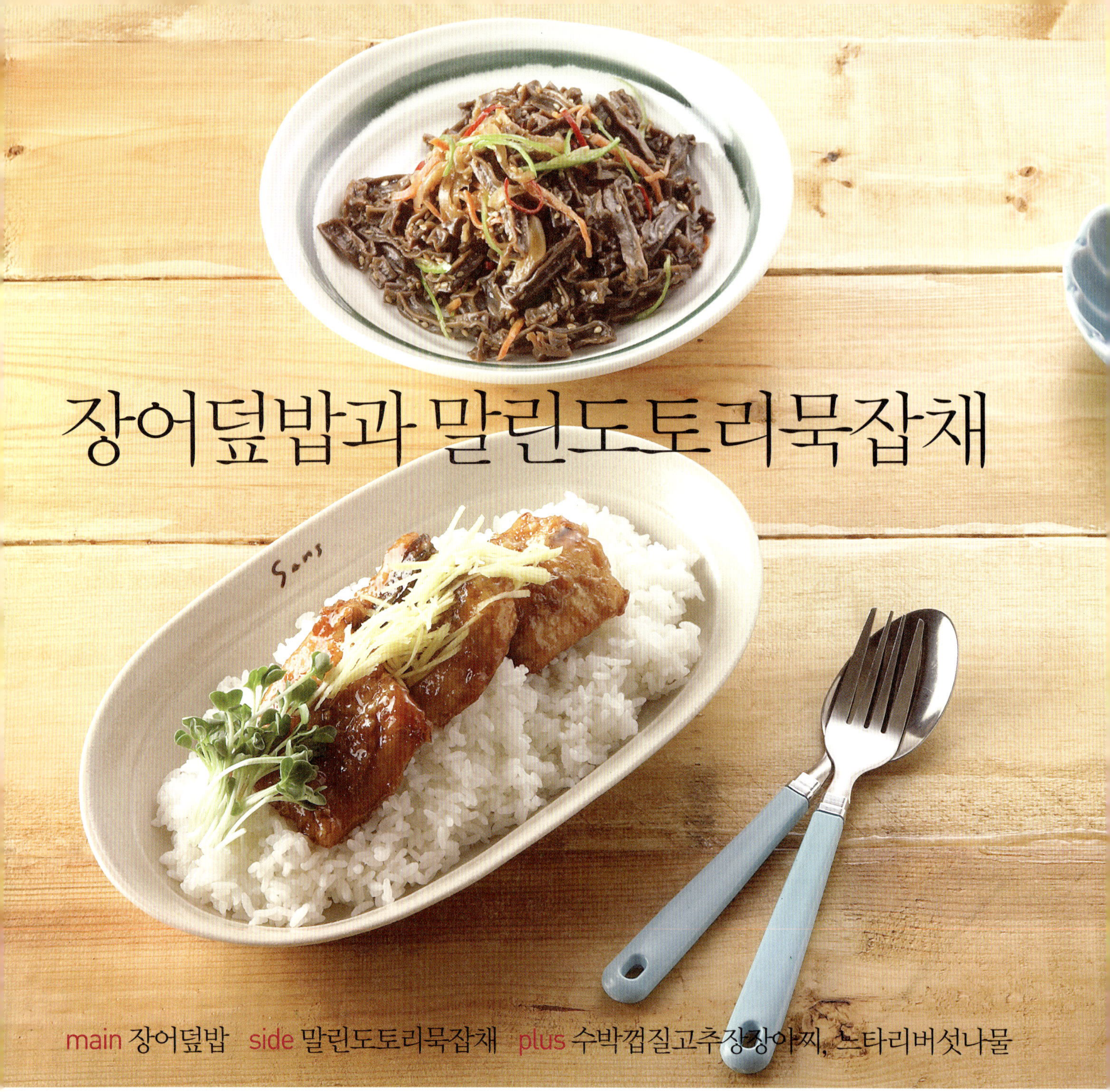

장어덮밥과 말린도토리묵잡채

main 장어덮밥 side 말린도토리묵잡채 plus 수박껍질고추장장아찌, 느타리버섯나물

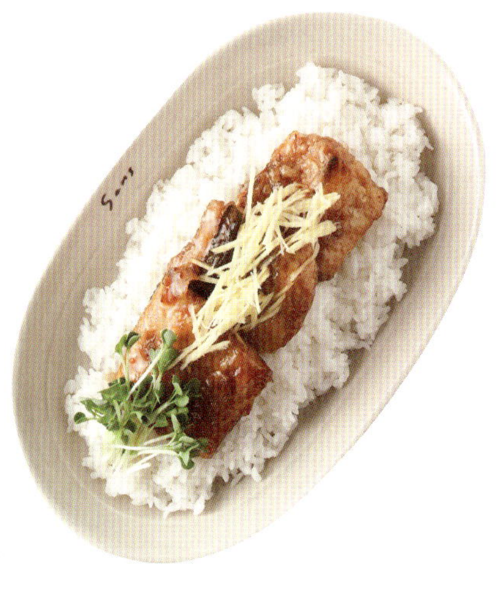

장어덮밥

재료 장어 1마리, 밀가루 3큰술, 생강 2쪽, 무순 1팩, 밥 4공기, 식용유 적당량

조림장 간장 6큰술, 설탕 2큰술, 맛술 3큰술, 장어뼈 삶은 국물 3컵, 물엿 3큰술

이렇게 만드세요

1 장어는 5cm 길이로 자른 다음 밀가루를 묻혀 팬에 노릇하게 튀긴다.

2 생강은 껍질을 벗긴 다음 곱게 채썰어 찬물에 담갔다 물기를 제거하고 무순은 씻은 뒤 물기를 제거한다.

3 팬에 분량의 조림장 재료를 넣고 끓이다 졸아들면 튀긴 장어를 넣은 뒤, 국물이 한 컵 정도 남을 때까지 자작하게 조린다.

4 그릇에 밥을 담고 장어와 생강채, 무순을 얹는다.

조림장을 국물이 없을 정도로 바싹 졸이면 덮밥을 먹기 불편하고 장어도 짜지므로 국물을 적당히 남기는 것이 좋다.

남편 보양식으로는 장어가 으뜸. 튀겨서 조린 장어로 덮밥을 만들면 색다른
맛으로 입맛을 돋울 뿐 아니라 먹기에도 부담 없고 편하다. 꼬들꼬들 씹히는 맛이
일품인 말린도토리묵잡채를 곁들이면 별미밥상 완성!

말린도토리묵잡채

재료 말린도토리묵 100g, 풋고추·홍고추 1개씩, 양파 1/2개,
당근 1/5개, 식용유 1큰술, 간장 2큰술, 설탕 1과1/2큰술,
후춧가루 1/4작은술, 소금 조금, 참기름·깨소금 1/2큰술

이렇게 만드세요

1 말린도토리묵은 찬물에 5분 정도 불린 다음 물기를 제거한다.
2 고추는 길게 자른 다음 곱게 채썰고 양파와 당근도 채썬다.
3 팬에 기름을 두르고 도토리묵을 볶다가 양파, 당근을 함께 볶는다.
4 간장, 설탕, 후춧가루, 소금을 넣고 간하여 볶다가 마지막으로 고
추를 넣고 한 번 더 볶은 다음 불을 끈다.
5 참기름을 두르고 깨소금을 뿌려 완성한다.

찬물에 불려야
쫄깃한 맛을 제대로
살릴 수 있다.

수박껍질고추장장아찌

재료 수박껍질 300g, 굵은소금·물엿 3큰술씩, 고추장 4큰술,
다진마늘·깨소금 1큰술씩, 실파 4뿌리, 참기름 1/2큰술

이렇게 만드세요

1 수박껍질은 겉껍질을 벗긴 다음 굵은소금을 넣어서 2시간 정도
절인 다음 씻어서 채썬다.
2 채썬 수박껍질을 헹궈 물기를 제거하고 채반에 널어 2시간 동안
꾸덕하게 말린다.
3 말린 수박껍질에 고추장, 물엿, 마늘을 넣고 버무린 다음 송송썬
실파와 깨소금, 참기름을 넣어 무친다.

해가 들지 않고
서늘한 곳에 말리는
것이 좋다.

수박껍질은 수분이 많아 그대로 장아찌를
담그면 오래 보관할 수 없다. 소금에 절여
꾸덕하게 말린 다음 장아찌를 담근다.

미역노각냉국과 애호박쇠고기전

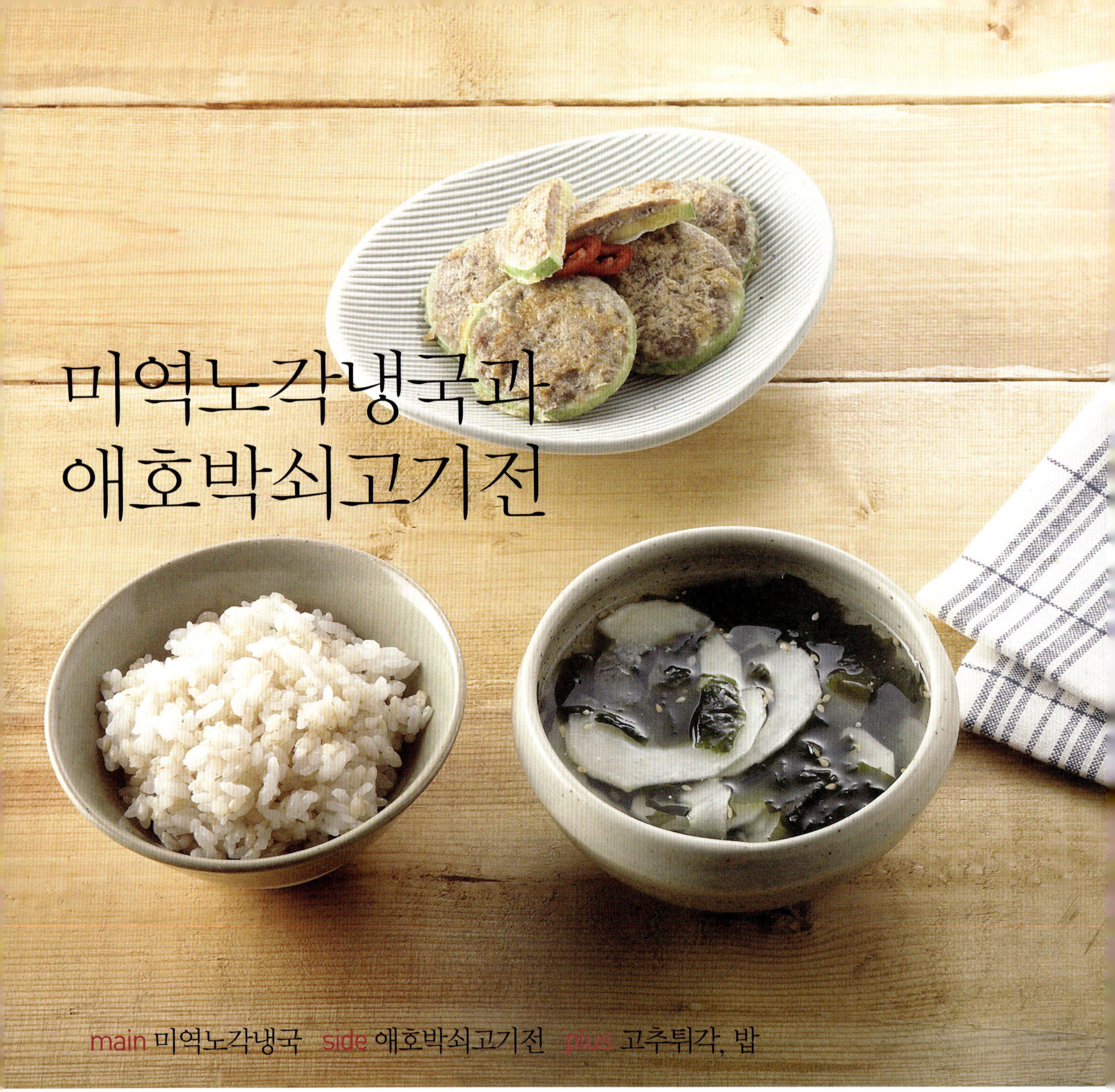

main 미역노각냉국 side 애호박쇠고기전 plus 고추튀각, 밥

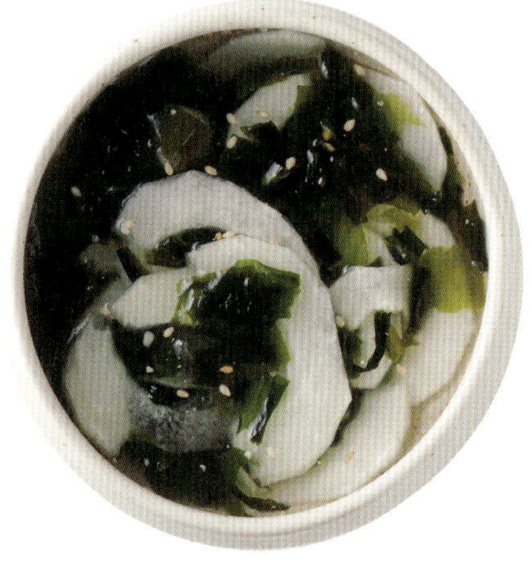

미역노각냉국

재료 미역 20g, 노각 1/5개, 설탕·깨소금 1큰술씩, 식초 5큰술, 다진마늘 1/2큰술, 물 4컵, 얼음 2컵, 소금 적당량

이렇게 만드세요

1 미역은 찬물에 불려 끓는 물에 살짝 데친 후 찬물에 헹궈 물기를 제거한 뒤 1cm 폭으로 썬다.

2 노각은 반 잘라서 씨를 제거한 뒤 껍질을 벗기고 얇게 썰어 소금에 10분간 절였다가 물에 헹군 뒤 물기를 제거한다.

3 분량의 물, 설탕, 식초, 마늘, 깨소금을 섞어 냉국국물을 만든 다음 소금 2/3큰술을 넣어서 간하고 미역과 노각을 넣는다.

4 냉국에 얼음을 넣고 간이 잘 맞도록 얼음을 녹인 뒤 그릇에 담는다.

냉국 국물은 약간 짜게 만든다. 그래야 채소와 얼음을 넣어도 싱거워지지 않는다.

제철인 노각으로 맛이 색다른 냉국을 만들어 보자. 담백한 애호박 쇠고기전과
씹히는 맛이 일품인 고추튀각을 곁들이면 부담없고 깔끔한 여름 밥상이 완성된다.

애호박쇠고기전

재료 애호박 1/2개, 다진쇠고기 100g, 다진마늘 1작은술,
빵가루 4큰술, 밀가루 1/2컵, 달걀 2개, 소금 적당량,
참기름 1작은술, 후춧가루 1/4작은술, 식용유 적당량

이렇게 만드세요

1 애호박은 0.3cm 크기로 자른 다음 소금을 조금 뿌려 살짝 절였다
가 물기를 제거한다.

2 다진쇠고기에 마늘, 빵가루, 달걀 1개, 소금 1/3작은술, 참기름 1
작은술, 후춧가루 1/4작은술을 넣고 잘 섞는다.

3 애호박에 밀가루를 바른 다음 한쪽 면에 ②를 얇게 바른다.

4 ③에 밀가루와 달걀을 묻힌 다음 팬에 노릇하게 굽는다.

애호박에 수분이
많기 때문에 쇠고기
반죽에는 두부보다
빵가루를 넣는 것이
좋다.

고추튀각

재료 고추 200g, 밀가루 2큰술, 소금 1/4작은술, 설탕 1큰술,
튀김기름 적당량

이렇게 만드세요

1 고추는 길게 잘라 씨를 제거하고 소금을 뿌려 10분간 절였다 헹궈
물기를 제거한다.

2 고추에 밀가루를 묻힌 다음 김이 오른 찜통에 찐다. 그런 다음 채
반에 널어서 3일 정도 바짝 말린다.

3 고추가 바짝 마르면 기름에 튀겨 설탕을 뿌린다.

찐 고추는 볕이
좋은 날 바람이 잘
통하는 곳에 말려야
색과 맛이 좋다.

노각은 껍질이 질기고 씨가 크기 때문에
수저로 씨를 제거하고 소금에 절여서 수분을
제거한 다음 조리해야 식감이 좋다.

홍어비빔냉면과 실파닭국

main 홍어비빔냉면
side 실파닭국
plus 부추마전, 무초절이

여름 별미인 비빔냉면에 홍어를 더해 보자. 부족하기 쉬운 영양소의 균형을 맞춰줄 뿐 아니라 쫀득한 맛이 일품이다. 담백한 실파닭국은 매운맛을 더는 데 그만이고 부추마전을 곁들이면 속까지 든든하다.

홍어비빔냉면

재료 젖은냉면 800g, 삭힌 홍어 200g, 무(2cm) 1토막, 풋고추 1개,
홍고추 1개, 미나리 10줄기, 당근·오이·양파 1/4개씩, 식초 4큰술,
소금·참기름 적당량씩

비빔장양념 고춧가루 4큰술, 고추장·설탕 2큰술씩, 다진마늘 1큰술,
식초·통깨 1큰술씩, 소금 1/3작은술

초절이양념 2배식초·설탕 4큰술씩, 소금 1큰술, 물 1컵

이렇게 만드세요

1 홍어는 식초 4큰술을 넣고 바락바락 주물러 씻은 뒤 물기를 제거한다.

2 무와 당근은 1×5cm 크기로 썬 뒤 분량의 초절이양념에 버무려 1시간
정도 절인다.

3 양파는 채썰고 고추는 어슷썬다. 미나리는 식초를 조금 넣은 찬물에 5분
간 담갔다 꺼내 4cm 길이로 썬다.

4 오이는 길이로 반 가른 다음 어슷썰어 소금 1/2큰술에 절인 후 씻어서 물
기를 짠다.

5 분량의 비빔장양념을 만든 다음 1시간 정도 냉장고에 두었다가 준비한
재료를 모두 넣고 버무려 홍어무침을 만든다.

6 삶아서 차게 헹군 냉면 위에 홍어무침을 얹고 참기름을 두른다.

홍어를 식초에
담그면 살균
효과는 물론 뼈도
부드러워져
식감이 좋다.

실파닭국

재료 실파 10뿌리, 닭 1/2마리, 무(3cm) 1토막, 간장 1작은술,
다진마늘 1작은술, 물 8컵, 굵은소금 적당량

이렇게 만드세요

1 닭은 사방 4cm 크기로 자르고 무는 사방 3cm로 나박나박 썰고 실파는
3cm 길이로 썬다.

2 끓는물에 닭을 살짝 데친 다음 다시 물을 부어서 끓으면 무와 닭을 넣고
삶는다.

3 닭이 충분히 익으면 간장과 소금으로 간을 맞춘 다음 실파를 넣고 한소
끔 끓여 완성한다.

닭을 끓는 물에
살짝 데치면 닭
표면의 불순물이
없어지고 잡냄새도
나지 않는다.

부추마전

재료 부추 1/6단, 마 300g, 소금 1/3작은술, 달걀 2개, 식용유 적당량

이렇게 만드세요

1 마는 껍질을 벗긴 다음 강판에 갈아 둔다.

2 부추는 0.5cm로 송송 썬 뒤 마 간 것, 달걀, 소금과 함께 섞는다.

3 팬에 기름을 두른 다음 반죽을 떠놓아 직경 5cm로 노릇하게 굽는다.

마는 금방 타기
때문에 팬의 온도가
너무 올라가지
않도록 조절해야
한다.

마 껍질을 벗길 때 피부가 예민하면 가려울 수도
있으므로 1회용 장갑을 끼고 손질하면 좋다.

아보카도김밥과
모듬해물초회

main 아보카도김밥   **side** 모듬해물초회   **plus** 미소된장국

즉석에서 말아먹는 손말이김밥은 재료 준비도 쉽고 직접 만들어 먹는 재미도 있어 식탁에 생기를 더할 수 있다. 영양이 풍부하고 새콤한 맛이 일품인 모듬해물초회는 여름철 입맛 돋우는 데 그만이다.

아보카도김밥

재료 아보카도·달걀1개씩, 맛살3개, 오이1/2개, 단무지(7cm)1토막, 뜨거운 밥2공기, 김밥용 김 5장, 와사비 갠 것 1큰술
초밥초 식초·설탕2큰술씩, 소금1작은술

이렇게 만드세요

1 분량의 초밥초를 잘 섞은 다음 뜨거운 밥에 섞어 재빨리 식힌다.
2 아보카도는 먹기 좋게 자르고 단무지와 오이, 맛살은 0.5cm 굵기, 7cm 길이로 자른다.
3 달걀은 노른자와 흰자를 분리해 도톰하게 지단을 부친 다음 단무지와 같은 크기로 썬다.
4 접시에 준비한 재료를 담고 김밥용 김을 4등분해서 밥과 함께 낸다.

모듬해물초회

재료 마른미역5g, 낙지1마리, 패주4개, 무순1/2팩, 레몬·오이1/2개씩
초간장 간장4큰술, 식초2큰술, 다시마물1/4컵

이렇게 만드세요

1 마른미역은 찬물에 불린 다음 1cm 크기로 잘라서 준비한다.
2 끓는물에 소금을 약간 넣고 낙지를 데친 다음 식혀서 먹기 좋게 썬다.
3 패주는 0.5cm 두께로 자른 뒤 칼집을 넣고 끓는 물에 데친 후 식힌다.
4 오이는 어슷썰어 소금에 살짝 절인 뒤 씻어서 물기를 제거한다. 레몬은 먹기 좋게 썬다.
5 접시에 재료를 모두 담고 초간장을 끼얹는다.

미소된장국

재료 미소된장2큰술, 마른미역5g, 팽이버섯1/4봉지, 실파2뿌리, 다시마(5×5cm)2장, 가쓰오부시1큰술, 물4컵

이렇게 만드세요

1 다시마는 마른 천으로 닦은 다음 냄비에 물 4컵과 같이 넣고 거품이 나도록 끓인다.
2 거품이 나면 불을 끄고 가쓰오부시를 넣고 5분간 우린 다음 체에 걸러 맑은 국물만 받아 둔다.
3 마른미역은 찬물에 불린 다음 사방 0.5cm 크기로 자르고, 팽이버섯, 실파는 송송 썬다.
4 다시마가쓰오부시육수에 된장을 풀고 끓으면 불을 끄고 준비한 미역과 버섯, 실파를 넣는다.

아보카도는 짙은 검붉은색이고 만졌을 때 조금 말랑한 것이 맛있다. 껍질이 녹색이거나 단단할 경우 냉장보관하지 말고 상온에 보관해 숙성시킨다.

산딸기치즈토스트와 브로콜리냉수프

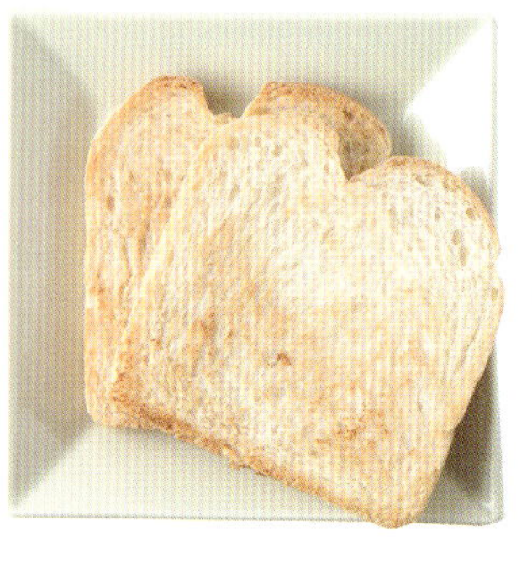

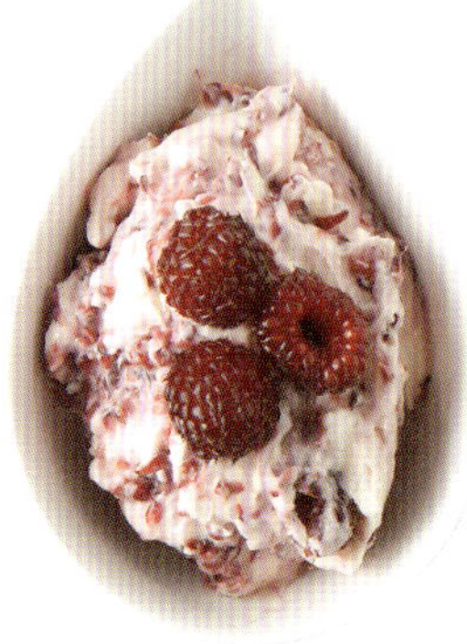

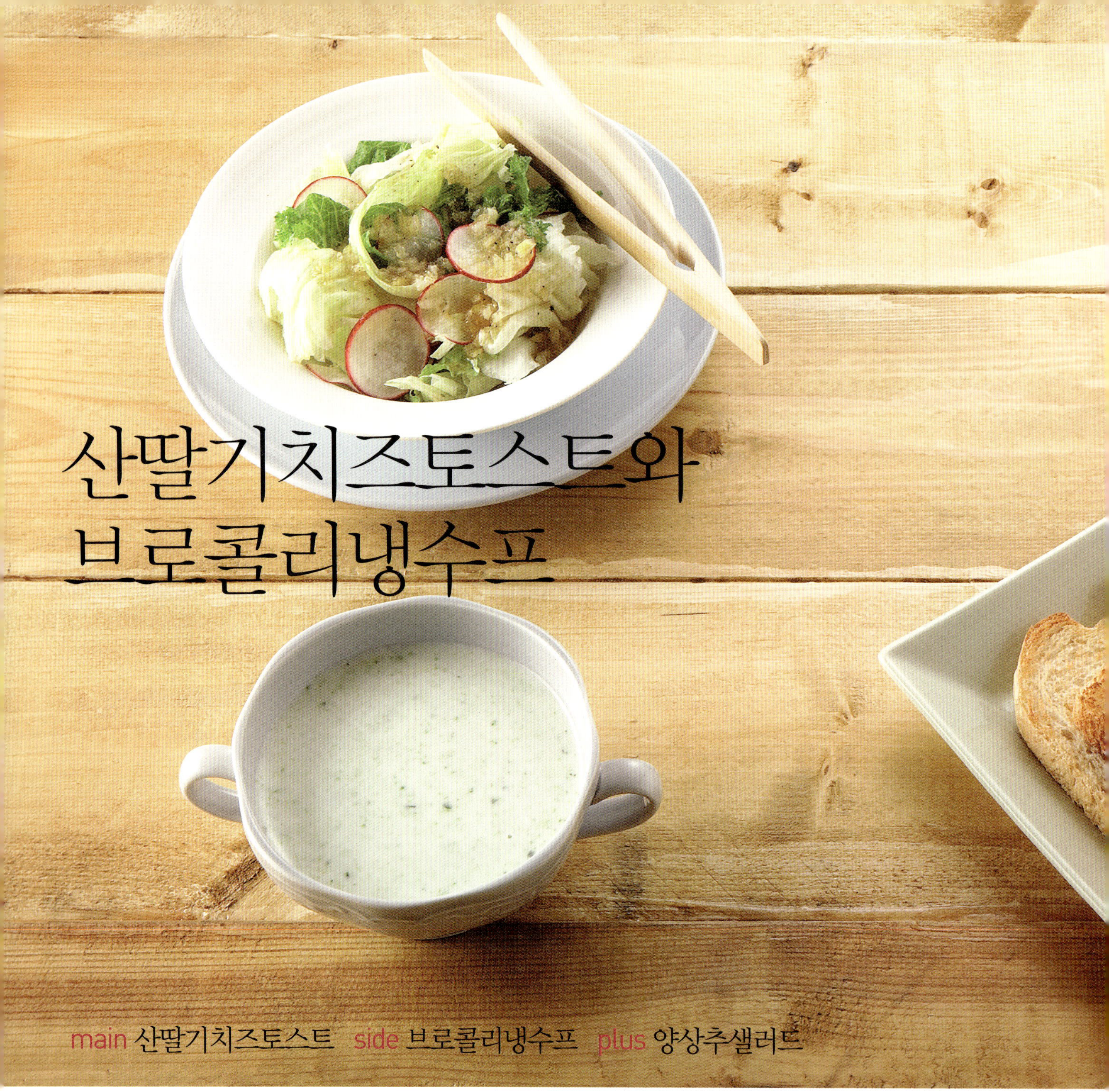

main 산딸기치즈토스트 side 브로콜리냉수프 plus 양상추샐러드

산딸기치즈토스트

재료 산딸기·크림치즈 1/2컵씩, 식빵 8조각

이렇게 만드세요

1 식빵은 기름을 두르지 않은 팬에 앞뒤로 노릇하게 구워 식힌다.
2 산딸기는 수분을 제거한 다음 크림치즈와 잘 섞는다.
3 접시에 식빵을 담고 ②의 산딸기치즈스프레드를 곁들인다.

너무 세지 않은 불에서 굽고 세워서 식혀야 바삭하게 먹을 수 있다.

크림치즈에 제철 만난 산딸기만 더해도 평범한 토스트가 업그레이드된다. 바쁜 아침, 후루룩 마시기 좋은 냉수프와 새콤한 레몬드레싱을 더한 양상추 샐러드를 곁들이면 상큼하고 든든하다.

브로콜리냉수프

재료 브로콜리 1/3송이, 감자 2개, 밀가루 1큰술, 물 5컵, 우유 2컵, 소금 조금, 포도씨오일 2큰술, 후춧가루 1/3작은술

이렇게 만드세요

1 브로콜리는 끓는물에 소금을 조금 넣어 살짝 데친 다음 찬물에 헹궈 잘게 썬다.

2 감자는 껍질을 벗겨 얇게 저민 뒤 팬에 오일을 두르고 볶다가 밀가루를 넣어 함께 볶는다.

3 감자가 투명해지면 물을 붓고 감자가 충분히 익은 다음 식힌다.

4 ③에 브로콜리, 우유를 넣어서 곱게 간 다음 냉장고에 넣어 차게 해서 후춧가루 살짝 뿌려 먹는다.

브로콜리는 데친 다음 조리해야 특유의 냄새가 나지 않고 색이 진해지며 식감도 좋아진다.

양상추샐러드

재료 양상추 4장, 래디시 2개, 겨자잎 4장

레몬드레싱 레몬 1개, 오일 4큰술, 소금 1/2작은술, 꿀 3큰술, 식초 1큰술, 통후추 간 것 1/4작은술

이렇게 만드세요

1 겨자잎은 2cm 폭으로 자르고 양상추는 먹기 좋게 뜯은 뒤 찬물에 담갔다 물기를 제거한다. 래디시는 씻어서 얇게 저며 준비한다.

2 레몬은 깨끗이 씻어 노란 겉껍질만 깎아내 잘게 다진다.

3 껍질 벗긴 레몬은 즙을 낸 뒤 소금, 식초, 꿀과 레몬껍질 다져놓은 것을 함께 섞는다.

4 ③에 오일, 후춧가루를 섞어 드레싱을 완성해 준비해둔 채소에 곁들인다.

레몬을 씻을 때 표면을 소금으로 문질러 닦으면 불순물 제거는 물론 살균 효과도 있다.

산딸기는 씻은 다음 물기를 완전히 제거해야 치즈와 섞을 때 수분이 배어나오지 않는다.

닭죽과 자반김호두볶음

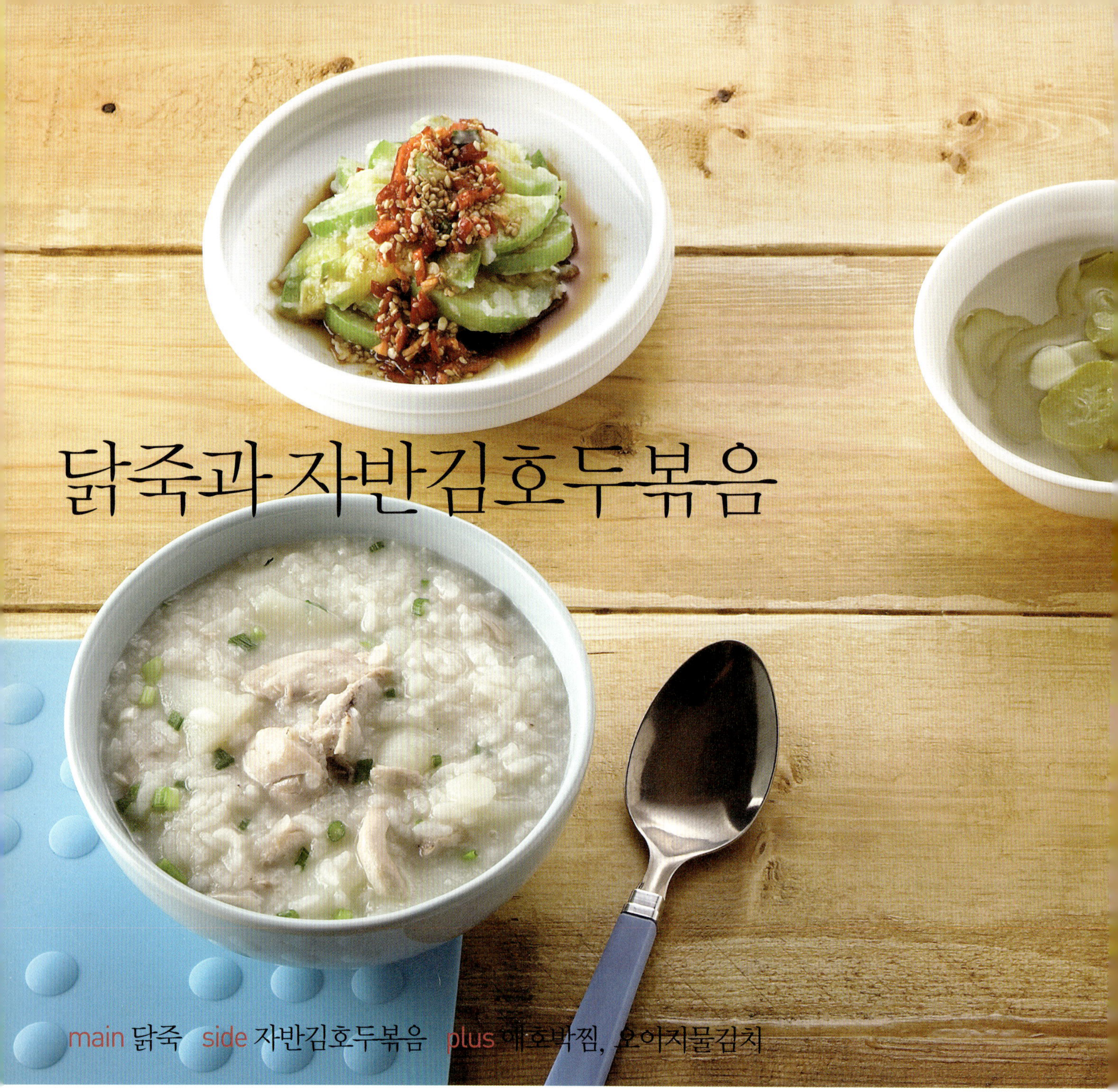

main 닭죽 side 자반김호두볶음 plus 애호박찜, 오이지물김치

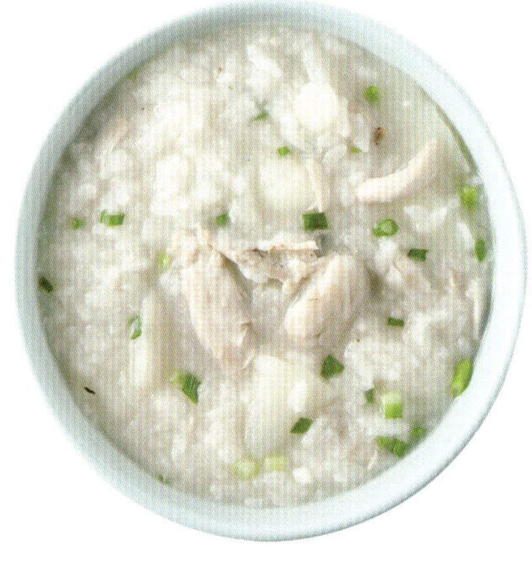

닭죽

재료 닭 1/2마리, 불린찹쌀 1컵, 감자 2개, 당근 1/2개, 실파 4뿌리

닭 삶을 물 물 16컵, 대파 1/4뿌리, 양파 1/2개, 마늘 5쪽

이렇게 만드세요

1 냄비에 물 16컵을 붓고 대파, 양파, 마늘을 넣어 끓으면 닭을 넣은 뒤, 불을 중약불에 놓고 국물이 10컵 정도로 줄 때까지 푹 끓인다.

2 닭이 푹 익으면 꺼내서 닭살은 발라내고 국물은 면보에 걸러 맑은 육수만 준비한다.

3 감자는 껍질을 벗긴 다음 사방 2cm 크기로 썰고 당근, 실파는 잘게 다진다.

4 닭육수에 불린찹쌀과 감자를 넣고 쌀알이 푹 퍼지도록 끓인다. 그런 다음 닭살과 당근, 실파도 넣어서 함께 끓인 뒤, 소금과 후추를 곁들인다.

닭육수를 만들 때는 불을 중약불로 해서 뭉근하게 푹 끓이는 것이 중요하다

닭육수를 진하게 우려내 끓인 닭죽은 영양이 풍부하고 먹기도 편해 아침
메뉴로도 그만이다. 짭짤하면서도 씹히는 맛이 좋은 자반김호두볶음과 담백한
애호박찜, 시원한 오이지물김치로 맛의 균형까지 신경 쓰자.

자반김호두볶음

재료 자반김 2컵, 호두 1/4컵, 식용유 2큰술, 설탕 1큰술,
깨소금 1큰술, 참기름 1작은술, 소금 1/4작은술

이렇게 만드세요

1 자반김은 먹기 좋게 뜯어서 준비하고 호두는 굵게 다진다.

2 팬에 기름을 두른 다음 자반김을 넣고 바삭하게 볶는다.

3 자반김이 다 볶이면 호두를 넣고 같이 볶은 다음 불을 끄고 설탕과
소금, 깨소금, 참기름을 넣고 섞는다.

불을 끄고 참기름을 넣어야 고소한 맛은 물론 바삭한 식감도 제대로 즐길 수 있다.

애호박찜

재료 애호박 1/2개, 밀가루 3큰술, 소금 1/2작은술, 간장 4큰술,
참기름·다진마늘 1/2큰술, 홍고추 2개, 깨소금 1큰술

이렇게 만드세요

1 애호박은 1×5cm 크기로 자른 뒤 소금을 뿌려 살짝 절인 후 물기
를 제거한다.

2 손질한 애호박에 밀가루를 골고루 바른 다음 김 오른 찜통에 넣고
5분 정도 찐다.

3 홍고추를 사방 0.3cm 크기로 잘라 간장, 마늘, 참기름, 깨소금과
함께 잘 섞은 다음 애호박에 끼얹는다.

애호박을 절이면 쉽게 무르지 않아서 찐 후에도 식감이 훨씬 좋다.

찜통에 김이 오른 다음 애호박을 넣고 쪄야
표면에 입힌 밀가루가 분리되지 않는다. 너무
오래 찌면 물러지니 주의한다.

단호박조림과
양파파프리카볶음

main 단호박조림
side 양파파프리카볶음
plus 현미잡곡밥

구수한 잡곡밥에 가쓰오부시로 풍미를 더한 단호박조림을 곁들이면 퓨전아침밥상이 완성된다. 아삭한
양파파프리카볶음을 더하면 다른 반찬이 필요 없다.

단호박조림

재료 가쓰오부시 1/2컵, 단호박 1/4개, 간장 2큰술, 올리고당 4큰술,
설탕 1큰술, 물 3컵

이렇게 만드세요

1 단호박은 깨끗하게 씻고 씨를 제거한 다음 사방 5cm 크기로 자른다.
2 냄비에 단호박과 간장, 올리고당, 설탕, 물을 넣고 끓인다.
3 냄비의 물이 거의 졸아들면 불을 끄고 가쓰오부시를 얹는다.

단호박에 설탕이나 올리고당을
함께 넣고 끓이면 조직이
단단해져 잘 부스러지지 않는다.

양파파프리카볶음

재료 양파 1개, 청피망 1/4개, 미니파프리카 3개, 소금 1큰술, 물 1/2컵,
후춧가루 1/4작은술, 참기름 1작은술, 검은깨 1/2큰술, 식용유 2큰술

이렇게 만드세요

1 양파는 곱게 채썰어 소금 1큰술과 물 1/2컵을 넣고 절인 다음 헹궈서 물기
를 제거한다.
2 피망과 파프리카는 양파와 같은 크기로 채썰어 준비한다.
3 팬에 기름을 두른 다음 양파를 볶다가 피망과 파프리카를 넣어 더 볶으면서
후춧가루로 간한다.
4 불을 끄고 참기름과 검은깨를 넣고 버무려 완성한다.

양파를 절인 다음
볶으면 아삭한
식감이 더 잘 살고
매운맛도 덜 난다.

마순두부덮밥과 열무된장국

main 마순두부덮밥
side 열무된장국
plus 양상추겉절이

부드럽고 담백한 마순두부덮밥은 아침에 부담 없이 먹을 수 있는 한 그릇 요리. 여기에 열무를 넣고 끓인 된장국과 양상추겉절이만 곁들여도 영양도 맛도 훌륭한 아침밥상이 된다.

마순두부덮밥

재료 마(10cm) 1토막, 순두부 1봉, 청경채 1/2포기, 마늘 2쪽, 물 6컵, 간장 3큰술, 소금 조금, 물녹말 4큰술, 참기름 1큰술, 밥 4공기

이렇게 만드세요

1 마는 껍질을 벗긴 다음 2cm 크기로 자르고, 순두부도 적당한 크기로 자른다. 청경채는 깨끗하게 씻어서 3cm 크기로 자르고, 마늘은 편으로 썬다.

2 냄비에 마와 물을 넣고 끓으면 마늘, 간장을 넣고 끓인다. 마가 익으면 순두부를 넣고 소금으로 간을 맞춘다.

3 ②에 물녹말을 넣어서 농도를 맞춘 다음 청경채를 넣고 한 번 더 끓으면 불을 끄고 참기름을 두른 후 밥에 끼얹는다.

마가 익는 데 시간이 걸리기 때문에 마를 먼저 넣고 순두부는 불을 끄기 직전에 넣어야 부서지지 않는다.

열무된장국

재료 열무 한 줌, 된장 2큰술, 멸치 10마리, 물 6컵, 대파 1/4뿌리, 디진마늘 1작은술, 소금 조금

이렇게 만드세요

1 열무는 끓는물에 살짝 데친 후 찬물에 담갔다가 물기를 제거하고 3cm 길이로 자른다.

2 멸치는 내장과 머리를 제거한 뒤 찬물에 넣고 거품이 날 정도로 끓인 다음 체에 밭친다.

3 멸치육수에 된장을 풀고 끓으면 열무를 넣어 끓이다가 마늘, 송송썬 대파를 넣고 한소끔 더 끓인다. 간이 부족하면 소금으로 간을 맞춘다.

열무를 국에 그냥 넣지 말고 한 번 데친 후 찬물에 우렸다가 넣으면 국물 맛이 한결 깔끔하다.

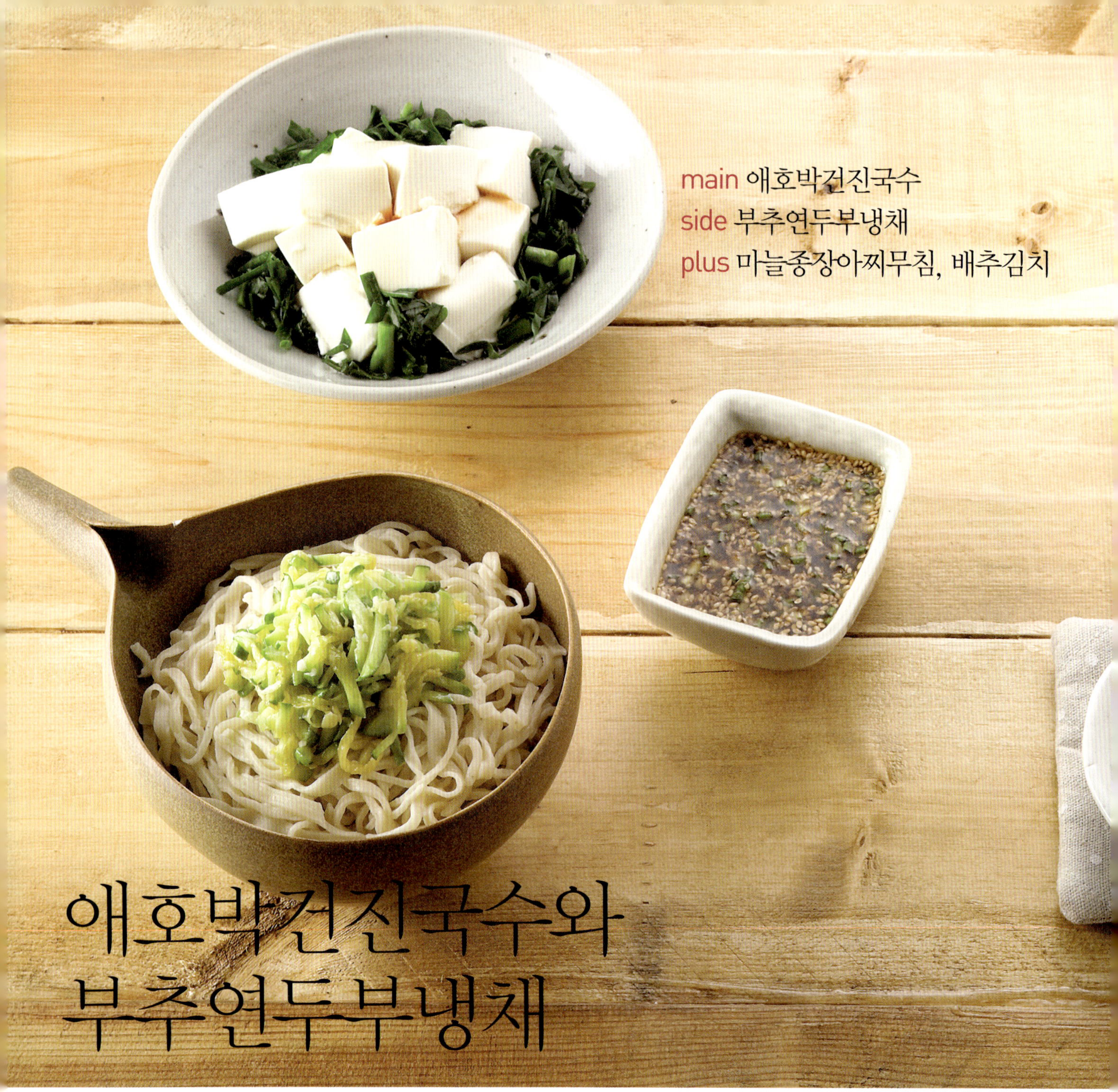

main 애호박건진국수
side 부추연두부냉채
plus 마늘종장아찌무침, 배추김치

애호박건진국수와 부추연두부냉채

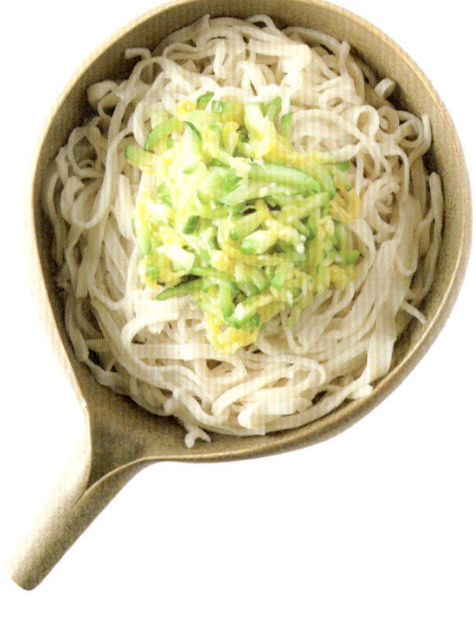

애호박건진국수

재료 애호박 1개, 참기름·소금 1작은술, 깨소금 1큰술, 다진마늘 1/2큰술

국수반죽 밀가루 2컵, 날콩가루 1/2컵, 달걀 1개, 소금 1/3작은술, 식용유 1큰술, 물 3/4컵

양념간장 간장 6큰술, 다시마물 3큰술, 송송썬 실파 3뿌리, 참기름·깨소금 1큰술씩

이렇게 만드세요

1 국수 반죽 재료를 잘 섞어 치댄 다음 비닐에 싸서 냉장고에 30분간 둔다.

2 애호박은 채썬 뒤 소금 1작은술을 뿌려 20분간 절였다가 물기를 제거한다.

3 기름 두른 팬에 마늘을 볶아 향이 오르면 준비해둔 애호박을 볶는다.

4 애호박이 다 익으면 불을 끄고 참기름과 깨소금을 넣어 섞은 다음 차게 식힌다.

5 국수반죽을 밀대로 밀어 썬 다음 끓는 물에 소금을 조금 넣고 삶아 찬물에 헹군다.

6 준비한 애호박나물을 국수 위에 얹고 양념간장을 만들어 곁들인다.

국수를 얼음물에 헹구면 더욱 시원하고 쫄깃하게 즐길 수 있다.

자연의 기운을 듬뿍 받은 제철재료인 애호박과 부추로 만드는 별식. 애호박 고명에 양념장을 넣고 쓱쓱 비벼 먹는 애호박건진국수와 쌉싸래하면서도 부드러운 맛의 조화가 일품인 부추연두부냉채는 이맘때 먹어야 제 맛이다.

부추연두부냉채

재료 부추 1/3단, 연두부 1팩

냉채간장소스 간장 4큰술, 설탕·맛술 1큰술씩, 다시마물 3큰술, 식초 3큰술

이렇게 만드세요

1 부추는 끓는물에 살짝 데쳐 물기를 제거한 후 3cm 길이로 자른다.

2 연두부는 먹기 좋게 썰고 분량의 재료를 섞어 냉채간장소스를 만든다.

3 접시에 부추를 깔고 그 위에 연두부를 얹은 다음 냉채간장소스를 뿌린다.

부추는 데쳐서 찬물에 한 번 헹군 뒤 물기를 제거하면 매운맛을 없앨 수 있다.

마늘종장아찌무침

재료 마늘종장아찌 1컵, 고추장·물엿 2큰술씩, 설탕 1/2큰술, 통깨 1/2큰술

이렇게 만드세요

1 마늘종장아찌를 4cm 길이로 자른 다음 찬물에 담가 짠맛을 우려내고 물기를 제거한다.

2 분량의 고추장, 물엿, 설탕, 통깨를 잘 섞어 물기 뺀 마늘종을 넣고 버무린다

마늘종장아찌를 통째로 찬물에 담그면 짠맛이 쉽게 빠지지 않는다. 먹기 좋은 크기로 자른 뒤 찬물에 담그면 시간이 단축된다.

국수를 만들 때 반죽에 콩가루를 넣으면 맛이 부드러우면서도 한결 고소해진다. 국수반죽을 만들 땐 30분 정도 숙성한 후 치대야 국수를 끓여도 쉽게 붇지 않는다.

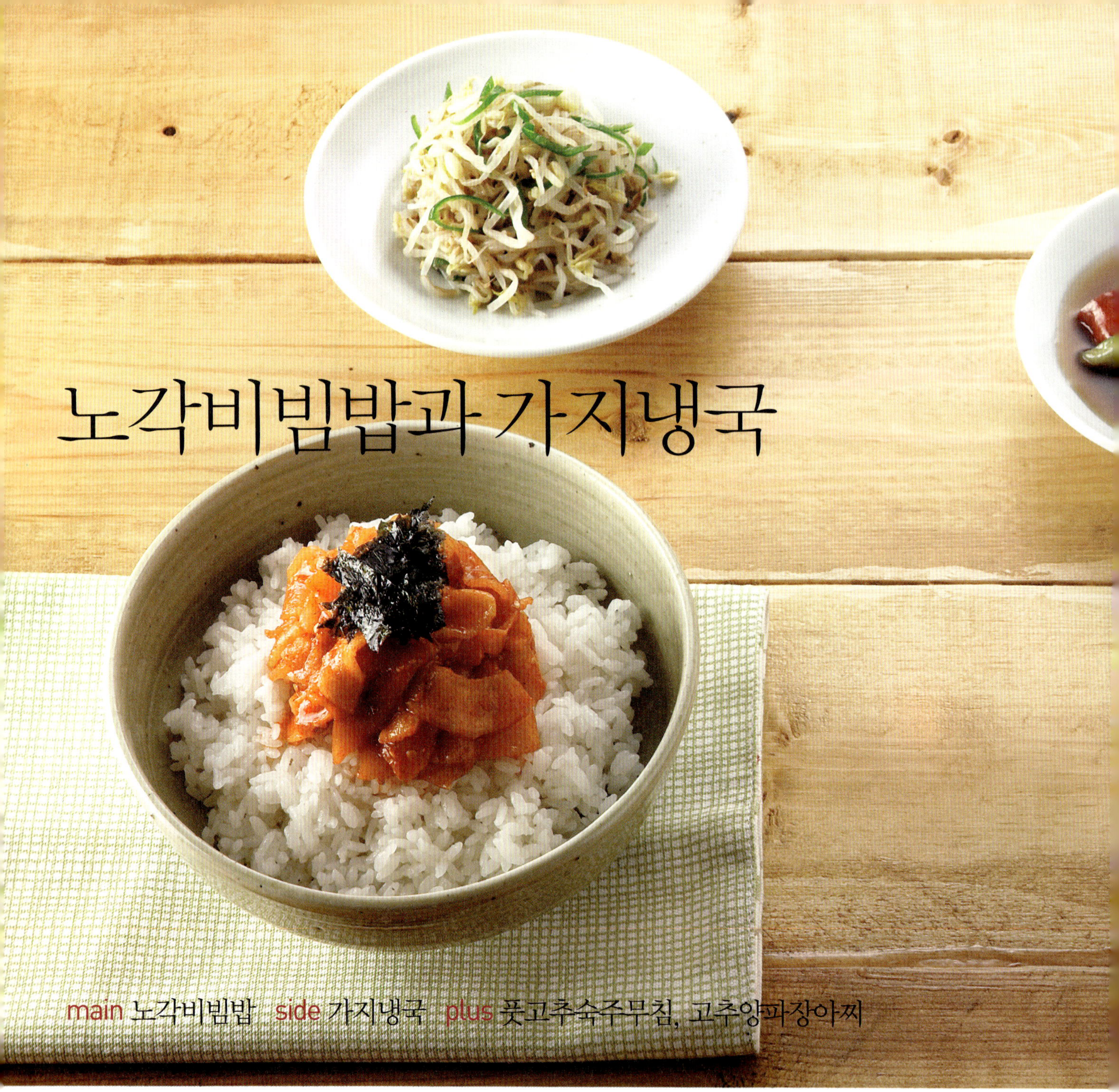

노각비빔밥과 가지냉국

main 노각비빔밥 side 가지냉국 plus 풋고추숙주무침, 고추양파장아찌

노각비빔밥

재료 노각 1/2개, 소금 1큰술, 밥 4공기, 김가루 2컵, 들기름 4큰술

무침양념 고추장 6큰술, 다진마늘 1큰술, 깨소금·참기름 1큰술씩, 설탕 3큰술

이렇게 만드세요

1 노각은 껍질을 벗긴 다음 길이로 반 잘라 씨를 제거한다.

2 씨를 뺀 노각을 얇게 썬 다음 소금 1큰술을 넣어서 20분간 절인 후 씻어서 물기를 꼭 짠다.

3 분량의 재료를 잘 섞어 만든 무침양념에 준비해둔 노각을 넣고 무친다.

4 그릇에 밥을 담고 노각무침을 얹은 다음 김가루, 들기름을 곁들인다.

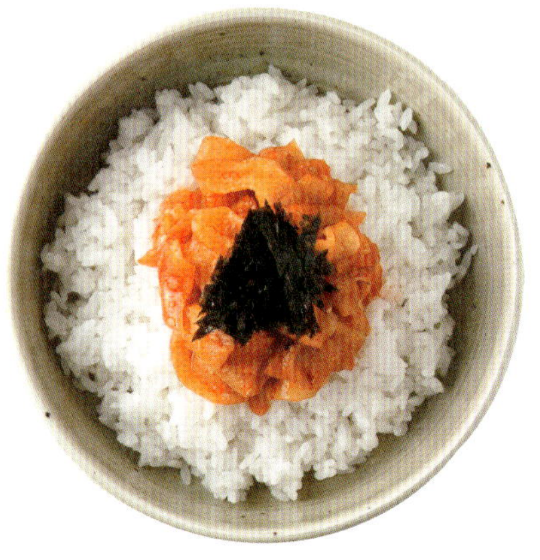

노각을 충분히 절여야 아삭한 맛도 살고 밥과 양념의 조화도 좋아진다.

매콤한 풍미와 아삭하게 씹히는 맛이 좋은 노각비빔밥. 열기를 내려주는 제철 재료인 가지로 냉국을 만들어 매운 입맛을 달래고 시원하게 마무리하자. 고소하면서도 쌉쌀한 풋고추숙주무침을 더하면 맛의 균형이 완벽해진다.

가지냉국

재료 가지·홍고추 1개씩, 실파 3뿌리, 식초 3큰술, 다진마늘· 국간장·깨소금·설탕 1큰술씩, 물 3컵, 얼음 2컵, 소금 조금

이렇게 만드세요

1 가지는 2×7cm 크기로 자른 다음 김 오른 찜통에 넣고 10분 정도 찐다.

2 가지를 충분히 식힌 다음 물을 붓고 마늘, 국간장, 소금, 설탕, 식초를 넣어서 간을 맞춘다.

3 ②의 국물에 깨소금을 넣고 홍고추, 실파를 송송 썰어서 함께 넣는다. 여기에 얼음을 넣어 시원하게 먹는다.

식초를 먼저 넣으면 색감이 떨어지므로 먹기 직전에 넣는 것이 좋다.

풋고추숙주무침

재료 풋고추 4개, 숙주 300g, 소금 2/3작은술, 참기름 1/2큰술, 깨소금 1큰술

이렇게 만드세요

1 풋고추는 씻어서 길이로 반 가른 다음 씨를 제거하고 어슷하게 채 썬다.

2 숙주는 끓는물에 소금을 조금 넣고 삶은 다음 찬물에 여러 번 헹군다.

3 숙주의 물기를 제거한 다음 소금, 깨소금을 넣어서 무치고 풋고추, 참기름을 넣어서 한 번 더 무친 다음 그릇에 담는다.

숙주를 무칠 때 참기름을 처음부터 넣으면 간이 잘 스며들지 않는다. 소금으로 먼저 간한 후 마지막에 참기름을 넣는다.

가지는 먹기 좋게 잘라서 찐 다음 식혀서 냉국을 만든다. 그래야 모양이 흐트러지지 않는다.

main 김치말이냉국밥
side 부추마른새우볶음

김치말이냉국밥과 부추마른새우볶음

잘 익은 김치와 찬밥만 있으면 뚝딱 만들 수 있는 시원한 김치말이냉국밥으로 부담없는 점심상을 차려 보자. 밑반찬인 마른새우볶음에 제철인 부추를 넣으면 별미다.

김치말이냉국밥

재료 김치 1/2포기, 깨소금 1큰술, 참기름 1/2작은술, 오이 1/2개, 홍고추 1개, 찬밥 4공기, 멸치 15마리, 간장 2큰술, 굵은소금 적당량, 물 8컵

이렇게 만드세요

1 김치는 소를 털어낸 후 송송 썰어서 국물을 꼭 짜내고 참기름과 깨소금을 넣고 무친다.
2 오이는 곱게 채썰고 고추는 어슷썬다.
3 멸치는 머리와 내장을 제거한 후 마른 팬에 볶아 식힌 다음 찬물을 붓고 거품이 날 때까지 끓여 체에 걸러 맑은 국물만 받아 둔다.
4 멸치육수에 간장, 소금을 넣어서 끓인 다음 차갑게 식힌다.
5 그릇에 밥을 담고 그 위에 김치, 오이, 고추를 얹은 다음 멸치육수를 붓는다.

멸치국물을 충분히 식힌 다음 간장을 넣어야 국물에서 비린 맛이 나지 않는다.

부추마른새우볶음

재료 부추 20줄기, 마른새우 60g, 다진마늘·참기름 1작은술씩, 간장·설탕 1큰술씩, 식용유 2큰술, 깨소금 1/2큰술

이렇게 만드세요

1 부추는 물기를 제거한 다음 2cm 길이로 썬다. 마른새우는 잡티를 털어낸다.
2 팬에 기름을 두르고 마늘을 먼저 볶아 향이 오르면 마른새우를 볶는다.
3 간장과 설탕을 넣고 볶다가 부추를 넣고 한 번 더 볶은 다음 불을 끈다.
4 깨소금, 참기름을 넣고 버무린다.

부추를 처음부터 넣고 볶으면 숨이 죽고 질겨진다. 마지막에 넣고 살짝만 볶아야 맛도 좋고 색도 선명하다.

새우튀김소바와
참외피망피클

바삭한 새우튀김과 시원한 메밀소바라면 일식집 정찬이 부럽지 않다. 제철에만 먹을 수 있는 참외피망피클을 곁들여
개운하게 입맛을 돋우자.

새우튀김소바

재료 새우(중하) 4마리, 밀가루 2큰술, 튀김가루 1/2컵, 달걀노른자 1개,
메밀국수 250g, 실파 2뿌리, 무(2cm) 1토막, 소금 적당량
메밀장국 간장 1/4컵, 굵은소금 1작은술, 물 4컵, 다시마(사방 5cm) 1장, 가쓰오부시 한 줌

이렇게 만드세요

1 중하는 내장을 제거한다. 실파는 송송썰고 무는 강판에 간 뒤 물기를 제거한다.
2 달걀노른자에 물 3/4컵과 튀김가루를 넣고 톡톡 두드리듯이 해 튀김반죽을 만든다.
3 냄비에 다시마를 넣고 끓이다 거품이 나면 불을 끄고 가쓰오부시를 넣은 후 5분간 우린
다. 체에 거른 국물에 간장, 소금을 넣고 한 번 더 끓인 다음 차게 식힌다.
4 튀김 팬에 기름을 넣고 170℃가 되면 밀가루를 새우에 묻힌 다음 반죽에 넣어 튀긴다.
5 메밀국수를 삶아 찬물에 헹군 뒤 사리를 짓고, 새우튀김과 메밀장국을 곁들인다.

중하 정도의
새우는 내장에서
모래가 씹히기
때문에 반드시
내장을 제거해야
한다.

참외피망피클

참외 2개, 홍피망 1/2개, 굵은소금 적당량, 피클물(소금 1큰술, 물 2컵, 식초 4큰술,
설탕 4큰술, 월계수잎 2장, 통후추 1/2작은술, 정향 4개)

이렇게 만드세요

1 참외는 씨를 빼고 사방 3cm 크기로 자른 뒤 소금에 1시간 정도 절여 물기를 뺀다. 피망
도 같은 크기로 썰어 용기에 담는다.
2 피클물 재료를 모두 넣고 끓여 식힌 다음, 참외와 피망 담은 용기에 부어 냉장 보관한다.

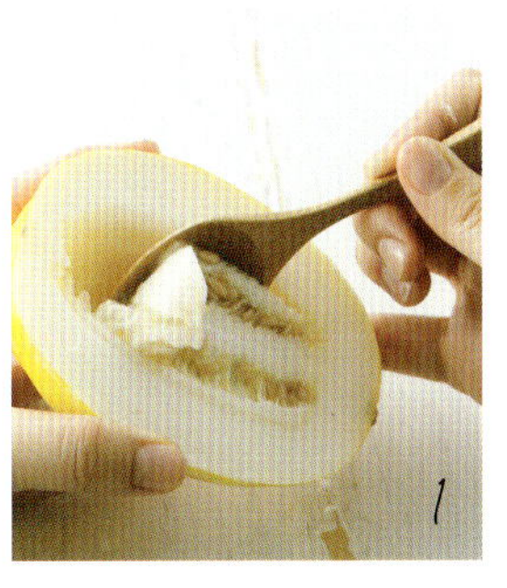

참외는 씨만
제거하고 껍질째
조리하는 것이
좋지만 너무 질길
경우 껍질을
제거해도 된다.

lunch box | 도시락

아보카도쌀피말이와 닭가슴살허브구이

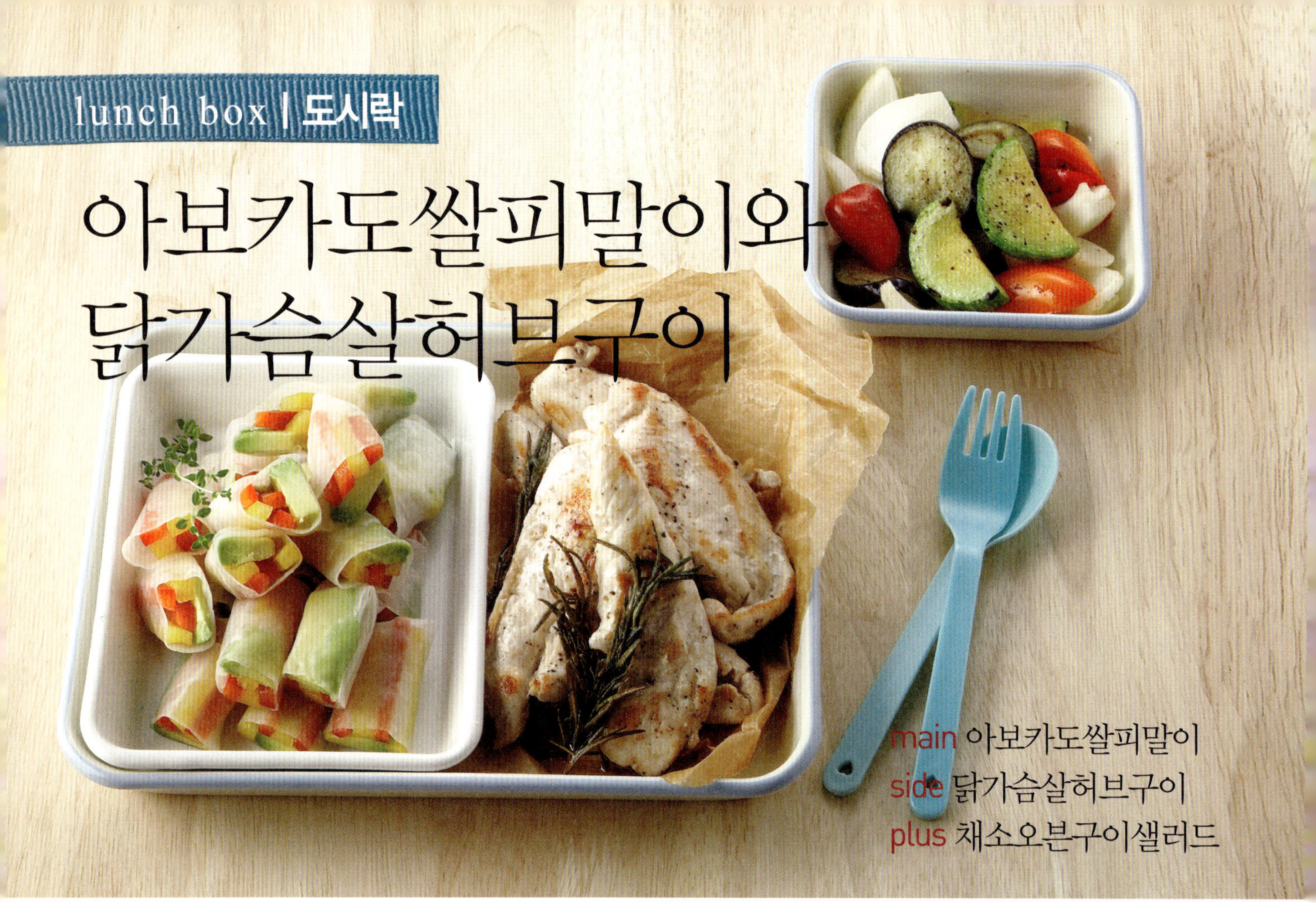

main 아보카도쌀피말이
side 닭가슴살허브구이
plus 채소오븐구이샐러드

한입에 쏙 들어가는 아보카도 쌀피말이와 결대로 찢어지는 담백한 닭가슴살 허브구이를 곁들이면 영양균형은 물론 물놀이 도시락으로도 그만이다.

3

아보카도쌀피말이

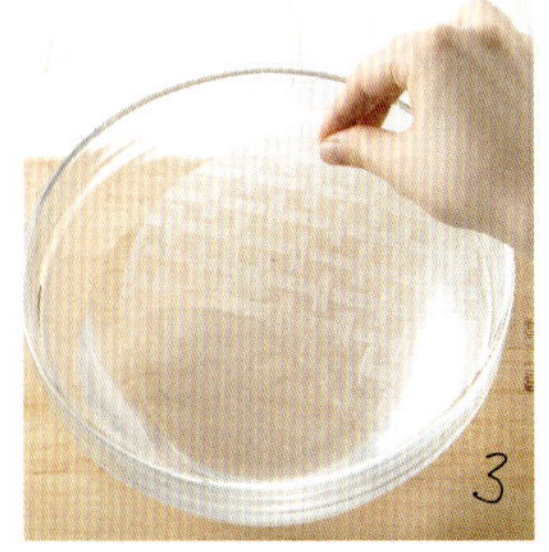

재료 아보카도 1개, 초록·빨강 파프리카 1개씩, 소금 1/3작은술, 식용유 1/2큰술, 쌀피 12장, 머스터드소스 2큰술

이렇게 만드세요

1 아보카도는 먹기 좋게 자른다.

2 파프리카는 사방 0.5cm로 길게 채썬 뒤 기름 두른 팬에 소금을 뿌려가며 살짝 볶아 식힌다.

3 쌀피는 따뜻한 물에 담갔다가 펴서 머스터드소스를 바른 다음 아보카도와 파프리카를 넣고 돌돌 말아 먹기 좋게 자른다.

쌀피를 너무 뜨거운 물에 불리면 잘 말리지 않는다. 따뜻한 물에 살짝만 넣었다가 뺀다.

1

닭가슴살허브구이

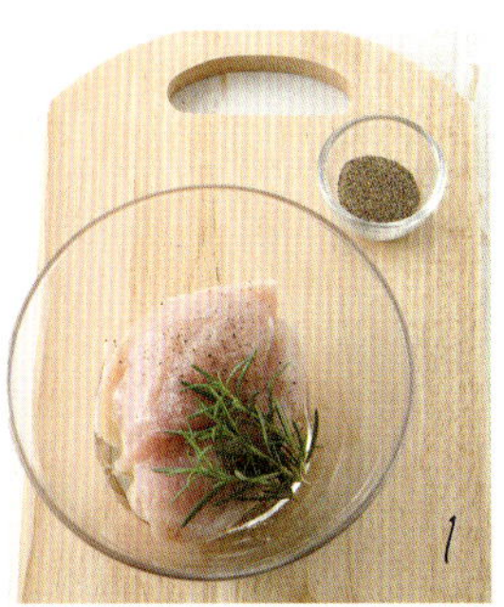

재료 닭가슴살 3조각, 소금 1작은술, 통후추 으깬 것 1/2작은술, 다진마늘 1작은술, 로즈메리 4줄기, 올리브오일 4큰술, 핫소스 적당량

이렇게 만드세요

1 닭가슴살은 포를 떠서 소금, 후추, 마늘을 넣은 다음 올리브오일과 로즈메리를 넣고 2시간 정도 재운다.

2 재운 닭가슴살은 180℃의 오븐 중간 단에서 20분 정도 노릇하게 굽는다.

3 구운 닭가슴살을 먹기 좋게 자른 뒤 핫소스를 곁들인다.

닭가슴살을 오일에 충분히 재우면 퍽퍽한 맛을 줄일 수 있다.

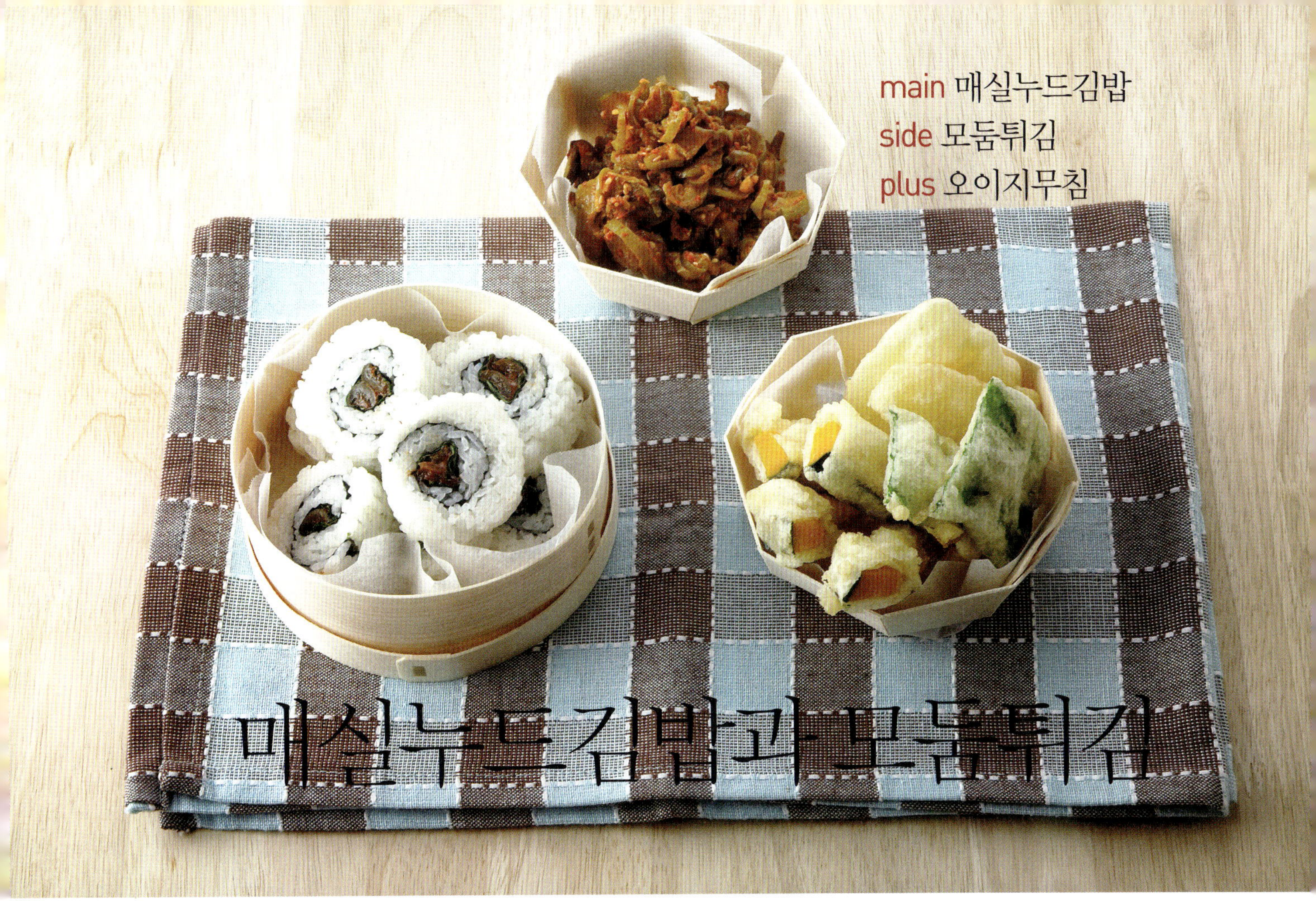

main 매실누드김밥
side 모둠튀김
plus 오이지무침

매실누드김밥과 모둠튀김

흔한 김밥 대신 매콤새콤한 맛이 일품인 매실누드김밥에 도전해보자. 냉장고 속 각종 재료들을 바삭하게 튀겨내기만 하면 폼 나는 모둠튀김도 완성된다.

1

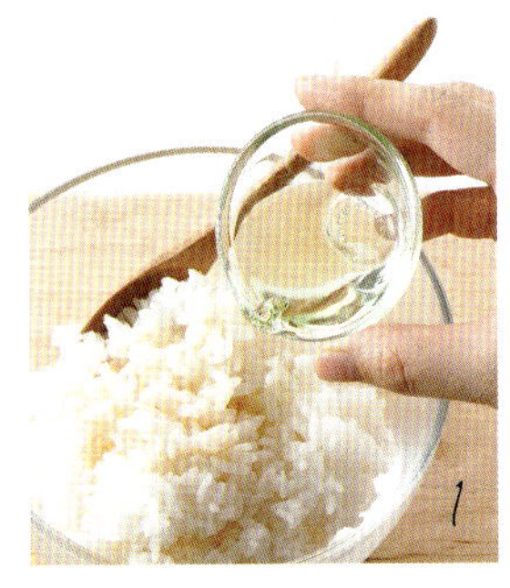

매실누드김밥

재료 매실고추장장아찌 1/2컵, 깻잎 8장, 밥 4공기, 깨소금 1큰술, 참기름 1작은술, 포도씨오일 2큰술, 소금 1/3작은술, 김 4장

이렇게 만드세요

1 장아찌는 다지고 따뜻한 밥에 깨소금, 소금, 포도씨오일, 참기름을 넣어서 버무린다.

2 김발에 비닐을 덮은 다음 김의 매끄러운 면이 위로 올라오게 깔고, 식은 밥을 3/4가량 깔고 뒤집는다.

3 남은 1/4의 김 위에 깻잎을 깔고 매실장아찌를 길게 놓은 다음 깻잎으로 매실장아찌를 만 후 다시 밥과 같이 만 다음 비닐을 벗기고 먹기 좋은 크기로 썬다.

밥에 참기름만 넣으면 색이 너무 검거나 쓴맛이 날 수 있으므로 고소한 맛이 나는 포도씨오일을 함께 넣고 버무린다.

2

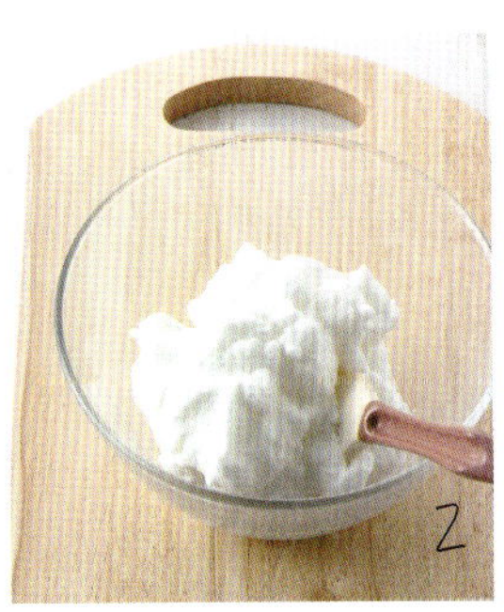

모둠튀김

재료 단호박 1/8개, 깻잎 4장, 감자 1개, 밀가루 3큰술, 튀김기름 적당량

튀김옷 달걀흰자 2개 분량, 튀김가루 1/2컵, 물 4큰술, 설탕 1/2작은술

이렇게 만드세요

1 단호박은 0.5cm 두께로 자르고 깻잎은 길이로 반 자른다. 감자는 0.5cm 두께로 자르고 찬물에 담가 전분기를 뺀 후 물기를 제거한다. 준비한 재료에 밀가루를 묻혀 둔다.

2 튀김가루와 물, 설탕을 넣고 잘 섞은 후 거품 낸 달걀흰자를 넣고 섞어 튀김옷을 만든다.

3 밀가루에 묻힌 재료에 튀김옷을 입힌 다음 170℃ 튀김기름에 넣고 노릇하게 튀긴다.

달걀흰자 거품은 그릇을 엎었을 때 쏟아지지 않을 정도면 적당하다.

main 수박상그리아
side 빵푸딩

수박상그리아와 빵푸딩

이맘때만 맛볼 수 있는 달콤하고 싱스러운 수박상그리아에 부드럽고 담백한 풍미의 빵푸딩을 곁들여 이국적 분위기를 즐겨 보자.

수박상그리아

재료 수박 자른 것 2컵, 탄산수 1/2컵, 민트잎 1/4컵, 식초 2큰술, 물 1컵, 꿀 3큰술, 얼음 적당량

이렇게 만드세요

1 수박은 사방 1cm 정도로 잘게 썰어두고, 민트는 뜨거운 물 1컵에 우린다.

2 민트 우린 물에 식초, 꿀을 넣어서 식힌 다음 탄산수와 수박을 넣어 섞는다.

3 얼음을 넣어 맛이 잘 어우러지도록 녹인 다음 컵에 담는다.

달콤함을 더하고 싶다면 탄산수 대신 사이다를 섞어도 된다.

빵푸딩

재료 식빵 4개, 우유 1/2컵, 달걀 2개, 설탕 1작은술

이렇게 만드세요

1 식빵은 먹기 좋게 부순 다음 우유에 불린다.

2 불린 식빵에 설탕을 넣어 잘 섞은 다음 머핀틀에 담고 달걀을 풀어 위에 붓는다.

3 오븐을 160℃로 예열한 뒤 중간 단에 ②를 넣고 15분 정도 굽는다.

4 달걀이 어느 정도 굳으면 200℃로 온도를 높인 다음 빵 표면이 갈색이 될 정도로 굽는다.

오래 두어 마른 식빵은 10분 이상 불리고 갓 구운 식빵은 우유를 부은 후 바로 조리한다.

키위바나나아이스크림과 고구마파이

main 키위바나나아이스크림   side 고구마파이

새콤달콤한 키위바나나아이스크림에 든든한 고구마파이를 더하면 한 끼 식사로도 손색없는 엄마표 웰빙간식이 완성된다.

키위바나나아이스크림

재료 키위 1개, 얼린바나나 8개, 우유 1컵

이렇게 만드세요

1 바나나는 껍질을 벗긴 다음 랩이나 비닐에 싸서 하나씩 얼린다.

2 키위는 껍질을 벗긴 다음 잘게 썬다.

3 얼린바나나와 우유를 믹서에 넣고 곱게 간 뒤 잘게 썬 키위를 얹는다.

우유를 자작할 정도로만 넣어서 갈아야 빨리 녹지 않는다.

고구마파이

재료 고구마 2개, 소금 1/3작은술, 녹말가루 3큰술, 식용유 적당량

이렇게 만드세요

1 고구마는 껍질을 벗긴 다음 아주 얇게 썰어서 준비한다.

2 팬에 기름을 넉넉히 두른 다음 고구마를 깔고 녹말가루를 뿌린다.

3 ②의 녹말가루 위에 다시 고구마를 얹는 식으로 두께가 약 1cm 정도 되도록 넣은 다음 앞뒤로 노릇하게 구워 썬다.

고구마 사이사이에 녹말가루를 뿌려야 고정력이 좋아져 구운 후에도 모양이 망가지지 않는다.

가지감자도우피자와 매실쿨러

main 가지감자도우피자
side 매실쿨러

밀가루 도우 없이 가지와 감자로 만든 웰빙피자로 제철 재료의 영양과 맛을 충분히 즐길 수 있는 간식거리다. 콜라 대신 배탈을 막아 주는 매실쿨러를 곁들여 건강까지 챙긴다.

가지감자도우피자

재료 가지 1개, 감자 3개, 햄 1/2개, 방울토마토 10개, 청피망 1/2개, 홍피망 1/2개, 양송이 2개, 양파 1/4개, 피자치즈 1/2컵, 올리브오일 1큰술, 소금·후춧가루 조금씩
가지&감자 밑간 올리브오일 2큰술, 소금·후춧가루 조금씩

이렇게 만드세요

1 가지와 감자는 얇게 썰어 올리브오일과 소금, 후춧가루에 버무려 둔다.

2 팬에 올리브오일을 바르고 밑간해둔 가지와 감자를 촘촘히 겹쳐 깐 후 190℃의 오븐에서 10분 정도 굽는다.

3 햄은 5mm 두께로 슬라이스하여 끓는 물에 데친다.

4 방울토마토는 반으로 자르고 피망은 동그란 모양을 살려 슬라이스한다.

5 양파는 굵직하게 채썰고 양송이는 모양을 살려 썬다.

6 ③, ④, ⑤의 재료를 ②의 도우에 고루 깐 후 소금, 후춧가루를 살짝 뿌리고 피자치즈를 올려 190도로 예열한 오븐에서 15분 정도 굽는다.

매실쿨러

재료 매실청 1/4컵, 물 1컵

이렇게 만드세요

1 물과 매실청을 고루 섞어 얼음용기에 넣고 얼린다.

2 믹서에 ①의 얼음을 넣고 곱게 갈아 컵에 담는다.

가지와 감자를 미리 구워 수분을 날린 다음 토핑을 올려 다시 구워야 피자가 질척해지지 않는다.

찬물에 매실청을 푸는 것보다 매실청 얼음을 만들어 내는 것이 훨씬 시원하고 맛이 좋다.

제철 재료로 차린
일주일 밥상 플랜

	아침	점심	저녁
월	마순두부덮밥 열무된장국 양상추겉절이	바지락칼국수 고기찐만두 단무지 배추겉절이	밥 미역노각냉국 애호박쇠고기전 고추튀각
화	산딸기치즈스프레드 토스트 브로콜리냉수프 양상추샐러드	아보카도쌀피말이 닭가슴살허브구이 채소오븐구이샐러드	밥, 매운채소무침 냉어복쟁반 오이소박이 다시마간장조림
수	현미잡곡밥 가쓰부시단호박조림 양파파프리카볶음	노각비빔밥 가지냉국 풋고추숙주무침 고추양파장아찌	삼계탕 얼갈이배추겉절이 참외간장장아찌 녹찻잎장아찌
목	닭죽 자반김호두볶음 애호박찜 오이지물김치	새우튀김소바 참외피망피클	열무보리비빔밥 쇠고기부추국 병어무조림 노각무침
금	밥 두부된장국 어묵볶음 배추김치	애호박건진국수 부추연두부냉채 마늘종장아찌무침 배추김치	장어덮밥 말린도토리묵잡채 수박껍질고추장장아찌 느타리버섯나물
토	스크램블에그 베이컨구이 베이글 우유	매실누드김밥 모둠튀김 오이지무침	실파닭국 홍어비빔냉면 부추마전 무초절이
일	생과일샐러드 선식	김치말이냉국밥 부추마른새우볶음	아보카도김밥 모둠해물초회 미소된장국

9·10월 밥상

수확의 계절, 풍요로운 가을이다. 햇곡식과 햇과일로 풍성한 밥상을 차려보자. 과일, 채소와 더불어 생선, 해물류도 제철을 맞아 최상의 맛을 자랑한다. 특히 새우, 연어, 홍합의 싱싱함을 놓치지 말자. 더위가 가시면서 입맛도 돌아오는 계절이므로 어떤 요리를 해도 맛있다는 칭찬을 들을 수 있는 기회이기도 하다. 가을은 버섯의 계절이기도 하다. 맛과 영양의 절정을 맞는 버섯류를 다양한 조리법으로 요리해보자.

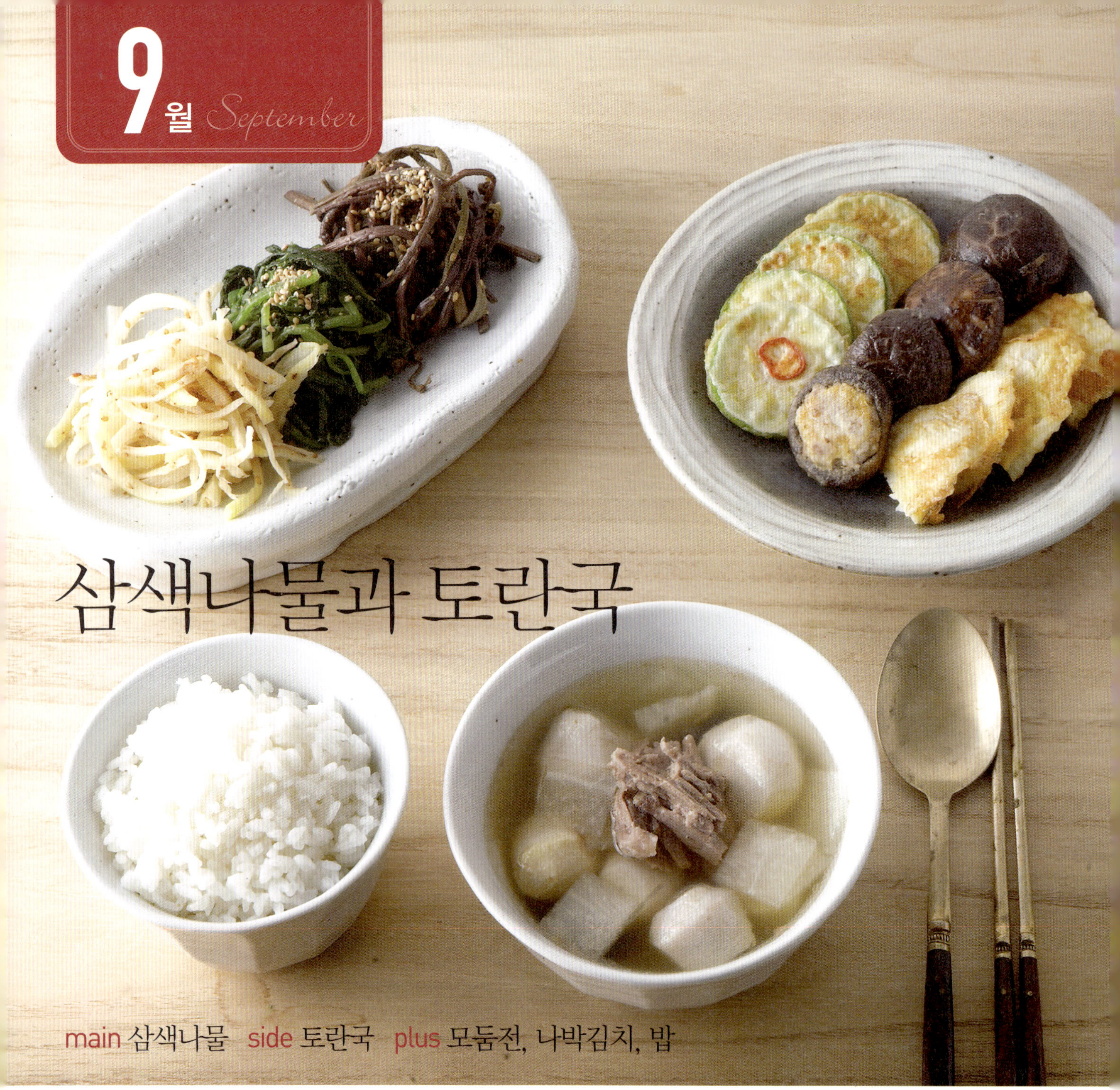

9월 September

삼색나물과 토란국

main 삼색나물 side 토란국 plus 모둠전, 나박김치, 밥

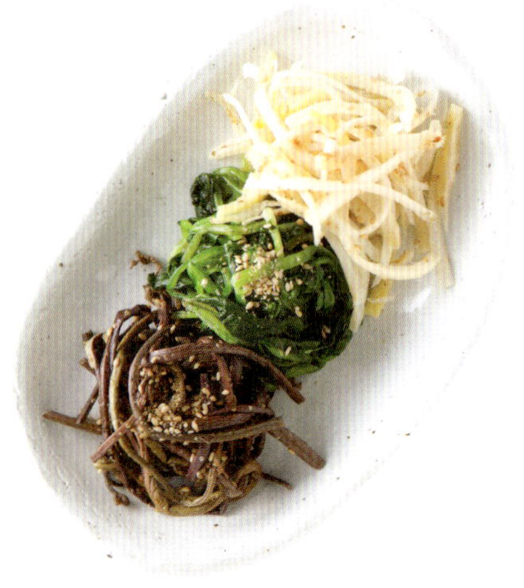

삼색나물

재료 시금치 1단, 도라지·불린고사리 200g씩, 소금 적당량, 국간장 1작은술, 깨소금·참기름·식용유 2큰술씩

이렇게 만드세요

1 시금치는 소금 넣은 끓는물에 데친 다음 찬물에 헹궈 소금, 참기름, 깨소금으로 간한다. 도라지는 가늘게 채썬 뒤 옅은 소금물에 담가 바락바락 주물러 씻은 다음 달군 팬에 기름을 둘러 볶다가 소금으로 간하고, 불을 끈 뒤 참기름과 깨소금으로 버무려 식힌다.

2 불린고사리는 찬물에 헹군 다음 7cm 길이로 썰어 국간장과 참기름으로 밑간한다. 달군 팬에 고사리를 넣어 수분이 없도록 볶은 다음 불을 끄고 참기름과 깨소금을 넣어 버무린다.

도라지는 소금물에 넣어 바락바락 주물러 씻어야 특유의 아린맛을 제거할 수 있다.

추석이 오기 전에 연습해보면 좋을 삼색나물과 모둠전. 이맘때쯤이면 토란도
토실토실 살이 오를 때이므로 담백하게 끓여 푸짐한 전과 함께 먹으면 잘
어우러진다.

토란국

재료 토란 400g, 무(3cm) 1토막, 다시마(사방 5cm) 2장,
양지머리 300g, 물 12컵, 국간장·굵은소금 적당량씩
고기밑간 국간장 2큰술, 참기름 1작은술, 후춧가루 조금

이렇게 만드세요

1 토란은 끓는물에 넣어 살짝 삶은 다음 찬물에 헹궈 껍질을 벗긴다.
2 양지머리는 데쳐 핏물을 없앤 다음 분량의 물을 부어 중약불에서
50분간 삶아 육수는 따로 두고 고기는 찢어 밑간한다.
3 무는 0.3cm 두께로 저며 썬다. 육수를 체에 밭쳐 냄비에 담고 무
와 다시마를 넣어 끓으면 다시마는 건지고 토란을 넣어 15분 정도
끓인 다음 국간장과 소금으로 간한다.
4 그릇에 토란국을 담은 다음 밑간한 고기를 얹는다.

*다시마는 오래
끓이면 끈적끈적한
액이 나오고 육수에
쓴 맛이 배어난다.*

고기밑간

모둠전

재료 동태포 200g, 애호박 1/2개, 소금 조금, 후춧가루 조금,
불린표고버섯 12개, 달걀 3개, 밀가루·식용유 적당량씩
표고버섯 밑간 설탕·간장·참기름 1/4 작은술씩
표고버섯 소 다진쇠고기 100g, 으깬 두부 1/8모, 다진마늘·간장·
참기름 1/4작은술씩, 다진파 1작은술, 소금·후춧가루 조금씩

이렇게 만드세요

1 동태포와 0.5cm 두께로 썬 애호박은 소금과 후춧가루를 뿌려 재
웠다가 물기를 제거한 후 각각 밀가루와 달걀옷을 입혀 기름 두른
팬에 노릇하게 굽는다.
2 표고버섯은 밑동을 떼내고 밑간한다. 분량의 재료로 소를 만들어
밀가루 묻힌 표고버섯 안쪽에 소를 채운 다음 부침옷을 입혀 지진다.

*재료에 간을 하고
달걀에는 간을 하지
않아야 달걀의
노란색이 예쁘게
나온다.*

불린고사리나 도라지는 꼭 씻어서 물에 담갔다
사용한다. 특히 불린고사리는 그냥 두면 쉽게
상한다.

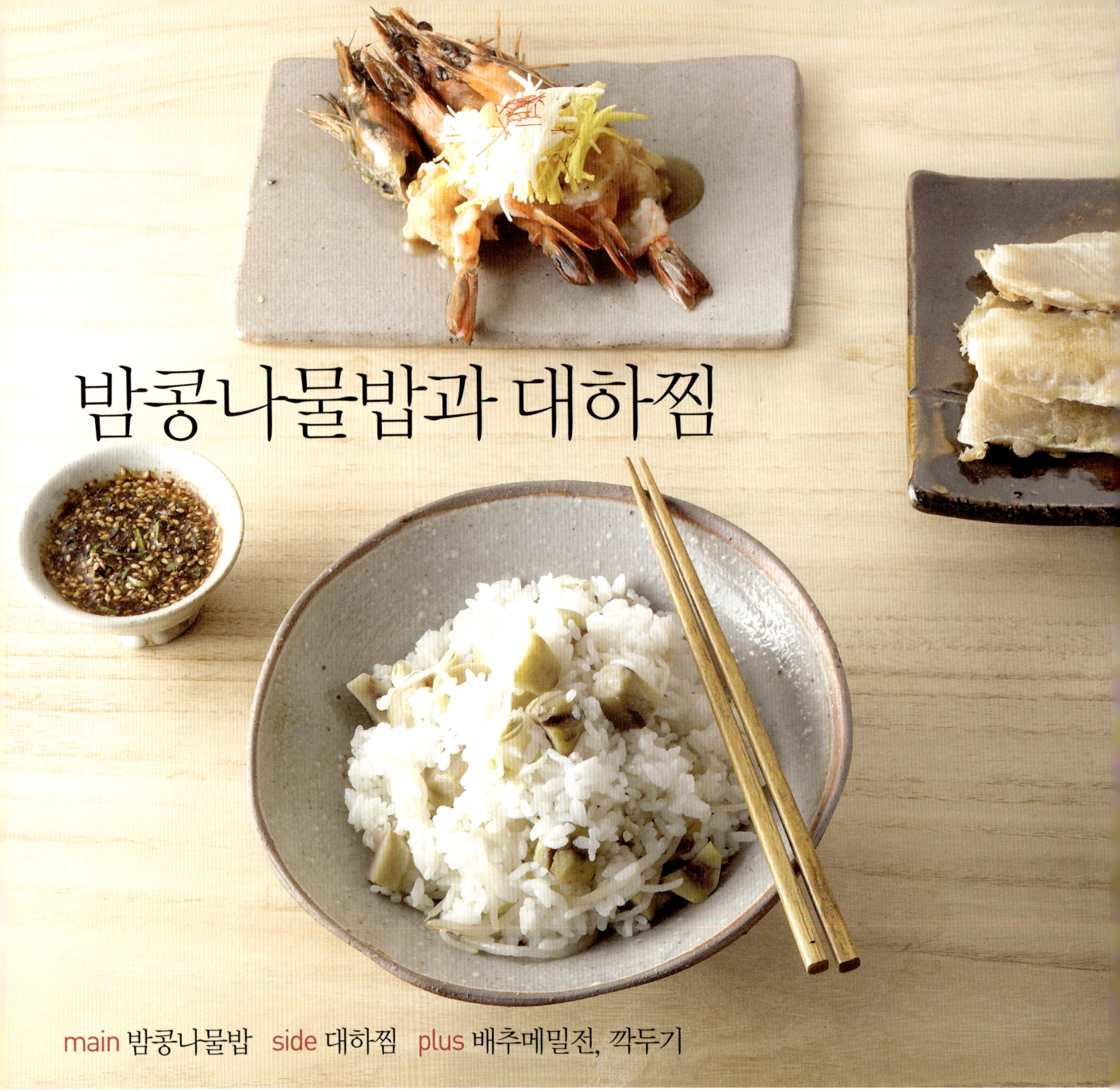

밤콩나물밥과 대하찜

main 밤콩나물밥 side 대하찜 plus 배추메밀전, 깍두기

밤콩나물밥

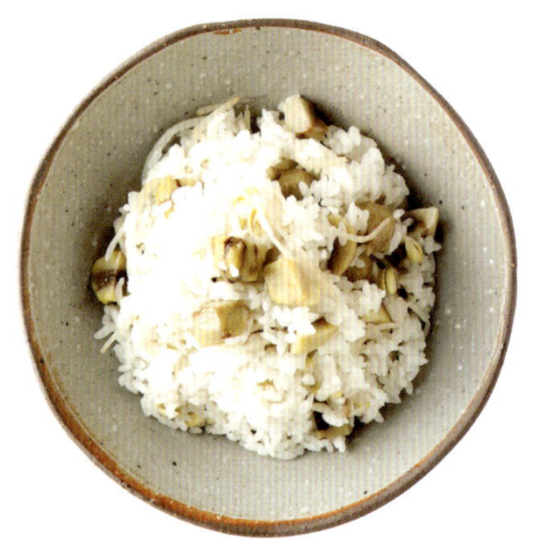

재료 밤 6개, 콩나물 150g, 불린 쌀 2컵, 물 1과3/4컵

양념장 간장 5큰술, 고춧가루 1큰술, 다진파·참기름·깨소금 1큰술씩, 다진양파·다시마물 2큰술씩

이렇게 만드세요

1 콩나물은 꼬리를 제거한 다음 5분 정도 물에 담그고 밤은 껍질을 벗긴 다음 사방 1cm 크기로 자른다.

2 냄비에 불린쌀, 콩나물, 밤을 넣고 물을 부은 다음 센불에서 끓이다가 김이 나면 약한불로 줄여 10~12분간 더 가열한다. 김이 잦아들면 불을 세게 해 밥알이 냄비에 붙는 소리가 나면 불을 끄고 10분간 뜸을 들인다.

3 양념장을 만들어 곁들인다.

콩나물처럼 수분이 많은 채소를 넣어서 밥을 할 경우 물의 양은 평소보다 20% 정도 적게 잡아야 밥이 질어지지 않는다.

밤과 콩을 듬뿍 넣은 잡곡밥에 짭조름하고 고소한 양념장을 비벼 먹으면 밥 한 공기가 눈 깜짝할 사이에 비워진다. 대하찜과 배추메밀전까지 곁들이면 밥상에 제철 영양이 가득하다.

대하찜

재료 대하 8마리, 소금·후춧가루 조금씩, 청주 2큰술, 달걀 1개
소스 간장 1큰술, 물 3큰술, 굴소스 1/2큰술, 참기름 1작은술, 물녹말 1큰술, 실고추·잣 적당량씩

이렇게 만드세요

1 대하는 내장을 제거한 다음 머리와 꼬리를 제외한 나머지 껍질을 벗긴다. 배 쪽으로 칼집을 넣어 반 가른 다음 접시에 올려 소금, 후춧가루, 청주를 뿌려 김이 오른 찜통에 넣어 5분 정도 찐다.
2 달걀은 황백으로 분리한 다음 지단을 부쳐 4cm 길이로 채썬다.
3 찐 대하를 다른 접시에 옮겨 담고 남은 국물과 간장, 물, 굴소스, 참기름을 고루 섞어 끓이다가 물녹말을 풀어 넣어 소스를 완성한다.
4 대하에 소스를 끼얹고 지단과 실고추, 잣을 올린다.

대하를 찔 때 접시 밑에 생긴 국물은 소스를 만들 때 쓰면 좋으므로 접시는 너무 납작한 것보다는 끝이 조금 올라간 것을 사용한다.

배추메밀전

재료 배추 8잎, 메밀가루 1컵, 소금 1/2작은술, 굵은소금 1큰술, 밀가루 1/2컵, 물 1컵, 식용유 적당량

이렇게 만드세요

1 배춧잎은 굵은소금을 뿌려 30분간 절인 다음 헹궈서 물기를 제거한다.
2 메밀가루와 물을 골고루 섞고 소금을 넣어 간한다.
3 배춧잎에 밀가루를 얇게 묻힌 다음 메밀반죽을 펴 발라 달군 팬에 기름을 두르고 앞뒤로 노릇하게 부친다.

반죽이 너무 되지 않고 주르륵 흐를 정도여야 배추에 골고루 잘 묻는다.

Cooking Tip

생배추를 그대로 부치면 수분도 많이 나와 간도 싱거워지고 부침옷도 벗겨져 겉돌기 쉽다. 소금에 살짝 절였다가 물기를 제거한 다음 부친다.

추어탕과 무청나물

main 추어탕   side 무청나물   plus 표고버섯나물, 낙지젓갈

추어탕

재료 미꾸라지 400g, 물 12컵, 삶은얼갈이배추 200g, 불린고사리·숙주 100g씩, 부추 1/8단, 대파 1/4뿌리, 풋고추·홍고추 2개씩, 고춧가루 4큰술, 다진마늘·된장 1큰술씩, 국간장 1작은술, 굵은소금 적당량, 후춧가루 조금

이렇게 만드세요

1 미꾸라지를 푹 끓여 체에 밭쳐 국물은 받아 두고 살만 거른다.

2 배추, 고사리는 먹기 좋게 썰어 고춧가루, 마늘, 된장으로 양념하고 숙주는 찬물에 담갔다 건진다. 부추, 대파, 고추도 각각 썰어 둔다.

3 국물에 미꾸라지 살과 배추, 고사리를 넣고 끓으면 숙주를 넣고 국간장, 소금, 후춧가루로 간을 맞춘다. 대파, 부추, 고추를 넣고 한소끔 더 끓인다.

살아 있는 미꾸라지에 소금을 뿌리거나 호박잎을 넣어 두면 미꾸라지들이 <u>거품을</u> 비벼 해감이 깨끗하게 닦이고 비린맛도 <u>덜</u> 난다.

통통하게 살이 오른 미꾸라지와 고사리, 얼갈이배추를 넣고 푹 끓인 추어탕은
환절기 보양식으로 그만이다. 들깨가루를 넣어 무친 무청나물과
표고버섯나물까지 곁들이면 절로 기운이 도는 밥상이 완성된다.

무청나물

재료 삶은무청 200g, 간장·식용유 1큰술씩, 다진마늘 1/2큰술,
들기름 1/2큰술, 들깨가루 2큰술, 다시마물 1/2컵, 소금 조금

이렇게 만드세요

1 삶은무청은 4cm 길이로 썰어 간장과 마늘로 밑간한다. 팬에 기
름을 두른 다음 무청을 넣어 볶다가 소금 조금과 다시마물을 부어서
자작하게 볶는다.

2 국물이 거의 졸아들면 불을 끄고 들깨가루와 들기름을 넣어서 버
무린다.

무청처럼 말린
나물은 볶을 때
수분을 보충해주지
않으면 나물이
촉촉하지 않고
뻣뻣해서 맛이
없다.

표고버섯나물

재료 마른표고버섯 8개, 간장·참기름·깨소금 1작은술씩,
설탕 1/3작은술, 소금 조금, 식용유 1/2큰술, 다시마물 1/4컵

이렇게 만드세요

1 표고버섯은 미지근한 물에 불려 부드러워지면 밑동을 제거하고
곱게 채썬다. 간장, 설탕을 넣어서 밑간한 다음 달군 팬에 기름을 두
르고 볶는다.

2 볶은 버섯에 다시마물을 부어 촉촉하게 볶은 다음 불을 끄고 참기
름, 깨소금을 넣어 버무린다.

버섯은 미리 간을
한 다음 볶아야
속까지 간이 잘
배고 깊은 맛이
난다.

표고버섯은 검은색이 없고 균일하면서 단단한
것이 좋다. 빨리 불리고 싶으면 미지근한 물에
설탕을 조금 넣어서 불린다.

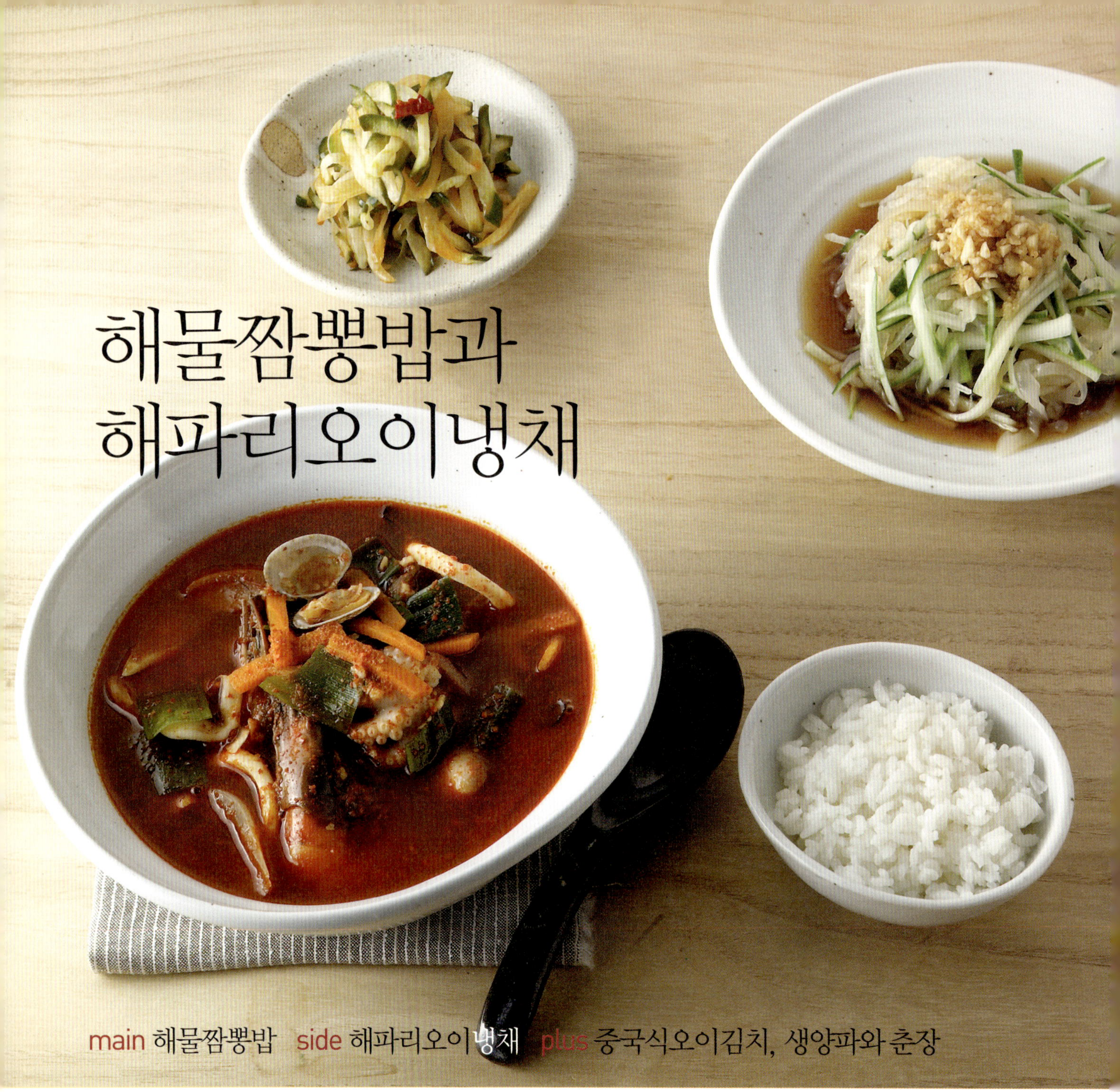

해물짬뽕밥과 해파리오이냉채

main 해물짬뽕밥 side 해파리오이냉채 plus 중국식오이김치, 생양파와 춘장

해물짬뽕밥

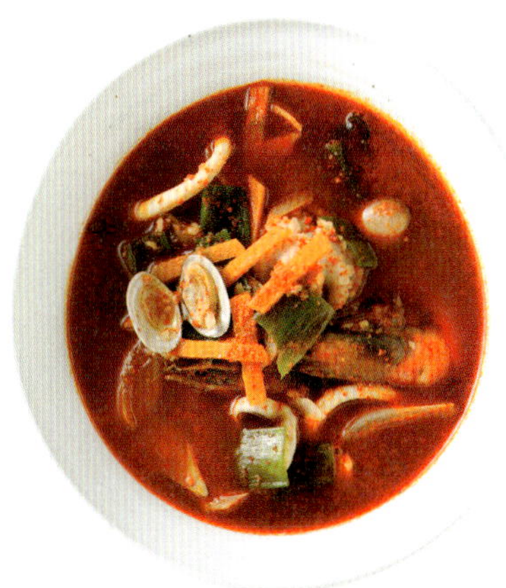

재료 오징어 1마리, 주꾸미 8마리, 바지락 100g, 새우 4마리, 양파 1/2개, 당근 1/5개, 대파 1/4뿌리, 목이버섯 2개, 밥 4공기, 다진마늘 1/2큰술, 고춧가루 3큰술, 물 8컵, 굴소스 2큰술, 고추기름 2큰술, 간장 1큰술, 후춧가루 1/3작은술, 소금 조금

이렇게 만드세요

1 오징어는 0.5cm 두께로 썰고, 주꾸미는 내장을 제거한다. 바지락은 소금물에 담가 해감을 빼둔다. 새우는 내장을 제거하고, 양파와 당근은 채썰고, 대파는 어슷썬다. 목이버섯은 불린 다음 3cm 크기로 뜯는다.

2 팬에 고추기름을 두른 다음 마늘을 볶다가 해물, 양파, 고춧가루를 넣어서 볶는다. 물을 부어 끓이다가 당근, 굴소스, 간장을 넣어 끓으면 목이버섯, 후춧가루, 대파를 넣어서 끓인다. 소금으로 간을 맞춘다.

조개는 해감을 빼지 않고 바로 조리하면 모래가 씹혀 음식 맛을 다 버린다. 바닷물과 같은 염도의 소금물에 담가 두면 해감이 잘 빠진다.

해물을 푸짐하게 즐기고 싶을 땐 해물 짬뽕이 제격. 면 대신 밥을 곁들이면 더 든든하게 즐길 수 있다. 오독오독 씹히는 맛이 좋은 해파리오이냉채와 중국식오이김치는 짬뽕과 찰떡궁합!

해파리오이냉채

재료 염장해파리 150g, 오이 1/2개
해파리밑간 소금 1/3작은술, 식초 1큰술, 설탕 1/2큰술, 물 1/2컵
냉채소스 간장·식초·설탕 2큰술씩, 다진마늘 1큰술

이렇게 만드세요

1 해파리는 물에 여러 번 헹군 다음 찬물에 담가 10분마다 물을 갈아주며 30분간 우려 짠맛을 빼고 끓는물에 넣었다 바로 꺼내 찬물에 헹군다.
2 데친 해파리를 10분 정도 밑간해두었다가 해파리가 부드러워지면 체에 건진다. 오이는 5cm 길이로 썰어 돌려 깎기 한다음 채썬다.
3 분량의 재료를 고루 섞어 냉채소스를 만든다.
4 접시에 오이와 해파리를 섞어 담고 냉채소스를 끼얹는다.

중국식오이김치

재료 백오이·마른청양고추 1개씩, 다진마늘 1작은술, 소금 1/2큰술, 식초·고추기름 2큰술씩

이렇게 만드세요

1 오이는 어슷썬 다음 채썰고 소금, 식초에 15분간 절였다가 건져 물기를 꼭 짠다.
2 청양고추는 0.3cm 두께로 잘게 썰고 팬에 고추기름을 두른 다음 마늘과 고추를 넣어 볶다가 준비한 오이도 넣어 살짝 볶는다.

해파리는 찬물에 담가 물을 자주 갈아주면서 짠맛을 충분히 빼내야 특유의 냄새도 안 나고 식감도 좋다.

쇠고기표고조림과
수삼무침

main 쇠고기표고조림
side 수삼무침
plus 감자실파전, 배추김치

쇠고기와 표고버섯은 장조림처럼
조려두면 두고두고 먹기에도 좋다.
향긋하고 상큼한 수삼무침을 더하면
짭조름한 맛을 중화시켜 더 맛있다.

쇠고기표고조림

재료 쇠고기(홍두깨) 200g, 마늘 2쪽, 대파 1/6뿌리, 양파 1/4개, 물 5컵,
마른표고버섯 5개, 간장 4큰술, 설탕 1/2큰술, 올리고당 3큰술

이렇게 만드세요

1 쇠고기는 찬물에 30분간 담가 핏물을 제거한 다음 끓는물에 데친다.

2 냄비에 물 5컵을 붓고 끓으면 데친 쇠고기와 마늘, 대파, 양파를 넣고 속
까지 익도록 푹 끓인다. 삶은 고기는 먹기 좋게 찢고 남은 국물은 체에 밭
친다.

3 표고버섯은 뜨거운 물에 불려서 밑동을 제거한 다음 도톰하게 채썬다.

4 고기육수를 냄비에 붓고 찢어놓은 고기와 표고버섯을 넣고 간장, 설탕,
올리고당을 넣어 섞어 국물이 자작해지도록 조린다.

고기를 삶은 다음
조려야 고기가
질기지 않고
부드럽다.

수삼무침

재료 수삼 2개, 오이 1/4개, 미나리 10줄기, 식초 2큰술
양념장 참기름·간장 1작은술씩, 포도씨오일 2작은술, 설탕 1큰술,
다진마른고추 1/2작은술, 소금 조금

이렇게 만드세요

1 수삼과 오이는 곱게 채썬다. 

2 미나리는 옅은 식촛물에 담갔다가 4cm 길이로 썬다.

3 분량의 양념장 재료를 섞은 다음 수삼, 오이, 미나리를 넣어 버무린다.

수삼은 겉에 흙을
깨끗이 씻어낸 뒤
껍질째 사용하고
딱딱한 뇌두는
반드시 떼어낸다.

감자실파전

재료 감자·홍고추 1개씩, 실파 3뿌리, 녹말가루 2큰술, 달걀 1개,
소금 조금, 식용유 적당량

이렇게 만드세요

1 감자는 껍질을 벗긴 다음 적당한 크기로 썰어 믹서에 곱게 간다. 홍고추
도 곱게 다지고 실파는 송송썬다.

2 감자 간 것과 실파, 고추에 녹말가루, 달걀, 소금을 넣어서 골고루 섞어
전 반죽을 만든다.

3 팬에 기름을 두른 후 반죽을 한 수저씩 떠 놓아 앞뒤로 노릇하게 부친다.

감자를 갈아서 오래
두면 갈변하기
때문에 반죽하기
직전에 갈아서
사용한다. 껍질을
깐 감자는 물에
담가 둔다.

Cooking Tip

쇠고기를 찬물에 담가 핏물을 제거한 후
장조림을 하면 쇠고기 특유의 누린내나 잡맛이
나지 않는다.

뿌리채소빠에야와
연근비트피클

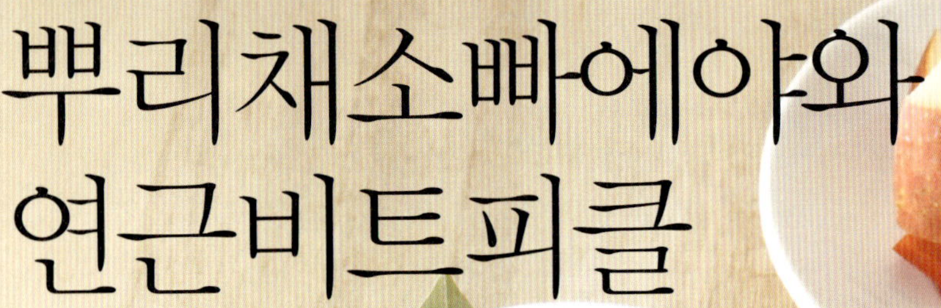

main 뿌리채소빠에야   side 연근비트피클
plus 사과샐러드, 말린토마토절임

봄, 여름 내내 채소 줄기와 잎에 몰렸던 기운이 가을이면 뿌리로 내려오므로 뿌리채소의 맛과 영양은 요맘때 진가를 발휘한다.
새콤달콤한 피클과 과일샐러드까지 곁들이면 비타민과 식이섬유가 가득한 건강밥상이 된다.

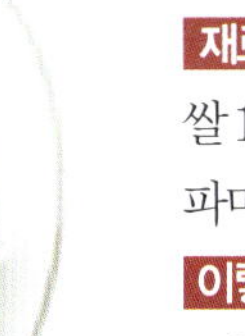

뿌리채소빠에야

재료 우엉(10cm) 2개, 연근 1/2개, 더덕 150g, 양파 1/2개,
쌀 1과1/2컵, 올리브오일 4큰술, 샤프란 1큰술, 닭육수 6컵,
파마산치즈 3큰술, 소금·후춧가루 조금씩, 다진파슬리 2큰술

이렇게 만드세요

1 우엉과 연근은 껍질 벗겨 3cm 길이로 썬 다음 각각 식촛물에 담가 둔다.

2 더덕은 껍질을 벗겨 4cm 길이로 썰고, 양파는 잘게 다지고, 쌀은 씻어
물기를 제거한다.

3 팬에 오일을 넉넉히 두른 다음 양파를 볶다가 쌀과 뿌리채소, 샤프란을
넣어서 쌀이 투명해지도록 볶는다. 닭육수를 부어서 끓이다가 물이 거의
없어지면 파마산치즈와 소금, 후춧가루를 넣어 간한다.

4 그릇에 빠에야를 담고 다진파슬리를 뿌린다.

쌀은 불리지 않고
씻어서 바로
조리해야 맛있는
빠에야가 된다.
쌀을 물에 불리면
쫄깃한 식감이
없어지기
때문이다.

연근비트피클

재료 연근 1/2개, 비트(0.5cm) 1조각, 식초 1큰술

피클물 식초·설탕 3큰술씩, 소금 2/3작은술, 월계수잎 1장, 정향 3개,
통후추 10개, 물 1과1/2컵

이렇게 만드세요

1 연근은 껍질을 벗긴 다음 0.2cm 두께로 저며썰어 식촛물에 담근다.

2 비트는 연근과 같은 크기로 썬다.

3 냄비에 분량의 피클주스 재료를 넣고 끓으면 불을 끄고 식힌 다음 유리
병에 붓고, 연근과 비트를 넣어 하루 정도 냉장 보관해두었다 비트는 건져
내고 연근만 먹는다.

비트는 얇게 저며
썰어야 짙은
핑크색이 더 잘
우려난다.

사과샐러드

재료 사과 1개, 미니파프리카 3개, 플레인요구르트 100ml, 꿀 2큰술

이렇게 만드세요

1 사과는 먹기 좋은 크기로 썰어 식촛물에 5분간 담갔다가 물기를 제거한다.

2 미니파프리카는 사방 1cm 크기로 썰어 접시에 사과와 곁들여 담고 플
레인요구르트와 꿀을 섞어 뿌린다.

사과를 식촛물에
담그면 갈변을 막고
식초의 신맛이
사과에 스며들어
사과를 더 상큼하게
해준다.

우엉이나 연근 등의 뿌리채소는 공기 중에
노출되면 쉽게 갈변이 되기 때문에 식촛물에
담갔다가 사용한다.

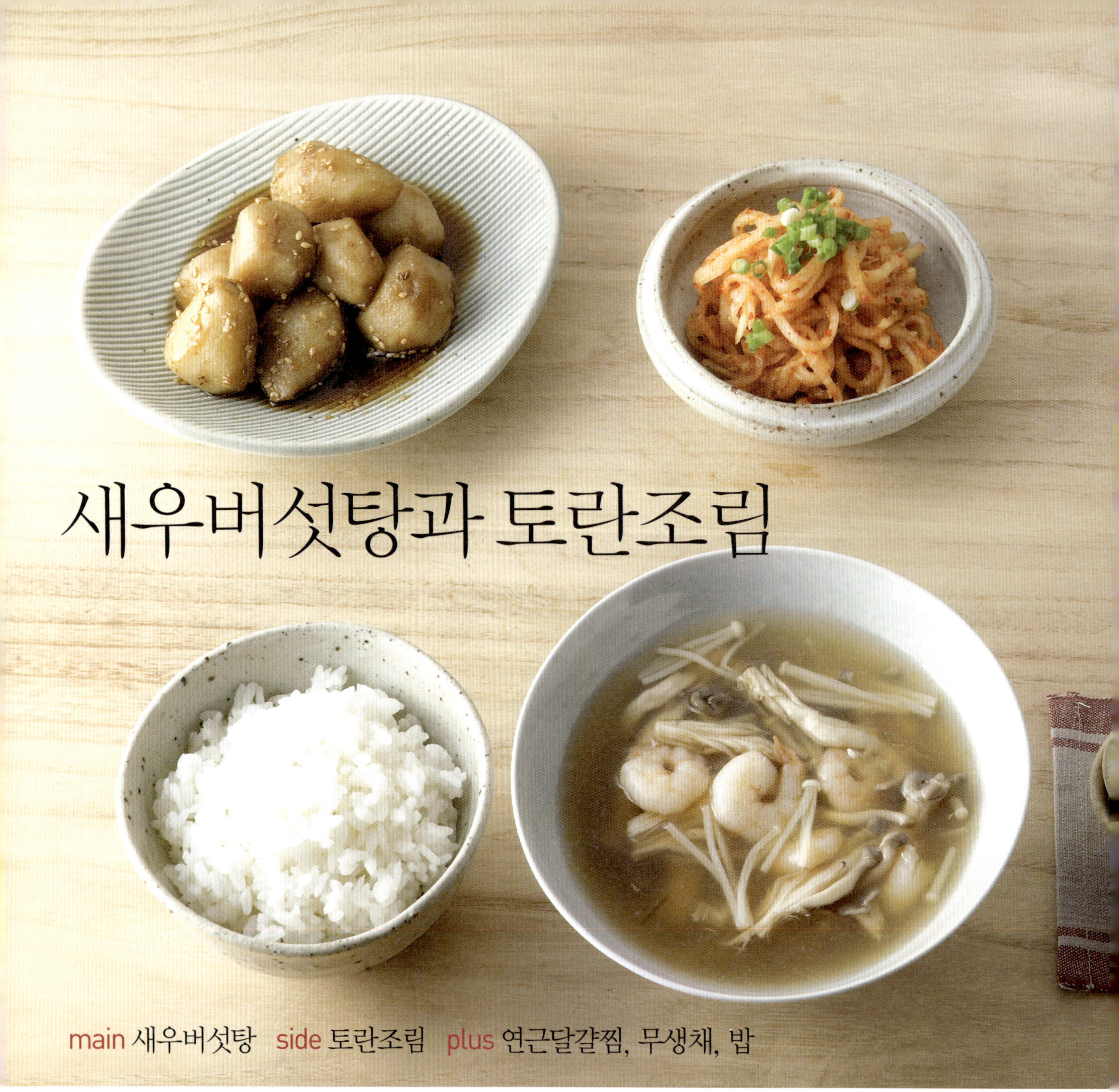

새우버섯탕과 토란조림

main 새우버섯탕 side 토란조림 plus 연근달걀찜, 무생채, 밥

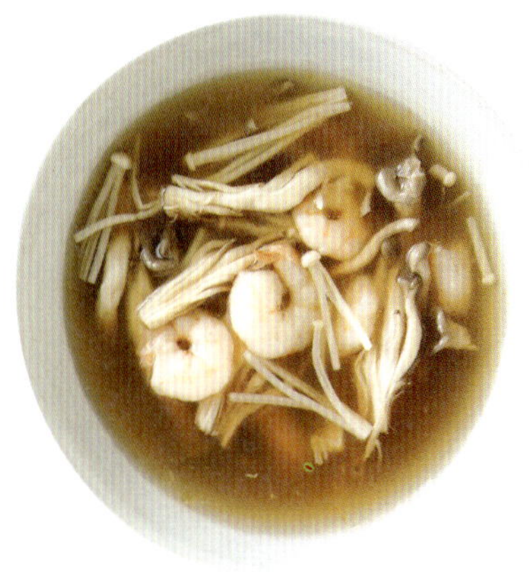

새우버섯탕

재료 새우살 150g, 느타리버섯 1팩, 팽이버섯 1/2봉, 대파 1/5뿌리, 마늘 2쪽, 생강 1쪽, 물 6컵, 간장 1큰술, 소금·후춧가루 조금씩, 물녹말 4큰술, 참기름·식용유 1/2큰술씩

이렇게 만드세요

1 새우살은 옅은 소금물에 흔들어 씻은 다음 물기를 제거한다.

> 새우살을 그냥 찬물에 씻으면 맛이 빠지므로 옅은 소금물에 씻어서 사용한다.

2 느타리버섯, 팽이버섯은 4cm 길이로 썬다. 대파는 어슷썰고, 마늘과 생강은 얇게 저며썬다.

3 냄비에 기름을 조금 두르고 대파, 마늘, 생강을 볶다가 새우와 버섯을 넣어 함께 볶는다. 물을 부어서 끓이다가 간장, 소금, 후춧가루를 넣어 간을 한 다음 물녹말을 풀어 넣어 농도를 맞추고 불을 끈 다음 참기름을 넣는다.

물녹말을 풀어 부드럽게 넘어가는 새우버섯탕과 연근달걀찜은 입이 깔깔한
아침에 먹기에 그만이다. 간장과 물엿을 넣고 달콤짭조름하게 조린 토란조림을
곁들이면 더 맛있다.

토란조림

재료 껍질 깐 토란 300g, 간장 3큰술, 설탕 1/2큰술, 물 2컵,
물엿 4큰술

이렇게 만드세요

1 토란은 씻어서 물기를 제거하고 냄비에 간장, 설탕, 물과 함께 넣
어 끓인다.

2 국물이 반으로 줄어들면 물엿을 넣고 국물이 거의 없어질 때까지
조린다.

토란은 중약불에서
졸여야 간이 골고루
잘 밴다.

연근달걀찜

재료 연근(4cm) 1토막, 달걀 3개, 소금 1/2작은술,
다시마물 1/2컵

이렇게 만드세요

1 연근은 껍질을 벗긴 다음 잘게 다져서 식초를 조금 넣은 찬물에 담
가 둔다.

2 달걀과 다시마물, 소금을 잘 섞어 체에 한 번 거른다.

3 연근의 물기를 제거하고 달걀물과 섞은 다음 김이 오른 찜통에 넣
어서 15~18분 정도 부드럽게 찐다.

달걀찜을 할 때
너무 센 불에서
찌면 달걀이 부풀어
올라 부드럽지
않다. 약불에서
은근하게 찌는 것이
좋다.

껍질 있는 토란을 구입해 토란을 깔 때 살짝
삶아서 까면 손이 가렵거나 아린 현상이 없다.

main 말린고구마죽
side 배나박김치
plus 오징어젓

말린고구마죽과 배나박김치

일명 '빼때기' 라고 불리는 말린 고구마로 끓인 죽은 겨울철 끼니를 대신하거나 간식으로 즐기던 메뉴. 가을 햇살에
말린 고구마로 만들면 일반 고구마죽보다 영양도 더 풍부하다.

말린고구마죽

재료 말린고구마 50g, 물 8컵, 고구마전분·물 2큰술씩, 설탕·소금 조금씩

이렇게 만드세요

1 말린고구마는 씻어서 물기를 제거한 다음 냄비에 분량의 물과 함께 넣어 강
한불에서 끓인다. 끓어오르면 중약불로 줄여 고구마가 부드러워질 때까지 푹
끓인다.

2 고구마전분과 물을 1:1 비율로 섞은 것을 풀어 넣어 농도를 맞춘다.

3 설탕과 소금을 넣어서 기호에 따라 간한다.

말린 고구마는 한 번 헹군 다음 처음부터 넣고 끓여야 푹르게 익는다. 너무 많이 말린 경우 물에 조금 불렸다가 죽을 쑤면 잘 쑤어진다.

배나박김치

재료 배·오이 1/4개씩, 생강 1쪽, 홍고추 1/2개, 실파·미나리 4줄기씩,
물 2컵, 굵은소금 2/3큰술

이렇게 만드세요

1 배는 사방 2.5cm 크기로 나박하게 썬다. 오이도 배와 같은 크기로 썬다.

2 생강은 얇게 저며썰고, 고추는 어슷썬다. 실파, 미나리는 2cm 길이로 썬다.

3 소금과 물을 섞은 다음 배, 오이, 생강, 미나리, 실파, 홍고추를 넣어서 하루
정도 냉장 보관한 다음 꺼내 먹는다.

배나박김치에는 마늘은 넣지 않고 생강만 넣는다. 배와 궁합도 잘 맞고 김치 맛을 시원하게 해준다.

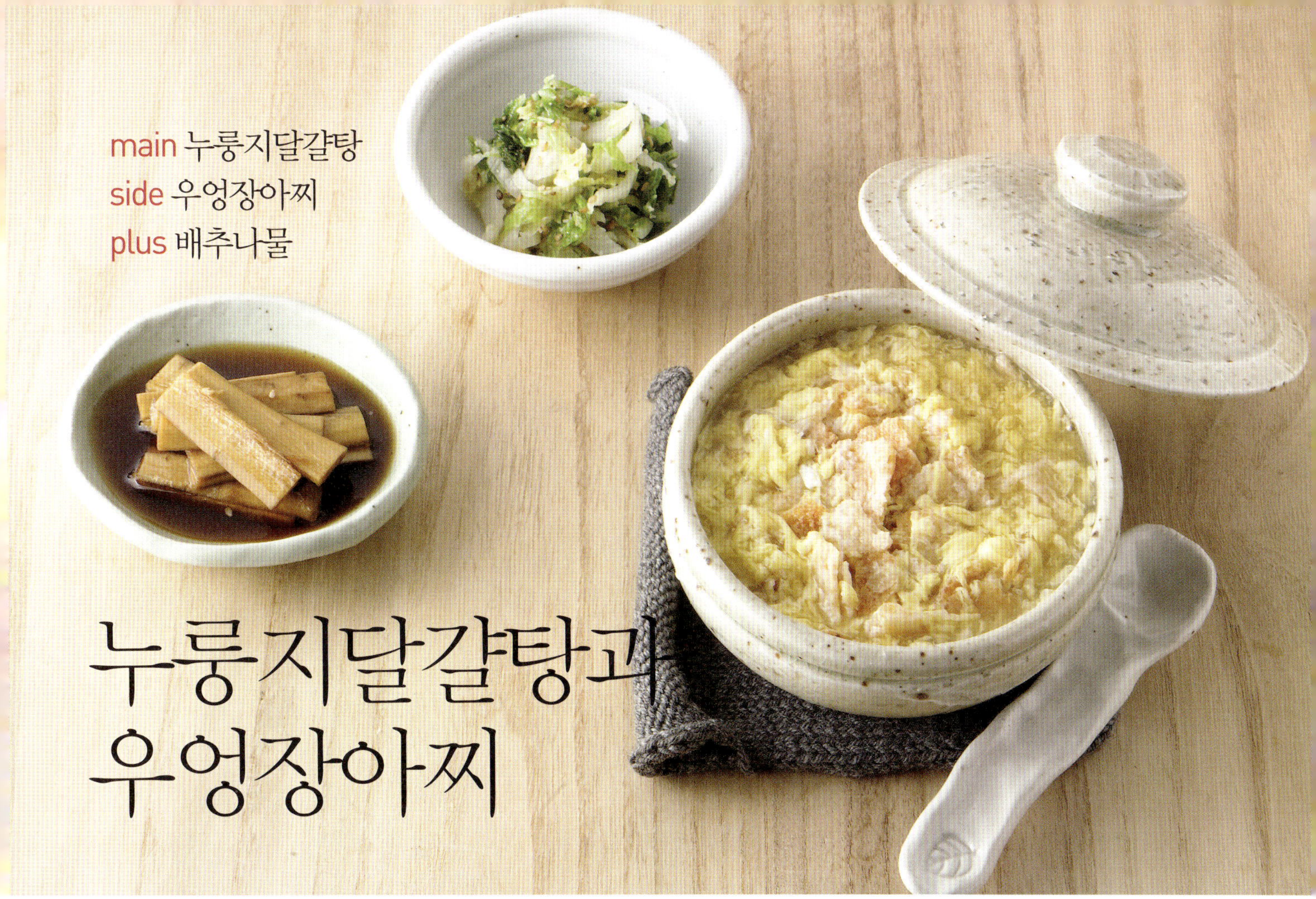

main 누룽지달걀탕
side 우엉장아찌
plus 배추나물

누룽지달걀탕과 우엉장아찌

누룽지만 준비해두면 아침에도 후다닥 부담 없이 만들 수 있어 좋다. 부드러운 배추나물과 우엉장아찌는 맛이 잘 어우러지고 식이섬유와 칼륨 등이 풍부해 영양 밸런스도 맞춰 준다.

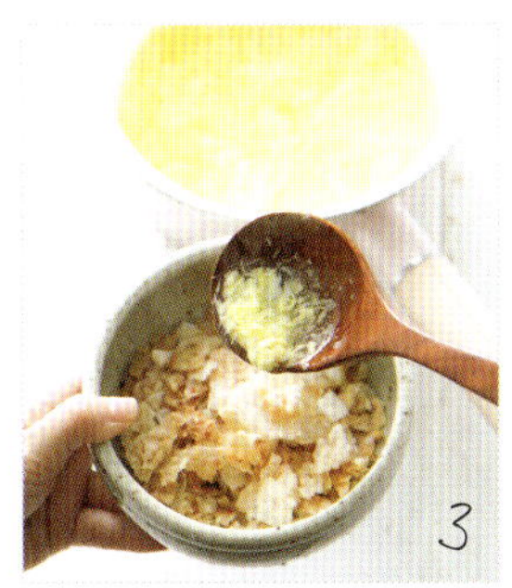

누룽지달걀탕

재료 시판 누룽지 3봉지, 다시마물 5컵, 간장 1작은술, 소금 조금, 물녹말 2큰술, 달걀 2개, 참기름 1작은술

이렇게 만드세요

1 냄비에 다시마물을 부어 끓이다가 간장, 소금으로 간을 한 다음 물녹말로 농도를 낸다.
2 달걀 푼 것을 넣어서 숟가락으로 저어 섞은 다음 불을 끄고 참기름을 넣는다.
3 그릇에 시판 누룽지를 담고 먹기 직전에 달걀탕을 끼얹는다.

물만 부어 먹을 수 있는 누룽지일 경우 탕을 끓여 바로 붓고 그렇지 않고 끓여야 하는 누룽지라면 탕을 끓일 때 같이 끓인다.

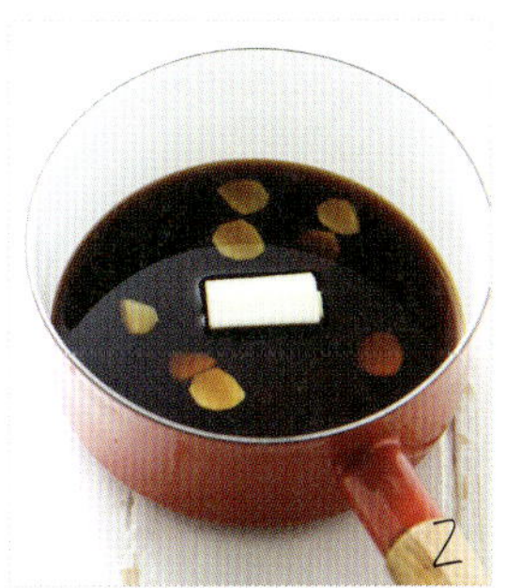

우엉장아찌

재료 우엉 1뿌리, 소금 1/2큰술, 간장 4큰술, 물엿 3큰술, 식초 1큰술, 물 1컵

이렇게 만드세요

1 우엉은 껍질을 벗겨 4cm 길이로 썬 다음 소금을 뿌려 20분간 절인다.
2 냄비에 분량의 간장, 물엿, 식초, 물을 부어서 끓인다.
3 절였던 우엉을 물에 헹궈 물기를 제거하고 보관용기에 담은 다음 간장을 끓여 부어 식힌 다음 하루 정도 냉장 보관해두었다 꺼내 먹는다.

간장을 끓여서 부으면 우엉에 간도 잘 배고 아삭아삭 연하게 씹힌다.

닭가슴살완자전과 어묵채소볶음

main 닭가슴살완자전
side 어묵채소볶음
plus 도라지생채, 밥

닭가슴살로 만든 완자전은 아이들 영양 간식으로 그만이다. 어묵채소볶음과 매콤한 도라지생채까지 곁들이면 맛과 영양,
다이어트 효과까지 일석삼조다.

어묵채소볶음

재료 모둠어묵 200g, 양파 1/4개, 미니파프리카 2개, 대파 1/5뿌리,
소금·후춧가루 조금씩, 간장·설탕·식용유 1큰술씩, 깨소금 1/2큰술, 참기름 1작은술

이렇게 만드세요

1 어묵은 먹기 좋게 썬 다음 끓는물에 살짝 데친다. 양파와 파프리카는 채썰고, 대파는 어
슷썬다.

2 팬에 기름을 두른 다음 대파와 양파를 볶다가 어묵을 넣어 볶고, 재료가 어느 정도 익으
면 파프리카를 넣어 살짝 볶다가 소금, 후춧가루로 간하고 불을 끈다. 깨소금, 참기름을
넣어 뒤섞는다.

어묵은 기름에
튀긴 상태로
유통되므로
조리하기 전에
끓는 물에
데치면 기름기가
빠져 깨끗하고
맛도 한층
담백하다.

닭가슴살완자전

재료 닭가슴살 2조각, 두부 1/4모, 양파 1/4개, 당근 1/6개, 대파 1/5뿌리, 소금 조금,
후춧가루 1/3작은술, 깨소금 1/2큰술, 참기름 1작은술, 밀가루 1/2컵, 달걀 1개

이렇게 만드세요

1 닭가슴살은 얇은 막을 벗겨내고 잘게 다지고, 두부는 으깨서 물기를 꼭 짠다. 양파, 당
근, 대파도 아주 곱게 다진다.

2 다진닭가슴살과 두부, 양파, 당근, 대파를 골고루 섞어 치댄 다음 소금, 후춧가루, 깨소
금, 참기름으로 밑간한다. 완자 모양으로 빚은 다음 밀가루, 달걀 순으로 옷을 입혀 팬에
넣어 노릇하게 지진다.

닭가슴살에는
얇은 막과 힘줄이
있는데 이것을
제거하지 않으면
잘 다져지지 않고
완자를 만들 때도
한 덩이로 잘
뭉쳐지지 않는다.

매운돼지고기덮밥과 게살수프

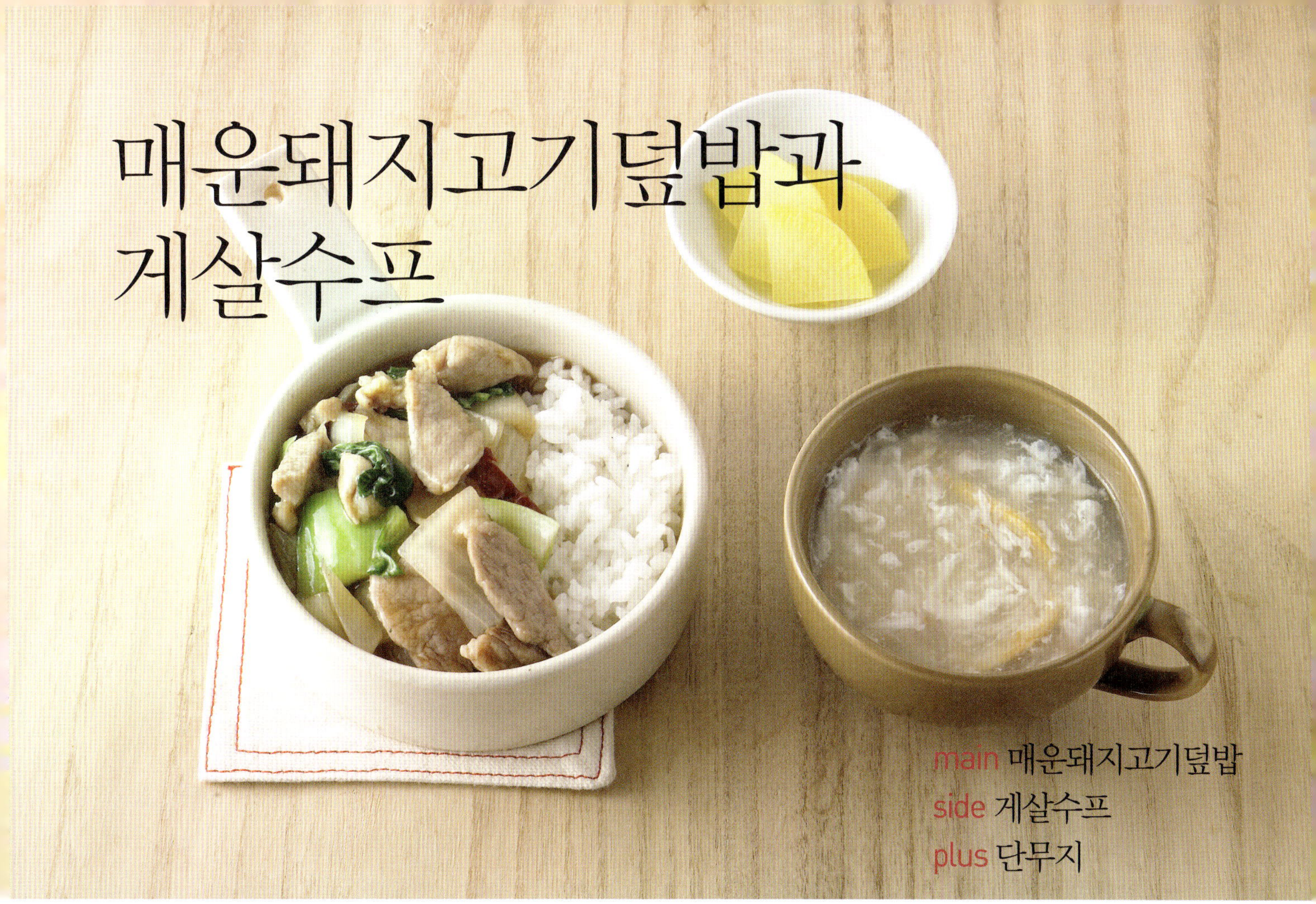

main 매운돼지고기덮밥
side 게살수프
plus 단무지

고춧가루와 고추장 대신 고추기름과 마른청양고추를 넣어 깔끔하게 매운맛을 낸 매운돼지고기덮밥에 매운맛을 중화하는 부드러운 게살수프를 곁들이면 별미 중식 상차림이 완성된다.

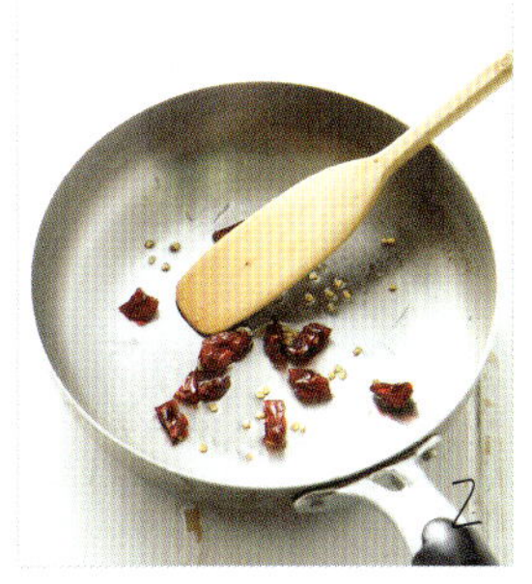

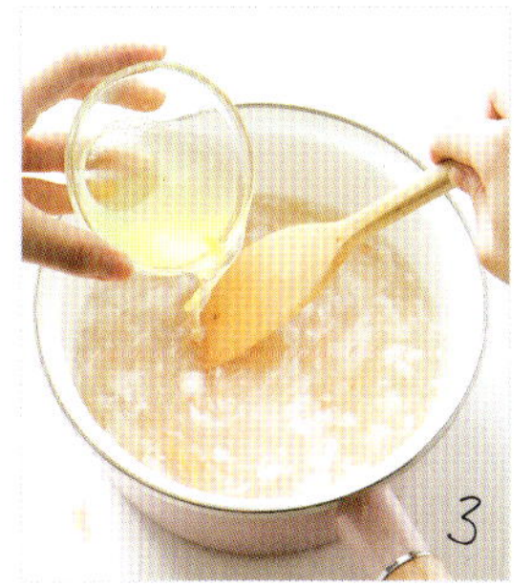

매운돼지고기덮밥

재료 돼지고기(갈비살) 300g, 청경채 2포기, 양파·마른청양고추 1개씩, 마늘·생강 1쪽씩, 대파 1/4뿌리, 고추기름 3큰술, 물 5컵, 굴소스·물녹말 3큰술씩, 소금·후춧가루 조금씩, 참기름 1작은술, 밥 4공기

이렇게 만드세요

1 돼지고기, 청경채, 양파는 사방 3cm 크기로 썬다. 마른청양고추는 송송 썬다.

2 마늘과 생강은 얇게 저며 썰고, 대파는 2cm 길이로 썬다.

3 팬에 고추기름을 둘러 고추와 마늘, 생강, 대파를 볶다가 돼지고기를 볶는다. 물을 붓고 끓이다가 국물이 4컵 정도가 되면 양파를 넣는다. 굴소스, 소금, 후춧가루로 간을 맞춘 다음 물녹말을 풀어 농도를 맞춘다. 청경채를 넣고 불을 끈 다음 참기름을 두른다.

음식에 향을 돋우기 위해 고추, 마늘, 생강, 대파 등을 먼저 볶는다. 이때 너무 센 불에서 볶으면 타버리므로 온도를 잘 조절해야 한다.

게살수프

냉동게살 100g, 팽이버섯 1/2봉지, 물 4컵, 간장 1작은술, 소금·후춧가루 조금씩, 물녹말 3큰술, 달걀흰자 2개 분량, 참기름 1작은술

이렇게 만드세요

1 게살은 먹기 좋게 찢고, 팽이버섯은 2cm 길이로 썬다.

2 냄비에 물을 붓고 게살과 간장을 넣어 끓으면 소금, 후춧가루로 간한다.

3 물녹말을 풀어 넣어 농도를 맞춘 다음 달걀흰자를 풀어서 넣고 골고루 섞는다. 팽이버섯을 넣고 불을 끈 다음 참기름을 둘러 완성한다.

게살수프를 할 때 물녹말로 농도를 맞춘 다음 달걀흰자를 넣으면 훨씬 부드러운 맛을 즐길 수 있다.

main 클럽 샌드위치
side 단호박견과류샐러드 plus 오렌지주스

클럽샌드위치와 단호박견과류샐러드

빵 3장 사이사이에 치킨, 베이컨, 양상추, 토마토를 넣어 만든 샌드위치로 단백질과 탄수화물, 비타민 등 영양분을 골고루 섭취할 수 있어 든든하다. 단호박과 견과류를 넣은 샐러드는 가을 나들이에 잘 어울린다.

클럽샌드위치

재료 닭가슴살 2조각, 식빵 12장, 베이컨 4장, 토마토 2개, 양파 1개, 양상추 8장, 크림치즈 3큰술, 머스터드 2큰술, 소금·후춧가루 조금씩, 올리브오일 3큰술

이렇게 만드세요

1 닭가슴살은 0.5cm 두께로 포를 뜬 다음 소금, 후춧가루를 뿌리고 올리브오일에 재운 다음 달군 팬에 노릇하게 구워 둔다.

2 식빵은 기름을 두르지 않은 팬에 노릇하게 구운 다음 식힌다. 베이컨도 굽는다.

3 토마토와 양파는 동그란 모양대로 0.5cm 두께로 썰고 소금을 뿌려 수분을 제거한다.

4 빵 한 면에 크림치즈, 머스터드를 바른 다음 빵, 양상추, 토마토, 닭가슴살, 빵, 양파, 베이컨, 빵의 순으로 켜켜이 올려 샌드위치를 완성한다.

빵은 구운 다음
그냥 두면
바삭거리지
않기 때문에
채반 같은 곳에
두거나 세워서
수분이 차지
않도록 한다.

단호박견과류샐러드

재료 단호박 1/4개, 호두 4개, 캐슈넛 1큰술, 아몬드·건포도·꿀 2큰술씩, 마요네즈 4큰술

이렇게 만드세요

1 단호박은 씨를 제거한 다음 김 오른 찜통에 10분간 쪄 먹기 좋은 크기로 썬다.

2 호두는 굵게 다진 뒤 아몬드, 캐슈넛과 함께 마른 팬에 살짝 볶아 식힌다.

3 단호박과 견과류, 건포도, 꿀, 마요네즈를 골고루 버무린다.

견과류를 살짝
볶아서
사용하면
소독도 되고
맛도 훨씬
고소해진다.
너무 많이
볶아서 타지
않도록
주의한다.

참치삼각주먹밥과 토란커틀릿

편의점 삼각주먹밥보다 맛있는 홈 메이드 주먹밥에 추석에 남은 토란과 채소들을 잘게 다져 만든 커틀릿을 활용한
도시락 메뉴. 고기 대신 토란을 넣어 고소한 맛이 일품이다.

참치삼각주먹밥

재료 밥 3공기, 통조림 참치 1캔, 양파·파프리카(주황, 노랑) 1/4개씩, 당근 1/6개,
김밥용 김 1장, 소금 1/2작은술, 후춧가루 1/5작은술, 참기름 1큰술, 깨소금 1/2큰술

이렇게 만드세요

1 참치는 체에 올려 기름을 빼고, 양파·파프리카·당근은 사방 0.3cm 크기로 썬다.

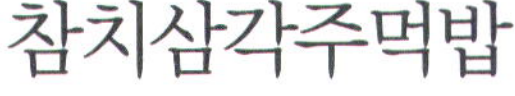

2 달군 팬에 참치와 채소를 넣어 살짝 볶아 식힌 다음 따뜻한 밥, 소금, 후춧가루, 참기름,
깨소금과 함께 골고루 섞는다.

3 ②의 밥을 삼각모양이 되도록 만든 다음 3cm 폭으로 길게 썬 김으로 띠를 두른다.

캔에 있는 참치는
기름이 많고
수분도 많기
때문에 그대로
주먹밥에 넣으면
질척거릴 수 있다.
기름을 충분히 뺀
다음 사용한다.

토란커틀릿

재료 껍질 벗긴 토란 200g, 소금 조금, 밀가루 1/2컵, 달걀 1개, 빵가루 1컵,
식용유 적당량

핫게첩소스 게첩 1/4컵, 핫소스 1큰술, 후춧가루 1/4작은술, 올리고당 2큰술

이렇게 만드세요

1 토란은 씻어서 물기를 제거한 뒤 소금을 조금 뿌려 둔다.

2 빵가루에 물 2큰술을 떨어뜨려 섞고, 달걀은 잘 풀어 둔다.

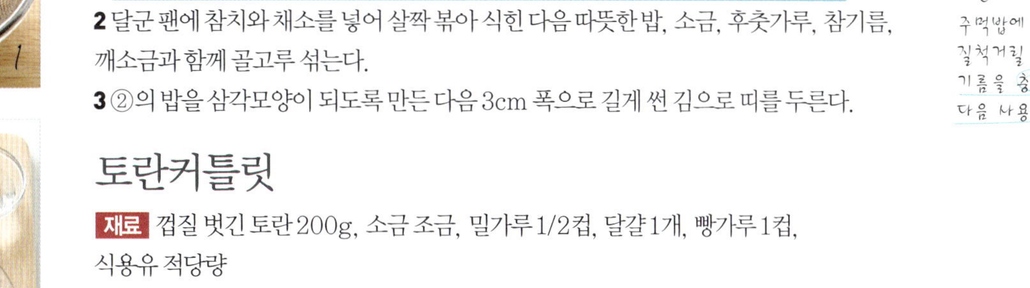

3 준비한 토란에 밀가루, 달걀, 빵가루 순으로 옷을 입힌 다음 180℃의 기름에 넣어 튀긴다.

4 핫게첩소스를 만들어 곁들인다.

빵가루에 물을
조금 뿌려서
튀기면 빨리 타지
않아 토란이
속까지 잘 익고
훨씬 바삭하게
튀겨진다.

main 고구마땅콩맛탕
side 포도주스

고구마땅콩맛탕과 포도주스

입맛 돋우는 달콤한 고구마맛탕에 잘게 부순 땅콩을 버무리면 고소한 맛은 물론 씹는 재미까지 더해진다. 잘 익은
포도로 만든 주스는 카페 메뉴보다 맛이 좋다.

고구마땅콩맛탕

재료 고구마 2개, 땅콩 2큰술, 조청 1컵, 검은깨 1큰술, 식용유 적당량

이렇게 만드세요

1 고구마는 씻어서 껍질을 벗긴 다음 먹기 좋게 썰고, 100℃ 정도 기름에 넣어서 튀긴다.

2 고구마가 노릇하게 튀겨지면 건져 조청에 버무려 그대로 식힌다.

3 땅콩은 먹기 좋게 부순 다음 고구마 맛탕에 고루 묻히고 검은깨도 고루 묻힌다.

고구마가 속까지
익어야 하기
때문에 기름
온도가 너무
높으면 속이 익기
전 겉부터 탄다.
낮은
온도에서부터
넣어 튀긴다.

포도주스

재료 포도 1송이, 물 1/2컵, 설탕 3큰술, 생수 4컵, 레몬즙 2큰술

이렇게 만드세요

1 포도는 한 알씩 떼어낸 다음 씻어서 물기를 제거한다.

2 냄비에 포도와 물을 넣어 뚜껑을 닫고 약한불에서 끓인다. 포도가 물러지면 불을 끄고 체에 걸러 즙만 짜둔다.

3 냄비에 포도즙, 설탕, 생수, 레몬즙을 넣어 한 번 끓여서 식힌다.

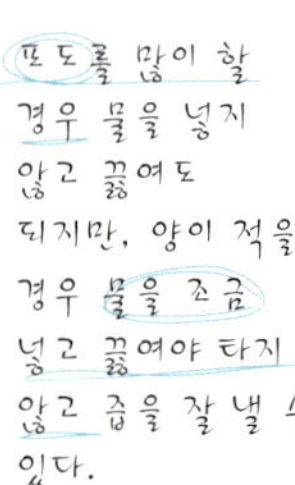

포도를 많이 할
경우 물을 넣지
않고 끓여도
되지만, 양이 적을
경우 물을 조금
넣고 끓여야 타지
않고 즙을 잘 낼 수
있다.

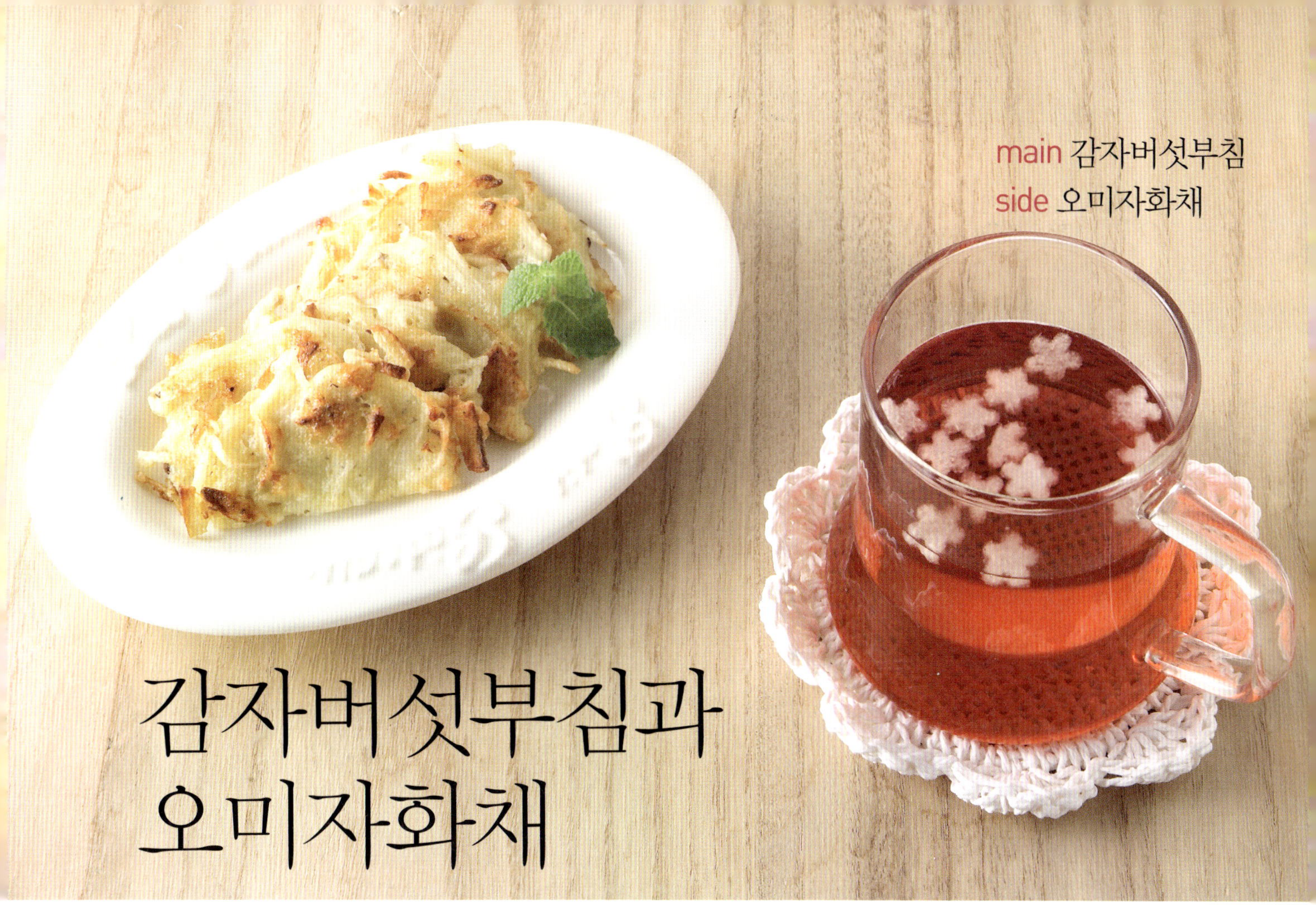

main 감자버섯부침
side 오미자화채

감자버섯부침과 오미자화채

곱게 채썰어 찬물에 담갔다 건져 만든 감자부침은 감자의 아삭함이 살아 있어 갈아 만든 감자부침과는 또 다른 별미. 환절기 감기 예방에도 좋은 오미자화채는 입맛을 개운하게 정돈해준다.

감자버섯부침

재료 감자·새송이버섯 1개씩, 느타리버섯 1/3팩, 당근 1/5개, 밀가루 2/3컵, 우유 1/2컵, 설탕 1큰술, 소금 1/2작은술, 식용유 적당량

이렇게 만드세요

1 감자는 곱게 채썰어 찬물에 담갔다가 물기를 제거한다.
2 새송이버섯과 느타리버섯은 0.5×4cm 크기로 썬다. 당근은 곱게 채썬다.
3 준비한 감자와 당근, 버섯에 밀가루, 우유, 설탕, 소금을 넣고 고루 섞어 반죽한다.
4 팬에 기름을 넉넉히 두른 다음 반죽을 한 수저씩 떠 넣고 노릇하게 굽는다.

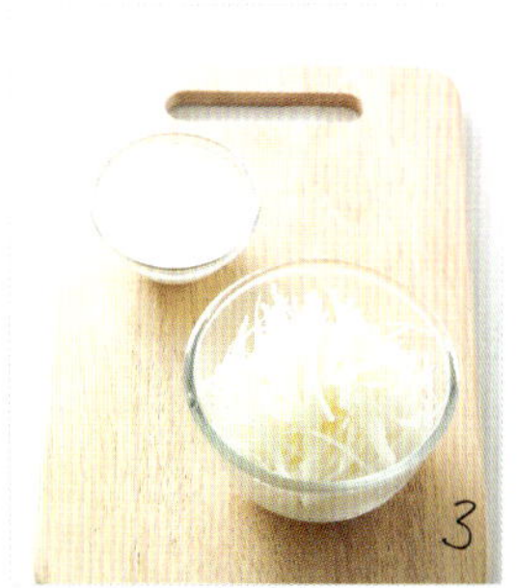

감자부침을 할 때 물 대신 우유를 넣어 부치면 영양의 균형도 잘 맞고 맛도 한층 부드럽다.

오미자화채

재료 오미자 1/4컵, 배 1/8개, 꿀 3큰술, 물 2컵

이렇게 만드세요

1 오미자는 물에 헹군 다음 뜨거운 물을 부어 1시간 정도 우린 다음 면보에 걸러 둔다.
2 오미자 우린 물에 꿀을 넣어서 끓인 다음 식혀 냉장고에 차게 보관한다.
3 배를 먹기 좋은 크기로 썰어서 차게 식힌 오미자에 띄운다.

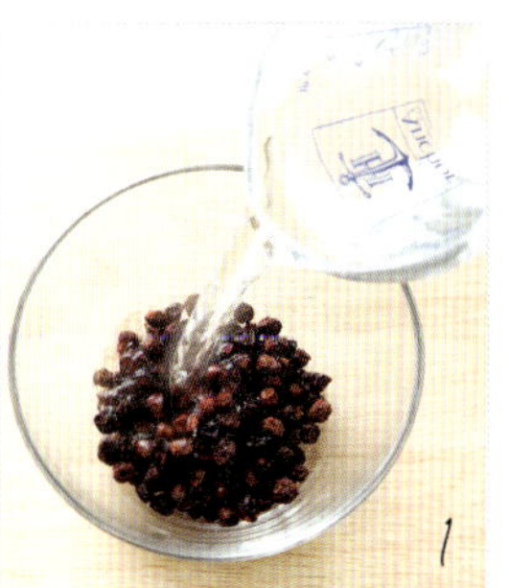

오미자는 끓이면 떫은맛이 나기 때문에 뜨거운 물에 우려야 색과 맛이 좋아진다.

main 옥수수허브구이
side 멜론슬러시

옥수수허브구이와 멜론슬러시

옥수수를 더욱 고소하고 달콤하게 먹을 수 있는 옥수수허브구이. 어른아이 할 것 없이 다 좋아한다. 아이스크림
과 탄산음료 대신 멜론 슬러시를 곁들이면 시원하고 건강에도 좋다.

옥수수허브구이

재료 옥수수 4개, 버터 3큰술, 말린허브 1작은술, 다진파슬리 2큰술

이렇게 만드세요

1 옥수수는 껍질을 벗긴 다음 헹궈서 물기를 제거하고 김이 오른 찜기에 넣어 완전히 익
힌다.

2 실온에 두어 부드러워진 버터에 허브와 파슬리를 골고루 섞는다.

3 찐옥수수에 준비한 버터를 골고루 바르고 240℃로 예열한 오븐에 5분간 굽는다.

이미 익은 옥수수이기
때문에 겉면의 색을
내는 정도로 살짝 굽는
것이 좋다.

멜론슬러시

재료 멜론 1/2개, 꿀 4큰술, 얼음 적당량

이렇게 만드세요

1 멜론은 반 갈라서 씨는 숟가락으로 긁어내고, 껍질을 벗겨 적당한 크기로 썬다.

2 믹서에 썰어둔 멜론과 얼음을 넣어 갈다가 기호에 따라 꿀을 넣어 마저 간다.

얼음이 너무 큰 경우
면보에 올려 칼로
살짝 부순 다음
믹서에 넣고, 꿀은
마지막에 기호에 맞게
양을 조절하여
넣는다.

제철 재료로 차린
일주일 밥상 플랜

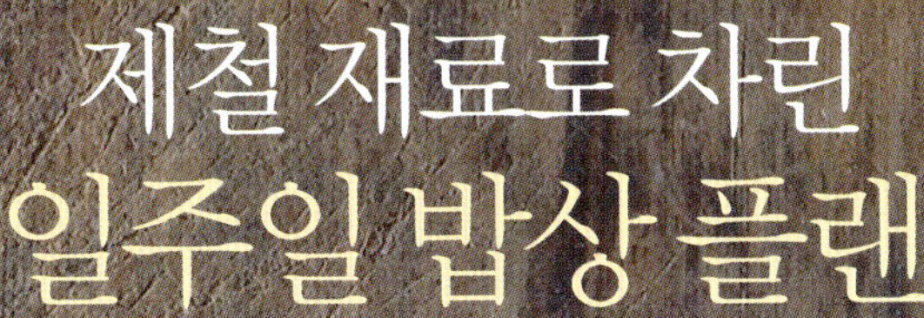

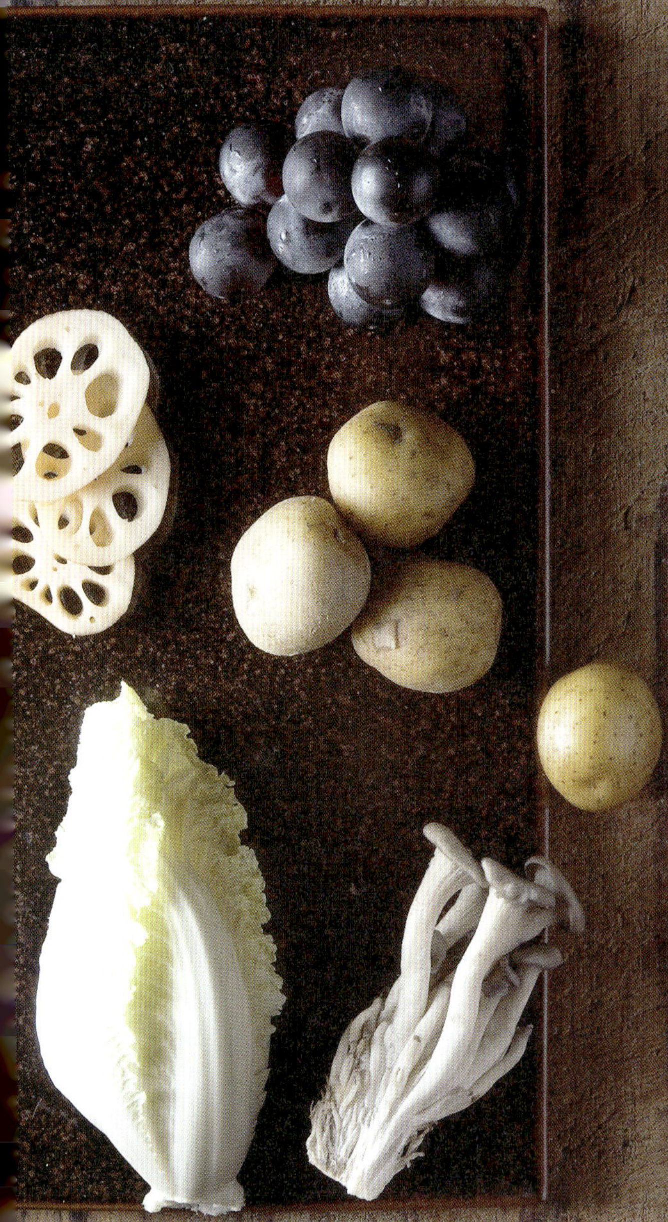

	아침	점심	저녁
월	현미밥 쇠고기미역국 양송이버섯두반장조림 밤채깻잎김치 고춧잎무말랭이무침	밥 어묵채소볶음 닭가슴살완자전 도라지생채	밥 삼색나물 토란국 모둠전 나박김치
화	밥 새우버섯탕 토란조림 연근달걀찜 무생채	밥 순두부찌개 오징어채무침 김구이 배추김치	밤콩나물밥과 간장양념장 배추메밀전 대하찜 깍두기
수	콩인절미 바나나두유	참치삼각주먹밥 토란커틀릿과 케첩핫소스 락교	밥 추어탕 무청나물 표고버섯나물 낙지젓갈
목	누룽지달걀탕 우엉장아찌 배추나물	밥 버섯뚝배기불고기 연근검은깨전 우엉잡채 마늘장아찌	현미밥 낙지무국 고구마줄기잡채 알감자홍고추조림
금	말린고구마죽 배나박김치 오징어젓	낙지연포수제비 들깻잎나물 총각무김치 미니파전	잡곡밥 쇠고기표고조림 수삼무침 감자실파전 배추김치
토	버섯채소죽 깍두기 다시마튀각	클럽샌드위치 단호박견과류샐러드 오렌지주스	해물짬뽕밥 해파리오이냉채 중국식오이김치 생양파와 춘장
일	토스트와 포도잼 매실청미숫가루	매운돼지고기덮밥 게살수프 단무지	뿌리채소빠에야 연근비트피클 사과샐러드 말린토마토절임

고구마줄기잡채와 낙지무국

main 고구마줄기잡채　　side 낙지무국　　plus 알감자홍고추조림, 밥

고구마줄기잡채

재료 당면 100g, 간장·설탕 3큰술씩, 삶은고구마줄기 200g, 다진마늘·식용유 1작은술씩, 소금 조금, 풋고추·홍고추 1개씩, 참기름·깨소금 1/2큰술씩

이렇게 만드세요

1 당면은 물에 30분간 담가 불렸다가 끓는물에 삶아 건져 간장과 설탕으로 밑간한 후 달군 팬에 기름을 살짝 두르고 볶아 식힌다.

2 기름 두른 달군 팬에 마늘을 볶다가 7cm 길이로 자른 고구마줄기를 넣어 볶고, 소금으로 간한다. 불을 끄고 참기름 1작은술을 넣어 버무려 식힌다.

3 고추는 길이로 반 가른 다음 씨를 제거하고 채썬 뒤 달군 팬에 살짝 볶는다.

4 당면과 고구마줄기, 고추를 잘 섞어 참기름, 깨소금으로 버무린다.

고구마줄기는 간이 잘 배지 않기 때문에 국물로 간을 보는 것이 좋다.

아삭한 고구마줄기와 탱탱한 당면으로 만든 잡채는 식감이 좋고 담백해
저녁식탁에 올리면 부담 없이 즐길 수 있다. 또 소도 일으켜 세운다는 가을 제철
낙지로 시원하게 끓인 낙지무국을 곁들이면 건강밥상이 완성된다.

낙지무국

재료 낙지 2마리, 무(4cm) 1토막, 대파 1/5뿌리, 물 7컵,
국간장 1/2큰술, 굵은소금 적당량

이렇게 만드세요

1 낙지는 소금으로 바락바락 문질러 씻은 다음 찬물에 30분간 담갔
다가 끓는물에 데친다.

2 무는 사방 2cm로 저미고, 대파는 어슷썬다.

3 냄비에 물을 부어 끓으면 무를 넣고 투명하게 익으면 낙지를 넣어
한소끔 끓인다.

4 국간장과 소금으로 간을 맞추고 썰어둔 대파를 넣어 완성한다.

낙지를 소금에
씻으면 짜지고
조직이 질겨지는데
찬물에 잠시 담가
두면 조직이
부드러워지고 짠맛도
빠진다.

알감자홍고추조림

재료 알감자 300g, 홍고추 1개, 물 4컵, 간장·조청 4큰술씩,
설탕 1/2큰술

이렇게 만드세요

1 알감자는 껍질째 깨끗하게 씻고, 홍고추는 씨를 제거하고 잘게 채
썬다.

2 냄비에 알감자와 홍고추, 물, 간장, 설탕을 넣어 끓인다. 국물의
양이 1컵 정도가 되었을 때 조청을 넣고 국물의 양이 2/3컵 정도로
줄고 걸쭉해지면 불을 끈다.

조청이나 물엿을
넣을 경우 설탕은
조금만 넣는 것이
좋다. 너무 달면
밥반찬으로 먹기에
좋지 않다.

알감자를 조릴 때 미리 조청을 넣어서 조리면
속까지 간이 잘 배지 않는다. 먼저 간장에
조리다가 간이 충분히 밴 다음 조청을 넣는다.

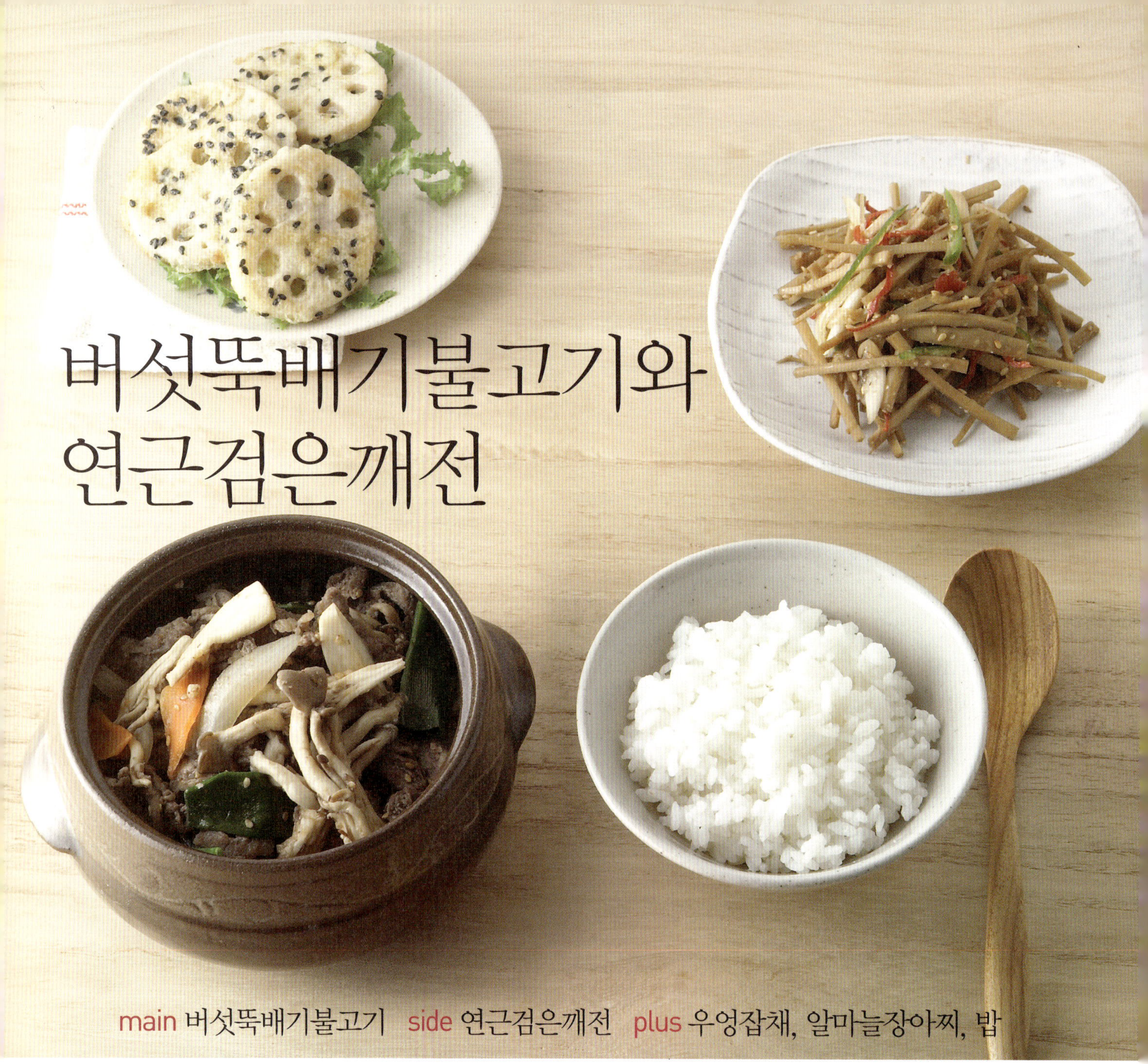

버섯뚝배기불고기와 연근검은깨전

main 버섯뚝배기불고기 side 연근검은깨전 plus 우엉잡채, 알마늘장아찌, 밥

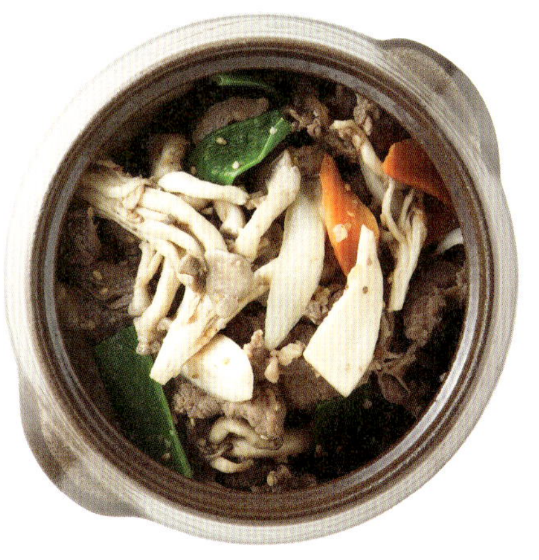

버섯뚝배기불고기

재료 쇠고기(불고기감) 400g, 느타리버섯 1/2팩, 새송이버섯 2개, 팽이버섯 1봉지, 양파 1/2개, 당근 1/4개, 대파 1/5뿌리

불고기양념 간장 4큰술, 설탕 3큰술, 후춧가루 1/2작은술, 다진마늘 · 참기름 1큰술씩

이렇게 만드세요

1 쇠고기는 불고기양념에 재워놓는다.

2 느타리버섯은 먹기 좋은 크기로 찢고, 새송이버섯은 5cm 길이로 잘라 편으로 썬다. 팽이버섯은 밑동을 제거하고, 양파는 채썬다.

3 당근과 대파는 반으로 잘라 어슷썬다.

4 불고기양념에 재운 쇠고기에 버섯과 채소를 넣고 잘 버무린 다음 참기름을 넣는다.

5 달군 팬에 양념한 고기와 버섯, 채소를 넣고 볶는다.

쇠고기는 불고기양념에 잠시 재웠다 볶으면 간이 골고루 배 더 맛있다.

다양한 향과 식감, 영양까지 풍부한 버섯을 곁들인 국물이 자작한 뚝배기불고기와 아삭아삭 씹는 맛이 좋은 연근과 우엉으로 만든 연근검은깨전, 우엉잡채로 제철 영양이 가득한 밥상을 차려 보자.

연근검은깨전

재료 연근 1/2개, 소금 1/3작은술, 검은깨 2큰술, 밀가루 1컵, 달걀 2개, 식용유 적당량

이렇게 만드세요

1 연근은 0.3cm 두께로 썰어 끓는물에 살짝 데친 다음 식힌다.

2 데친 연근에 소금을 넣어 고루 버무리고 달걀은 잘 풀어 검은깨를 섞어 둔다.

3 연근에 밀가루, 달걀물을 차례로 묻힌 다음 기름 두른 달군 팬에 노릇하게 부친다.

연근을 데친 다음 조리하면 쉽게 부쳐지고 속까지 잘 익는다.

우엉잡채

재료 우엉 1/3뿌리, 풋고추·홍고추 1개씩, 간장·식용유 2큰술씩, 깨소금 1/2큰술, 소금·후춧가루 조금씩, 참기름 1작은술

이렇게 만드세요

1 우엉은 껍질을 벗긴 다음 5cm 길이로 잘라 곱게 채썰어 식촛물에 담가 둔다.

2 고추는 길이로 반 가른 다음 곱게 채썬다.

3 달군 팬에 기름을 두르고 우엉을 볶다가 간장을 넣고 충분히 볶는다. 소금과 후춧가루로 간을 맞춘다.

4 채썬 고추를 넣고 살짝 볶은 다음 불을 끄고 깨소금, 참기름을 버무려 완성한다.

잡채를 할 때 불을 끄고 참기름을 넣어야 향이 오래 가고 맛도 더 좋아진다.

우엉을 볶을 때는 양념하지 않은 상태에서 속까지 충분히 익혀야 한다. 간장을 넣은 뒤 오래 볶으면 우엉이 쉽게 타버리기 때문이다.

쇠고기노각감정과 꽁치허브소금구이

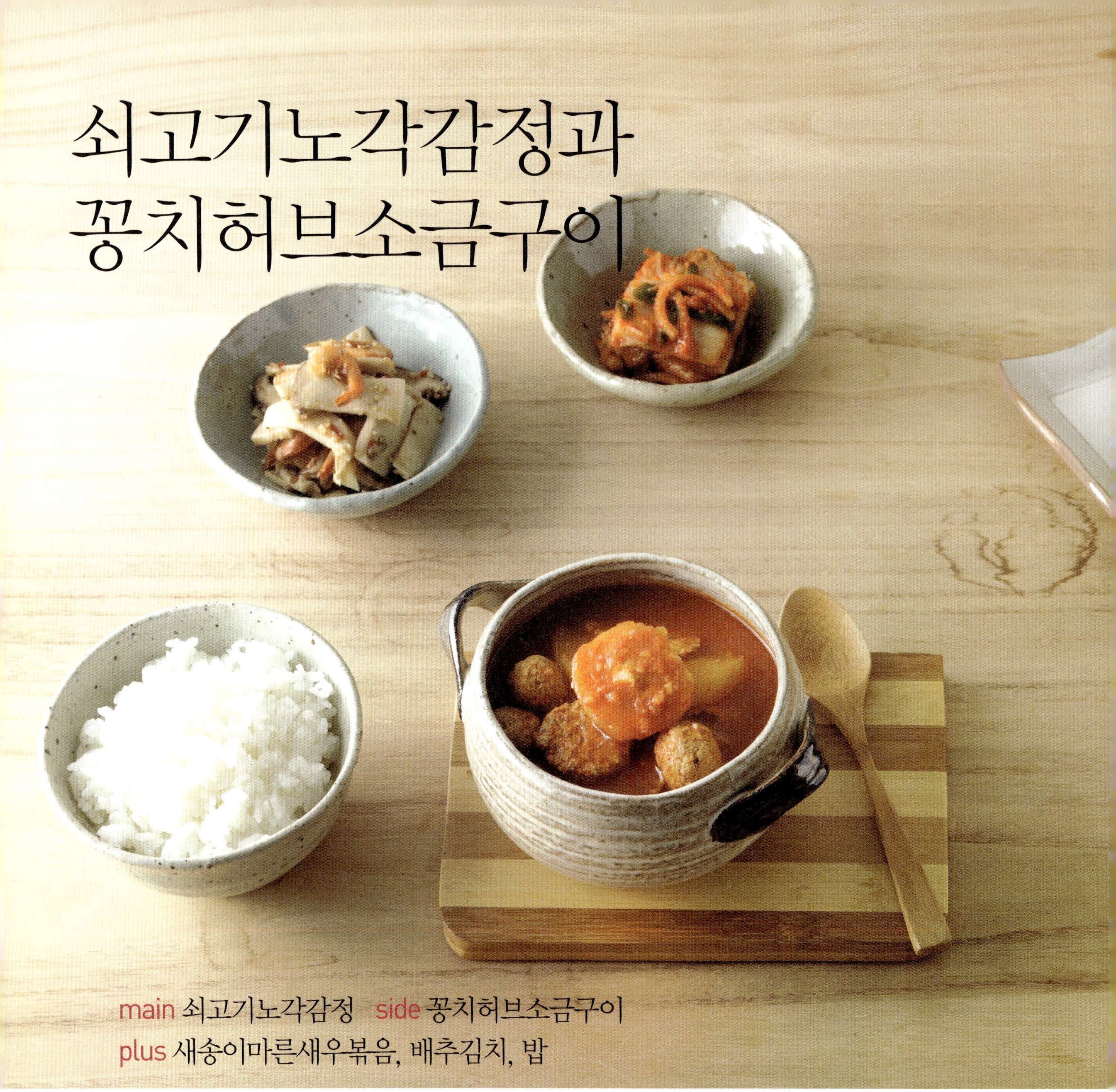

main 쇠고기노각감정 side 꽁치허브소금구이
plus 새송이마른새우볶음, 배추김치, 밥

쇠고기노각감정

재료 노각 1/5개, 다진쇠고기 · 두부 100g씩, 소금 1/5작은술, 후춧가루 1/5작은술, 참기름 · 깨소금 1/2작은술씩, 고추장 2큰술, 물 3컵, 다진마늘 1/2큰술, 다진파 1큰술, 굵은소금 · 밀가루 조금씩

이렇게 만드세요

1 두부는 면보에 짜 물기를 제거한 다음 곱게 으깨서 볼에 담고 다진쇠고기와 소금, 후춧가루, 참기름, 깨소금을 넣어 잘 섞는다.

2 노각은 껍질을 벗기고 1cm 폭으로 자른 다음 속을 파내고 밀가루를 발라 ①을 채운다.

3 냄비에 분량의 물을 붓고 고추장을 푼 다음 끓으면 소를 채운 노각을 넣고 끓이다 다진파와 마늘을 넣고 소금으로 간을 맞춘다.

노각은 속을 파낸 부분에 밀가루를 바른 다음 소를 채우면 잘 빠지지 않는다.

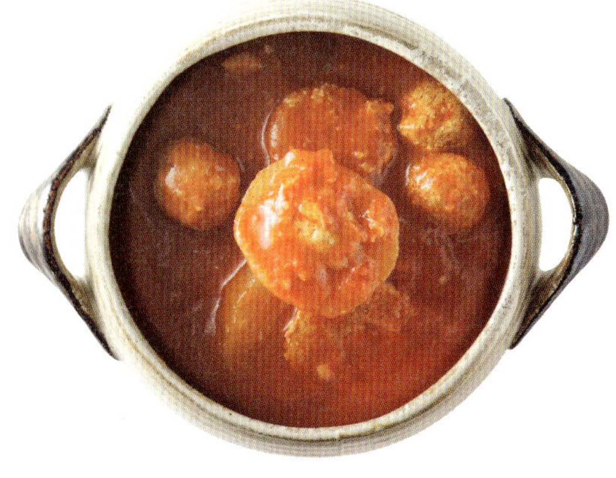

노각에 다진쇠고기와 으깬두부로 만든 소를 채워 얼큰하게 끓인
쇠고기노각감정은 별미 중의 별미. 여기에 향긋한 허브소금으로 노릇하게 구운
꽁치와 나른하게 익힌 버섯볶음까지 곁들이면 영양균형이 딱이다.

꽁치허브소금구이

재료 꽁치 2마리, 허브소금 1/2작은술, 레몬 1개, 꽃소금 조금

이렇게 만드세요

1 레몬은 꽃소금으로 문질러 씻은 다음 0.5cm 두께로 저며서 준비한다.

2 꽁치는 비늘, 내장을 제거한 후 1cm 간격으로 칼집을 넣고 허브소금을 뿌려서 10분 정도 재운다.

3 팬에 레몬을 깔고 꽁치를 얹은 다음 180℃로 예열한 오븐에서 15분간 노릇하게 굽는다.

새송이마른새우볶음

재료 새송이버섯 2개, 마른새우 30g, 마른청양고추 1개,
다진마늘 1작은술, 소금 1/2작은술, 후춧가루 조금,
깨소금·참기름 1/2큰술씩, 식용유 1큰술

이렇게 만드세요

1 새송이버섯은 5cm 길이로 자른 다음 얇게 저며썬다.

2 마른새우는 체에 올려 가루를 털어낸 후 마른 팬에 볶아서 식히고 마른청양고추는 잘게 썬다.

3 기름 두른 달군 팬에 마늘과 고추를 넣어서 볶다가 새송이버섯을 넣고 중약불에서 타지 않도록 볶는다.

4 마른새우, 소금을 넣고 간을 맞춘 다음 후춧가루를 넣어서 한 번 더 볶은 후 불을 끄고 깨소금과 참기름을 넣어서 고루 섞는다.

생선은 소금에 잠시 재웠다 구워야 살이 단단해지고 간도 속까지 배 맛있다. 허브소금은 집에서도 쉽게 만들 수 있다. 말린 로즈메리와 레몬타임 같은 허브 2 줄기를 절구에 넣고 곱게 빻은 후 볶은 소금 4큰술과 고추 섞기만 하면 된다.

버섯을 너무 센 불에서 조리하면 수분이 나오기 전에 탈 수 있다. 중약불에서 조리하거나 약간의 물을 넣어서 볶아주면 부드럽게 볶아진다.

허브소금을 만들 때는 말린 로즈메리, 레몬타임
등을 주로 쓴다. 생선의 비린맛이나 육류의
누린내를 없애는 데 효과적이다.

밤채깻잎김치와
양송이두반장조림

main 밤채깻잎김치   side 양송이두반장조림
plus 고춧잎무말랭이무침, 현미잡곡밥, 쇠고기미역국

밤채깻잎김치

재료 깻잎 20장, 밤 8개, 풋고추·홍고추 1개씩, 양파 1/4개,
쪽파·미나리 5줄기씩
양념 고춧가루 1큰술, 액젓 2큰술, 물 3큰술, 굵은소금 1/3작은술

이렇게 만드세요

1 밤은 곱게 채썰고 고추와 양파도 같은 크기로 채썬다. 쪽파와 미나리
도 같은 크기로 썬다.
2 ①을 그릇에 담은 후 고춧가루, 액젓, 물, 소금을 넣어서 양념한다.
3 깻잎은 끓는물에 살짝 데친 후 찬물에 헹궈 물기를 거두고 한 장씩 펼
쳐 ②의 김치소를 넣고 싼다.

깻잎을 데치면 깻잎 특유의
쌉싸래한 맛이 약해져서 한층
부드럽고 연하다

향긋한 깻잎에 밤채 소를 채운 깻잎김치는 입맛을 돋워주는 제철김치다. 여기에
두반장으로 감칠맛을 더한 양송이조림과 고춧잎을 넣고 무친 무말랭이를
곁들이면 식탁에 가을 풍미가 넘쳐난다.

양송이두반장조림

재료 양송이버섯 250g, 두반장 2큰술, 조청 3큰술,
포도씨오일 1/2큰술

이렇게 만드세요

1 양송이버섯은 2등분한 후 기름 두른 달군 팬에 분량의 두반장과
함께 넣어 볶는다.

2 버섯이 익고 간이 배면 조청을 넣은 후 국물이 거의 없을 정도로
바짝 조린 후 불을 끈다.

양송이버섯은
깨끗하고 좋은 것은
껍질째 사용하지만,
상태가 좋지 않은
버섯은 껍질을
제거한 후 사용해야
맛이 깔끔하고
부드럽다.

고춧잎무말랭이무침

재료 말린고춧잎 40g, 무말랭이 30g, 간장·액젓 1큰술씩,
고춧가루 2큰술, 물엿 4큰술, 다진마늘·통깨 1/2큰술씩

이렇게 만드세요

1 말린고춧잎은 찬물에 담가 부드러워지면 무말랭이를 넣어 더 불
린다.

2 불린고춧잎과 무말랭이를 바락바락 주물러 깨끗하게 씻은 후 물
기를 꼭 짠다.

3 준비한 고춧잎과 무말랭이에 간장과 액젓을 버무려 밑간한다.

4 고춧가루와 물엿, 마늘, 통깨를 넣고 조물조물 무쳐 완성한다.

말린 채소를 조리할
때는 먼저 물에
불린 다음 잘
씻어야 한다.
제대로 씻지 않으면
묵은나물 특유의
냄새가 나 맛이
없다.

말린고춧잎은 뜨거운 물보다 찬물에 불려야
고춧잎 특유의 맛이 살아난다. 고춧잎이 모두
잠길 정도로 물을 넉넉히 붓고 불린다.

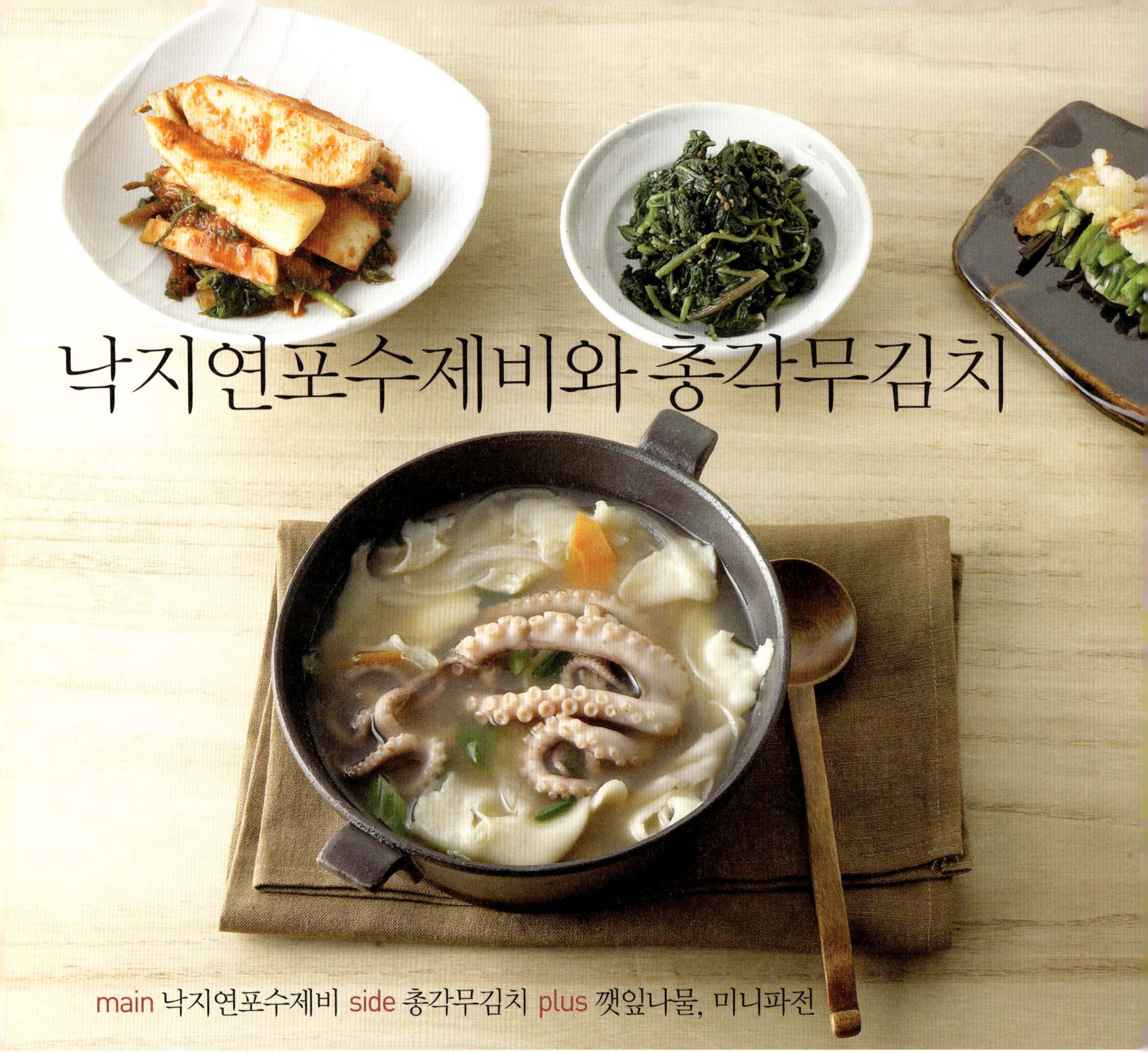

낙지연포수제비와 총각무김치

main 낙지연포수제비 side 총각무김치 plus 깻잎나물, 미니파전

낙지연포수제비

재료 낙지 2마리, 양파 1/2개, 당근 1/4개, 대파 1/2뿌리, 다진마늘 1작은술, 소금·후춧가루 조금씩, 물 7컵, 다시마(5×5cm) 2장

수제비반죽 밀가루 2컵, 달걀 1개, 물 3/4컵, 소금 1/4작은술

이렇게 만드세요

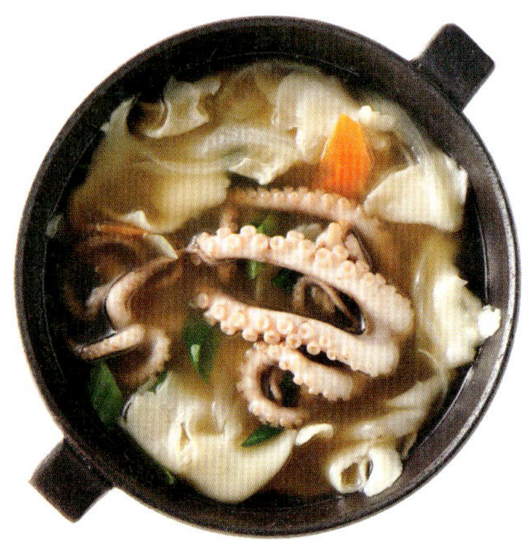

1 낙지는 소금으로 바락바락 문질러 씻은 다음 찬물에 30분간 담갔다 끓는물에 데친다.

2 수제비반죽을 만들어 비닐에 싼 후 냉장고에 30분간 숙성시킨다.

3 양파는 채썰고, 당근은 반달 모양으로 저며썰고, 대파는 어슷썬다.

4 찬물에 다시마를 넣고 거품이 날 정도로 끓인 다음 다시마는 건져내고 국물이 다시 끓으면 수제비를 얇게 떠 넣는다.

5 양파와 당근, 낙지를 넣고 한 번 더 끓으면 대파, 마늘을 넣고 소금, 후춧가루로 간한다.

반죽을 미리 해 냉장고에 넣어 두면 밀가루가 온도변화에 의해 숙성되어 수제비가 훨씬 쫄깃하다.

시원한 국물이 끝내주는 낙지연포탕에 수제비를 넣어 만든 낙지연포 수제비는
폼 나는 일품메뉴지만 반죽만 해두면 손쉽게 만들 수 있다. 여기에 매콤한
총각무김치와 깻잎나물, 미나파전까지 곁들이면 주말 아침 별식으로 그만이다.

총각무김치

재료 총각무 1단, 굵은소금 1/2컵, 마늘 10쪽, 양파 1/4개,
대파 1/5뿌리, 고춧가루 1컵, 액젓 4큰술, 새우젓 2큰술
밀가루풀 밀가루 3큰술, 물 2컵

이렇게 만드세요

1 총각무는 소금을 뿌려 15분간 절인 다음 3회 정도 헹군다.
2 냄비에 분량의 밀가루풀 재료를 잘 풀어 나무주걱으로 저어가면
서 끓인 다음 차게 식힌다.
3 믹서에 마늘, 양파, 대파, 밀가루풀 1컵을 넣어서 곱게 간 다음 볼
에 담고 고춧가루, 액젓, 새우젓을 넣어서 고루 섞어 30분간 두어
고춧가루를 불린다.
4 양념에 소금을 넣어 간한 다음 절인 총각무를 버무려 통에 담는다.
5 반나절 정도 밖에 두었다 냉장고에 보관해 1주일 후부터 먹는다.

고춧가루를 불리지
않고 바로 양념하면
양념 맛도 잘
어우러지지 않고
색도 곱게 나지
않아 고춧가루만
많이 쓰게 된다.
양념을 만들어
30분 정도 두어
고춧가루를 불린
다음 버무린다.

깻잎나물

재료 들깻잎 200g, 간장·소금 조금씩, 다진마늘 1작은술,
식용유 1작은술, 들기름·깨소금 1/2큰술씩

이렇게 만드세요

1 들깻잎은 끓는물에 소금을 조금 넣어서 데친 다음 찬물에 헹궈 물
기를 제거한다.
2 들깻잎을 먹기 좋게 썰고, 간장, 소금, 다진마늘을 넣어 조물조물
무친다.
3 기름 두른 달군 팬에 양념에 무친 들깻잎을 넣어 볶다가 불을 끄고
들기름, 깨소금을 넣어 버무린다.

들깻잎을 데칠 때는
삶는 듯이 2~3분
정도 충분히 데치는
것이 좋다.
넣었다가 바로
꺼내면 식었을 때
색이 검게 변하고
질긴 맛이 난다.

총각무는 줄기 쪽보다는 무 쪽에 소금을 뿌려
절여야 간이 고루 잘 밴다. 너무 오래 절이면
무가 질겨지고 아삭한 맛이 사라진다.

버섯콩나물밥과 유부감자간장볶음

main 버섯콩나물밥   side 유부감자간장볶음   plus 양파무순무침, 양념장

버섯콩나물밥

재료 쌀 2컵, 콩나물 200g, 표고버섯 2개, 새송이버섯 1개,
느타리버섯 100g, 팽이버섯 1봉지, 다시마물 2와1/4컵
양념장 굵게 다진파·참기름 2큰술씩, 다진마늘 2작은술, 간장 4큰술,
깨소금·고춧가루 1큰술씩

이렇게 만드세요

1 쌀은 잘 씻어 30분 정도 물에 담가 불린 뒤 체에 건져 물기를 뺀다.
2 콩나물은 꼬리 끝만 다듬고 표고와 새송이는 굵직하게 채썰고 느타
리버섯과 팽이버섯은 가닥을 나눈다.
3 냄비에 쌀과 콩나물, 버섯을 고루 섞어 담고 다시마물을 부어 밥을
짓는다.
4 뜸이 들면 밥을 그릇에 담고 양념장을 곁들인다.

다시마물로 밥을
지으면 감칠맛과
윤기를 더하는
것은 물론 쌀과
다른 재료들의
맛이 한층 잘
어우러진다.

아삭함과 쫄깃한 식감을 살린 버섯과 콩나물로 지은 밥에, 유부로 맛과 영양을 더한 감자볶음, 양파와 무순의 알싸한 맛을 살린 샐러드를 곁들이면 든든한 아침밥상이 완성된다.

유부감자간장볶음

재료 유부 3장, 감자 2개, 피망(청·홍)·파프리카(노랑·주황)· 양파 1/4개씩, 식용유 1큰술, 간장 2큰술, 소금·후춧가루 조금씩, 통깨 조금

이렇게 만드세요

1 유부는 끓는물에 데쳐 꼭 짠 후 1cm 너비로 채썬다.
2 감자는 껍질을 벗겨 곱게 채썰어 찬물에 담가 녹말기를 뺀다.
3 피망과 파프리카, 양파는 곱게 채썬다.
4 달군 팬에 기름을 두르고 양파와 감자, 유부를 볶는다.
5 감자가 말갛게 익으면 채썬 피망과 파프리카, 간장을 넣고 볶는다.
6 소금과 후춧가루로 간을 맞추고 통깨를 뿌린다.

유부는 끓는 물에 데쳐 기름기를 뺀 다음 물기를 꼭 짜고 사용해야 쫄깃하다.

양파무순무침

재료 양파 1/2개, 무순 1/3팩, 큐브형 참치 1캔
무침양념 고춧가루 1/2큰술, 식초·참기름 1큰술씩, 매실청 2작은술, 소금·다진마늘·깨소금 1작은술씩

이렇게 만드세요

1 양파는 곱게 채썰어 찬물에 담갔다 건진다.
2 무순은 줄기 끝만 잘라내고 찬물에 담갔다 건진다.
3 큐브형 참치는 체에 올려 기름을 제거한다.
4 모든 재료를 볼에 담고 분량의 무침양념을 넣고 살살 무친다.

양파는 채썬 후 찬물에 담갔다 건지면 매운맛이 없어지고 아삭해져서 무침이나 샐러드 요리하기에 좋다.

채소와 쌀을 섞어 밥을 지을 때 밥물을 너무 많이 잡으면 밥이 질어지므로 쌀과 동량이거나 1.1~1.2배 정도 잡는다.

main 고구마당근찹쌀죽
side 오이지매운무침
plus 김자반

고구마당근찹쌀죽과 오이지매운무침

고구마와 당근을 곱게 갈아 만든 찹쌀죽은 바쁜 아침 후다닥 먹기에 좋다. 여기에 매콤하고 간간하게 무친 오이지무침을 곁들이면 입맛까지 살아난다.

고구마당근찹쌀죽

재료 고구마 1개, 당근 1/4개, 찹쌀 1/2컵, 물 6컵, 소금·후춧가루 조금씩

이렇게 만드세요

1 고구마와 당근은 잘 씻어 껍질을 대충 벗긴 뒤 한입 크기로 자른 후 찬물에 담가 녹말기를 뺀다.

2 찹쌀은 잘 씻어 1시간쯤 불렸다가 물 2컵과 함께 믹서에 넣고 쌀알이 조금 보이게 간다.

3 냄비에 고구마와 당근을 넣고 물을 자작하게 부어 중불에서 뭉근하게 끓인 후 한김 식혀 믹서에 곱게 간다.

4 찹쌀 간 것과 남은 물을 냄비에 넣고 죽을 쑤다가 농도가 걸쭉해지기 시작하면 믹서에 간 고구마, 당근을 넣고 잘 어우러지게 끓인 후 소금, 후춧가루로 간을 한다.

손질한 고구마와 당근은 찬물에 담가 녹말기를 제거하고 사용해야 냄비바닥에 눌어붙지 않고 깨끗하게 요리할 수 있다.

오이지매운무침

재료 오이지 1개, 참기름 1작은술, 통깨 조금

무침양념 고춧가루 1큰술, 다진파 2작은술, 고추장·설탕·조청·다진마늘 1작은술씩, 깨소금 1/2작은술

이렇게 만드세요

1 오이지는 모양을 살려 얇게 썰어 찬물에 20분 정도 담가 짠맛을 우려낸 뒤 물기를 짠다.

2 볼에 분량의 양념을 담아 고루 섞어 무침양념을 만든다.

3 오이지를 무침양념으로 조물조물 무친 뒤 상에 내기 직전에 참기름과 통깨를 뿌린다.

오이지는 통째로 찬물에 담가 두면 짠맛이 잘 빠지지 않는다. 송송 썰어서 찬물에 담그면 20~30분쯤이면 충분하다. 너무 오래 담가 두어도 싱거워져 맛이 없으니 주의할 것.

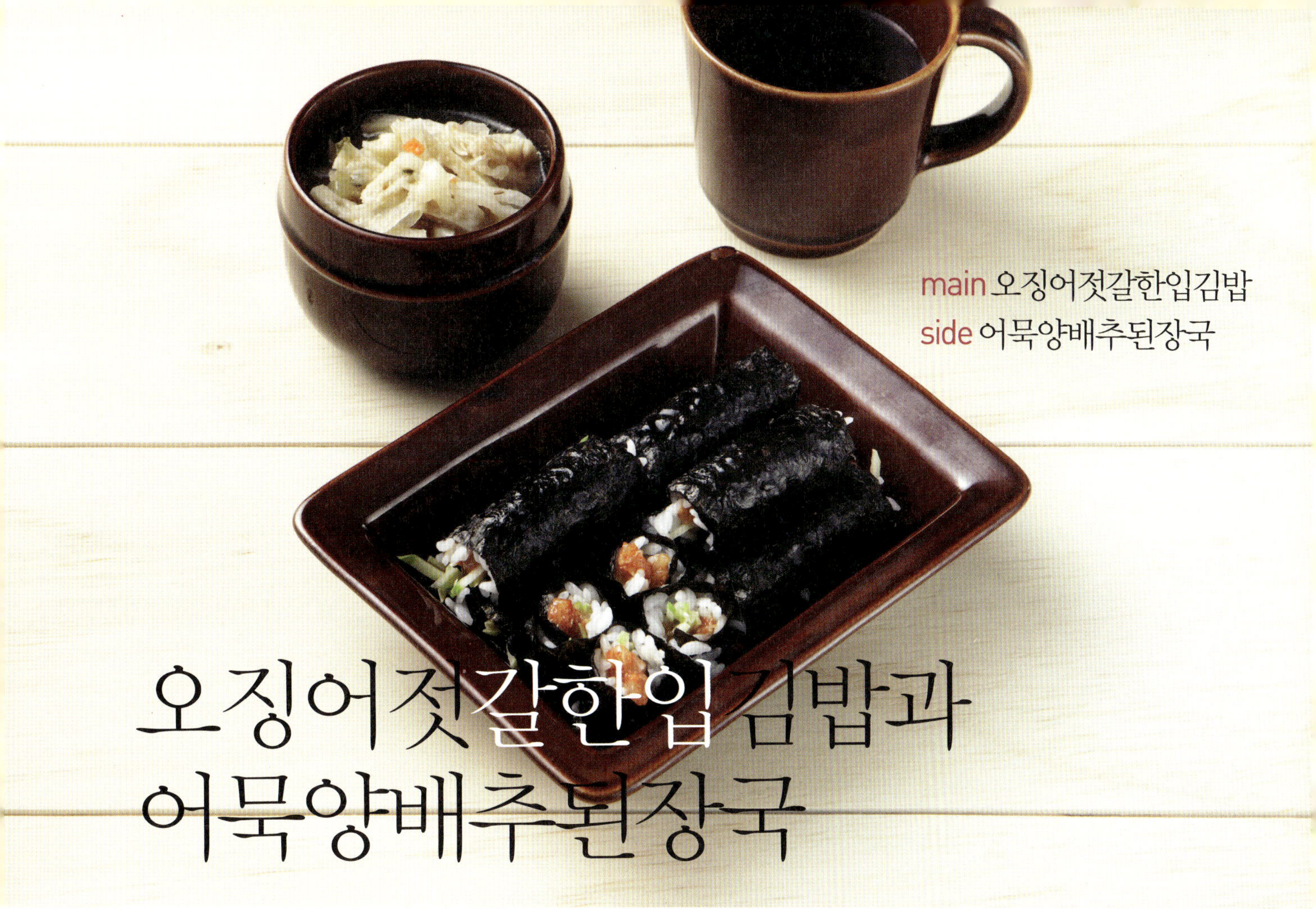

main 오징어젓갈한입김밥
side 어묵양배추된장국

오징어젓갈한입김밥과 어묵양배추된장국

밑반찬의 대명사 오징어젓갈에 갖은 양념을 해 한입 크기로 싼 김밥은 바쁜 아침 간편식으로 그만. 개운한 맛이 일품인 어묵양배추된장국까지 곁들이면 든든하고 개운하다.

1

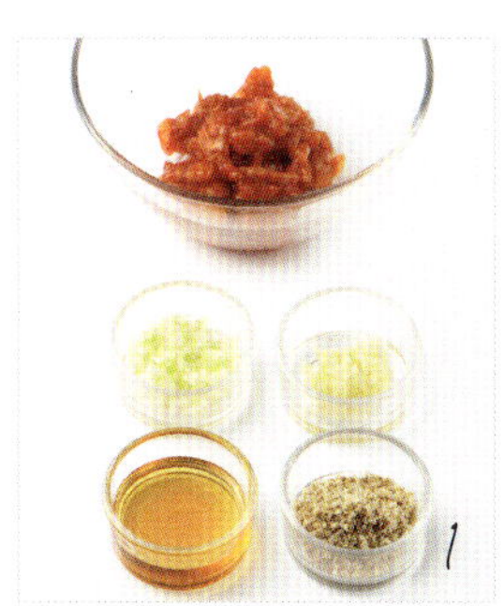

오징어젓갈한입김밥

재료 밥 2공기, 오징어젓갈 3큰술, 구운 김 2장, 오이 1/2개

젓갈양념 다진파 1작은술, 다진마늘 1/2작은술, 깨소금·참기름 1큰술씩

이렇게 만드세요

1 오징어젓갈은 잘게 다져 분량의 양념과 섞어둔다.

2 구운 김은 8등분하고 오이는 곱게 채썬다.

3 김 위에 밥을 얇게 깔고 오징어젓갈과 오이채를 올려 돌돌 말아 완성한다.

갖은 양념을 한 오징어젓갈을 밥 위에 올려 충무김밥식으로 돌돌 만 간단 아침메뉴. 오징어젓갈은 먹기 좋게 잘게 다져 주는 것이 좋다.

2

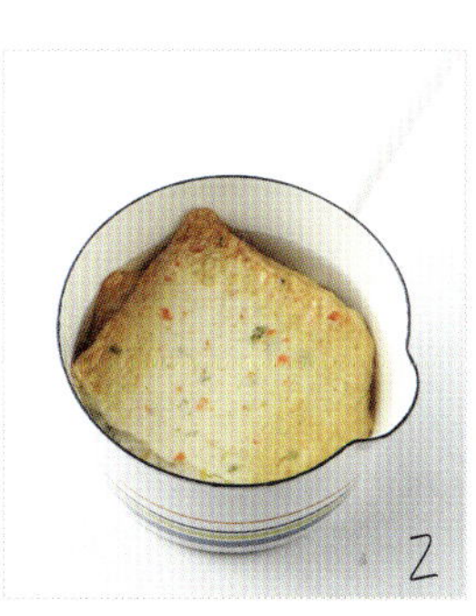

어묵양배추된장국

재료 사각어묵 1장, 양배추 2장, 대파 1/4뿌리, 다시마물 3컵, 된장 1과1/2큰술, 참기름 1/2큰술, 다진마늘 2작은술, 소금·후춧가루 조금씩

이렇게 만드세요

1 사각어묵은 끓는물에 데쳐 5cm 길이로 곱게 채썬다.

2 양배추는 잘 씻어 5cm 길이로 곱게 채썰고 대파는 송송썬다.

3 냄비에 참기름을 두르고 어묵과 양배추, 다진마늘을 넣고 달달 볶는다.

4 양배추가 말갛게 익으면 다시마물을 넣고 한소끔 끓인다.

5 된장을 풀고 양배추가 부드러워지도록 끓인 뒤 파를 넣고, 소금과 후춧가루로 간한다.

재료를 참기름에 달달 볶은 뒤 끓이면 한층 구수하고 부드럽다.

대추스프레드통밀식빵과 밤라테

main 대추스프레드통밀식빵 side 밤라테

추석이 지난 후 냉장고 자리만 차지하고 있는 밤과 대추를 활용해 브런치를 만들어 보자. 통밀식빵에 대추스프레드를 곁들이고 속까지 든든한 밤라테를 함께 내면 어른 아이 모두 좋아한다.

대추스프레드통밀식빵

재료 대추 10개, 통밀식빵 8조각, 물 1컵, 꿀 1큰술, 크림치즈 50ml

이렇게 만드세요

1 대추는 마른 천으로 닦은 다음 돌려 깎아 씨를 제거한다.
2 냄비에 물 1컵과 대추를 함께 넣어 중약불에서 끓인다.
3 대추가 부드럽게 무르고 냄비에 물이 거의 졸아들면 불을 끄고 식힌다.
4 믹서에 익힌 대추와 분량의 꿀, 크림치즈를 넣어서 곱게 갈아 스프레드를 만들어 통밀식빵에 곁들인다.

대추를 닦을 때는 주름 사이에 끼어 있는 먼지까지 꼼꼼하게 닦는다. 대추살을 발라낼 때는 돌려깎기를 하면 한결 간편하다.

밤라테

재료 밤 20개, 우유 4컵

이렇게 만드세요

1 밤은 껍질을 벗긴 다음 김이 오른 찜통에 넣어서 15분 정도 푹 찐다.
2 밤이 익으면 뜨거운 상태로 바로 믹서에 담고 우유를 부어 간다.

찜기에 김이 오른 후에 밤을 넣고 쪄야 맛있다. 쪄낸 밤을 식히지 말고 뜨거울 때 우유와 같이 갈면 쉽게 갈리고 거품도 더 잘 난다.

단호박버섯죽과 깻잎간장장아찌

main 단호박버섯죽 side 깻잎간장장아찌, 백김치

달콤하면서 담백한 단호박에 씹히는 맛이 있는 버섯을 넣어 끓인 단호박버섯죽과 짭조롬한 깻잎간장장아찌를
곁들이면 스피디한 점심식탁이 완성된다.

단호박버섯죽

재료 단호박·새송이버섯 1개씩, 표고버섯 4개, 불린쌀 1컵, 물 6컵

이렇게 만드세요

1 단호박은 껍질을 벗긴 다음 사방 0.5cm 크기로 자른다.

2 새송이버섯은 단호박과 같은 크기로 썰고, 표고버섯은 뜨거운 물에 불려 부드러워
지면 밑동을 제거한 후 곱게 채썬다.

3 냄비에 분량의 물과 쌀을 넣어서 끓이다 쌀이 어느 정도 퍼지면 단호박과 버섯을 넣
고 농도가 걸쭉해질 때까지 끓인다.

채소를 넣어 죽을 끓일 때는 쌀과 채소가 익는 시간이 다르므로 쌀부터 끓이다가 퍼지면 채소를 넣는다.

깻잎간장장아찌

재료 깻잎순 100g, 양파 1/4개, 마른고추 1개, 간장 4큰술, 식초·설탕 2큰술씩,
소금 1/3작은술, 물 1컵

이렇게 만드세요

1 잘 다듬은 깻잎순은 끓는물에 데쳐 찬물에 헹궈 물기를 제거한다.

2 양파는 사방 1cm로 자르고 마른고추는 1cm 폭으로 자른다.

3 냄비에 간장과 식초, 설탕, 소금을 넣어서 끓인 다음 식힌다.

4 밀폐용기에 깻잎순, 양파, 고추를 담은 후 장아찌간장을 부어 냉장고에 보관한다.

장아찌를 만들 때 장물을 끓여서 부으면 양념이 잘 어우러질 뿐 아니라 양념이 빨리 스며드는 효과가 있다.

main 고추장해물볶음밥
side 간단무장아찌
plus 콩나물국

고추장해물볶음밥과
간단무장아찌

바다 향 가득한 해물에 고추장소스를 넣어 매콤하게 맛을 낸 볶음밥. 여기에 맑게 끓인 콩나물국과 무장아찌를 곁들이면 얼얼한 입 안도 달래주고 칼칼한 맛도 더할 수 있다.

고추장해물볶음밥

재료 오징어 1/4마리, 손질한 새우 3마리, 조갯살 2큰술, 양파 1/4개, 당근 1/8개, 참기름·청주 1큰술씩, 다진마늘 1작은술, 찬밥 1그릇, 고추장 1과1/2큰술, 깨소금 2작은술, 소금 조금

이렇게 만드세요

1 오징어는 잔칼집을 낸 뒤 한입 크기로 썰고 새우와 조갯살은 슴슴한 소금물에 헹군다.

2 양파와 당근은 곱게 다진다.

3 뚝배기에 참기름을 두르고 다진마늘과 다진양파, 다진당근을 볶아 향을 낸 뒤 해물과 청주를 넣고 센불에서 볶는다.

4 해물이 익으면 찬밥을 넣고 밥이 잘 풀어지게 볶다가 고추장과 깨소금을 넣고 윤기 나게 볶는다. 부족한 간은 소금으로 맞춘다.

해물을 볶을 때는 청주를 넣고 센불에서 볶아야 비린맛이 날아간다.

간단무장아찌

재료 무 1/4개, 청양고추 1개, 홍고추 1/2개

장아찌간장 간장·생수·식초 1/2컵씩, 설탕 1/3컵

이렇게 만드세요

1 무는 5cm 길이로 도톰한 모양으로 썰고 청양고추와 홍고추는 송송썬다.

2 분량의 재료를 모두 냄비에 붓고 한소끔 끓여 장아찌간장을 만든다.

3 소독한 병에 무와 고추를 담고 뜨거운 장아찌간장을 부어 실온에 두었다 다음 날 먹는다.

무에 뜨거운 장아찌물을 부으면 아삭하고 꼬들한 식감이 살고 간도 쉽게 배 다음 날 바로 먹을 수 있다.

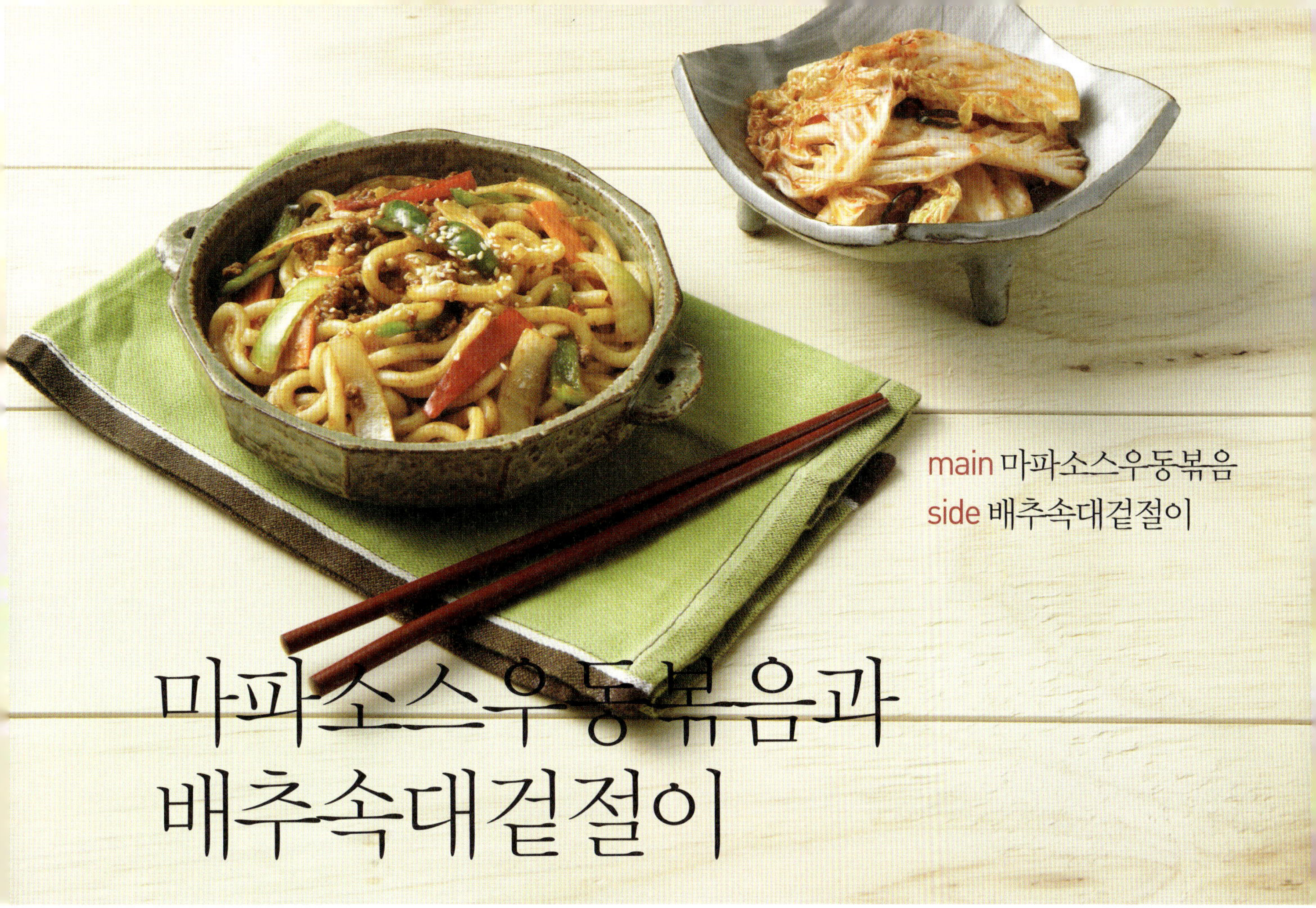

main 마파소스우동볶음
side 배추속대겉절이

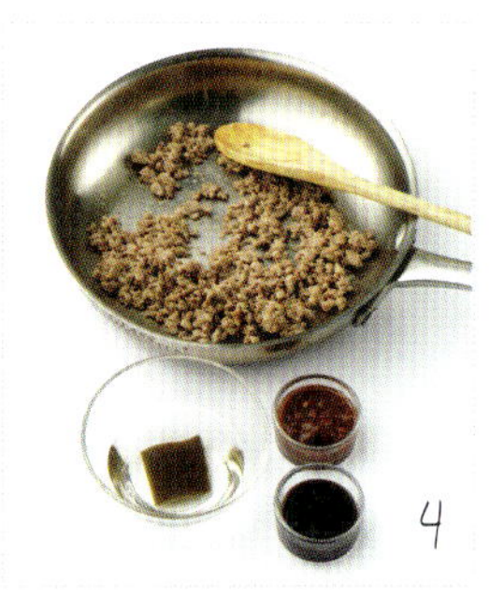

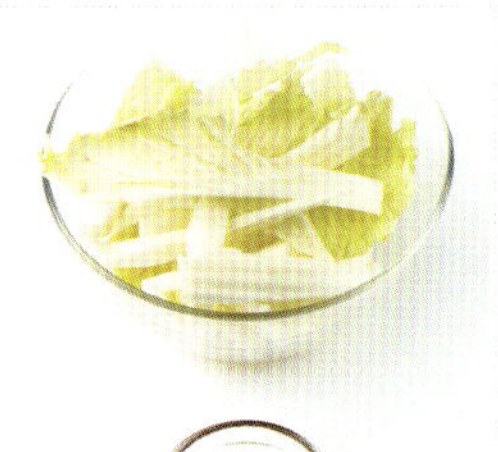

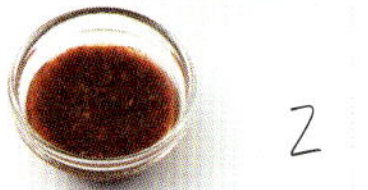

마파소스우동볶음과 배추속대겉절이

쫄깃한 우동면을 마파소스로 볶아 맛을 내고, 아삭한 배추속대 겉절이를 곁들여 점심상을 차려보자. 입맛 없는 점심, 별미 메뉴로 그만이다.

4

2

마파소스우동볶음

재료 우동생면 1개, 양배추 1장, 양파 1/4개, 당근 1/8개, 청피망 · 홍피망 1/4개씩, 통깨 조금

마파소스 다진돼지고기 30g, 식용유 · 두반장 1큰술씩, 다진마늘 1작은술, 다진파 · 청주 · 굴소스 2작은술씩, 다시마물 4큰술

이렇게 만드세요

1 우동생면은 끓는물에 데쳐 부드럽게 풀어지면 체에 건져 물기를 거둔다.
2 양배추와 양파, 당근, 피망은 1×5cm 크기의 직사각형 모양으로 썬다.
3 달군 팬에 기름을 두르고 파와 마늘을 볶다가 돼지고기와 청주를 넣는다.
4 고기가 익으면 두반장과 굴소스, 다시마물을 넣고 잘 볶는다.
5 마지막으로 채소와 우동면을 넣고 센불에서 볶아낸 뒤 통깨를 뿌린다.

돼지고기를 완전히 익힌 뒤 양념을 넣고 볶아야 누린내가 나지 않는다.

배추속대겉절이

재료 배추속대 5장, 풋고추 1/2개, 홍고추 1/4개, 통깨 조금

겉절이양념 멸치액젓 · 물 · 매실청 · 참기름 1큰술씩, 고춧가루 1과1/2큰술, 다진마늘 1작은술, 깨소금 2작은술

이렇게 만드세요

1 배추속대는 먹기 좋게 찢고 고추는 어슷썰어 각각 찬물에 씻어 건진다.
2 겉절이양념에 배추속대를 먼저 넣고 무친 후 고추를 넣어 버무리고 통깨를 뿌린다.

배추속대는 양념이 빨리 배지 않으니 먼저 넣고 살살 버무려 간이 고르게 배면 고추를 섞는다.

연어스테이크와 밤샐러드

main 연어스테이크 **side** 밤샐러드, 무간장피클

오메가-3지방산과 비타민E가 풍부한 연어를 담백하게 구워 스테이크를 만들고 싱싱한 채소와 밤으로 만든
아삭한 샐러드와 무간장피클을 곁들여 보자. 스페셜한 도시락이 완성된다.

연어스테이크

재료 연어 2토막, 소금·후춧가루 1/3작은술씩
딜크림소스 밀가루·포도씨오일 2큰술씩, 생크림 1/4큰술, 우유 1/4컵, 머스터드 1큰술,
물 1/2컵, 홀스래디시 1작은술, 딜 1줄기, 소금·후춧가루 조금씩

이렇게 만드세요

1 연어는 스테이크용으로 준비해 소금, 후춧가루를 뿌린 후 달군 팬에 노릇하게 굽는다.
2 포도씨오일과 밀가루를 잘 섞어 소스 팬에 넣어 타지 않게 볶은 후 분량의 물을 조금
씩 부어가면서 끓인다.
3 ②에 생크림과 우유를 넣고 고루 섞은 후 소금과 후춧가루를 넣어 간을 맞춰 식힌 다
음 머스터드, 홀스래디시, 다진딜을 넣어 고루 섞어 연어에 얹는다.

오일을 이용해서 루를 만들 때는 밀가루와 오일을 미리 잘 섞은 다음 타지 않도록 볶아야 한다.

밤샐러드

재료 밤 3개, 양상추 3장, 래디시 1개
포도드레싱 포도주스·다진양파·포도씨오일 2큰술씩, 식초·설탕 1큰술씩,
소금 1/2작은술, 후춧가루 1/4작은술

이렇게 만드세요

1 밤은 껍질을 벗긴 다음 얇게 썰어서 찬물에 담가 둔다.
2 먹기 좋게 뜯은 양상추와 래디시는 찬물에 담갔다 건져 물기를 거둔다.
3 접시에 밤과 채소를 담은 후 분량의 재료로 만든 포도드레싱을 얹는다.

밤은 껍질을 벗긴 다음 물에 담가야 아삭하면서 식감이 좋아지고 갈변도 방지된다.

사과식빵파이와 모과차

main 사과식빵파이 side 모과차

먹다 남은 식빵에 제철을 만난 사과를 듬뿍 넣어 파이를 만들고 모과차를 곁들여 내보자. 가을 향기 가득한 간식에
온 가족이 행복해진다.

사과식빵파이

재료 식빵 8장, 사과 1/2개, 황설탕 2큰술, 달걀 2개, 계핏가루 조금

이렇게 만드세요

1 식빵은 타르트 틀에 눌러가면서 모양대로 잘라서 준비한다.

2 사과는 잘게 자른 후 분량의 황설탕과 고루 섞어 둔다.

3 곱게 푼 달걀물에 설탕에 재어 둔 사과를 고루 섞어 준비한 식빵에 올려 160℃의 오븐
에서 10분간 굽는다.

4 식빵이 식으면 계핏가루를 뿌려서 먹기 좋게 자른다.

식빵이 딱딱할 경우
틀에 넣어 모양을
잡을 수 없다.
이때는 젖은 수건을
덮어서 축축하게
만든 후 틀로 찍어
모양을 낸다.

모과차

재료 모과 1개, 황설탕 1컵

이렇게 만드세요

1 모과는 노랗게 잘 익은 것으로 골라 씻어서 물기를 제거한 후 3mm 두께로 저민다.

2 밀폐용기에 모과와 설탕을 켜켜이 담은 후 뚜껑을 닫고 한 달 정도 숙성시킨 다음 차
로 마신다.

노랗게 잘 익은 모과로 만들어야
향도 좋고 맛도 좋다.

main 고구마먼치도넛
side 감자고구마칠리 프라이

고구마먼치도넛과 감자고구마칠리프라이

동글동글 빚어낸 고구마도넛, 삶은 감자와 고구마에 치즈와 칠리소스를 뿌려 오븐에 익힌 감자고구마프라이.
영양 가득, 몸에 좋은 간식으로 가족 건강지수도 올라간다.

고구마먼치도넛

재료 고구마 2개, 찹쌀가루 1/2컵, 설탕 1큰술, 우유 4큰술, 흑임자 조금, 튀김기름 적당량, 계피설탕(설탕 4큰술, 계핏가루 1/2작은술)

이렇게 만드세요

1 고구마는 삶아서 뜨거울 때 으깬다.

2 으깬 고구마에 찹쌀가루, 설탕, 우유, 흑임자를 넣고 반죽한다.

3 동글동글하게 한입 크기로 빚어 160℃로 달군 기름에 넣어 노릇하게 튀긴다.

4 기름기를 빼고 뜨거울 때 계피설탕에 굴려 완성한다.

도넛이 뜨거워야 설탕이 묻으니 기름기를 뺀 뒤 바로 계피설탕에 굴려준다.

감자고구마칠리프라이

재료 감자·고구마 1개씩, 시판 미트피자소스·피자치즈 1/2컵씩, 체다치즈 1장, 파슬리가루 조금, 식용유 적당량

이렇게 만드세요

1 감자와 고구마는 잘 씻어 웨지 모양으로 잘라 찬물에 담가 녹말기를 뺀다.

2 감자와 고구마는 끓는 물에 넣고 15분 정도 삶는다.

3 삶은 감자와 고구마를 체에 건져 물기를 제거하고 오븐 용기에 올린 후 미트소스와 피자치즈, 굵게 다진 체다치즈를 뿌린다.

4 200℃로 예열한 오븐에서 10분 정도만 구워낸 후 파슬리가루를 뿌린다.

고구마와 감자를 애벌로 익힌 다음 구워야 소스와 치즈가 타지 않고 고루 익는다.

제철 재료로 차린
일주일 밥상 플랜

	아침	점심	저녁
월	밥 두부간장조림 오징어젓 연근조림	해물짜장면 단무지 깍두기	밥 낙지무국 고구마줄기잡채 알감자홍고추조림
화	밥 감자된장국 달걀말이 총각무김치	단호박버섯죽 깻잎간장장아찌 백김치	밥, 알마늘장아찌 버섯뚝배기불고기 연근검은깨전 우엉잡채
수	샐러드 치킨커틀릿 플레인요구르트 과일	잔치국수 배추겉절이 동그랑땡	밥 밤채깻잎김치 양송이버섯무반장조림 고춧잎무말랭이무침
목	돈부리 유부주먹밥 락교 단무지무침	대추스프레드 통밀식빵 밤라테	밥, 총각무김치 돼지갈비김치전골 채소전 참나물초고추장무침
금	스크램블에그 베이컨 소시지 와플, 커피	연어스테이크 밤샐러드 무간장장아찌	나물비빔밥 미역국 가지나물, 콩장 고구마순김치
토	콩찰떡 단호박두유 사과	밥 콩나물북어국 김치볶음 감자반	밥, 배추김치 쇠고기노각감정 꽁치허브소금구이 새송이마른새우볶음
일	낙지연포수제비 총각무김치 깻잎나물 미니파전	쇠고기크림스파게티 과일샐러드 콜리플라워피클 마늘빵	밥, 해물탕 말린가지나물볶음 노각생채 배추김치

11·12월 밥상

한해를 마무리하는 의미 있는 시간. 온고지신의 마음으로 새해를 맞이하자. 칼칼하면서도 진한 감칠맛이 일품인 꽃게감정, 시원한 국물이 끝내주는 낙지탕, 해장국으로 그만인 담백한 홍합배추국 한 그릇이면 찬바람에도 몸과 마음이 든든하다. 김장을 준비하고 메주를 쑤는 이 달에는 다가올 겨울을 대비해 고단백과 양질의 단백질 섭취도 고려해야 한다. 겨울에 부족해지는 비타민은 굴과 바나나로 보충하자.

꽃게감자감정과 버섯콩나물잡채

꽃게감자감정

재료 꽃게 2개, 감자(중간 크기) 1개, 대파 1/3뿌리, 풋고추·홍고추 1개씩, 콩가루 4큰술, 밀가루 2큰술, 굵은소금 조금

꽃게밑간 맛술 2큰술, 국간장 1작은술, 후춧가루 조금

감정양념 고추장 3큰술, 다진마늘·국간장 1큰술씩, 생강즙 1작은술

이렇게 만드세요

1 꽃게는 솔로 깨끗이 씻어 등껍질과 아가미, 모래주머니를 제거하고 4등분한 다음 맛술, 국간장, 후춧가루로 밑간한다.

2 감자는 껍질을 제거하고 2cm 두께로 썰어서 찬물에 담그고, 대파와 풋고추, 홍고추는 어슷썬다.

3 분량의 콩가루와 밀가루를 섞어 밑간해둔 꽃게를 버무린다.

4 냄비에 물과 고추장, 국간장을 넣고 끓으면 감자를 넣고 감자가 반 정도 익으면 꽃게와 채소를 넣고 한소끔 끓인 다음 기호에 따라 굵은소금으로 간한다.

콩가루를 넣으면 달짝지근한 꽃게의 맛에 구수함을 더해 국물에 감칠맛이 더해진다.

고추장을 넣어 얼큰하게 끓인 꽃게감정. 임금님 수라상에 올렸을 만큼
칼칼하면서도 진한 감칠맛이 일품이다. 버섯콩나물잡채, 머윗대마른새우볶음
같은 담백한 반찬을 곁들이면 맛도 영양도 더할 나위 없다.

버섯콩나물잡채

재료 콩나물 200g, 표고버섯 4개, 청피망·홍피망 1/2개씩,
양파 1/4개, 다진마늘·설탕·간장 1큰술씩, 소금 조금,
깨소금 1큰술, 참기름 1/2큰술

이렇게 만드세요

1 콩나물을 깨끗이 씻어 끓는물에 소금을 조금 넣고 살짝 데친 다음
찬물에 헹궈 물기를 제거한다.

2 표고버섯은 얇게 저며 채를 썰고 피망과 양파도 채썬다.

3 팬에 기름을 두르고 마늘을 볶다가 버섯, 양파, 피망, 콩나물을 넣
어 뒤섞고 설탕, 간장, 소금도 넣어 볶는다. 채소가 익으면 불을 끄
고 깨소금과 참기름을 넣고 버무린다.

콩나물을 한 번
더 볶기 때문에
무르지 않게 살짝만
데치는 것이 좋다.

머윗대마른새우볶음

재료 머윗대 200g, 마른새우 50g, 다시마물 1/2컵,
국간장 1큰술, 다진마늘·들기름 1/2큰술씩, 소금 조금,
들깨가루 2큰술

이렇게 만드세요

1 머윗대는 겉껍질을 제거한 다음 6cm 길이로 썰어 찬물에 담갔다
건진다.

2 기름을 두르지 않고 달군 팬에 마른새우를 넣어 살짝 볶아낸다.

3 팬에 다시마물과 머윗대, 국간장, 마늘, 소금을 넣어서 국물이 거
의 없어지도록 볶는다. 그리고 마른새우와 들기름, 들깨가루를 넣
어 한 번 더 볶는다.

머윗대는 물에
담갔다 사용하면
쓴맛을 줄일 수 있다.

main 꽃게감자감정
side 버섯콩나물잡채
plus 머윗대마른새우볶음
　　　배추김치, 조밥

Cooking Tip

표고버섯은 갓이 너무 많이 피지 않고 표면이
갈색빛을 띠면서 단단하고 매끈하며 뒷면이
하얀 것이 좋은 버섯이다.

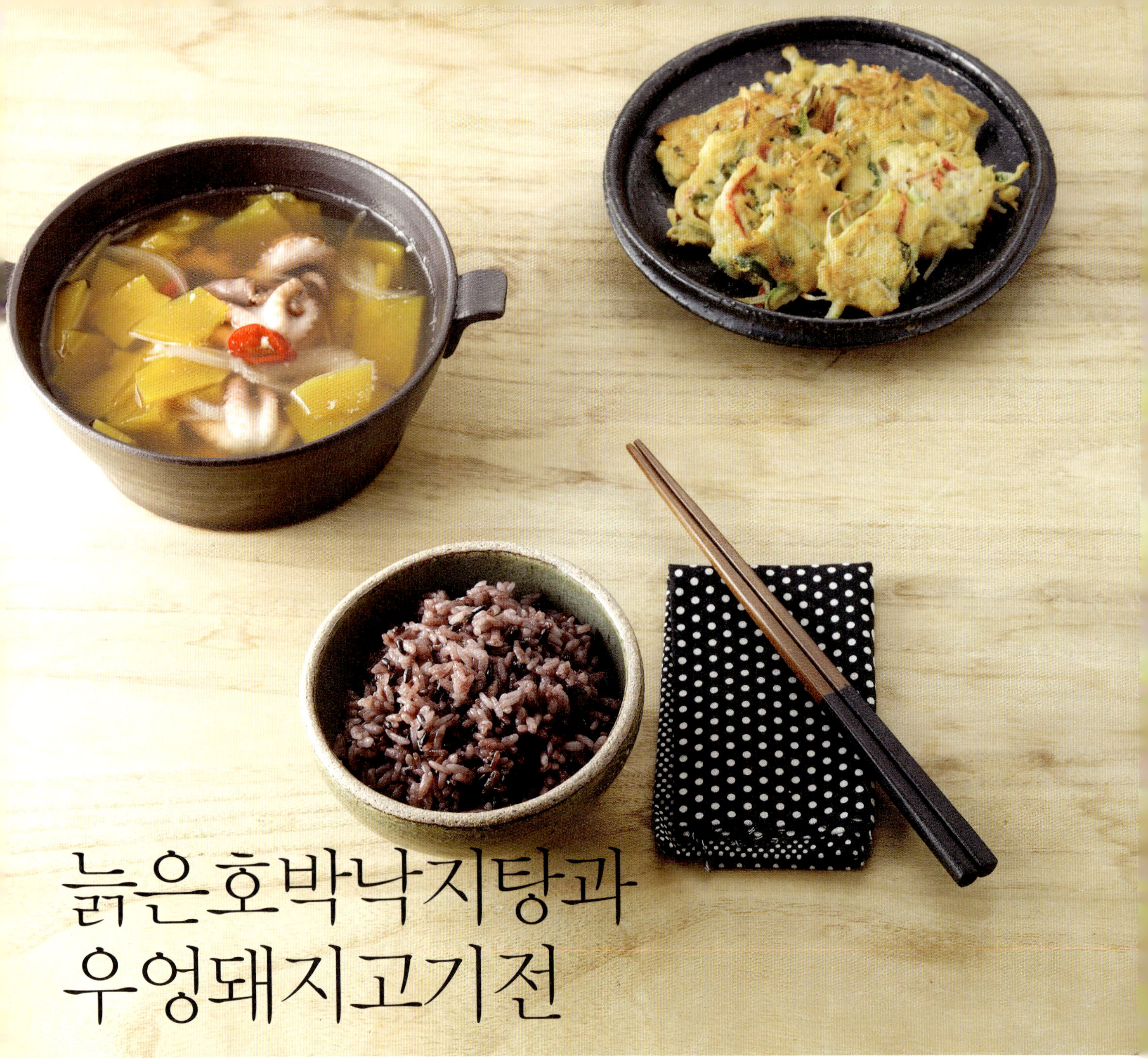

늙은호박낙지탕과 우엉돼지고기전

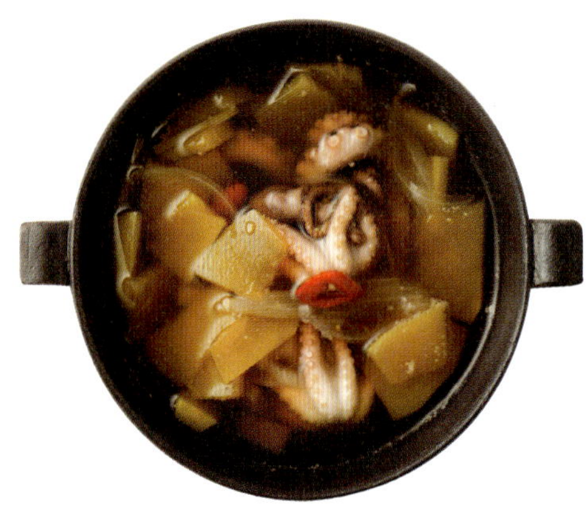

늙은호박낙지탕

재료 늙은호박 250g, 낙지 2마리, 양파 1/4개, 홍고추 1개, 참치액 1작은술, 국간장 1큰술, 굵은소금 조금, 밀가루 2큰술, 물 6컵

이렇게 만드세요

1 늙은호박은 껍질과 씨를 제거하고 0.5×4cm로 썰고 양파는 채썬다. 홍고추는 어슷썬다.

2 낙지는 내장을 제거하고 밀가루로 바락바락 주물러 깨끗하게 씻는다.

3 냄비에 물을 부어 늙은호박을 넣고 끓이다가 반 정도 익으면 낙지를 넣는다.

4 낙지가 익으면 양파와 홍고추를 넣어 한소끔 더 끓인 다음 참치액, 국간장으로 간한다. 모자라는 간은 굵은소금으로 맞춰도 된다.

낙지는 너무 오래 익히면 질기고 제 맛이 나지 않으므로 호박이 익은 다음 넣어 살짝만 익힌다.

몸을 따뜻하게 해주는 늙은호박과 우엉은 늦가을 영양식 재료로 제격. 낙지를 넣고 맑게 끓여 속을 편안하고 따끈하게 데워주는 낙지탕에 돼지고기를 더해 만든 우엉전을 곁들이면 보약이 부럽지 않다.

우엉돼지고기전

재료 우엉 150g, 풋고추·홍고추 2개씩, 쪽파 5뿌리, 달걀 1개, 밀가루 1컵, 물 1/4컵, 다진돼지고기 100g, 소금 조금

이렇게 만드세요

1 우엉은 껍질을 제거하고 5cm 길이로 채썰어서 식촛물에 담가둔다. 풋고추와 홍고추는 채썰고, 쪽파는 4cm 길이로 썬다.

2 볼에 달걀을 풀고 밀가루와 물을 섞고 손질한 우엉, 풋고추와 홍고추, 쪽파, 돼지고기, 소금을 넣어 섞는다.

3 달군 팬에 기름을 두르고 ②의 반죽을 1큰술씩 떠 넣어 앞뒤로 노릇하게 부친다.

우엉을 식촛물에 담그면 갈변을 방지할 수 있다. 단, 식촛물에 담갔다가 바로 조리하면 신맛이 나므로 물에 헹군 다음 조리한다.

쪽파김치

재료 쪽파 1단, 굵은소금 1/4컵

김치양념 고춧가루 2/3컵, 액젓 1/4컵, 새우젓·통깨 2큰술씩, 무(3cm) 1토막, 양파 1/4개, 대파 1/4뿌리, 다진마늘 3큰술, 다진생강 1큰술, 굵은소금 조금, 밥 1/2공기

이렇게 만드세요

1 쪽파는 굵은소금에 살짝 절인 다음 헹궈서 물기를 제거한다.

2 김치양념의 재료인 무와 양파, 대파는 적당한 크기로 썬 다음 통깨를 제외한 나머지 분량의 재료와 함께 믹서로 간 다음 통깨도 섞어 양념을 만들어 30분 정도 실온에 둔다.

3 절여둔 쪽파에 김치양념을 바르듯 무친 다음 통에 담아 보관한다.

쪽파김치는 무치기 보다는 양념을 바르듯 해야 김치가 서로 엉기지 않아 먹을 때 좋다. 양념을 바른 김치를 한 번 먹을 만큼씩 돌돌 말아 보관한다.

main 늙은호박낙지탕
side 우엉돼지고기전
plus 쪽파김치, 흑미밥

Cooking Tip

늙은호박은 들었을 때 묵직한 것이 좋다. 특히 청둥호박은 속이 노랗고 단맛이 많이 나서 죽을 끓이는 등 다양한 용도로 쓰인다.

꽁치얼갈이배추국과 밤대추현미밥

꽁치얼갈이배추국

재료 꽁치 2마리, 데친얼갈이배추 150g, 된장 2큰술, 고춧가루 1큰술, 다진마늘 1큰술, 대파 1/4뿌리, 풋고추·홍고추 1개씩, 후춧가루 조금, 굵은소금 조금, 국간장 1큰술, 물 6컵

이렇게 만드세요

1 꽁치는 비늘을 긁어내고 머리와 내장, 지느러미를 제거하고 5cm 정도로 토막내서 씻은 다음 물기를 제거하고 소금을 조금 뿌려둔다.

2 데친얼갈이배추는 헹궈서 4cm 길이로 썬 다음 된장, 고춧가루, 마늘을 넣어 양념한다.

3 대파와 풋고추, 홍고추는 어슷썬다.

4 물이 끓으면 손질한 꽁치와 얼갈이배추를 넣고 끓이다가 대파, 풋고추, 홍고추를 넣고 후춧가루, 굵은소금, 국간장으로 간한다.

꽁치는 비늘과 내장을 충분히 씻은 다음 소금을 미리 조금 뿌려둬야 비린맛을 줄일 수 있다.

꽁치를 넣어 영양을 더한 얼갈이배추국과 밤과 대추를 넣어 만든 영양밥으로 밥상 가득 가을의 맛과 기운을 더해보자. 달큰한 초롱무비늘김치는 입맛을 개운하게 해준다.

밤대추현미밥

재료 밤·대추 10개씩, 현미찹쌀·물 2컵씩

이렇게 만드세요

1 현미찹쌀은 씻어서 하룻밤 불려 둔다.

2 밤은 껍질을 벗긴 다음 4등분하고 대추는 돌려 깎아 씨를 제거하고 밤과 같은 크기로 썬다.

3 냄비에 준비한 밤, 대추, 현미찹쌀, 물을 넣어 센불에서 끓이다가 끓으면 불을 약하게 해서 10분 정도 더 가열한다. 냄비에 밥알이 딱딱 붙는 소리가 나면 불을 다시 세게 해서 15초 정도 가열한 다음 불을 끄고 10분간 뜸을 들인다.

현미는 쉽게 퍼지지 않아 미리 불리지 않고 밥을 하면 자칫 밥이 설익은 듯 까슬하므로 미리 물에 담가 충분히 불리는 것이 중요하다.

초롱무비늘김치

재료 초롱무 1단, 굵은소금 1컵, 물 1L

김치양념 고춧가루 2/3컵, 다진마늘 3큰술, 다진생강 1큰술, 젓갈 1/2컵, 양파 1/4개, 새우젓 2큰술, 대파 1/2뿌리

이렇게 만드세요

1 초롱무는 2cm 간격으로 칼집을 넣은 다음, 굵은소금을 푼 물에 넣어 무가 부러지지 않을 정도로 절인다.

2 무청은 씻어서 물기를 제거한 다음 2cm 길이로 썬다.

3 김치양념 재료 중 양파와 대파는 믹서에 갈아 나머지 재료들과 골고루 섞은 다음 무청도 넣어 섞는다.

4 절인 초롱무를 물에 헹궈 물기를 빼고 칼집 사이에 김치양념을 넣으면서 버무린다.

비스듬히 칼집을 넣고 소금 넣으면 마치 비늘 모양 같다고 해서 비늘김치라고 하는데 주로 무김치에 많이 사용한다.

main 꽁치얼갈이배추국
side 밤대추현미밥
plus 초롱무비늘김치,
쇠고기피망볶음, 낙지젓

초롱무는 전체적으로 매끈하면서 심이 많지 않고 물이 많은 무로, 특히 가을철에 김치를 담으면 시원하면서 단맛이 나 맛있다.

홍합배추속대국과
가쓰오부시무찜

홍합배추속대국

재료 홍합 250g, 배추속대 6장, 대파 1/4뿌리, 다진마늘 1큰술, 물 4컵, 된장 2큰술

이렇게 만드세요

1 홍합은 수염을 제거한 다음 바락바락 문질러 씻는다.

2 배추는 3×5cm 크기로 썰고, 대파는 어슷 썬다.

3 냄비에 물을 붓고 된장을 푼 다음 홍합을 넣어 끓인다. 홍합이 입을 벌리기 시작하면 배추, 대파, 마늘을 넣어 한소끔 끓인 다음 소금으로 간한다.

홍합은 물이 끓기 전에 넣는 것이 아니라 처음부터 넣고 끓여야 국물 맛도 좋고 홍합살도 부드럽다. 소금은 홍합이 입을 벌린 다음 간을 보고 넣는 것이 좋다.

제철을 만난 홍합을 푸짐하게 넣고 담백하게 끓인 홍합배추속대국은
입맛 깔깔한 아침 국으로는 물론 술안주나 해장국으로도 그만이다.
만들기 쉬우면서도 색다르고 폼 나는 가쓰오부시무찜도 함께 준비해보자.

가쓰오부시무찜

재료 초롱무 2개, 가쓰오부시 한 줌, 물 2컵, 간장 3큰술,
마른청양고추 1개, 올리고당 2큰술

이렇게 만드세요
1 초롱무는 2cm 정도 두께로 썬다.
2 냄비에 무와 분량의 물, 간장, 마른청양고추를 함께 넣고 조린다.
올리고당은 마지막에 넣어서 한 번 더 끓인 다음 불을 끈다.
3 그릇에 초롱무찜을 담고 가쓰오부시를 올린다.

올리고당을 미리 넣으면 무가 딱딱해지므로 충분히 조린 다음 마지막에 넣어야 무 속까지 부드러우면서 달콤한 조림이 된다.

연근두부조림

재료 연근 1/4개, 두부 1모, 고춧가루·다진마늘·설탕 1/2큰술씩,
간장 2큰술, 다진파 1큰술, 물 1컵

이렇게 만드세요
1 연근은 0.1cm 크기로 얇게 썰어 식촛물에 담가두고, 두부는 1cm
두께로 썬다.
2 분량의 간장, 고춧가루, 다진파, 다진마늘, 설탕, 물을 섞어 조림
양념을 만든다.
3 냄비에 연근과 두부, 양념을 함께 넣고 자작하게 조린다.

두부는 부드럽고 연근은 아삭하기 때문에 연근은 얇게 썰어야 식감이 잘 어울린다.

main 홍합배추속대국
side 가쓰오부시무찜
plus 연근두부조림,
　　　배추김치, 잡곡밥

가을배추는 특히 맛이 달고 비타민, 무기질이
풍부하며 질기지 않고 아삭한 맛이 난다. 김치
외에 다양한 요리에 활용해보자.

main 대추타락죽
side 무말랭이버섯볶음
plus 잔멸치볶음

대추타락죽과 무말랭이버섯볶음

대추 외에 단호박, 고구마, 잣 등으로 만들어도 좋은 타락죽. 물과 우유만으로 간단하게 만들 수 있어 바쁜 아침
메뉴로 제격이다. 부드럽고 고소한 맛이 나므로 불편한 속을 달래기에도 그만이고 유아식으로도 좋다.

대추타락죽

재료 대추 10개, 불린쌀 1/2컵, 물 3컵, 우유 1컵

이렇게 만드세요

1 대추는 돌려 깎기하여 씨를 제거하고 다진다.
2 냄비에 대추, 불린쌀, 물을 함께 넣고 끓인다. 쌀이 으깨질 정도로 퍼지면 분량의 우유를
넣고 한소끔 더 끓인다.

우유는 너무 많이
끓이면 특유의
고소한 맛이 나지
않기 때문에
마지막에 넣고
살짝만 끓이는
것이 좋다.

무말랭이버섯볶음

재료 무말랭이 60g, 홍고추 1개, 쪽파 2뿌리, 간장·식용유 1큰술씩, 소금 조금,
다진마늘·깨소금 1/2큰술씩, 참기름 1작은술

이렇게 만드세요

1 무말랭이는 찬물에 불려서 주물러 씻고 물기를 제거한다.
2 홍고추는 어슷썰고, 쪽파는 송송썬다.
3 달군 팬에 기름을 두르고 마늘을 볶다가 무말랭이와 분량의 간장, 소금을 넣어서 볶는다.
4 무말랭이에 간이 밸 정도로 볶은 다음 고추, 쪽파를 넣고 뒤섞어 불을 끄고 깨소금, 참기
름을 넣어 마무리한다.

무말랭이는
만졌을 때 속까지
부드러울 정도로
불리면 되며 불린
후에는 바락바락
주물러 씻어야
특유의 군내를
제거할 수 있다.

유자청밤단자와 배생강차

찹쌀로 만들어 식사대용으로도 좋고 영양간식으로도 좋은 유자청밤단자. 푹 우려낸 배통후추차를 곁들이면
쌀쌀한 가을, 건강식으로도 그만이다.

유자청밤단자

재료 불린찹쌀 1컵, 밤 5톨, 유자청 3큰술, 소금 조금

이렇게 만드세요

1 찹쌀은 물기를 제거한 다음 찜기에 면보를 깔고 쪄서 절구에 빻거나 믹서에 간다.
2 밤은 곱게 채썰어 찬물에 담갔다가 물기를 제거한다.
3 쪄서 갈아 둔 찹쌀을 한 큰술씩 떠서 상온에서 굳힌 다음 유자청을 바르고 채썬 밤에 굴
려 옷을 입힌다.

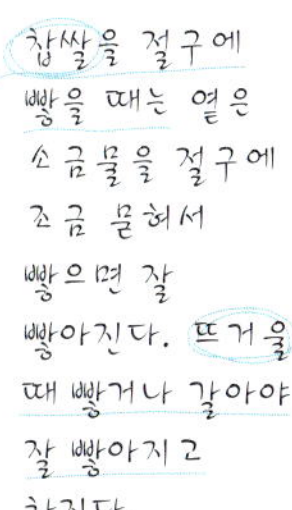

배생강차

재료 배 1/2개, 통후추 1작은술, 생강 1/2쪽, 황설탕 4큰술, 물 3컵

이렇게 만드세요

1 배는 껍질을 벗겨 채썰고 생강은 얇게 저며썬다. 통후추는 물에 한 번 헹군다.
2 냄비에 생강, 동후추, 물을 넣고 끓으면 생강을 건지고, 분량의 황설탕과 배를 넣어 한
소끔 더 끓인다.

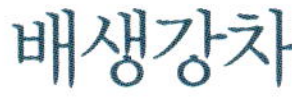

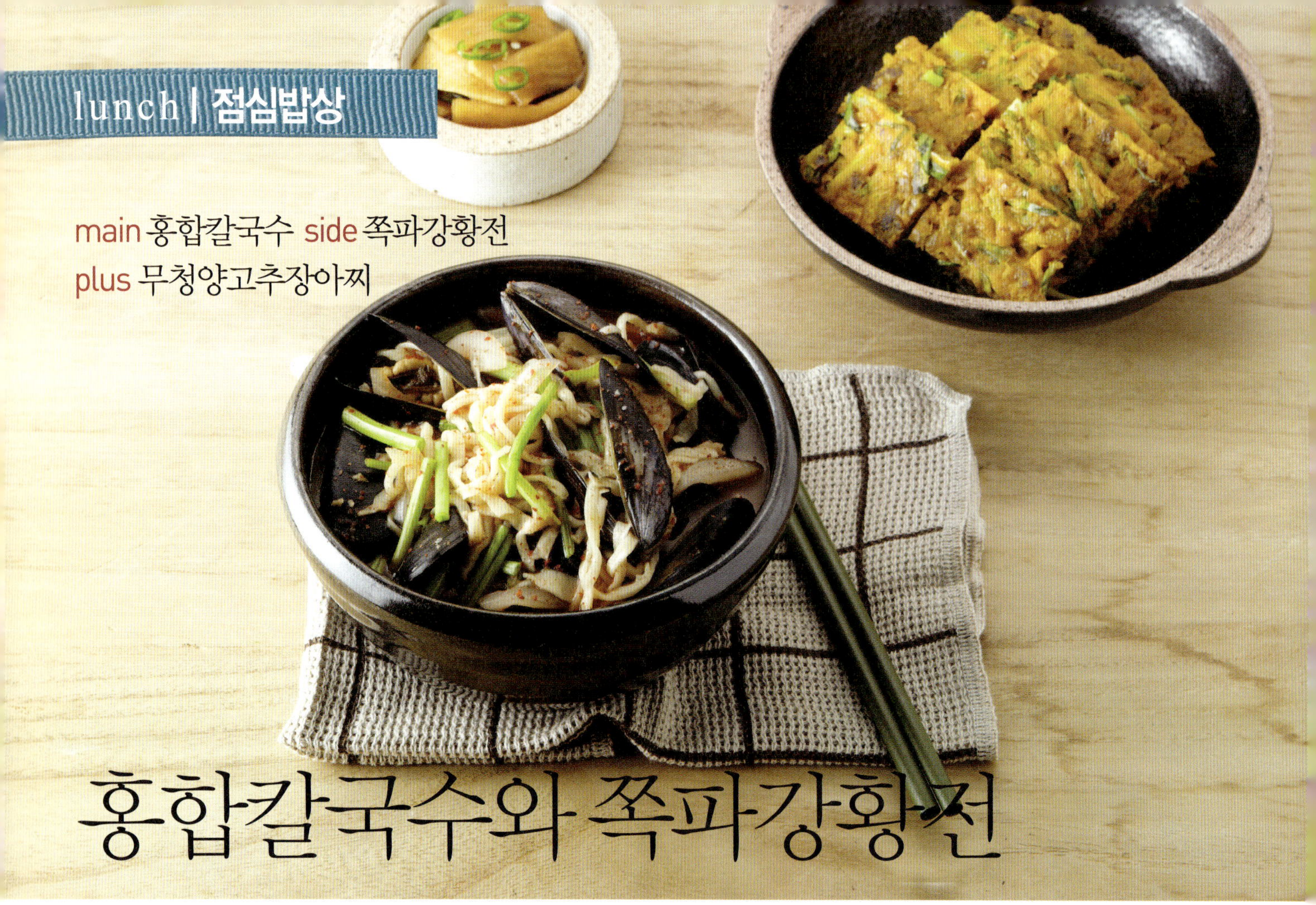

main 홍합칼국수 side 쪽파강황전
plus 무청양고추장아찌

홍합칼국수와 쪽파강황전

건강식품으로 주목받는 강황가루를 넣어 만든 쪽파강황전과 속을 따뜻하게 데워줄 홍합칼국수 한 그릇이면 나른하던 몸에 새 기운이 돈다.

1

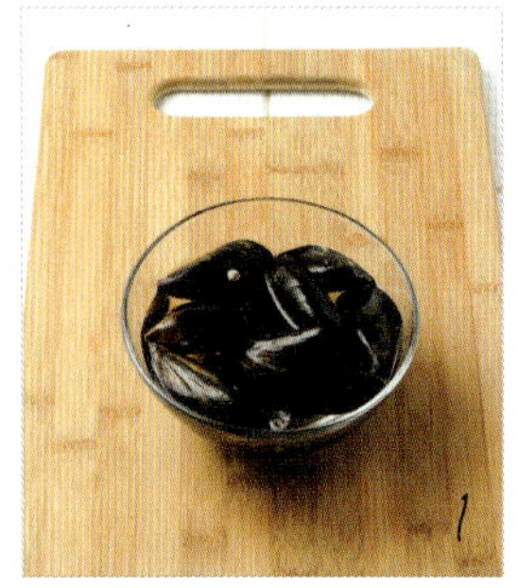

홍합칼국수

재료 홍합 300g, 마른청양고추 2개, 미나리 10줄기, 국간장·고춧가루 2큰술씩, 다진파 2큰술, 다진마늘 1큰술, 참치액 1/2큰술, 후춧가루·굵은소금 조금씩, 물 6컵

칼국수반죽 밀가루 2와1/2컵, 물 2/3컵, 소금 1/3작은술, 덧가루용 밀가루 1/2컵

이렇게 만드세요

1 홍합은 수염과 잔털을 제거한 다음 소금 푼 물에 담갔다가 헹궈서 건진다.

2 분량의 재료를 섞어 칼국수 반죽을 만든 다음 냉장고에 30분간 두었다가 치댄 후 덧가루를 발라가며 얇게 밀어 0.3cm 폭으로 썬다. 미나리와 청양고추는 먹기 좋게 썬다.

3 냄비에 물을 붓고 홍합, 청양고추를 넣어서 끓이다가 홍합이 입을 벌리면 덧가루를 털어낸 칼국수를 넣어 끓인다. 국간장, 고춧가루, 파, 마늘, 참치액, 후춧가루를 넣고 끓인 다음 소금으로 간하고 면이 익으면 미나리를 넣고 불을 끈다.

홍합은 껍데기에 붙은 이물질이나 수염을 제거하고 바락바락 씻은 다음 소금물에 담가야 불순물이 속 안으로 들어가지 않는다.

1

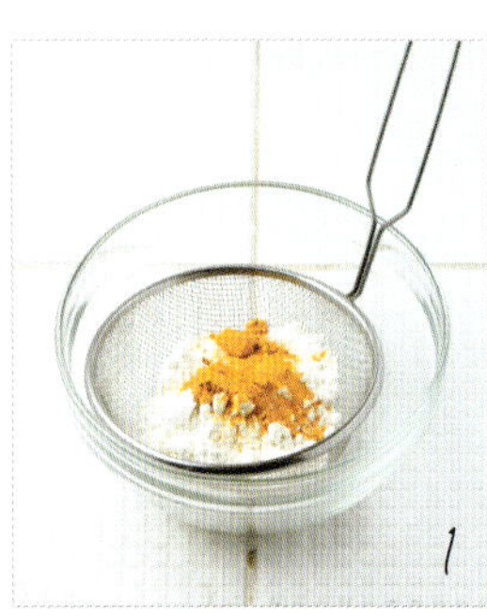

쪽파강황전

재료 쪽파 15뿌리, 강황가루 1작은술, 밀가루 1컵, 달걀 1개, 물 1/4컵, 소금 적당량, 식용유 적당량

이렇게 만드세요

1 쪽파는 씻어서 3cm 길이로 썬다. 밀가루와 강황가루는 섞어서 체에 내린다.

2 볼에 달걀을 풀고 쪽파, 물, 소금을 넣은 다음 체에 내린 가루를 넣어 버무린다.

3 달군 팬에 기름을 넉넉히 두른 다음 반죽을 널찍하게 펴서 앞뒤로 노릇하게 부친다.

강황가루와 밀가루를 골고루 섞지 않으면 강황의 맛이 한쪽으로 치우칠 수 있다.

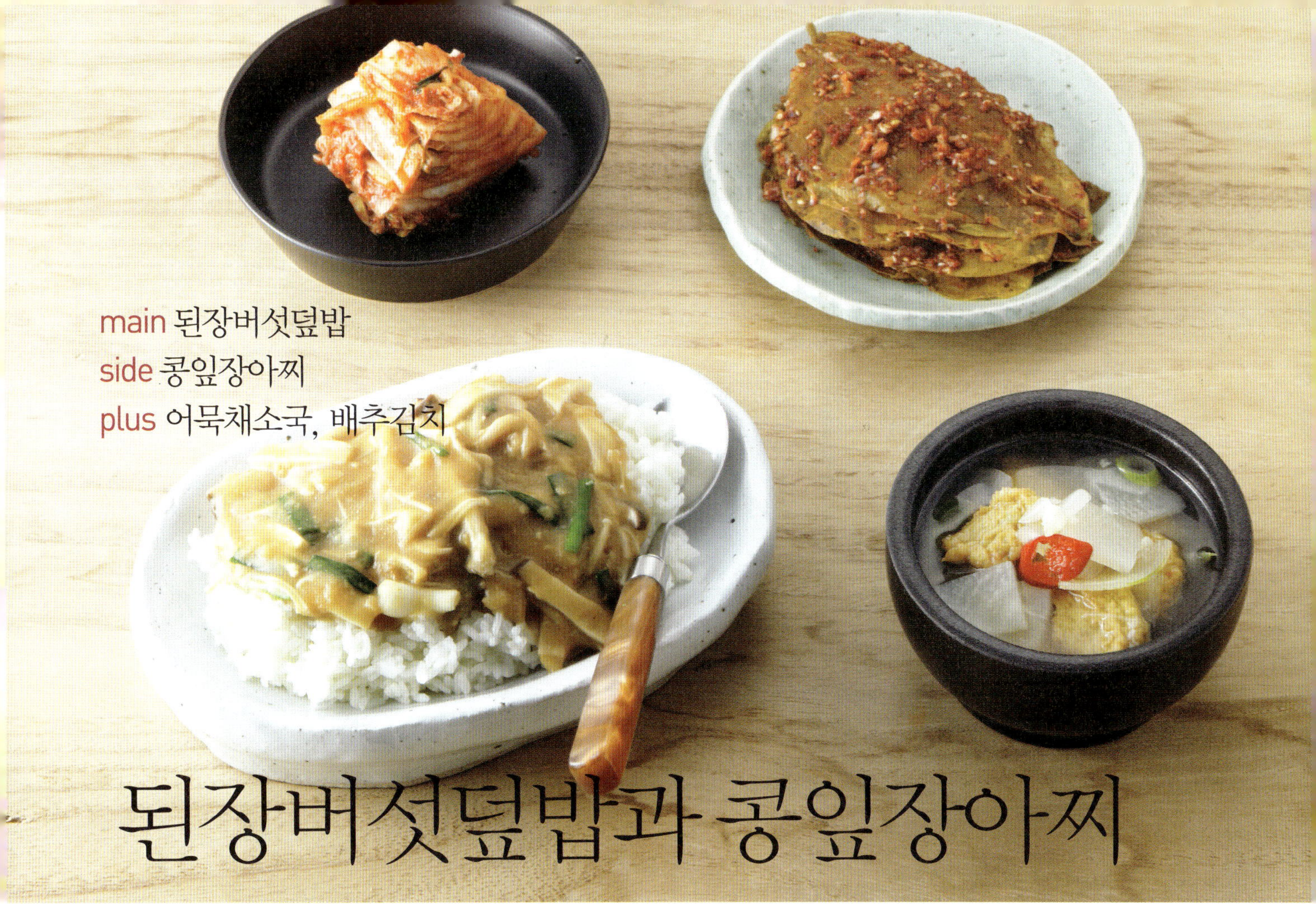

main 된장버섯덮밥
side 콩잎장아찌
plus 어묵채소국, 배추김치

된장버섯덮밥과 콩잎장아찌

된장국이나 찌개는 잘 먹지 않는 아이들도 좋아할 된장소스버섯덮밥. 남도 별미인 삭힌 콩잎장아찌로 고향의 맛을 더하면 연세 드신 부모님도 대환영이다.

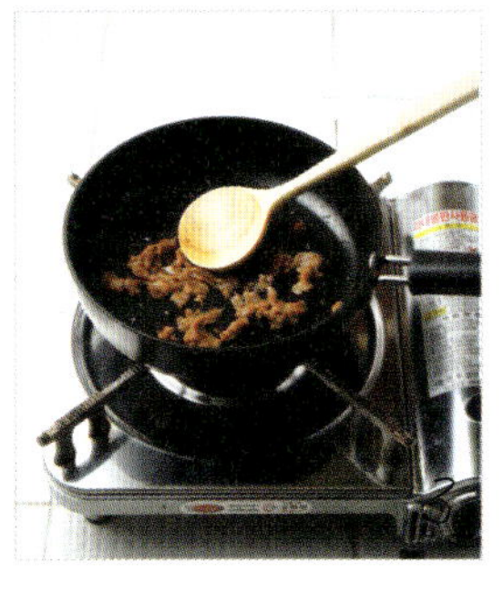

된장버섯덮밥

재료 새송이버섯 1개, 느타리버섯 150g, 팽이버섯 1/2봉, 쪽파 5뿌리, 미소된장 3큰술, 다진마늘 · 식용유 1큰술씩, 물 2컵, 물녹말 2큰술, 따뜻한 밥 4공기

이렇게 만드세요

1 새송이버섯은 길이로 이등분한 다음 반달 모양으로 저며썰고, 느타리버섯과 팽이버섯은 밑동을 제거하고 4cm 길이로 썬다. 쪽파는 4cm 길이로 썬다.

2 냄비에 기름을 두른 다음 마늘을 먼저 볶아 향이 오르면 된장을 넣어 볶다가 물을 붓고 끓인다. 물이 끓으면 버섯을 넣고 한소끔 끓인 다음 물녹말을 풀어 넣어 농도를 내고 쪽파를 넣은 다음 불을 끈다.

미소된장을 볶으면 부드러우면서 고소한 맛이 나고 짠맛도 덜하다.

3 그릇에 밥을 담고 ②의 된장소스버섯을 끼얹는다.

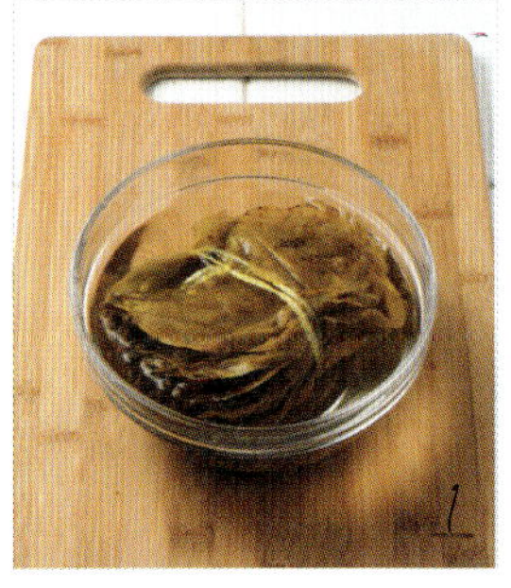

콩잎장아찌

재료 삭힌 콩잎 100장

장아찌양념 액젓 · 간장 2큰술씩, 다진마늘 · 고춧가루 · 깨소금 1큰술씩, 다시마물 3큰술

이렇게 만드세요

1 삭힌 콩잎은 물을 여러 번 갈아서 짠맛을 우린 다음 물기를 제거한다.

삭힌 콩잎은 물을 여러 번 갈아주면서 충분히 우려내야 짠맛도 빠지고 삭은 냄새도 없앨 수 있다.

2 콩잎을 2~3장 정도 깐 다음 그 위에 장아찌 양념을 바르는 식으로 켜켜이 양념을 발라 차곡차곡 놓는다.

main 버섯베이컨필라프
side 무토마토수프
plus 밤장아찌

버섯베이컨필라프와 무토마토수프

가을 향 그득한 표고버섯과 고소한 베이컨으로 만든 필라프. 단맛 나는 무를 더해 끓인 토마토수프까지 준비하면 쌀쌀한 가을 나들이가 든든해진다.

버섯베이컨필라프

재료 찬밥 4공기, 베이컨 4장, 생표고버섯 4개, 청피망·홍피망 1/2개씩, 양파 1/2개, 식용유 2큰술, 소금·후춧가루 조금씩

이렇게 만드세요

1 베이컨은 사방 0.5cm 크기로 썰고, 피망과 양파도 같은 크기로 썬다.

2 표고버섯은 밑동을 제거하고 사방 0.5cm로 잘게 썬다.

3 달군 팬에 기름을 두른 다음 베이컨, 양파, 버섯을 볶다가 밥을 넣어 볶는다. 밥이 투명하게 볶아지면 피망을 넣고 소금, 후춧가루로 간한다.

표고버섯은 물에 적시면 향이 날아가기 때문에 툭툭 털어서 그대로 조리해야 향을 즐길 수 있다.

무토마토수프

재료 무(2cm) 1토막, 토마토 2개, 셀러리 1/3대, 양파 1/5개, 마늘 2쪽, 치킨스톡 1개, 물 3컵, 소금·후춧가루 조금씩

이렇게 만드세요

1 무는 껍질을 벗겨 사방 2cm 크기로 나박나박 썬 다음 끓는물에 살짝 데쳐낸다.

2 토마토는 끓는물에 살짝 데쳐 껍질과 씨를 제거하고 사방 2cm 크기로 썬다.

3 양파는 사방 1cm 크기로 썰고, 셀러리는 섬유질을 제거한 다음 1cm 폭으로 썬다. 마늘은 저며썬다.

4 냄비에 물을 붓고 치킨스톡을 넣어 끓이다가 무, 양파, 마늘을 넣어 끓인다. 무가 익으면 토마토, 셀러리, 소금, 후춧가루를 넣어 간한다.

무를 미리 데치지 않으면 무 특유의 향 냄새가 수프 맛을 해칠 수 있기 때문에 미리 데친 다음 수프를 끓이는 것이 좋다.

밤만주와 오미자카푸치노

main 밤만주
side 오미자카푸치노

오감을 자극하는 새콤달콤한 오미자로 만든 이색 카푸치노와 한입에 쏙쏙 들어가는 달콤한 밤만주는 아이 어른 할 것 없이 좋아하는 영양 간식이다.

밤만주

재료 밤 12톨, 설탕 1큰술, 물 2컵, 달걀노른자 1/2개, 검은깨 1큰술
만주피 달걀 1개, 설탕 10g, 우유·포도씨오일 20g씩, 올리고당 25g, 소금 조금, 박력분 180g, 베이킹파우더 1/3작은술

이렇게 만드세요

1 볼에 달걀을 풀고 설탕을 넣어 섞다가 설탕이 녹으면 우유, 포도씨오일, 올리고당, 소금을 넣어 섞는다. 박력분과 베이킹파우더를 체에 내려 넣고 반죽한 다음 한 시간 정도 숙성시킨다.

2 냄비에 물과 함께 껍질 깐 밤을 넣어 익힌 다음, 설탕을 넣고 끓여 국물이 거의 없어지도록 조린 후 식힌다.

3 숙성된 만주피를 적당량씩 분할해 동글납작하게 밀어서 조린 밤을 감싸고, 달걀노른자를 바르고 검은깨를 뿌린다.

4 160℃로 예열한 오븐에 넣어 20분 굽는다.

오미자카푸치노

재료 오미자청 1/4컵, 우유 2컵

이렇게 만드세요

1 우유를 따뜻하게 데워 거품을 낸다.

2 믹서에 우유와 오미자청을 넣어서 곱게 갈고, 컵에 담은 다음 우유 거품을 붓는다.

밤을 조릴 때 설탕을 미리 넣고 조리면 속까지 잘 안 익는다. 미리 속까지 충분히 삶은 다음 설탕을 넣어 조려야 한다.

오미자청에는 오미자 특유의 신 성분과 단맛 때문에 우유가 쉽게 분리될 수 있기 때문에 먹기 직전에 조리하는 것이 중요하다.

main 현미멸치강정
side 대추라테

현미멸치강정과 대추라테

몸에 좋은 현미로 만든 강정은 고소하고 달콤해 남녀노소 누구나 좋아하는 간식이다. 첨가물 걱정 없는 엄마표
현미강정과 대추라테라면 가족 건강은 언제나 초록불이다.

현미멸치강정

재료 현미찹쌀 200g, 잔멸치 1/4컵, 굵게 다진땅콩 30g, 대추 3개, 조청 5큰술

이렇게 만드세요

1 현미찹쌀은 잘 씻어 마른 팬에 쌀알이 톡톡 터질 때까지 볶는다.

2 땅콩과 잔멸치는 마른 팬에 함께 넣고 노릇하게 볶는다.

3 대추는 살만 발라내어 굵직하게 다진다.

4 모든 재료를 프라이팬에 넣고 분량의 조청을 넣고 고루 버무린다.

조청을 넣고 약불에서 오래
버무려야 바삭한 맛이 살아
있는 강정을 만들 수 있다.

5 현미와 견과류에 조청이 스며들면 사각틀(15×20cm)이나 용기에 담아 평평하게
눌러 모양을 만든다.

6 1시간 정도 굳힌 후 먹기 좋은 크기로 자른다.

대추라테

재료 대추 5개, 우유 2컵, 물 조금

이렇게 만드세요

1 대추는 살만 발라내어 굵직하게 다지고 자작하게 잠길 정도의 물을 넣고 끓여 체에
내린다.

2 우유는 미지근하게 데워 거품을 낸다.

3 컵에 체에 내린 대추 퓌레를 담고 거품 올린 우유를 붓는다.

대추를 우유에 넣고 끓여 무르게
익히려면 시간이 오래 걸린다. 대추를
퓌레 상태로 만들어 우유를 섞는다.

제철 재료로 차린
일주일 밥상 플랜

	아침	점심	저녁
월	잡곡밥, 쇠고기무국 우엉장아찌 명엽채볶음 배추김치	생선가스볶음밥 달걀국 단무지무침 깍두기	흑미밥 늙은호박낙지탕 우엉돼지고기전 쪽파김치
화	잡곡밥 미역된장국 브로콜리초회 김구이, 배추김치	홍합칼국수 쪽파강황전 무청양고추장아찌	꽁치얼갈이배추국 밤대추현미밥 초롱무비늘김치 쇠고기피망볶음, 낙지젓
수	유자청밤단자 배생강차	현미밥, 홍합국 닭봉무조림 파래자반 총각무김치	잡곡밥, 꽃게탕 가지볶음 잔멸치고추장조림 배추김치
목	잡곡밥, 배추김치 홍합배추속대국 가쓰오부시무침 연근두부조림	사누끼우동 새우튀김 락교 배추김치	수수밥 맑은순두부국 신김치고등어조림 깻잎나물, 파김치
금	대추타락죽 무말랭이버섯볶음 마른새우간장볶음	오므라이스 데리야키닭꼬치 사과피클, 깍두기	조밥, 배추김치 꽃게감자감정 버섯콩나물잡채 머윗대마른새우볶음
토	밥, 동태맑은탕 마른오징어무침 시금치나물 동치미	된장버섯덮밥 콩잎장아찌 어묵채소국 배추김치	과일카레라이스 미소된장국 마늘종장아찌 돌산갓김치
일	닭가슴살토마토샌드위치 김말랭이샐러드 핫두유유자라테	버섯베이컨필라프 무토마토수프 밤장아찌	조밥, 도루묵매운탕 채소달걀말이 곤약파프리카볶음 배추김치

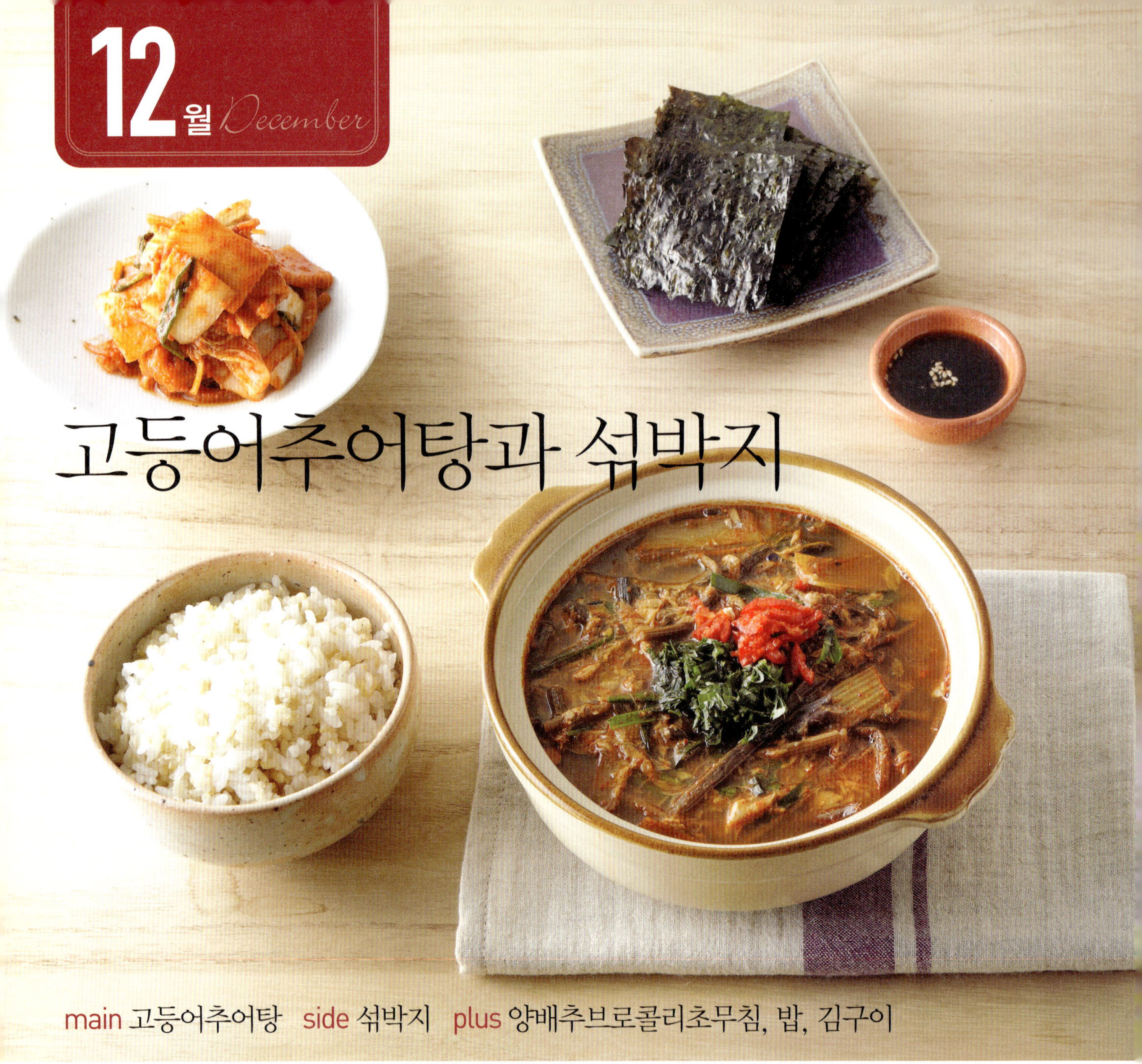

12월 December

고등어추어탕과 섞박지

main 고등어추어탕　side 섞박지　plus 양배추브로콜리초무침, 밥, 김구이

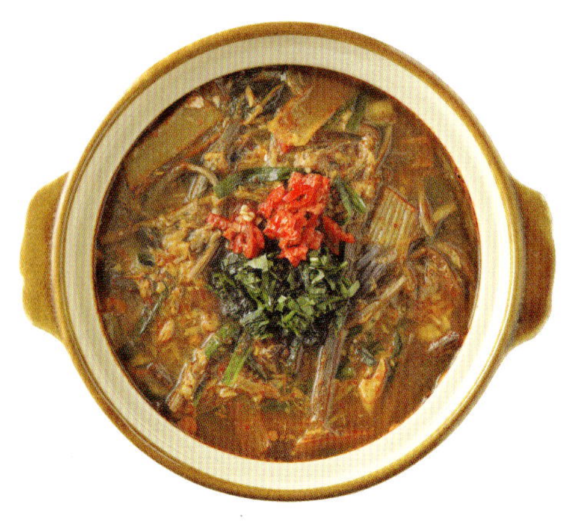

고등어추어탕

재료 고등어 1마리, 삶은얼갈이배추 300g, 불린고사리 100g, 부추 1/8단, 대파 1/4뿌리, 홍고추 1개, 고춧가루 4큰술, 된장 1큰술, 국간장 1큰술, 다진마늘 1큰술, 후춧가루 1/3작은술, 굵은소금 적당량

이렇게 만드세요

1 고등어는 내장과 지느러미를 제거하고 씻은 다음 끓는물에 넣어 15분 정도 삶는다.

2 고등어를 식혀 뼈와 가시 등을 추려낸 후 살과 국물만 냄비에 넣고 끓인다.

3 얼갈이배추는 3cm 길이로, 고사리는 5cm 길이로, 부추는 4cm 길이로 자른다. 대파는 어슷썰고 고추는 송송썰어서 준비한다.

4 고사리와 얼갈이배추를 된장, 고춧가루를 넣어 무친 다음 국물이 끓을 때 넣는다.

배추와 고사리에 미리 간을 해두었다 끓이면 간이 적당히 배어 더 맛있다.

5 국간장, 마늘, 후춧가루를 넣어 끓이다가 소금으로 간을 맞추고 부추와 대파, 고추를 넣고 한소끔 끓인 다음 불을 끈다.

물오른 고등어로 얼큰하게 끓인 추어탕 한 그릇이면 찬바람에도 든든! 아삭하게
씹히는 맛이 일품인 섞박지와 새콤한 양배추브로콜리초무침을 곁들이면 개운하다.

섞박지

재료 배춧잎 3장, 무(4cm) 1토막, 미나리 5줄기, 쪽파 3뿌리,
굵은소금 적당량
양념 마늘 5쪽, 대파 1/5뿌리, 생강 1/3쪽, 양파 1/4개,
액젓 3큰술, 새우젓 1큰술, 찹쌀풀 1/2컵(물 3/4컵,
찹쌀가루 2큰술), 고춧가루 4큰술

이렇게 만드세요

1 배추는 3×4cm 크기로 자르고, 무도 0.5cm 두께 같은 크기로
썰어 굵은소금 1큰술을 넣고 30분간 절인 다음 찬물에 씻어 건진다.
2 마늘, 대파, 생강, 양파, 액젓, 새우젓, 찹쌀풀을 믹서에 넣고 곱게
간 다음 고춧가루를 넣어 잘 섞어 양념을 바른다.
3 양념에 물기 뺀 배추와 무를 넣고 버무린다. 미나리와 쪽파는 2cm
길이로 잘라서 맨 마지막에 넣어 버무린다.
4 굵은소금으로 간을 맞춘 다음 통에 담아서 반나절 정도 밖에 두었
다가 냉장고에서 3일 정도 익힌 다음 먹는다.

절인 배추와 무에
고춧가루를 바로
버무리면 색감도
떨어지고 맛도 잘
어우러지지 않는다.

양배추브로콜리초무침

재료 양배추 1/8통, 브로콜리 1/4송이, 식초·설탕 3큰술씩,
소금 1/2큰술, 물 1/2컵

이렇게 만드세요

1 양배추는 곱게 채썬 다음 찬물에 5분 정도 담갔다가 식초, 설탕, 소
금, 물을 넣고 절인다.
2 브로콜리는 3cm 크기로 잘라 끓는 물에 소금을 조금 넣고 데친
후 찬물에 헹군다.
3 양배추에 간이 배면 데쳐 놓은 브로콜리를 넣고 잘 섞는다.

양배추를 채썰어
찬물에 잠시 담가
양배추 특유의 맛과
향을 뺀 다음
양념하면 한층
깔끔하고 상큼하다.

고등어는 싱싱한 것으로 고른 뒤 내장을 완전히
제거하고 삶아야 구수하고 맛이 비리지 않다.

대추영양밥과 홍합순두부국

main 대추영양밥
side 홍합순두부국
plus 들깨토란대볶음,
오징어채무침,
고추간장장아찌

풍미 좋은 대추영양밥에 시원하면서도 매콤한 홍합순두부국을 곁들이면 색다른 영양밥상이 완성된다. 제철인 토란대볶음과 오징어채무침 등 밑반찬 몇 가지만 함께 내면 맛의 균형까지 완벽!

대추영양밥

재료 대추 8개, 고구마 1개, 완두콩 3큰술, 불린쌀·물 2컵씩

이렇게 만드세요

1 대추는 마른 천으로 주름 속까지 깨끗이 닦은 다음 돌려 깎아 씨를 제거한 후 3등분으로 자른다.

2 고구마는 껍질을 벗긴 다음 사방 1cm로 잘라 찬물에 담가 둔다.

3 냄비에 불린쌀, 대추, 완두콩, 고구마, 물을 넣고 뚜껑을 덮은 다음 센불에서 끓이다가 약한불에서 10분 정도 가열한다.

4 밥알이 냄비에 붙는 소리가 나면 불을 세게 해서 20초 정도 가열한 다음 불을 끄고 10분 정도 뜸을 들인다.

홍합순두부국

재료 홍합살 200g, 순두부 1봉지, 양파 1/3개, 대파 1/4뿌리, 풋고추·홍고추 1개씩, 고춧가루 2큰술, 물 3컵, 간장 1큰술, 다진마늘 1큰술, 후춧가루 1/4작은술, 굵은소금 조금, 참기름 1/2작은술

이렇게 만드세요

1 홍합살은 옅은 소금물에 흔들어 씻은 뒤 물기를 제거한다.

2 냄비에 참기름을 두르고 홍합살을 넣어 볶는다. 양파는 사방 1cm로 썰고, 대파와 고추는 어슷하게 썬다.

3 볶은 홍합살에 고춧가루를 넣어서 더 볶다가 물을 넣고 끓으면 양파, 순두부, 간장, 후춧가루를 넣는다.

4 마늘, 대파, 고추를 넣어서 한소끔 더 끓인 다음 소금으로 간을 맞춘다. 마지막에 참기름을 두른다.

들깨토란대볶음

재료 토란대 200g, 된장 1큰술, 식용유 1큰술, 다진마늘 1/2큰술, 국간장 1큰술, 꽃소금 1/3작은술, 들깨가루 3큰술, 들기름 1큰술

이렇게 만드세요

1 토란대는 냄비에 된장을 넣고 10분간 삶은 뒤 찬물에 헹궈 물기를 제거하고 3cm 길이로 자른다.

2 팬에 기름을 두른 다음 토란대를 넣고 볶다가 마늘, 국간장, 소금으로 간한다.

3 들깨가루를 넣고 잠시 더 볶다가 불을 끈 뒤 들기름을 둘러 완성한다.

토란대 특유의 아린맛은 된장을 넣고 삶으면 없앨 수 있다.

갈치무조림과
풋고추양념찜

무 속까지 간이 배 매콤하면서도 짭짤한 맛이
일품인 갈치무조림에 씹히는 맛이 좋은
풋고추양념찜, 울타리콩밥을 함께 내면 어머니
손맛이 느껴지는 제철 밥상이 완성된다.

갈치무조림

재료 갈치(중간 크기) 1마리, 무(3cm) 1토막, 소금 1/2큰술
조림장 간장 3큰술, 고춧가루·맛술·설탕·다진마늘 1큰술씩,
후춧가루 1/4작은술, 물 1컵

이렇게 만드세요

1 갈치는 비늘과 내장을 제거한 후 10cm 길이로 잘라 소금을 뿌려 30분
간 재운 뒤 헹군다.

2 분량의 조림장을 만든다. 무는 껍질을 벗긴 다음 큼직하게 자르고 끓는
물에 살짝 데친다.

3 냄비에 무를 깔고 갈치를 얹은 다음 조림장을 넣고 센불에서 끓이다가
중약불에서 은근하게 조린다.

풋고추양념찜

재료 풋고추 150g, 밀가루 3큰술, 소금 1/3작은술
양념간장 간장 3큰술, 다진파 2큰술, 다진마늘·고춧가루 1큰술씩,
깨소금·참기름 1/2큰술씩

이렇게 만드세요

1 풋고추는 깨끗이 씻은 다음 소금을 뿌려 10분간 재우고, 분량의 재료로
양념장을 만든다.

2 풋고추를 헹궈 밀가루를 골고루 묻힌 다음 김이 오른 찜기에 넣고 5분 정
도 찐다.

3 찐 풋고추를 그릇에 담고 양념간장을 끼얹는다.

고들빼기김치

재료 고들빼기 1단, 무(2cm) 1토막, 소금 1/2컵, 물 5컵,
굵은소금 적당량
양념 마늘 4쪽, 생강 1/2쪽, 양파 1/4개, 액젓 3큰술, 새우젓 1큰술,
찹쌀풀 1/2컵, 고춧가루 1컵

이렇게 만드세요

1 고들빼기는 뿌리와 잎을 다듬은 다음 물에 헹궈 소금물(소금 1/2컵, 물
5컵)에 담가 1시간 정도 절인다.

2 절인 고들빼기는 찬물에 3~4회 헹궈 물기를 빼고 무는 곱게 채썬다.

3 마늘, 생강, 양파, 액젓, 새우젓, 찹쌀풀을 믹서에 넣고 곱게 간 다음 고
춧가루를 넣어서 30분간 불린다.

4 양념에 고들빼기와 무채를 넣어서 잘 섞은 후 소금으로 간을 맞춘다.

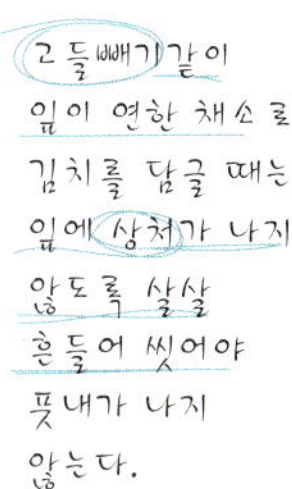

고들빼기 특유의 쓴맛이 싫다면 소금물에 조금
오래 담가 둬 쓴맛을 우려낸 다음 조리하면
된다.

시금치토장국과 아귀튀김

시금치토장국

재료 시금치 1/2단, 대파 1/5뿌리, 된장 2큰술, 다진마늘 1/2큰술,
고추장 1큰술, 국물용 멸치 15마리, 굵은소금 조금, 물 5컵

이렇게 만드세요

1 시금치는 씻어서 5cm 길이로 썰고, 대파는 어슷썬다.

2 냄비에 물을 붓고 머리와 내장을 제거한 멸치를 넣고 끓인 다음 거품이 나면 멸치는 건져내고 된장과 고추장을 풀어 끓으면 시금치와 마늘을 넣는다.

3 소금으로 마무리 간을 하고 대파를 넣어서 한소끔 더 끓여 완성한다.

시금치를 씻기 전에 썰면 수용성 비타민이 빠져나갈 수 있으므로 씻은 다음 썰어야 영양 손실이 적다.

생선을 좋아하지 않는 아이도 맛있게 먹을 수 있는 아귀커리튀김. 비타민A 풍부한 시금치토장국을 곁들이면 입맛 돋우는 건강한 밥상이 된다.

아귀튀김

재료 아귀살 400g, 커리가루 3큰술, 박력분 1컵, 달걀 1개, 물 1/3컵, 튀김기름 적당량

이렇게 만드세요

1 아귀는 4cm 크기로 썬 다음 끓는물에 살짝 데쳐 물기를 제거한다.

2 데쳐 식힌 아귀에 커리가루를 뿌려 10분간 재운다.

3 물과 달걀을 섞고 박력분을 넣어 튀김옷을 만든다.

4 180℃의 기름에 튀김옷을 입힌 아귀를 넣어 노릇하게 튀긴 다음 키친타월에 올려 기름을 제거한다.

아귀살 속까지 커리 향과 간이 잘 배도록 미리 재위 두는 것이 중요하다.

파래콩나물무침

재료 파래 2덩이, 굵은소금 조금, 콩나물 100g

양념 국간장 1큰술, 식초 3큰술, 설탕 2큰술, 다진마늘 1작은술, 깨소금 1/2큰술, 참기름 1/2작은술

이렇게 만드세요

1 파래는 굵은소금을 뿌려 거품이 날 정도로 바락바락 주물러 씻어 찬물에 3~4회 헹군 다음 물기를 제거하고 2cm 폭으로 썬다.

2 냄비에 물을 조금 붓고 콩나물을 넣어 끓으면 5분 정도 삶아 찬물에 헹군다.

3 썰어놓은 파래를 국간장, 식초, 설탕, 마늘을 넣고 조물조물 무친 다음 콩나물을 넣고 소금으로 간한 뒤 깨소금, 참기름을 조금씩 넣어 맛이 어우러지게 무친다.

콩나물은 미리 간을 하면 질겨질 수 있기 때문에 파래에 먼저 간을 한 다음 콩나물을 넣고 함께 무친다.

main 시금치토장국
side 아귀튀김
plus 파래콩나물무침
백김치, 잡곡밥

Cooking Tip

생물 아귀는 수분이 많아서 바로 튀기면 기름이 많이 튄다. 미리 데쳐 수분을 제거한 뒤 튀기면 기름도 안 튀고 씹히는 맛도 더 좋다.

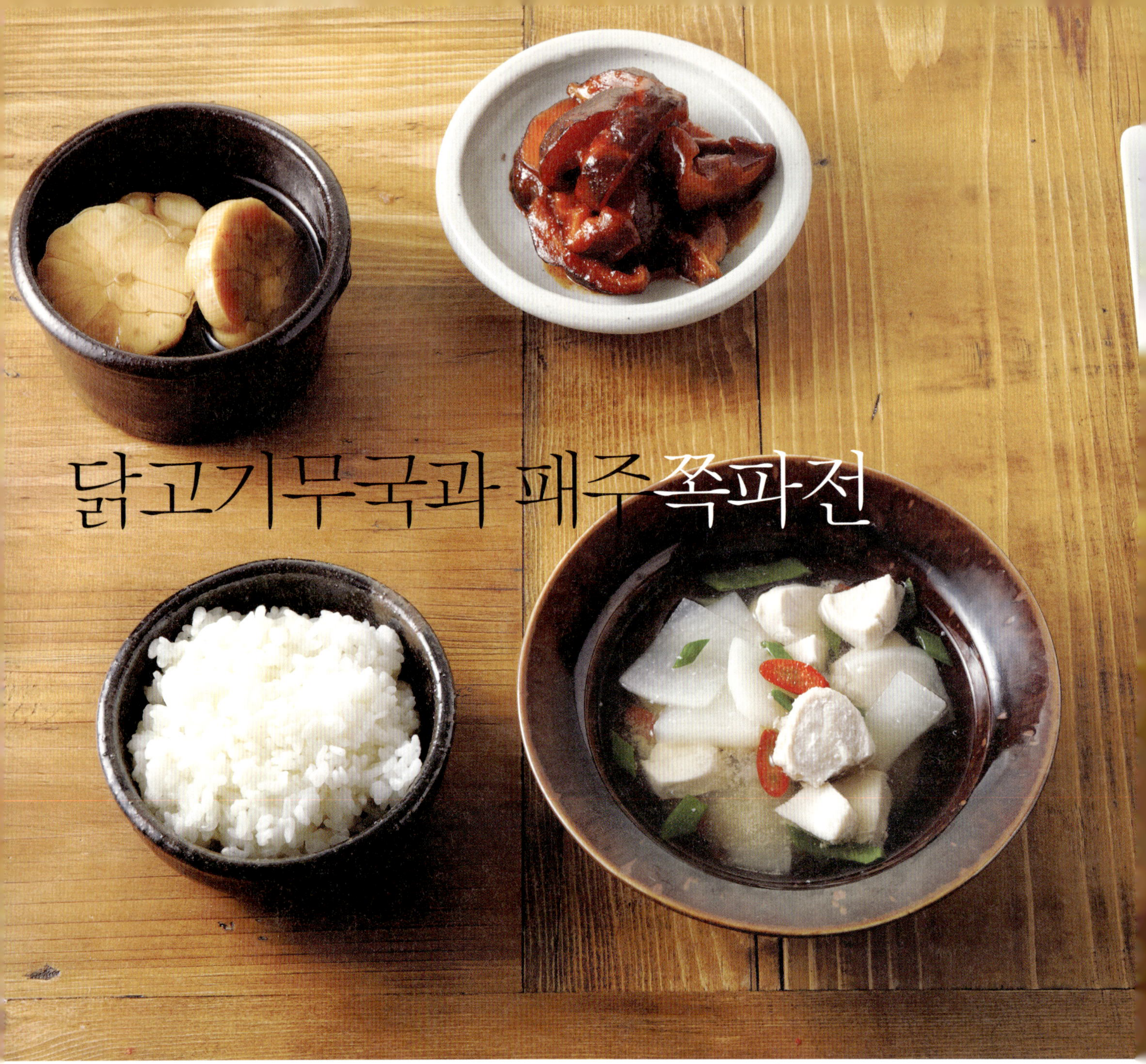

닭고기무국과 패주쪽파전

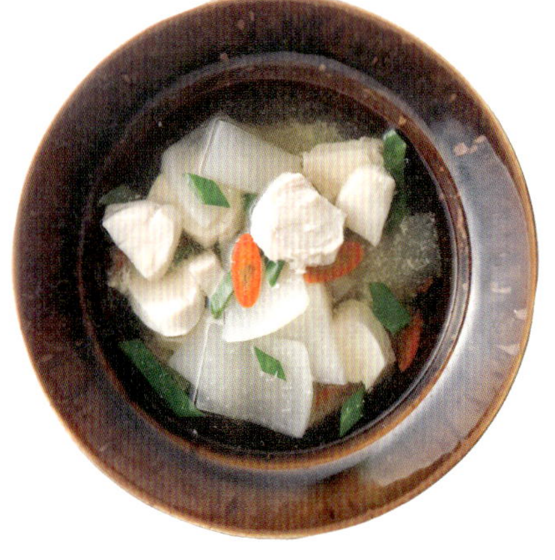

닭고기무국

재료 닭가슴살 2조각, 무(3cm) 1토막, 대파 1/5뿌리, 홍고추 1/2개, 마늘 2쪽, 국간장 1/2큰술, 소금 조금, 물 8컵

이렇게 만드세요

1 닭가슴살은 힘줄과 지방을 제거한 다음 0.5cm두께로 썰고, 무는 껍질을 벗긴 다음 사방 3cm 크기로 얇게 저며썬다.

2 대파와 홍고추는 어슷하게 썰고, 마늘은 저며썬다.

3 물이 끓으면 마늘과 국간장을 넣고 무와 닭도 함께 넣어 끓인다. 무와 닭가슴살이 다 익으면 소금으로 간하고 대파와 홍고추를 넣어서 한소끔 더 끓여 완성한다.

닭가슴살은 지방이 거의 없어 퍽퍽하기 때문에 결의 반대방향으로 썰어서 국을 끓여야 덜 퍽퍽하다.

고소하게 구운 패주쪽파전과 담백하게 끓인 닭고기무국, 여기에 짭조름한 마른표고고추장조림을 더하면 산해진미가 따로 없다.

main 닭고기무국
side 패주쪽파전
plus 마른표고고추장조림,
     통마늘장아찌, 밥

패주쪽파전

재료 패주 4개, 쪽파 5뿌리, 달걀 1개, 밀가루 1컵, 물 2큰술
패주밑간 소금·후춧가루 조금씩, 참기름 1/2작은술

이렇게 만드세요

1 패주는 얇은 막을 제거해 0.5cm 두께로 썰고 단면에 바둑판 모양으로 칼집을 낸 다음 소금, 후춧가루, 참기름을 조금씩 버무려 밑간해둔다. 쪽파는 씻은 다음 3cm 길이로 썬다.
2 달걀과 밀가루 1/2컵, 물 2큰술을 섞어 전 반죽을 만든다.
3 밑간해둔 패주와 쪽파에 밀가루를 묻힌 뒤 반죽에 넣어 섞는다.
4 달군 팬에 기름을 두르고 패주와 쪽파를 섞은 반죽을 올려 노릇하게 굽는다.

패주를 미리 간을 한 다음 전을 부치면 패주 특유의 비린맛도 나지 않고 더 고소하고 깊은 맛이 난다.

마른표고고추장조림

재료 마른표고버섯 10개, 다진마늘 1작은술, 간장 1/2큰술, 설탕 1/2큰술, 고추장·올리고당 2큰술씩, 물 1컵, 식용유 조금

이렇게 만드세요

1 표고버섯은 뜨거운 물에 불려 1.5cm 폭으로 썬다.
2 기름을 두른 팬에 표고버섯과, 마늘을 볶다가 간장, 설탕을 넣어 뒤섞고 고추장, 올리고당, 물도 넣어서 국물이 자작해지도록 조린 다음 불을 끈다.

표고버섯은 수분을 많이 흡수하는 재료이기 때문에 올리고당을 넣어서 조리면 딱딱하지 않고 씹히는 맛이 좋다.

패주 주위에는 너덜너덜한 내장이 지저분하게 붙어 있다. 이것을 칼로 잘라내고 측면을 싸고 있는 얇은 흰 막을 말끔히 벗겨내야 한다. 그대로 조리하면 질겨서 먹기가 불편하다.

대구살브로콜리조림과 두부소박이

대구살브로콜리조림

재료 대구살 200g, 소금 1/4작은술, 후춧가루 조금,
참기름 1/3작은술, 브로콜리 1/3송이, 마른고추 1개, 마늘 2쪽
조림간장 간장 3큰술, 설탕·조청 2큰술씩, 후춧가루 조금, 물 1컵

이렇게 만드세요

1 대구살은 사방 3cm 크기로 썬 다음 소금, 후춧가루, 참기름으로 밑간
한 뒤, 달군 팬에 올려 노릇하게 지진다.

2 브로콜리는 3cm 크기로 썰어 데친 뒤 찬물에 헹궈 물기를 뺀다.

3 마른고추는 1cm 길이로 썰고, 마늘은 저며썬 다음 분량의 조림간장과
함께 냄비에 넣어 끓인다.

4 조림간장의 양이 반으로 줄었을 때 대구살을 넣고 자작하게 조리다가
간장이 거의 없어질 때쯤 브로콜리를 넣고 버무린 다음 불을 끈다.

대구는 살이 물러
쉽게 부서진다.
미리 팬에 지진
다음 조리면 살이
잘 부서지지 않고
더 쫄깃하다.

두부와 대구살을 이용해 별미 밥상을 차려보자. 두부 속에 쇠고기를 펴 발라 구우면 손님상에 내놓아도 손색이 없고, 대구살을 간장양념으로 조리면 밑반찬으로 오래 두고 먹기에도 좋다.

main 대구살브로콜리조림
side 두부소박이
plus 굴깍두기, 버섯달걀국
흑미밥

두부소박이

재료 두부 1모, 다진돼지고기 80g, 다진양파 2큰술, 소금 조금, 후춧가루·참기름 조금씩, 밀가루 1컵, 식용유 적당량, 영양부추 1/4단

영양부추양념 고춧가루 1/2큰술, 식초·간장 1큰술씩, 설탕·깨소금 1작은술씩, 참기름 1/2작은술

이렇게 만드세요

1 두부는 0.5cm 두께로 썰어 소금을 살짝 뿌려 수분을 제거한 뒤 기름을 둘러 노릇하게 굽는다.

2 다진고기는 다진양파, 소금, 후춧가루, 참기름으로 양념한다.

3 구운 두부에 밀가루를 얇게 묻힌 다음 양념한 고기를 사이에 얇게 펴 얹고 다른 두부를 포갠 다음 팬에 튀기듯 굽는다.

4 영양부추는 3cm 길이로 썰어 양념에 버무려 곁들인다.

두부에 밀가루를 바른 다음 고기를 얹으면 잘 들러붙어 깔끔하다.

굴깍두기

재료 무 1개, 굴 200g, 미나리 15줄기, 쪽파 5뿌리, 양파 1/4개, 고춧가루 2/3컵, 굵은소금 적당량, 새우젓·다진마늘 2큰술씩, 다진생강 1큰술

이렇게 만드세요

1 무는 1.5cm 크기로 깍둑썰기해서 소금에 1시간 절였다가 헹궈 고춧가루를 넣고 버무린다.

2 굴은 옅은 소금물에 씻어 물기를 제거하고, 미나리와 쪽파는 2cm 길이로, 양파는 사방 2cm 크기로 썬다.

3 무와 새우젓, 마늘, 생강을 버무린 다음 굴, 미나리, 쪽파, 양파도 넣어 버무리고 소금으로 간한다.

무는 수분이 많아서 고춧물을 미리 들이지 않으면 김치를 담았을 때 양념이 잘 배지 않는다. 무를 절인 다음 고춧물을 들이면 양념도 절약되고 맛도 더 좋다.

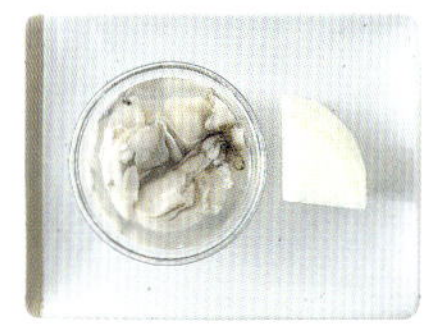

무와 굴은 궁합이 잘 맞는다. 무가 굴의 소화를 도울 뿐만 아니라 굴 특유의 냄새도 덜 나게 해준다.

호박고지볶음과 양념게장

돼지고기호박고지볶음

재료 목삼겹살 300g, 달걀 1개, 녹말가루 3큰술, 식용유 적당량, 호박고지 20cm, 다진마늘 2작은술, 굴소스 2큰술, 참기름 1작은술, 깨소금 1큰술

고기밑간 다진마늘 1작은술, 후춧가루 1/3작은술, 참기름 1/2작은술

이렇게 만드세요

1 돼지고기는 2×3cm로 썬 뒤 밑간한다.

2 밑간한 돼지고기에 달걀, 녹말가루를 넣고 버무려 기름 두른 팬에 넣고 데치듯 살짝 익힌 후 기름기를 제거한다.

3 호박고지는 물에 담가 부드러워지면 3cm 길이로 잘라서 준비한다.

4 기름 두른 팬에 마늘을 먼저 볶아 향이 오르면 호박고지를 넣고 볶다가 굴소스와 데쳐놓은 돼지고기를 넣고 볶은 후 불을 끄고 참기름과 깨소금을 넣고 버무린다.

돼지고기에 달걀과 녹말가루를 입혀서 기름에 데치면 식감이 한층 부드럽다. 이때 기름의 온도는 110℃ 정도가 적당하다.

자극적이지 않으면서 포만감이 느껴지는 돼지고기호박고지볶음으로 기운 없는
아침에 영양을 충전하자. 매콤한 양념게장과 부드러운 달걀국, 새콤한
배추부추겉절이를 곁들이면 절로 입맛이 돈다.

main 호박고지볶음
side 양념게장
plus 배추부추겉절이
    밥, 달걀국

양념게장

재료 꽃게 2마리, 양파 1/2개, 풋고추·홍고추 1개씩,
고춧가루 4큰술, 다진마늘 1큰술, 물엿 4큰술, 소금 1/3작은술,
후춧가루 1/4작은술, 통깨 1큰술
꽃게밑간 간장 2큰술, 액젓·청주 1큰술씩, 설탕 1/2작은술

이렇게 만드세요

1 꽃게는 깨끗이 손질한 후 몸통을 먹기 좋게 4등분한다.
2 손질한 꽃게에 간장, 액젓, 청주, 설탕을 넣고 10분간 밑간한다.
3 양파는 굵게 채썰고 고추는 어슷하게 썰어서 준비한다.
4 꽃게를 재웠던 간장을 따라내 고춧가루와 마늘을 섞은 뒤 물엿을
넣고 10분 정도 두어 고춧가루를 불린다.
5 ③의 양념에 꽃게, 양파, 고추를 넣어 잘 버무린 다음 마지막으로
소금, 후춧가루, 통깨를 넣고 버무린다.

꽃게를 밑간해
양념에 무치면
양념이 겉돌지
않고 비린맛도
제거할 수 있다.

배추부추겉절이

재료 배춧잎 4장, 영양부추 1/5묶음, 액젓 2큰술,
다진마늘 1/2큰술, 깨소금·고춧가루 1큰술씩, 참기름 1작은술

이렇게 만드세요

1 배추는 3×10cm로 자르고, 부추는 4cm 길이로 자른다.
2 배추와 부추에 액젓, 마늘, 고춧가루, 깨소금을 넣어서 버무린 뒤
마지막에 참기름을 넣고 버무린다.

양념을 할 때
액젓처럼 간을
하는 재료를 넣기
전에 참기름을
먼저 넣으면 간이
잘 배지 않는다.
참기름은 맨
나중에 넣는다.

호박고지는 도톰하게 썰어 말린 것이 식감이
좋다. 얇은 것은 너무 오래 불리지 않아야
맛있다.

해물흑미떡국과 시금치잡채

해물흑미떡국

재료 흑미가래떡 800g, 주꾸미 8마리, 새우 4마리, 홍합살 200g,
대파 1/5뿌리, 양파 1/3개, 물 8컵, 다시마(사방 5cm) 3장,
국간장 1큰술, 굵은소금 적당량, 다진마늘 1/2큰술, 후춧가루 조금

이렇게 만드세요

1 떡은 2cm 길이로 썰어 딱딱하면 찬물에 담갔다가 사용한다.

2 주꾸미는 소금을 묻혀 바락바락 주물러 씻은 다음 찬물에 헹궈 물기
를 제거하고, 새우는 내장을 제거한다.

3 홍합은 옅은 소금물에 헹구고, 대파는 어슷썰고, 양파는 굵게 채썬다.

4 물에 다시마를 넣어 끓이다 거품이 나면 불을 끄고 다시마는 건지고,
국간장으로 간하고 새우와 홍합살을 넣어 끓인다.

5 국물이 끓으면 떡, 해물, 양파를 넣고 끓인다. 떡이 부드러워질 정도로
익으면 마늘과 후춧가루로 맛을 내고 소금으로 간을 완성한다.

해물은 너무 오래
끓이면 시원한 맛이
덜하다. 해물을
넣고 떡국을 끓일
때 떡이 딱딱하면
미리 불리거나 끓인
다음 해물을
넣는다.

새해 아침 늘 준비하던 흰가래떡 대신 흑미가래떡을 준비해두었다가 해물을
넣고 끓여 보자. 흑미가래떡은 색이 예뻐 더 먹음직스럽고 씹을수록 고소한 맛이
나 시원한 해물국물과도 잘 어우러진다.

main 해물흑미떡국
side 시금치잡채
plus 파프리카고추장장아찌,
백김치

시금치잡채

재료 시금치 1/2단, 당근 1/4개, 양파 1/2개, 당면 100g,
간장 3큰술, 설탕 2큰술, 참기름 1작은술, 식용유 1큰술,
소금 1/3작은술, 다진마늘 1/2큰술, 깨소금 1큰술, 후춧가루 조금

이렇게 만드세요

1 시금치는 5cm 길이로 썰어 끓는 소금물에 데쳐 찬물에 헹군다.

2 당근은 5cm 길이로 채썰고, 양파도 채썬다.

3 당면은 찬물에 담가 불린 다음 끓는물에 삶아 10cm 길이로 썰고
간장, 설탕, 참기름으로 버무려 달군 팬에 넣고 수분이 없어질 때까
지 볶아 식힌다.

4 팬에 기름을 두른 다음 양파와 당근을 먼저 넣어 볶다가 시금치를
넣고 소금으로 간해 살짝 더 볶은 다음 식힌다.

5 볶아둔 당면과 채소, 다진마늘, 깨소금, 후춧가루를 넣어 골고루
버무린다.

당면을 미리 볶은 다음 다른 재료들과 버무리면 쉽게 붇지 않는다.

파프리카고추장장아찌

재료 파프리카(빨강, 노랑, 주황) 1/2개씩, 소금 1/2작은술
초고추장소스 고추장·식초·올리고당 2큰술씩, 설탕 1큰술

이렇게 만드세요

1 파프리카는 2×3cm 크기로 썰어 소금 1/2작은술을 뿌려 절였
다 찬물에 헹궈 물기를 제거한다.

2 분량의 초고추장소스 재료를 모두 섞은 다음 파프리카를 넣고 버
무린다.

파프리카를 절여서 쓰면 수분이 많이 나오지 않아 한층 깔끔하고 맛있다.

겨울 노지에서 나는 시금치는 비타민A와
섬유질, 무기질 등 겨울철에 꼭 필요한 영양
성분이 많다. 시금치 밑동의 붉은색이
진할수록 더 단맛이 난다.

늙은호박젓국지와 명란알찜

main 늙은호박젓국지
side 명란알찜
plus 무밥, 김장아찌

든든하고 부드러운 늙은호박젓국지로 추위에 움츠러들기 쉬운 아침에 에너지를 더해보자. 단백질이 풍부한
명란알찜을 곁들이면 영양균형도 완벽하다.

늙은호박젓국지

재료 늙은호박 300g, 대파 1/4뿌리, 새우젓 2큰술, 굵은소금 조금,
다진마늘 1/2큰술, 물 6컵

이렇게 만드세요

1 늙은호박은 씨를 제거하고 껍질을 벗긴 다음 4cm 길이로 도톰하게 썬다.

2 대파는 어슷썬다. 냄비에 분량의 물을 넣고 끓으면 썰어놓은 늙은호박을 넣고 속까
지 익힌다.

3 새우젓을 넣고 소금으로 간을 맞춘 다음 마늘을 넣고 한 번 더 끓으면 대파를 넣어
완성한다.

늙은호박은
껍질이 단단하기
때문에 너무 크게
조각을 내면
자르기 힘들다.
손에 잡힐 정도로
잘라서 씨와
껍질을 제거한다.

명란알찜

재료 명란젓 1개, 달걀 3개, 대파 1/6뿌리, 물 1/2컵, 소금 조금

이렇게 만드세요

1 명란젓은 얇은 막을 자른 다음 알만 풀어 두고 대파는 송송썬다.

2 달걀과 물을 잘 섞은 다음 풀어둔 명란을 넣고 소금으로 간을 맞춘다.

3 ②를 김이 오른 찜통에 넣고 약한불에서 부풀지 않도록 15분 정도 찐다.

4 달걀찜이 완성되면 파를 얹는다.

달걀이 부풀어
오르면 찜이
부드럽지 않고
딱딱해져 맛이
덜하다.

main 햄에그잉글리시머핀
side 과일요구르트
plus 카푸치노

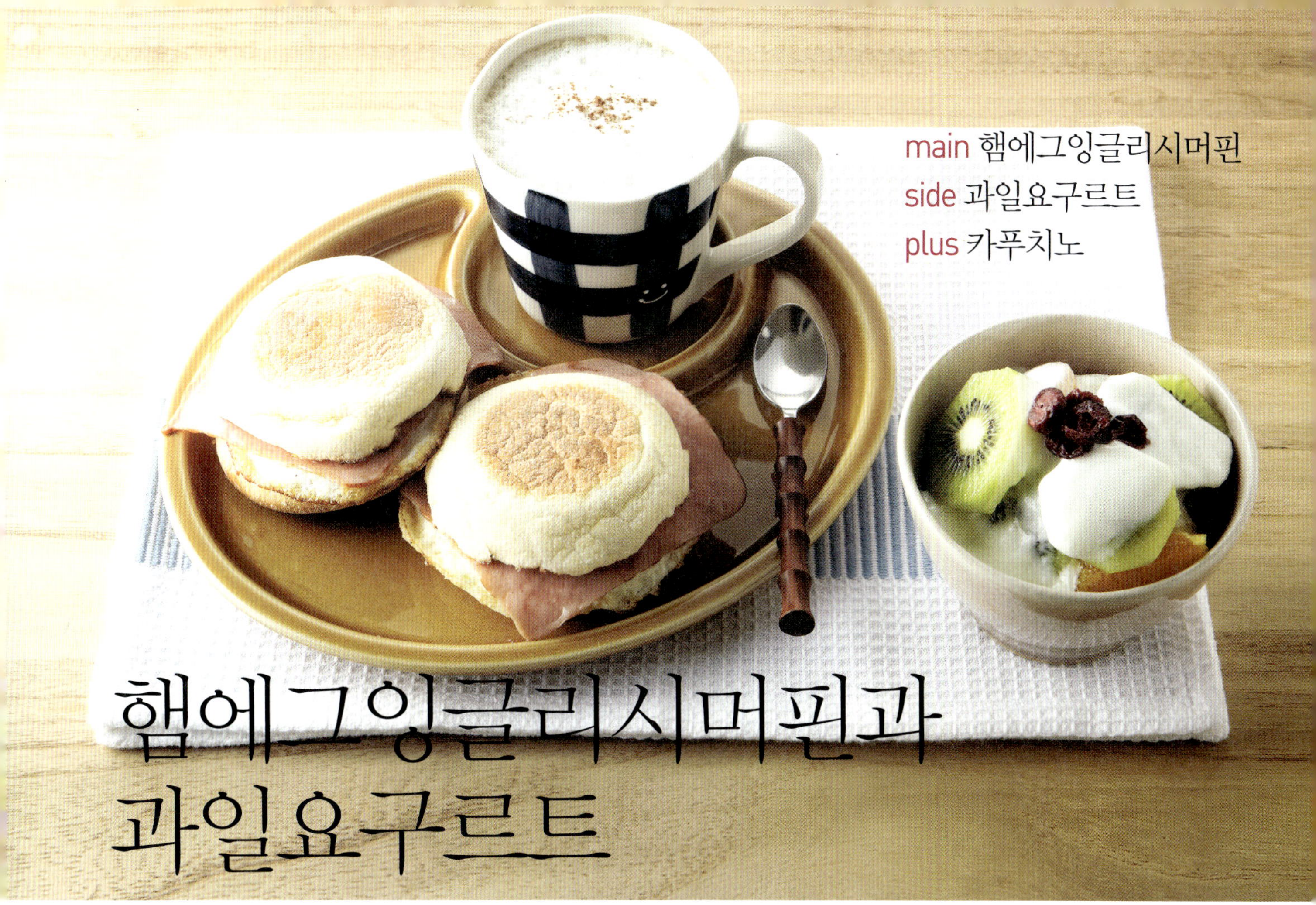

햄에그잉글리시머핀과 과일요구르트

만들기 쉬우면서도 느끼하지 않고, 단백질과 탄수화물을 고루 섭취할 수 있는 햄에그잉글리시머핀. 새콤한 과일요구르트를 더하면 영양은 물론 입맛까지 살려 준다.

1

햄에그잉글리시머핀

재료 잉글리시머핀 · 달걀 4개씩, 슬라이스햄 · 슬라이스치즈 4장씩

이렇게 만드세요

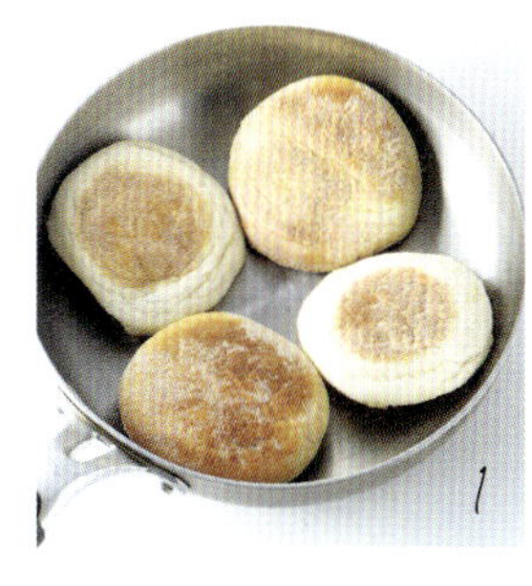

1 잉글리시 머핀은 반 가른 다음 팬에 굽는다.
2 달걀은 프라이하고 슬라이스햄도 팬에 살짝 굽는다.
3 구운 머핀 위에 달걀, 슬라이스치즈, 햄을 얹고 다른 머핀을 덮는다.

머핀은 기름을 두르지 않은 팬에 굽는데, 너무 센 불에서 굽지 않아야 담백하고 부드럽다.

4

과일요구르트

재료 크랜베리 1큰술, 키위 1개, 오렌지 · 사과 1개씩, 플레인요구르트 200ml, 꿀 2큰술

이렇게 만드세요

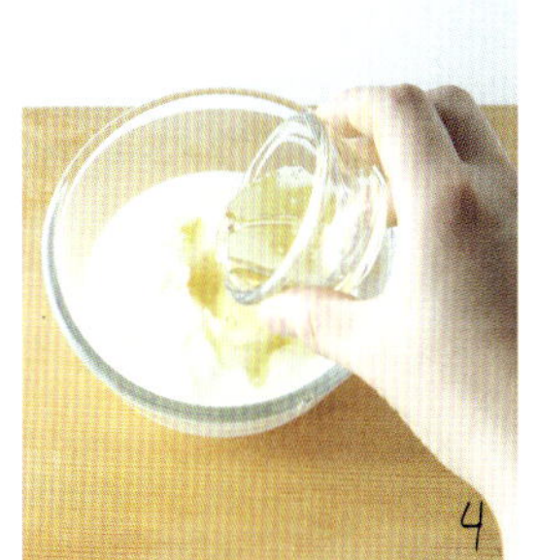

1 크랜베리는 잘게 썰고 키위는 껍질을 벗겨서 0.5cm 두께로 자른다.
2 오렌지는 씻은 다음 껍질을 벗기고 얇게 저며 둔다.
3 사과는 씻어서 껍질을 벗긴 다음 식촛물에 담갔다가 뺀다.
4 플레인요구르트에 꿀을 섞어 준비한 과일 위에 끼얹는다.

집에서 만든 플레인요구르트는 신맛이 많이 나기 때문에 기호에 따라 꿀이나 시럽을 곁들인다. 시판 요구르트는 꿀 등을 첨가하지 않아도 된다.

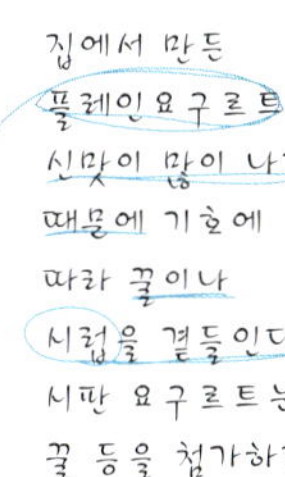

홍합감자국과
호두마른새우볶음

main 홍합감자국
side 호두마른새우볶음
plus 총각무김치, 밥

바삭바삭 과자처럼 씹히고 씹을수록 고소한 맛이 일품인 호두마른새우볶음. 감칠맛 나는 홍합감자국과 잘 익은
총각무김치를 곁들이면 절로 입맛이 돈다.

홍합감자국

재료 홍합살 250g, 감자(중간 크기) 2개, 대파 1/5뿌리, 국간장 1작은술,
굵은소금 조금, 물 6컵

이렇게 만드세요

1 홍합살은 옅은 소금물에 헹궈 물기를 제거하고 대파는 어슷썬다.

2 감자는 껍질을 벗긴 다음 3cm 크기의 부채꼴 모양으로 썰어 찬물에 담가 둔다.

3 끓는 물에 감자와 국간장을 넣고 감자가 충분히 익도록 끓인다.

4 감자가 부드럽게 익으면 홍합과 대파를 넣고 끓이다가 굵은소금으로 간한 다음 한소끔
더 끓여 완성한다.

감자는 전분이
많아 바로 국에
넣어 끓이면
국물이
텁텁해지므로 꼭
물에 담가 헹군
다음 조리하는
것이 좋다.

호두마른새우볶음

재료 호두 6개, 마른새우 50g, 식용유 1큰술, 깨소금 1/2큰술, 참기름 1/2작은술
조림간장 간장 1큰술, 설탕 1과1/2큰술, 물 2큰술, 후춧가루 조금, 다진마늘 1/2작은술

이렇게 만드세요

1 호두는 마른 팬에 볶아 식히고 마른새우는 기름 두른 팬에 볶아 식힌다.

2 냄비에 분량의 조림간장 재료를 넣어서 끓인 다음 식힌다.

3 볶아둔 호두와 마른새우를 식힌 조림간장에 넣고 깨소금, 참기름을 넣어 버무린다.

호두의
속껍질에도 영양
성분이 많다.
속껍질째 팬에
볶아서 조리하면
위생적이고
영양도 더 챙길 수
있다.

버섯게살탕과 시래기된장지짐이

부드럽게 훌훌 넘어가는 만가닥버섯게살탕을 뜨끈하게 끓여 먹으면 가슴속까지 따뜻한 기운이 스며든다. 비타민 가득한 시래기를 된장에 버무려 큰 멸치와 함께 지져내면 구수한 고향의 맛까지 느낄 수 있다.

버섯게살탕

재료 만가닥버섯 1송이, 냉동게살 60g, 마른청양고추 2개, 두부 1/4모, 양파 1/4개, , 물 4컵, 국간장 1큰술, 다진마늘 1작은술, 소금 적당량, 물녹말 2큰술

이렇게 만드세요

1 만가닥버섯은 밑동을 제거한 다음 적당한 크기로 뜯어 둔다. 냉동게살은 해동한 다음 끓는물에 살짝 데쳐낸다. 청양고추는 1cm 너비로 자른다.

2 두부는 1×4cm 크기로 도톰하게 썰고 양파는 곱게 채썬다.

3 냄비에 물과 마른청양고추를 넣어 팔팔 끓으면 국간장을 넣는다. 버섯, 게살, 두부, 양파, 마늘을 넣어 끓이다가 소금으로 간하고, 물녹말을 풀어 한소끔 끓인다.

국물에 마른청양고추를 미리 끓여서 칼칼한 맛을 낸 다음 넣어 재빠르게 조리하는 것이 좋다.

시래기된장지짐이

재료 불린시래기 300g, 멸치 15마리, 된장 2큰술, 다진마늘·참기름 1큰술씩, 깨소금 1큰술, 물 2컵, 소금 조금

이렇게 만드세요

1 멸치는 머리와 내장을 빼고, 시래기는 끓는물에 데친 다음 찬물에 헹궈 5cm 길이로 썬다.

2 시래기는 된장과 마늘을 넣어 무친 다음 냄비에 멸치, 물과 함께 넣어 자작하게 끓인다. 국물이 거의 없어지면 불을 끄고 참기름, 깨소금을 넣어 버무린다. 부족한 간은 소금으로 맞춘다.

멸치는 국물용 멸치처럼 약간 큰 것을 넣어야 구수하고 더 맛있다.

main 오징어굴소스덮밥
side 감장아찌 plus 매운멸치무국

오징어굴소스덮밥과 감장아찌

고추장 대신 굴소스로 풍미를 살린 오징어굴소스덮밥이면 근사한 중화요리가 부럽지 않다. 매운멸치무국과 쫀득한
맛이 일품인 감장아찌를 곁들이면 맛도 영양도 완벽.

오징어굴소스덮밥

재료 오징어 2마리, 브로콜리 1/3송이, 풋고추·홍고추 1개씩, 양파 1/2개, 굴소스 4큰술,
물 3컵, 소금 적당량, 후춧가루 1/3작은술, 물녹말 3큰술, 참기름 1/2큰술, 밥 4공기

이렇게 만드세요

1 오징어는 껍질을 벗긴 다음 사방 0.3cm로 칼집을 넣고 2×4cm로 썰어 준비한다.

2 브로콜리는 3cm 크기로 잘라서 끓는물에 데친 다음 찬물에 헹군다. 고추는 어슷썰고,
양파는 굵게 채썬다.

3 기름 두른 팬에 고추, 양파를 먼저 볶아 향이 오르면 오징어를 넣어 볶다가 굴소스와 물
을 넣고 끓인다.

4 ③의 국물에 소금, 후춧가루를 넣고 물녹말을 넣어서 농도를 맞춘 다음 불을 끄고 참기
름, 브로콜리를 넣어 덮밥소스를 만들어 밥에 끼얹는다.

오징어 껍질은
굵은소금을
뿌리거나 식초에
잠깐 담갔다 빼면
잘 벗겨진다.

감장아찌

재료 단감 2개, 굵은소금 1큰술, 고추장·물엿 3큰술씩, 다진마늘 1/2큰술,
참기름 1/3작은술

이렇게 만드세요

1 단감은 씻어서 얇게 저민 다음 소금에 절인다.

2 절인 단감을 물에 헹군 뒤 물기를 제거하고 고추장, 물엿에 버무린다.

3 ②의 단감을 냉장고에 보관해 두고 3일 후부터 먹는다. 먹을 때는 마늘, 참기름을 넣고
버무린다.

소금에 절였던
감을 헹궈 바람에
살짝 말리는
정도로 물기를
제거하면 쫀득한
식감을 살릴 수
있다.

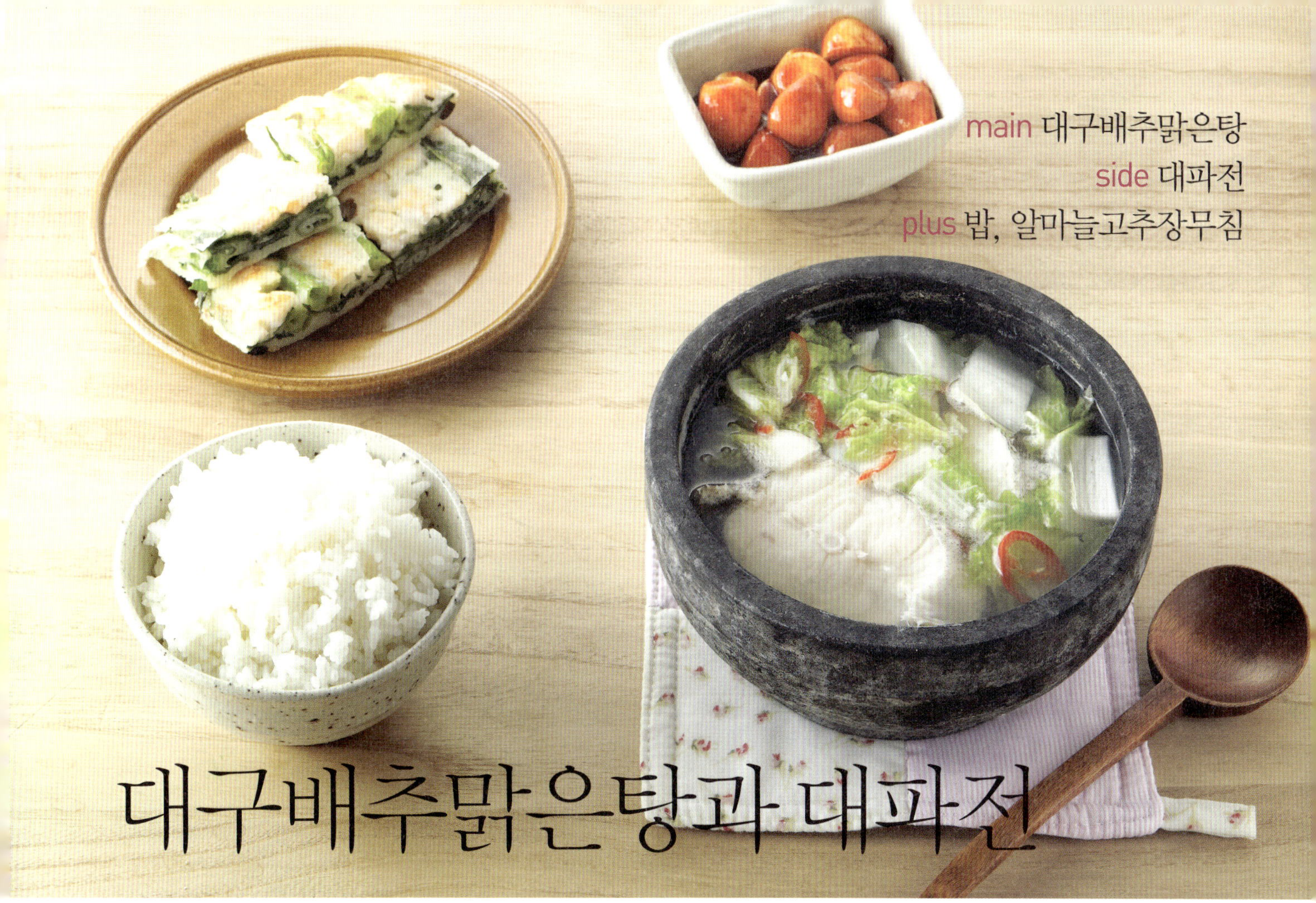

main 대구배추맑은탕
side 대파전
plus 밥, 알마늘고추장무침

대구배추맑은탕과 대파전

뜨끈한 국물이 당길 때 담백한 대구배추맑은탕이면 해물샤브샤브가 부럽지않다. 노릇노릇 두툼하게 지져낸 대파전과 매콤한 알마늘고추장무침을 더하면 다른 반찬이 필요없다.

대구배추맑은탕

1

재료 대구 1/2마리, 배춧잎 3장, 홍고추 1개, 대파 1/4뿌리, 다시마(5×5cm) 3장, 물 5컵, 국간장 1/2작은술, 굵은소금 적당량, 다진마늘 1/2큰술

이렇게 만드세요

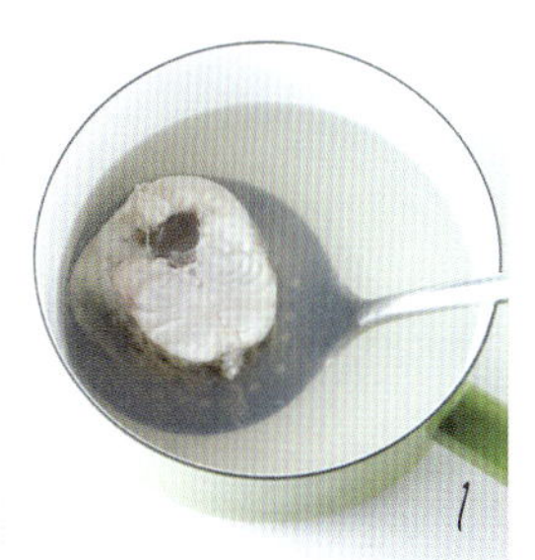

1 대구는 밑손질한 후 5cm 크기로 자른 뒤 끓는물에 데친다. 배추는 5cm 길이로 썰고, 고추와 대파는 어슷썬다.

2 냄비에 물과 다시마를 넣은 뒤 거품이 날 때까지 끓인 후 다시마는 건져낸다.

3 끓는 다시마육수에 대구, 국간장을 넣고 다시 끓이다가 대구가 익으면 소금, 배추를 넣는다.

4 국물이 끓으면 거품을 걷어내고 마늘, 고추, 대파를 넣고 한 번 더 끓인 다음 불을 끈다.

생선을 끓는물에 데친 후 조리하면 비늘과 불순물도 제거할 수 있고 생선살도 더 탱탱하다.

대파전

1

재료 대파 6뿌리, 밀가루 1/2컵, 새우살 100g, 참기름 1/3작은술, 식용유 적당량, 소금 적당량

반죽 밀가루·물 2/3컵씩, 달걀 1개

이렇게 만드세요

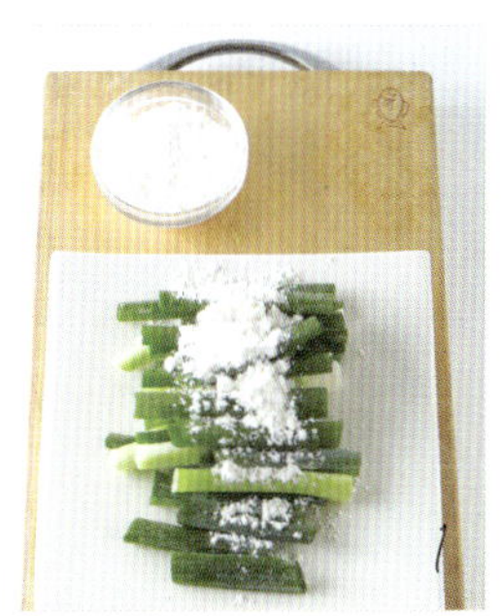

1 대파는 7cm 길이로 자른 다음 물에 헹군 후 밀가루를 고루 바른다.

2 분량의 재료로 반죽을 만들어 체에 내리고, 새우살은 굵게 다져 참기름에 버무린다.

3 기름 두른 팬에 반죽을 얇게 편 후 대파, 새우를 얹고 반죽을 다시 한 국자 얹어 노릇하게 익힌다.

새우는 기본간이 짜기 때문에 참기름에 살짝 버무리기만 해야 고소하고 맛있다.

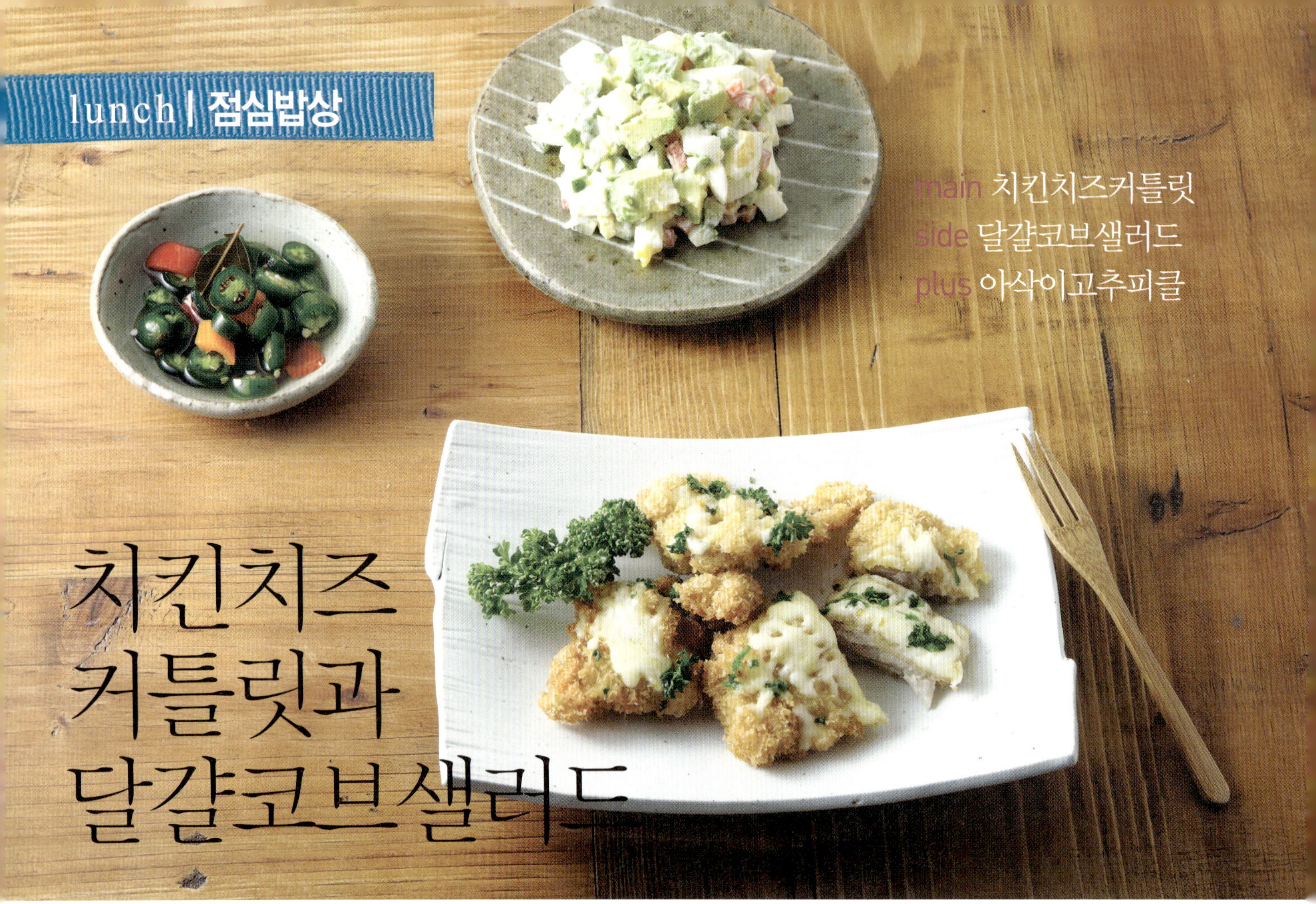

main 치킨치즈커틀릿
side 달걀코브샐러드
plus 아삭이고추피클

치킨치즈 커틀릿과 달걀코브샐러드

입맛 없을 땐 튀김옷을 입혀 바삭하고 고소하게 튀겨낸 커틀릿이 제격. 평범한 양상추 샐러드 대신 삶은 달걀과 아보카도로 만든 샐러드를 곁들이면 밥상이 특별해진다.

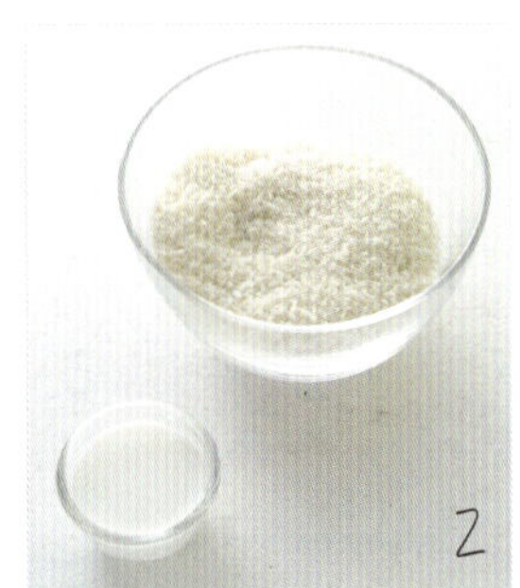

치킨치즈커틀릿

재료 닭다리살 4조각, 소금·후춧가루 조금씩, 밀가루·모차렐라치즈 1컵씩, 빵가루 2컵, 우유 4큰술, 달걀 2개, 튀김기름 적당량, 파슬리가루 1큰술

이렇게 만드세요

1 닭다리살은 안쪽에 칼집을 넣은 다음 소금, 후춧가루를 뿌려 10분간 재운다.
2 빵가루를 우유에 적셔 두고 달걀을 풀어둔다.
3 밑간한 닭다리살에 밀가루를 묻힌 다음 달걀물, 빵가루 순으로 튀김옷을 입힌다.
4 팬에 기름을 넉넉히 두른 다음 닭다리살을 넣어 앞뒤로 노릇하게 튀겨낸다. 모차렐라 치즈를 얹은 다음 파슬리가루를 뿌려 전자레인지에 1분 정도 돌린다.

빵가루를 우유나 물로 적셔서 튀기면 쉽게 타지 않고 맛도 좋아진다.

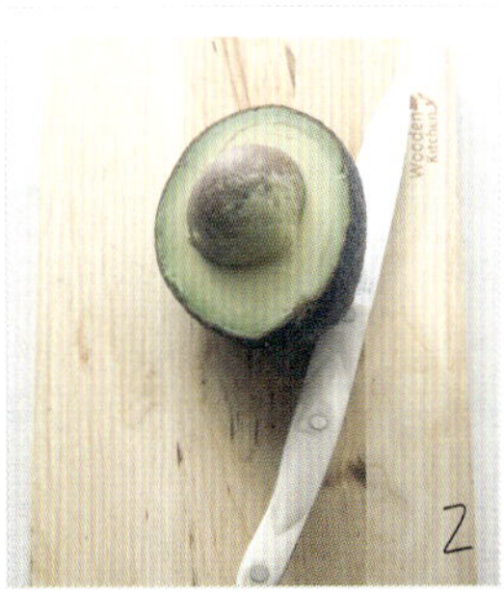

달걀코브샐러드

재료 삶은 달걀 2개, 청피망·홍피망 1/3개씩, 양파 1/4개, 아보카도 1개, 마요네즈 3큰술, 머스터드 1작은술, 소금·후춧가루 조금씩

이렇게 만드세요

1 삶은 달걀은 사방 1cm로 썰고, 피망은 씨를 제거한 다음 0.5cm 크기로 다진다. 양파는 0.5cm 크기로 다진 다음 찬물에 담가 매운맛을 뺀다.
2 아보카도는 반으로 갈라 씨를 제거한 다음 사방 1cm 크기로 칼집을 넣고 수저로 떠낸다.
3 준비한 재료들을 다 담은 다음 마요네즈, 머스터드, 소금, 후춧가루를 넣어 함께 버무린다.

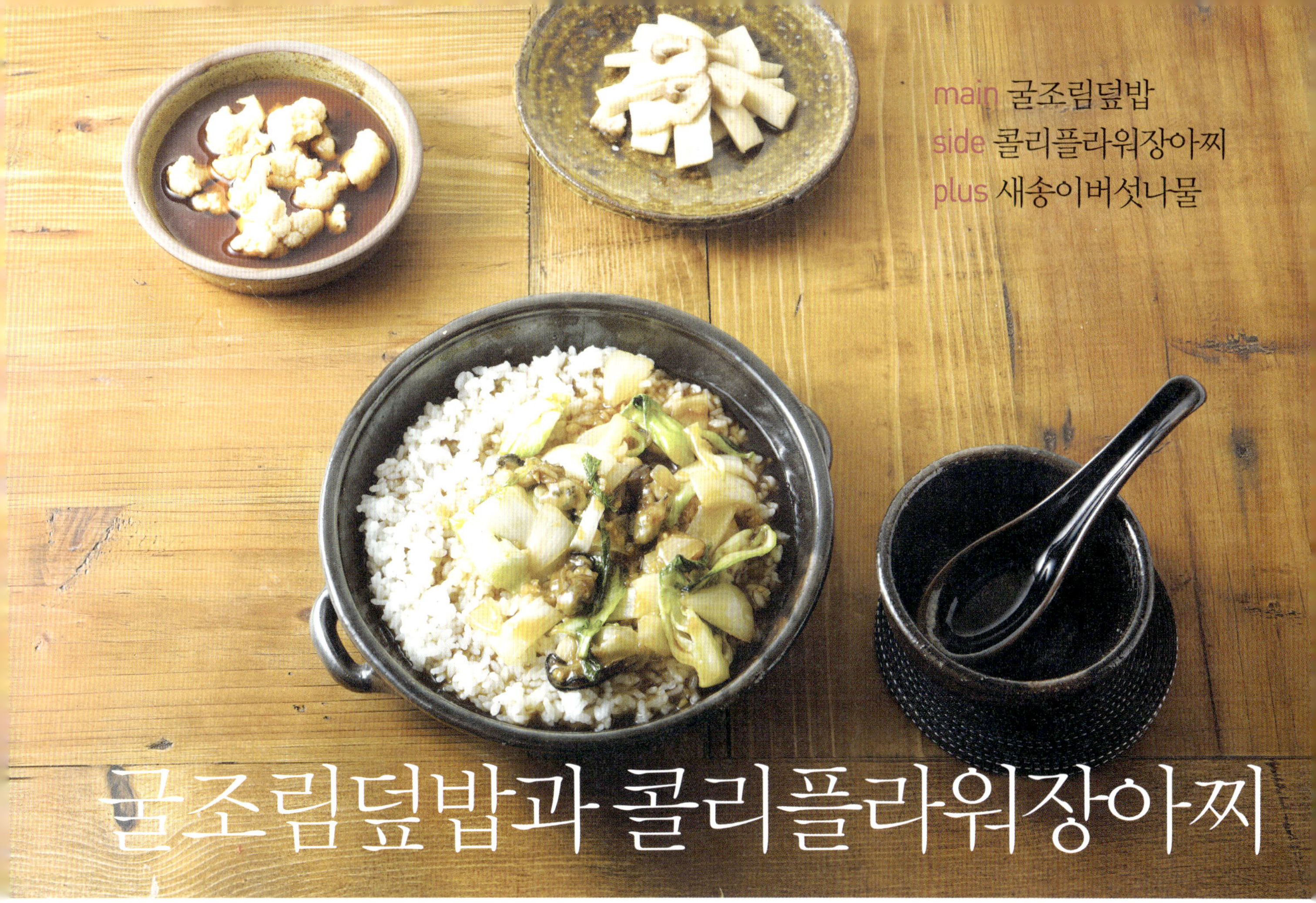

main 굴조림덮밥
side 콜리플라워장아찌
plus 새송이버섯나물

굴조림덮밥과 콜리플라워장아찌

겨울이 제철인 굴에 굴소스를 넣고 조린 굴조림은 계절의 별미. 밥에 올려 덮밥으로 먹어도 맛있다. 짭조름한 당근콜리플라워장아찌만 있으면 중화요리가 부럽지 않다.

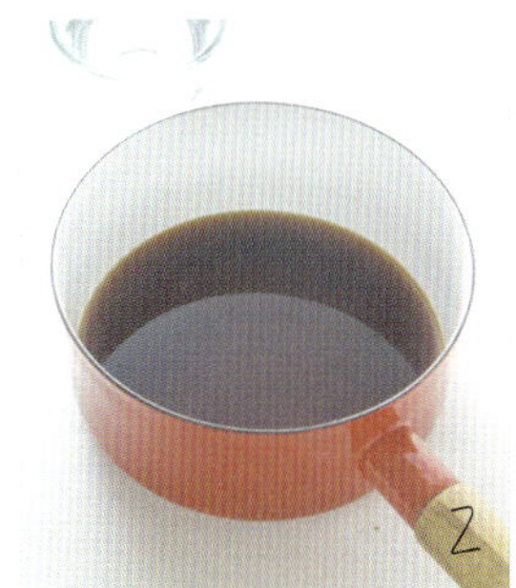

굴조림덮밥

재료 굴 400g, 청경채 4포기, 양파 1개, 물녹말·올리고당 3큰술씩, 밥 3공기
조림장 생강즙 1작은술, 굴소스 4큰술, 간장·설탕·맛술 2큰술씩, 후춧가루 1/4작은술, 물 2컵

이렇게 만드세요

1 굴은 옅은 소금물에 흔들어 씻고 청경채는 4cm 길이로, 양파는 사방 3cm 크기로 썬다.
2 냄비에 올리고당을 제외한 조림장 재료를 넣어서 끓이다 반으로 줄어들면 굴과 채소를 넣는다. 채소의 숨이 죽으면 물녹말을 둘러 농도를 맞춘 다음 올리고당을 골고루 섞어 밥 위에 얹는다.

굴에는 수분이 많아서 올리고당을 넣고 너무 오래 조리되면 크기가 너무 작아지고 질겨질 수 있기 때문에 조림장을 미리 조린 다음 나중에 올리고당을 넣는다.

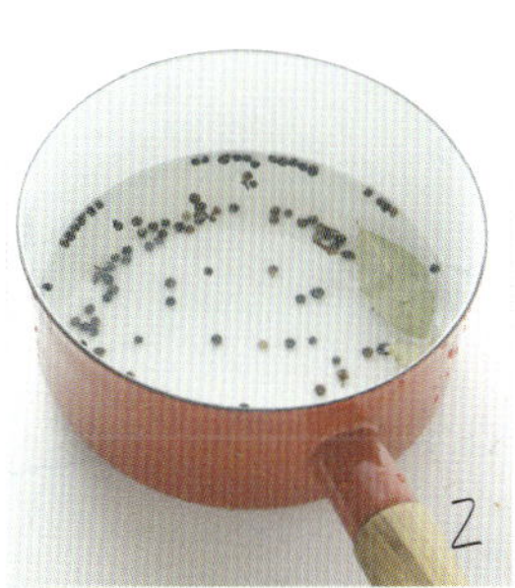

콜리플라워장아찌

재료 콜리플라워 200g, 소금 1/2작은술
장아찌간장 물 1컵, 통후추 1/2작은술, 맛술 2큰술, 식초 4큰술, 설탕 3큰술, 월계수잎 1장, 간장 1/4컵, 올리고당 2큰술, 마늘 2쪽

이렇게 만드세요

1 콜리플라워는 3cm 크기로 썰어 데쳐서 헹군 다음 소금에 30분간 절인다.
2 냄비에 물을 붓고 통후추, 맛술, 식초, 설탕, 월계수잎을 넣어 끓이다가 국물만 걸러 다시 냄비에 붓고 간장, 올리고당, 통마늘을 넣어 국물이 2/3정도로 줄어들 때까지 끓인다.
3 간장물을 식혀 콜리플라워가 담긴 용기에 부어 하루 정도 지난 다음 다시 간장물만 따라 끓여서 식힌 다음 붓는다.

간장장아찌에 통후추나 월계수잎을 넣어서 장아찌를 만들면 맛과 향이 훨씬 좋아진다.

채소김밥과 홍합초

main 채소김밥
side 홍합초
plus 고추튀각

냉장고 속 남은 몇 가지 채소로도 뚝딱 만들 수 있는 채소김밥. 씹히는 맛이 좋은 새콤한 홍합초와 고추튀각을 곁들이면 별미도시락 완성.

채소김밥

재료 양파 1/4개, 당근 1/6개, 피망 1/2개, 참기름·깨소금 1큰술씩, 소금 1작은술, 김 4장, 밥 4공기

이렇게 만드세요

1 양파, 당근, 피망은 사방 0.3cm로 잘게 다진다.
2 다진양파는 찬물에 5분간 담갔다가 물기를 제거한다.
3 팬에 기름을 두른 다음 다진 채소를 살짝 볶아 식힌다.
4 밥, 볶은 채소, 참기름, 깨소금, 소금을 넣어서 잘 섞은 다음 김에 넣어서 돌돌 만다.

양파를 다진 뒤
물에 담가두면
양파 특유의
매운맛이
없어진다.

홍합초

재료 홍합살 200g, 생강 1/2쪽, 마늘 2쪽, 대파 1/5뿌리, 간장 3큰술, 설탕 2큰술, 물 1/4컵, 소금 1/2작은술

이렇게 만드세요

1 물 1컵에 소금 1/2작은술을 넣고 홍합살을 흔들어 씻는다.
2 생강은 껍질을 벗긴 다음 얇게 저미고, 마늘도 같은 크기로 썬다. 대파는 길이로 반 가른 다음 송송썬다.
3 냄비에 물을 넉넉히 부어 끓으면 소금을 조금 넣고 준비한 홍합살을 살짝 데친다.
4 냄비에 데친홍합, 생강, 마늘, 대파, 간장, 설탕, 물 1/4컵을 넣은 뒤 국물이 거의 없어질 정도로 조린다.

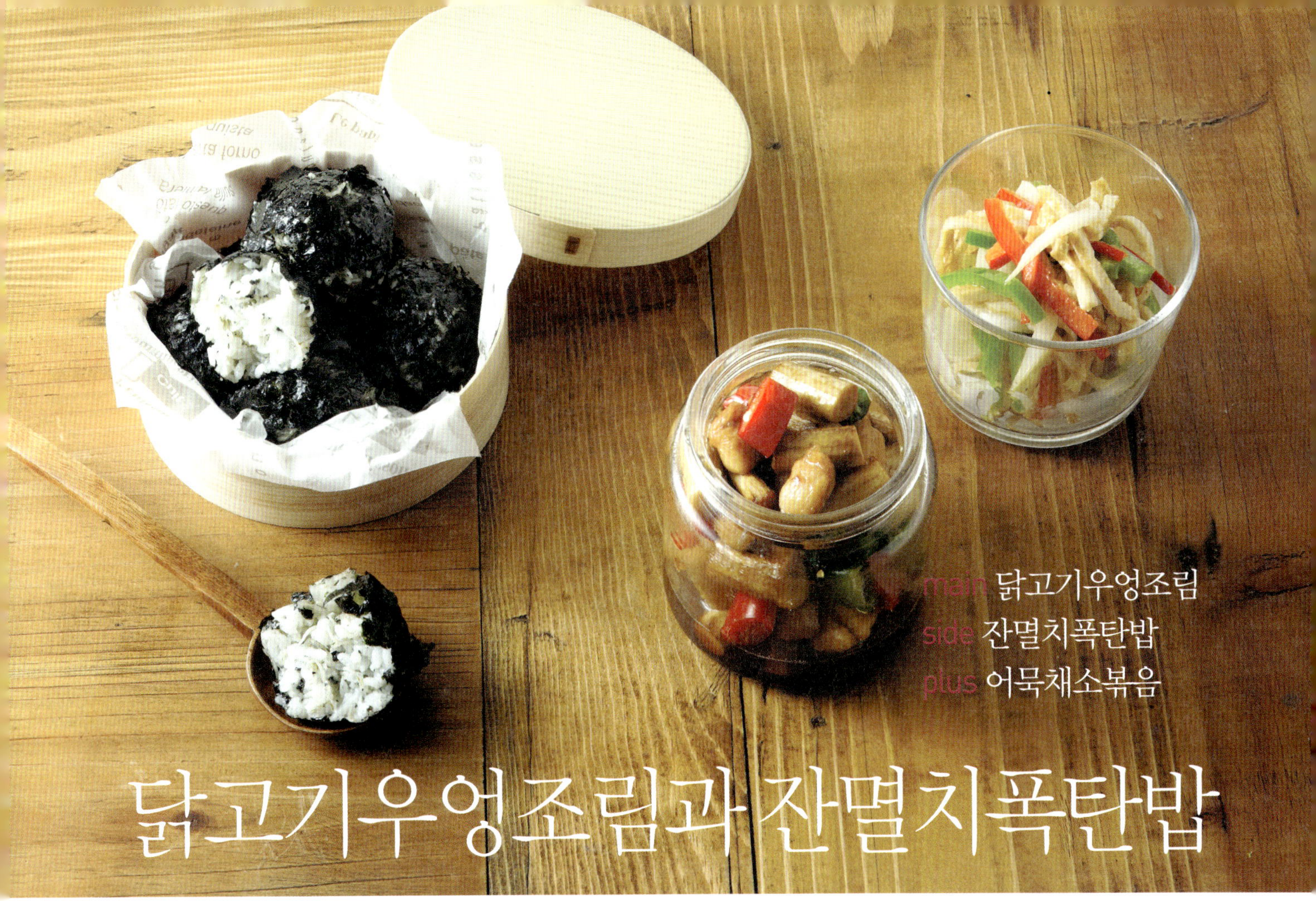

main 닭고기우엉조림
side 잔멸치폭탄밥
plus 어묵채소볶음

닭고기우엉조림과 잔멸치폭탄밥

입 주변에 온통 김을 묻혀도 고소하고 짭조름한 맛에 반해 자꾸만 손이 가는 잔멸치폭탄밥. 씹히는 맛이 좋은 우엉을 넣은 닭고기조림과 함께 먹으면 맛도 영양도 완벽하다.

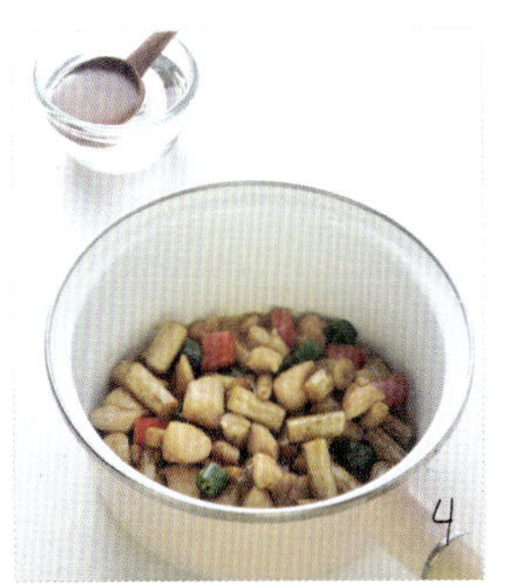

닭고기우엉조림

재료 닭가슴살 1조각, 우엉 1/2뿌리, 풋고추·홍고추 2개씩, 간장 3큰술, 설탕 1큰술, 물 2컵, 올리고당 2큰술

이렇게 만드세요

1 닭가슴살은 사방 2cm 크기로 썰어 달군 팬에 넣어 굽는다.

2 우엉은 껍질을 벗겨 2cm 길이로 썬 다음 식촛물에 담가 두었다가 끓는물에 데친다.

3 고추는 2cm 길이로 썬다.

4 냄비에 손질한 닭가슴살과 우엉, 간장, 설탕, 물을 넣어 끓인다. 국물이 거의 없어질 때 쯤 올리고당과 고추를 넣어 버무리고 불을 끈다.

우엉과 닭가슴살에 올리고당을 미리 넣고 조리면 많이 딱딱해진다. 올리고당은 국물이 다 조려졌을 때 마지막에 넣어 윤기를 더한다.

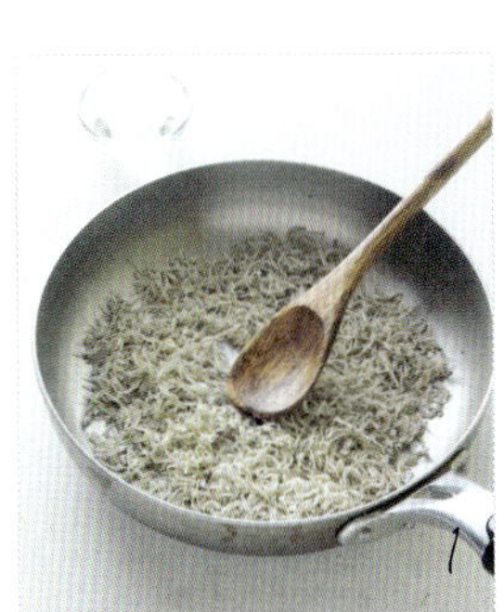

잔멸치폭탄밥

재료 밥 2공기, 잔멸치 50g, 포도씨오일 2큰술, 소금 조금, 참기름 1작은술, 깨소금 1/2큰술, 김가루 적당량

이렇게 만드세요

1 기름 두른 팬에 잔멸치를 넣어 바삭하게 볶은 뒤 키친타월에 올려 기름기를 제거한다.

2 볼에 밥, 소금, 참기름, 깨소금을 넣어 버무린 다음 살짝 식으면 볶은 멸치도 넣어 버무린다.

3 밥을 지름 4cm 정도 크기로 동그랗게 뭉친 다음 김가루를 고루 묻힌다.

잔멸치를 너무 센불에서 볶으면 타기 쉬우므로 중간불에서 바삭하게 볶는다. 기름을 충분히 제거해야 주먹밥이 고소하고 맛있다.

main 오징어다리튀김 side 팥녹차

오징어다리튀김과 팥녹차

몸통을 쓰고 남은 오징어다리는 한꺼번에 모아서 튀김을 만들면 간식으로 그만이다. 오징어튀김에 콜레스테롤
수치를 낮추어 주는 팥녹차를 곁들이면 센스 지수 업!

오징어다리튀김

재료 오징어다리 3마리 분량, 녹말가루 조금, 식용유 적당량
튀김옷 밀가루 1/2컵, 녹말가루 3큰술, 달걀노른자 1개, 얼음물 1/4컵,
소금·후춧가루 조금씩

이렇게 만드세요

1 오징어다리는 끓는물에 데친 후 먹기 좋은 크기로 잘라 녹말가루에 고루 버무린다.
2 분량의 튀김옷 재료를 대충 섞어 둔다.
3 오징어에 튀김옷을 입혀 170℃로 달군 기름에 넣고 노릇하게 튀긴다.

오징어를 기름에
바로 넣으면
오징어가 수축하면서
기름이 튈 수 있으니
미리 살짝 데친 후
튀기는 것이
안전하다.

팥녹차

재료 팥 1큰술, 녹차잎 1작은술, 물 3컵

이렇게 만드세요

1 팥은 잘 씻어 달군 마른 팬에 노릇하게 볶는다.
2 냄비에 물 3컵을 담고 팥을 넣어 물이 반 정도 졸아들 때까지 중불로 끓인다.
3 끓인 팥물을 한김 식혀 녹차잎을 넣고 우려낸 후 마신다.

팥을 그냥 우리면 시간이 오래
걸리기 때문에 미리 팥물을 끓여
녹차를 우려낸다.

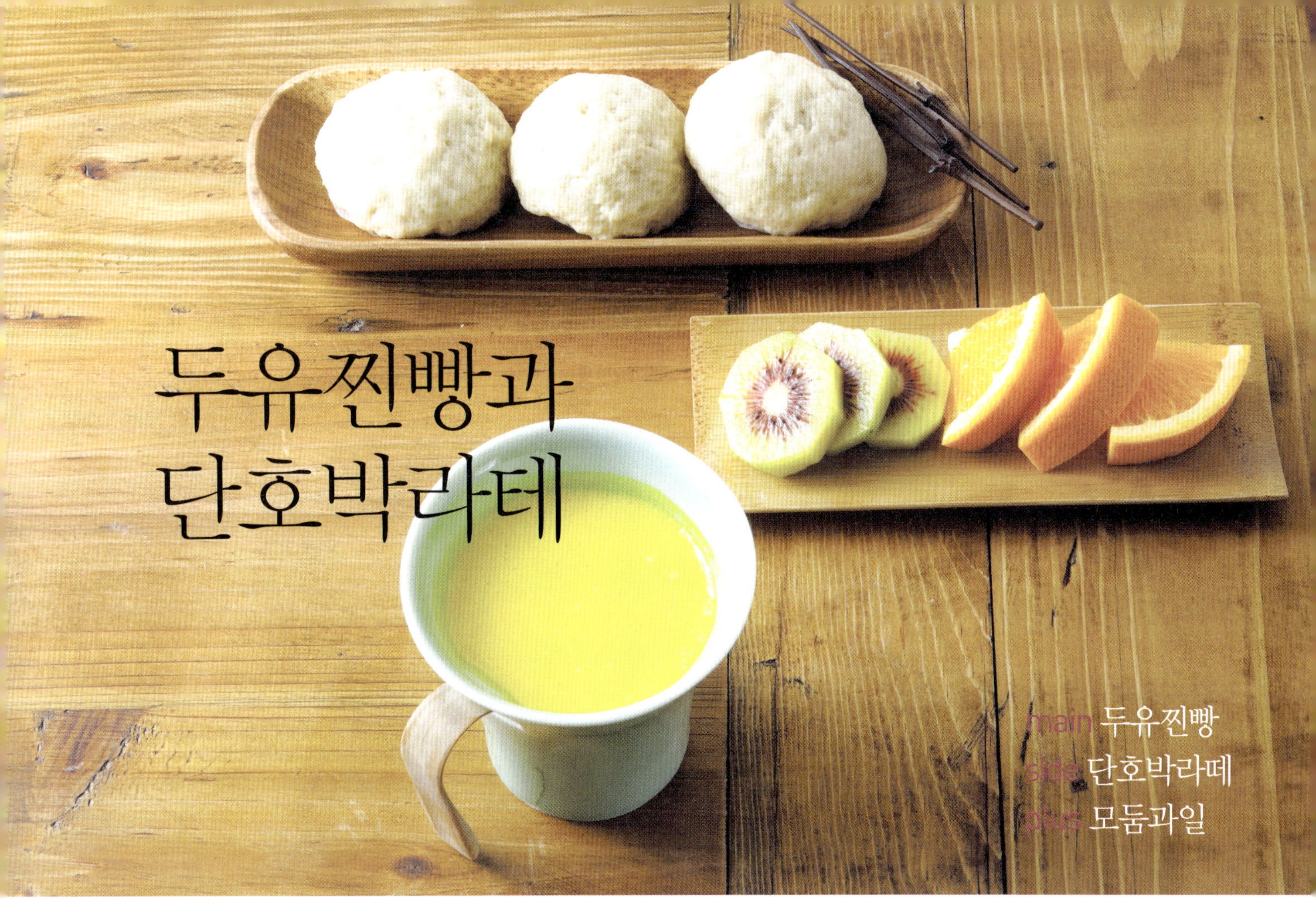

두유찐빵과 단호박라테

main 두유찐빵
side 단호박라떼
plus 모둠과일

두유와 통밀가루를 넣어 직접 만든 찐빵은 일반 밀가루와 물로 만든 것보다 더 고소하고 촉촉하다. 따뜻한 단호박라테와 과일까지 곁들이면 맛도 영양도 만점.

두유찐빵

재료 두유 140g, 이스트 5g, 설탕 30g, 통밀가루 200g, 소금 1/4작은술, 팥소(팥 1/2컵, 설탕 3큰술)

이렇게 만드세요

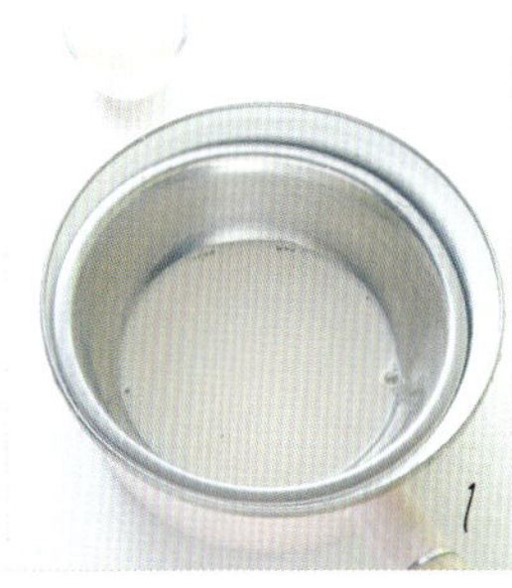

1 두유를 중탕으로 따뜻하게 데운 다음 이스트와 설탕을 넣어 10분간 둔다.

이스트가 활동하기에 좋은 온도는 36~38℃ 정도로 두유를 따뜻하게 해야 빵이 잘 부푼다.

2 ①에 체에 내린 밀가루와 소금을 넣고 잘 치댄 다음 따뜻한 곳에서 40분간 발효시킨다. 반죽이 2배로 부풀어 오르면 적당한 크기로 떼어낸 다음 팥소를 넣어서 둥근 모양을 만든다.

3 ②를 유산지 위에 올려 따뜻한 곳에 30분간 두어 반죽이 2배로 부풀어 오르면 김 오른 찜통에 넣어 15분 정도 찐다.

단호박라테

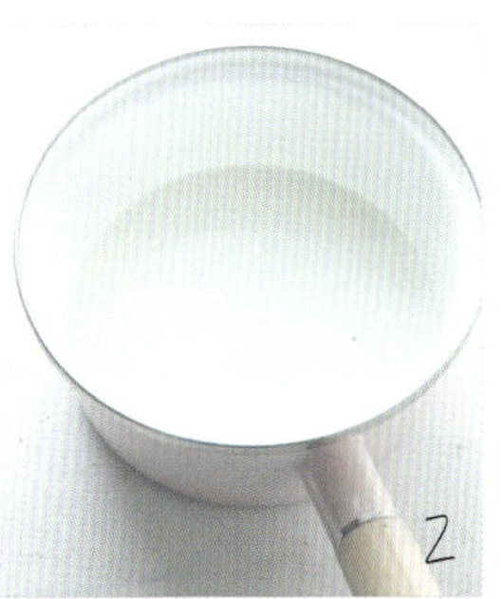

재료 단호박 1/4개, 우유 2컵, 꿀 2큰술

이렇게 만드세요

1 단호박은 씨와 껍질을 제거한 다음 먹기 좋게 잘라서 내열 용기에 넣어 전자레인지에서 5분간 익힌다.

2 우유를 냄비에 부어 따뜻하게 데운 다음 익힌 단호박과 같이 믹서에 간다.

우유가 따뜻해야 거품이 풍성하고 부드러우면서도 달콤한 라테를 만들 수 있다.

3 기호에 따라 꿀을 넣어 먹는다.

제철 재료로 차린 일주일 밥상 플랜

	아침	점심	저녁
월	밥, 미역국 숙주나물 콩조림 배추김치	잔멸치폭탄밥 닭고기우엉조림 어묵채소볶음	흑미밥, 버섯달걀국 대구살브로콜리조림 두부소박이, 굴깍두기
화	밥 만가닥버섯게살탕 시래기된장지짐이 배추김치	밥, 된장찌개 북어찜 취나물무침 깍두기	오징어매운덮밥 흰비지탕 콩나물간장볶음 감자전, 배추김치
수	맑은순두부누룽지탕 시금치나물 동치미	꼬막짬뽕 단무지	밥 닭고기무국 패주쪽파전 마른표고고추장조림 통마늘장아찌
목	밥, 김치콩나물국 달걀채소전 김구이 배추김치	굴조림덮밥 콜리플라워장아찌 새송이버섯나물	밥, 닭매운찜 애호박새우젓볶음 파래무침 배추김치
금	밥 홍합감자국 호두마른새우볶음 총각무김치	밥, 설렁탕 깍두기 배추김치	잡곡밥, 무말랭이김치 시금치토장국 아귀튀김 파래콩나물무침
토	해물흑미떡국 시금치잡채 파프리카고추장아찌 백김치	치킨치즈커틀릿 삶은달걀코브샐러드 아삭이고추피클	밥, 쇠고기국 곤약고추조림 오징어젓 배추김치
일	밥, 사골국 미나리나물 마늘종장아찌 동치미	굴국수 겉절이	밥, 달걀탕 제육볶음, 모둠쌈 감자샐러드 묵은김치

1월~12월 영양만점 제철식품

| 채소 |

우엉 아작아작 씹는 맛이 매력인 뿌리채소. 당질의 일종인 이눌린이 풍부해 신장기능을 높여주고 풍부한 섬유질이 배변을 촉진한다.

연근 연근의 식물성 섬유는 장을 적당히 자극해 장운동을 활발하게 해주어 콜레스테롤 수치를 떨어뜨리는 작용을 하게 한다.

당근 몸 안에서 비타민A로 바뀌는 카로틴이 풍부하고 비타민E를 제외한 거의 모든 비타민과 철분, 칼슘, 칼륨 등이 균형 있게 들어있다.

브로콜리 비타민A와 C가 풍부하고 칼륨, 인, 칼슘 등 각종 무기질이 많이 들어 있어 영양 덩어리로 알려져 있다.

시금치 비타민A가 채소 중에서 가장 많고 비타민C와 칼슘, 철분 등이 풍부한 알칼리성 식품이다. 섬유질이 많아 변비에도 좋다.

| 해산물 |

광어(넙치) 지방함량이 적어 비만을 방지하며, 맛이 담백하여 간장질환이 있는 사람이나 당뇨병 환자에게 좋은 식품이다.

꼬막 양질의 단백질과 비타민, 필수아미노산이 균형 있게 들어있어 성장발육에 좋으며 철분과 무기질이 다량 함유되어 있어 빈혈에도 효과 있다.

패주 자양·강장에 좋을 뿐만 아니라 세포에 윤기를 주어 노화를 방지하고 혈압을 떨어뜨리는 작용을 하여 고혈압에 효과가 있다.

굴 비타민과 미네랄의 보고인 굴은 콜레스테롤치를 감소시키는 작용을 하며 철분이 풍부해 빈혈 치료에도 좋다.

청어 단백질이 풍부하고 지방분도 많아 병후 회복기에 좋은 식품. 간에 비타민B_1, B_2가 많이 들어 있어 보혈제로 좋고 쓸개는 각종 눈병을 치료하는데 쓰인다.

명태 양질의 단백질과 칼슘, 철, 인이 풍부해 기력을 높이는데 좋고 라이신 성분이 세포발육과 뼈, 연골의 형성, 칼슘 흡수를 돕는다.

문어 연체동물 중 머리가 제일 좋은 것으로 알려져 있는 문어는 난소가 성숙할 때 맛이 제일 좋다.

파래 칼륨, 요오드, 칼슘, 식물성 섬유소 등 몸에 좋은 성분을 골고루 함유하고 있다. 성인병과 비만예방에도 좋다.

아귀 겨울철에 잡히는 것이 싱싱하고 맛이 있다. 아귀는 만져보았을 때 살에 탄력이 느껴지면서 까실까실한 가시가 솟아있는 것이 싱싱하다.

개조개 조개류는 필수아미노산이 풍부하고 지방 함량이 적어 맛이 담백하며 특유의 감칠맛이 있다.

동태 지방함량이 적어 맛이 개운하고 간을 보호해주는 메티오닌과 같은 아미노산이 풍부해 해장국으로 많이 이용된다.

1월에 맛있는 제철식품

2월에 맛있는 제철식품

| 채소 |

연근 연근의 식물성 섬유는 장운동을 활발하게 해주어 콜레스테롤 수치를 떨어뜨리는 작용을 한다.

우엉 당질의 일종인 이눌린이 풍부해 신장기능을 높여주고 풍부한 섬유질이 배변을 촉진한다.

참취 칼륨의 함량이 대단히 많은 알칼리성 식품이다. 맛과 향이 뛰어나 널리 사랑받으며 봄에 뜯어 나물과 쌈을 싸먹으면 독특한 향취가 미각을 자극한다.

시금치 비타민A가 채소 중에서 가장 많고 비타민C와 칼슘, 철분 등이 풍부한 알칼리성 식품. 소화가 잘 되며 섬유질이 많아 변비에도 좋다.

고비 어린잎과 줄기는 데쳐서 나물이나 국·찌개에 넣어 먹고, 말린 것은 약재로 이용한다. 고비에는 비타민A와 B_2, 펜토산, 니코틴산 등이 풍부해 시력보호에 도움이 된다.

쑥갓 예로부터 위를 따뜻하게 하고 장을 튼튼하게 하는 채소로 애용되어 왔는데 식용·약용으로 널리 쓰이며 봄철 푸르게 돋아나는 어린 잎을 재료로 이용한다.

순무 순무의 매운맛은 항암작용을 하며 식이섬유소가 풍부해 변비예방에도 좋다. 알칼리성인데다 섬유질이 많아 피로 해소와 다이어트에 효과적이다.

달래 달래에 많이 들어있는 비타민C는 열에 쉽게 파괴되므로 가능한 날것으로 먹는다.

| 해산물 |

다시마 감칠맛이 나며 칼슘, 칼륨, 요오드가 풍부한 알칼리성 식품이다. 생다시마는 6~9월이 제철이다.

대구 참대구는 수분이 많고 부드러우며 담백한 맛이 난다. 대구알젓과 간유는 우수한 영양소이며 특히 간유는 비타민A와 D, 타우린이 풍부하게 들어있다.

패주 자양·강장에 좋을 뿐만 아니라 세포에 윤기를 주어 노화를 방지하고 혈압을 떨어뜨리는 작용을 하여 고혈압에 효과가 있다. 겨울에 단맛이 증가한다.

홍어 홍어는 고단백·저지방 식품이다. 가오리와 다른 점은 등이 거무스름하고 살색이 희다는 것이다.

코다리 마른북어보다 촉촉하고 부드러우며 생태보다는 쫀득하고 구수한 맛이 난다. 값이 매우 싸서 겨울철 반찬거리로 자주 등장한다.

새조개 칼로리와 지방함량이 낮아 다이어트에 효과적이며 치즈와 함께 섭취하면 새조개에 부족한 필수지방산을 보충할 수 있다.

아귀 겨울철에 잡히는 것이 싱싱하고 맛이 있다. 아귀는 만져보아 살에 탄력이 느껴지면서 까실까실한 가시가 솟아있는 것이 싱싱하다.

가자미 비타민B_1이 풍부해 스트레스를 많이 받는 사람에게 좋으며 기억력 증강에 도움을 준다.

해삼 '바다의 인삼' 이라는 이름에 걸맞게 단백질, 칼슘, 철분이 풍부해 입맛을 돋우고 신진대사를 활발하게 하는 스태미너식. 칼로리가 적어 다이어트에 좋다.

임연수 아미노산과 미량원소가 풍부하며 구이나 찜, 조림하여 안주로 많이 이용된다.

| 채소 |

냉이 채소 중 단백질 함량이 가장 높고 칼슘, 철분 같은 무기질이 풍부하다. 특히 냉이 잎에는 비타민A와 C가 많다.

미나리 독특한 향 정유성분이 입맛을 돋워주고 보온작용을 한다.

달래 달래에 많이 들어있는 비타민C는 열에 쉽게 파괴되므로 가능한 날것으로 먹는다.

봄동 봄동배추는 비타민C와 식물성섬유가 풍부하고 칼슘, 카로틴 등이 많이 들어 있다.

씀바귀 섬유소가 풍부하고 열량이 낮아 다이어트 식품으로 좋다.

고들빼기 비타민이 풍부하고 쓴맛을 내는 사포닌 성분은 위를 튼튼하게 하고 소화기능을 촉진한다.

쑥 쑥에는 비타민·무기질 함량이 많다. 특히 저항력을 길러주는 비타민A가 많아 80g만 먹어도 하루 필요량을 공급할 수 있다.

두릅 독특한 향기와 쌉싸름한 맛이 봄의 미각을 자극한다. 단백질과 칼슘, 비타민C가 풍부하다.

청경채 각종 미네랄과 비타민C, 카로틴이 풍부해 피부미용에 좋고 치아와 골격 발육에 도움이 된다.

고사리 식이섬유소가 풍부해 변비를 없애고 소변을 잘 보게 한다. 고사리는 비타민B₁이 풍부한데, 파, 마늘과 함께 먹으면 좋다.

양배추 위를 보호해주는 비타민U가 많이 들어 있고 칼슘, 칼륨도 풍부한 알칼리성 식품. 식이섬유소 함량이 많아 변비도 예방한다.

참나물 베타카로틴이 풍부한 참나물은 특유의 향을 가지고 있는 대표적인 알칼리성 식품. 안구건조증 예방에 특히 효과가 있다.

| 해산물 |

톳 톳에 함유되어 있는 철분은 시금치의 3~4배나 되어 빈혈증세에 특히 효과가 있다.

미역 칼슘이 풍부한 바다의 채소. 골다공증 예방에 제격이다.

바지락 간을 보호하는 성분이 있어 간장질환이 있는 사람이나 담석증 환자에게 매우 좋다. 필수아미노산이 풍부하다.

대합 간을 보하며 수산물 중에서 단백가가 가장 높은 편. 겨울부터 봄철에 걸쳐 제맛이 난다.

모시조개 모시조개 속 타우린은 아미노산의 일종으로 콜레스테롤치를 떨어뜨리고 혈압조절에 도움을 준다.

피조개 단백질, 비타민, 미네랄 등의 성분이 균형을 이루고 있어 빈혈 치료에 효과가 있다.

관자 혈액 속 콜레스테롤치를 떨어뜨리는 타우린이 풍부하다.

꼬막 양질의 단백질과 비타민, 필수아미노산이 균형있게 들어있다.

주꾸미 타우린이 많이 들어 있어 피로회복에도 탁월한 효과가 있고 간의 피로도 풀어준다.

조기 양질의 단백질이 풍부해 어린이들의 발육과 원기회복에 좋다.

| 채소 |

죽순 식물성섬유가 풍부해 변비를 예방하고 콜레스테롤을 억제하는 작용을 한다.

껍질콩 비타민A가 풍부해 눈과 간, 피부에 좋고 섬유질이 많아 콜레스테롤치를 낮추는 효능도 있다.

양상추 식이섬유소가 풍부하고 칼로리가 낮아 다이어트에 효과적이다. 줄기에 함유된 알칼로이드 성분이 신경안정 작용을 하여 불면증 치유에도 도움이 된다.

취 칼륨의 함량이 대단히 많은 알칼리성 식품이다.

상추 비타민과 무기질 보충에 좋은 채소이다. 알칼로이드 성분이 숙면을 취하는 데 도움을 준다.

미나리 향기가 상큼하고 씹는 맛이 좋은 봄나물로 잎보다는 줄기 부분이 음식에 주로 이용된다.

두릅 단백질과 칼슘, 비타민C가 풍부해 영양적으로도 우수하다.

아스파라거스 섬유소가 풍부하여 변비를 예방하고 지질함량과 열량이 낮아 체중조절이 쉬운 채소다.

청경채 각종 미네랄과 비타민C, 카로틴이 풍부하다. 동물성 단백질이 많이 함유된 닭고기와 섭취하면 영양적으로 우수하다.

참나물 베타카로틴이 풍부한 참나물은 잎이 부드럽고 소화가 잘 되며 섬유질이 풍부하다.

양배추 위를 보호해주는 비타민U가 많이 들어 있고 칼슘, 칼륨도 풍부한 알칼리성 식품.

| 해산물 |

도미 도미는 단백질과 무기질이 풍부하며 지방질이 적어 비만이 걱정인 사람에게 아주 좋은 식품이다.

우럭 단백질, 탄수화물, 칼슘, 인, 철, 칼륨, 비타민C 등이 고루 함유되어 있는 영양식품.

조기 양질의 단백질이 풍부해 어린이들의 발육과 원기회복에 좋다.

뱅어포 몸이 가늘고 길며 무색투명한 치어를 쪄서 말린 것으로 가공방법과 가공순서에 따라 여러 종류로 나뉜다.

키조개(관자) 혈액 속 콜레스테롤치를 떨어뜨리는 타우린이 풍부하게 들어있다. 칼로리와 지방함량이 낮아 다이어트에도 도움이 된다.

멸치 동물성 단백질을 가장 손쉽게 섭취할 수 있는 것이 멸치다.

가자미 비타민B₁이 풍부해 스트레스를 많이 받는 사람에게 좋으며 기억력 증강에도 도움을 준다.

꽃게 지방의 함량이 적어 맛이 담백하고 소화성도 좋아 병후 회복기 환자나 허약체질, 노인에게 좋은 식품.

미더덕 혈중 콜레스테롤치를 떨어뜨리며 항암효과, 노화억제 등에도 효과를 발휘한다.

대합 수산물 중에서 단백가가 가장 높은 편이다.

| 채소 |

양상추 식이섬유소가 풍부하고 칼로리가 낮아 다이어트에 효과적이다. 양상추 줄기에 우윳빛 유액에 함유된 알칼로이드 성분이 신경안정 작용을 하여 불면증을 치료한다.

상추 비타민과 무기질 보충에 좋은 채소이다. 알칼로이드 성분이 숙면을 취하는 데 도움을 준다.

양파 지방의 함량이 적으며 채소로서는 단백질이 많은 편이다. 또한 칼슘과 철분의 함량이 많아 강장효과를 돕우는 역할도 한다.

마늘종 알리신에는 면역증강작용과 항암작용이 있으며 성질이 따뜻하여 위장과 심장의 혈액순환을 돕는 역할을 하여 수족냉증에 효과적이다.

마늘 유화알릴이 풍부해 살균 작용을 하며 강장제로서도 효과가 높다.

청경채 각종 미네랄과 비타민C, 카로틴이 풍부하여 피부미용에 효과적이고 치아와 골격 발육에 도움이 된다.

쪽파 잎이 연하고 깨끗하며 줄기 부분이 여러 갈래로 가늘게 나뉘지 않는 것이 좋다. 실파는 뿌리부분이 일자모양이고 쪽파는 동그란 모양으로 다르다.

도라지 당분과 섬유질이 많고 칼슘과 철분이 많은 우수한 알칼리성식품. 사포닌 성분이 가래를 삭히고 혈당 강하 작용을 한다.

양배추 저지방·저열량 식품이며 식이섬유소 함량이 많아 장운동을 활발하게 하여 변비도 예방한다.

완두콩 콩류 중 식이섬유소가 가장 풍부하여, 변비를 치유하고 대장암을 예방하며 동맥경화증에도 효과가 있다.

미나리 줄기 부분이 음식에 주로 이용된다. 독특한 향이 나는 정유성분이 입맛을 돋워주고 보온작용을 한다.

더덕 강장식품으로도 유명한 더덕은 폐와 비장, 신장을 튼튼하게 해준다. 뿌리의 사포닌 성분은 인삼에 들어있는 주요성분으로 물에 잘 녹으며 거품이 나는 물질이다.

| 해산물 |

잔새우 칼슘과 타우린이 풍부해 고혈압을 예방하고 성장발육을 돕는다. 또 키토산이 혈액 내 콜레스테롤을 낮춰준다.

광어(넙치) 단백질이 질이 우수하고 지방함량이 적어 비만을 방지하며, 맛이 담백하여 간장질환이 있는 사람이나 당뇨병 환자에게 좋은 식품.

병어 비타민B1과 B2가 풍부한 건강식품. 소화도 잘 되어 어린이나 노인, 회복기 환자에게 좋다.

준치 비타민B1이 풍부하여 원기회복에 그만인 생선.

꽃게 지방 함량이 적어 맛이 담백하다. 저지방·고단백을 필요로 하는 비만증·고혈압·간장병 환자에게 좋다.

미더덕 불포화지방산인 EPA와 DHA가 들어있어 동맥경화, 고혈압, 뇌출혈을 예방하고, 혈중 콜레스테롤치를 떨어뜨리며 항암효과, 노화억제 등에도 효과를 발휘한다.

| 채소 |

셀러리 비타민 B1과 B2가 풍부하고 나트륨과 칼슘이 풍부해서 인체에 해로운 이산화탄소를 배출시키는 기능을 한다. 멜라토닌 성분 덕분에 불면증도 해소된다.

껍질콩 비타민A가 풍부해 눈과 간, 피부에 좋고 섬유질이 많아 콜레스테롤치를 낮추는 효능도 있다.

오이 비타민과 무기질의 공급원으로 중요할 뿐만 아니라 수분이 많고 칼륨의 함량이 높은 알칼리성식품이다.

청둥호박(늙은호박) 비타민A와 C 및 B2가 풍부한 늙은호박은 저장성이 좋기 때문에 겨우내 두고 먹을 수 있으며 겨울에 부족하기 쉬운 비타민A의 훌륭한 공급원이다.

양파 지방의 함량이 적으며 채소로서는 단백질이 많은 편이다. 또한 칼슘과 철분의 함량이 많아 강장효과를 돕우는 역할도 한다.

근대 단백질 함량은 적으나 필수아미노산을 다량 함유하고 있고 칼슘, 철분 같은 무기질 함량이 높으며 비타민A가 풍부하다.

부추 강장·강정효과가 뛰어나며 비타민A가 풍부한 건강채소. 독특한 향을 내는 유화알릴 성분이 혈액순환을 돕고 신진대사를 활발하게 해 몸을 따뜻하게 한다.

감자 녹말이 주성분인 알칼리성 식품으로 비타민C와 칼륨이 풍부하게 들어있다. 칼륨은 나트륨의 배출을 도와 고혈압 환자의 혈압 조절에 도움이 된다.

청경채 미네랄과 비타민C, 카로틴이 풍부해 피부미용에 좋고 치아와 골격 발육에 도움이 된다.

양배추 위를 보호해주는 비타민U가 많이 들어 있고 칼슘, 칼륨도 풍부한 알칼리성 식품.

미나리 향기가 상큼하고 씹는 맛이 좋은 봄나물. 잎부분은 향이 약하므로 잎보다는 줄기 부분이 음식에 주로 이용된다.

| 해산물 |

멍게 멍게의 타우린 성분은 노화를 방지하고, 신티올 성분은 숙취해소에 도움이 된다. 또한 인슐린 분비를 촉진하여 당뇨병에도 좋다.

전복 조개류 중 가장 맛이 좋고 비싼 식품. 간기능 저하로 머리가 아프거나 귀가 울리고 혀와 목이 마르는 증세에 효과적이다.

병어 비타민B1과 B2가 풍부한 건강식품으로, 무와 함께 조리해 먹으면 소화 흡수율을 높일 수 있다.

준치 비타민B1이 풍부해 원기회복에 그만인 생선. 어획량이 줄어 귀한 생선으로 대접받고 있다.

오징어 질 좋은 단백질이 어떤 생선류보다 많이 들어 있고 타우린도 풍부해 고혈압, 동맥경화, 심장병, 당뇨병, 시력감퇴, 여성의 갱년기장애 등에 효과를 발휘한다.

바닷가재 타우린이 풍부하여 콜레스테롤치를 낮춰주고, 단백질이 풍부해 근육 만들기에 효과적이다.

생다시마 칼륨과 라미닌이라는 혈압저하 물질이 들어 있어 고혈압 예방에 좋다. 다시마 속 알긴산은 콜레스테롤을 저하시킨다.

| 채소 |

부추 독특한 향을 내는 유화알릴 성분이 혈액순환을 돕고 신진대사를 활발하게 해 몸을 따뜻하게 해 준다.

양상추 식이섬유소가 풍부하고 칼로리가 낮아 다이어트에 좋다. 줄기의 알칼로이드 성분이 신경안정 작용을 하여 불면증을 치유한다.

가지 조직이 기름을 잘 흡수하므로 식물성기름으로 조리하면 몸에 좋은 불포화지방산과 비타민E 등을 보충할 수 있다.

피망 비타민C와 비타민A가 풍부한 것이 특징인데 지방질을 곁들여 먹으면 흡수와 이용률이 높아져 좋다.

애호박 주성분은 당질이며 비타민A와 C가 풍부한 것이 특징. 호박의 당분은 소화흡수가 잘 되므로 위장이 약한 사람도 마음 놓고 먹을 수 있다.

노각(늙은오이) 칼륨이 풍부해 체내 노폐물 배출에 도움이 준다. 더불어 혈압강하에 도움을 주어 고혈압도 예방한다.

열무 열무는 눈을 맑게 하고 기억력을 향상시키며, 혈압 안정에 도움을 준다.

꽈리고추 비타민A와 C가 풍부하고 칼슘과 철분 등 무기질이 고루 들어 있다. 고추 특유의 매운맛은 캡사이신이라는 성분 때문인데, 혈액순환을 돕고 위액 분비를 촉진시켜 식욕을 좋게 한다.

오이 비타민과 무기질의 공급원이며, 수분이 많고 칼륨의 함량이 높은 알칼리성식품. 수렴효과·진정작용이 있어 피부미용에 특히 좋다.

파프리카 비타민A와 C 등 영양성분이 다른 채소에 비해 다량 함유되어 있다.

풋고추 고추의 특징인 매운맛이 위액 분비를 촉진시켜 소화를 돕고, 피를 잘 돌게 한다.

감자 알칼리성식품으로 비타민C와 칼륨이 풍부하게 들어있다. 칼륨은 나트륨의 배출을 도와 고혈압 환자의 혈압 조절에 도움이 된다.

| 해산물 |

갑오징어 저지방, 저칼로리, 고단백 식품으로 다이어트에 좋으며 회, 무침, 튀김, 냉채 등에 이용된다.

농어 각종 필수아미노산이 풍부해 뇌기능 강화, 치매예방에 좋다.

전복 조개류 중 가장 맛이 좋고 귀하고 비싼 식품. 기능 저하로 머리가 아프거나 귀가 울리고 혀와 목이 마르는 증세에 효과적이다.

홍어 고단백·저지방 식품으로 삭혀서 막걸리와 함께 먹는 홍탁이 유명하다.

생다시마 칼륨과 라미닌이라는 혈압저하 물질이 들어 있어 고혈압 예방에 좋다. 풍부한 식이섬유소는 배변의 양을 늘리고 장의 통과속도를 빠르게 해 변비에 도움을 준다.

민어 민어는 영양이 풍부하고 비린내가 적어 땀을 많이 흘리고 쉽게 피로해지는 여름에 보신요리로 좋다.

| 채소 |

풋고추 위액의 분비를 촉진시켜 소화를 돕고, 피를 잘 돌게 한다.

열무 눈을 맑게 하고 기억력을 향상시키며, 혈압 안정에도 도움을 준다.

양배추 위를 보호해주는 비타민U가 많이 들어 있고 칼슘, 칼륨도 풍부한 알칼리성 식품이다.

깻잎 비타민A와 B₁, B₂, C, 나이아신이 풍부하게 들어있다.

감자 비타민C와 칼륨이 풍부하게 들어있다. 칼륨은 나트륨의 배출을 도와 고혈압 환자의 혈압 조절에 도움이 된다.

아욱 시금치보다 단백질이 거의 2배, 지방은 3배, 칼슘은 2배나 더 많이 함유되어 있어 성장기 아이들에게 훌륭한 영양식품이며 열량이 낮아 다이어트에도 좋다.

고구마순 열량이 낮고 식이섬유소가 풍부하여 비만인 사람에게 좋다. 고구마순에 풍부한 비타민A는 지용성 비타민으로 올리브오일에 볶아 섭취하면 비타민 흡수율을 높인다.

옥수수 옥수수는 영양적으로는 부족한 점이 많으나 씨눈에는 아주 훌륭한 기름인 비타민E가 있어 피부 건조와 노화를 막으며 피부저항력을 높이는 작용도 한다.

양상추 식이섬유소가 풍부하고 칼로리가 낮아 다이어트에 효과적이다. 육류와 함께 샐러드나 쌈으로 먹으면 궁합이 잘 맞는다.

| 해산물 |

전복 회나 죽으로 많이 이용되는데 부패하기 쉬운 식품이므로 회로 먹을 때 주의한다.

잉어 고단백 식품에 소화가 잘 되는 생선. 산후 보양식으로 좋다.

전갱이 비타민A와 D가 풍부해 눈과 피부건강에 좋고, 골다공증도 예방한다.

민어 소화흡수가 빨라 어린이 성장발육을 촉진하고 노인이나 환자의 건강회복에 좋다.

해파리 대장의 대사를 촉진하는 작용이 있어 장을 말끔하게 청소해 준다. 특히 해파리는 지방이 거의 들어있지 않아 비만증이거나 다이어트 중인 사람에게 좋다.

미꾸라지 우수한 단백질이 많고 칼슘과 비타민A, B₂, D가 풍부한 강장·강정식품이다.

오징어 질 좋은 단백질과 타우린이 풍부해 고혈압, 동맥경화, 심장병, 당뇨병, 시력감퇴, 여성의 갱년기장애에 효과를 발휘한다.

생다시마 다시마 속 알긴산은 콜레스테롤을 저하시키고, 풍부한 식이섬유소는 변비에 도움을 준다.

바닷가재 타우린이 풍부하여 콜레스테롤치를 낮춰주고, 저열량·저지방 식품으로 다이어트에 좋다.

성게 성게는 엽산 함유량이 높아 소화흡수에 좋고 강장제로 효능이 탁월하다. 해삼보다 단백질을 많이 함유하고 있어 '바다의 호르몬'이라고도 불린다.

| 채소 |

고구마 식물성 섬유가 많아 변비에 효과가 있고, 수지 성분이 있어서 배설을 촉진시킨다.

아욱 입맛을 잃기 쉬운 여름철에 권할만한 알칼리성 식품. 시금치보다 단백질이 거의 2배, 지방은 3배, 칼슘은 2배나 더 많이 함유한 식품으로 새우와 궁합이 맞는다.

풋콩 단맛이 나서 어린이 영양간식으로 많이 이용된다. 콩깍지가 불룩하고 속의 콩이 크며 짙은 청색인 것이 좋다.

당근 당근에 함유된 카로틴은 우리 몸 안에서 비타민A로 바뀐다. 카로틴 외에도 비타민 E를 제외한 거의 모든 비타민과 철분, 칼슘, 칼륨 등이 균형있게 들어있다.

홍고추 비타민A와 캡사이신이 다량 함유되어 있어 항산화기능이 뛰어나며 혈액 속 콜레스테롤을 배출하여 혈압을 저하시키는데 도움이 된다.

토란 주성분은 당질, 단백질이지만 칼륨도 풍부하게 들어 있다.

솎음배추 배추는 변비에 좋은 식품인데, 그것은 부드러운 섬유질이 있기 때문이다. 비타민C와 칼슘이 풍부한 것도 영양상의 특징이다.

양배추 저지방·저열량 식품이며 식이섬유소 함량이 많아 포만감을 주어 식사량을 줄여준다. 풍부한 식이섬유소는 장운동을 활발하게 하여 변비도 예방한다.

느타리버섯 칼로리가 매우 낮고 섬유소와 수분이 풍부해 포만감을 주며, 대장 내에서 콜레스테롤 등 지방의 흡수를 방해하여 비만을 예방하는 건강다이어트 식품이다.

| 해산물 |

생다시마 칼륨과 라미닌이란 혈압저하 물질이 들어있어 고혈압 예방에 좋다.

갈치 단백질 함량이 높고 지방이 알맞게 들어 있어 맛이 좋다. 갈치는 칼슘에 비해 인의 함량이 많은 산성식품이므로 채소를 곁들여 먹는 것이 좋다.

미꾸라지 우수한 단백질이 많고 칼슘과 비타민A, B₂, D가 풍부한 강장·강정식품이다. 내장을 따뜻하게 하고 피의 흐름을 좋게 하며 빈혈에도 효과가 뛰어나다.

삼치 단백질을 비롯한 각종 영양소가 풍부하다. 혈압을 내리는 효과가 있는 칼륨도 많이 함유하고 있어 고혈압 예방에 좋다.

고등어 양질의 단백질을 함유하고 있고 EPA, DHA와 각종 영양소가 풍부하여 자라나는 아이들에게 좋은 식품이다.

장어 장어의 단백질은 그 영양가가 매우 높으며 지방을 구성하는 불포화지방산은 모세혈관을 튼튼하게 해준다. 비타민E도 풍부해 혈관에 활력을 불어넣는다.

| 채소 |

느타리버섯 칼로리가 매우 낮고 섬유소와 수분이 풍부해 포만감을 주며, 대장 내에서 콜레스테롤 등 지방의 흡수를 방해하여 비만을 예방한다.

양송이버섯 버섯 중 단백질 함량이 가장 뛰어난 양송이버섯은 트립신, 아밀라제, 프로테아제 등의 소화효소가 들어 있어 원활한 소화를 돕는다. 무기질과 단백질을 고루 갖춘 종합영양식품.

표고버섯 암 증식을 억제하는 면역력과 암에 대한 저항력이 강한 식품이다. 풍부한 식이섬유소는 배변의 양과 속도를 조절해준다.

팽이버섯 식이섬유소가 풍부해 혈중 콜레스테롤 수치를 낮춰주므로 동맥경화증을 예방한다.

무 수분이 90%를 차지하며 비타민C가 풍부하다. 디아스타제라는 소화효소가 음식물의 소화흡수를 돕는다.

고들빼기 비타민이 많이 들어 있으며 쓴맛을 내는 사포닌 성분은 위를 튼튼하게 하고 소화기능을 촉진한다.

단호박 쪄호박에 풍부한 베타카로틴은 체내에서 비타민A로 전환되어 눈 건강에 도움을 주며, 비타민과 무기질도 풍부해 감기 예방에 도움이 된다.

토란 토란의 미끈거리는 성질은 갈락틴이라는 당질 때문인데, 소화성은 좋지 않지만 뱃속의 열을 내리고 간장과 신장을 튼튼히 해주며 노화방지에 효과를 나타낸다.

| 해산물 |

꽃게 저지방·고단백을 필요로 하는 비만증·고혈압·간장병 환자에게도 권장할만하다. 게는 산성식품이므로 알칼리성식품과 어울려 먹으면 좋다.

고등어 양질의 단백질을 함유하고 있고 EPA, DHA와 각종 영양소가 풍부하다. 가을고등어가 가장 맛이 좋다.

대하 단백질과 칼슘, 각종 비타민이 풍부하게 들어 있는 강장·강정식품이며 각종 성인병에 효과가 있다. 껍질에 항암작용을 하는 요소가 있으므로 조리 시 껍질째 이용하면 좋다.

홍합 단백질은 적은 편이지만 철, 비타민A, B₂의 좋은 보급원이다.

연어 다른 어류에서는 별로 볼 수 없는 비타민A가 풍부하며 해산물로서는 드물게 비타민D가 들어 있다. 위장을 따뜻하게 하여 혈액순환을 촉진한다.

갈치 단백질 함량이 높고 지방이 알맞게 들어 있어 맛이 좋다.

미꾸라지 우수한 단백질이 많고 칼슘과 비타민A, B₂, D가 풍부한 강장·강정식품이다.

꽁치 질 좋은 단백질 함량이 풍부해 가을의 스태미너식품으로 손꼽힌다. 껍질과 껍질 바로 밑의 살에 영양성분이 풍부하므로 껍질째 먹는다.

삼치 단백질을 비롯한 각종 영양소가 풍부하다. 혈압을 내리는 효과가 있는 칼륨도 많이 함유하고 있어 고혈압 예방에 좋다.

전어 DHA와 EPA 등 불포화지방산이 풍부해 혈액을 맑게 해주어 성인병을 예방한다. 뼈째 먹으면 칼슘을 다량 섭취할 수 있다. 골다공증 예방에도 도움이 된다.

낙지 단백질이 풍부하며 동맥경화를 비롯한 각종 성인병에 효과가 있는 타우린이 풍부하다.

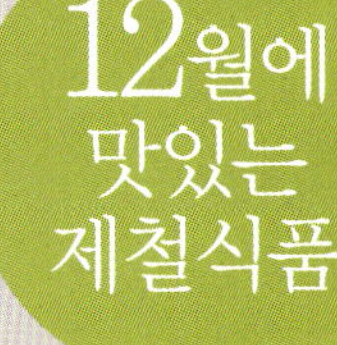

| 채소 |

브로콜리 비타민 A와 C가 풍부하고 칼륨, 인, 칼슘 등 각종 무기질이 많이 들어 있어 영양 덩어리로 알려져 있다.

배추 비타민C와 식물성섬유가 풍부하고 칼슘, 철분, 카로틴 등이 풍부해 비타민이 결핍되기 쉬운 겨울철 영양공급원으로 훌륭하다.

대파 특유의 냄새를 내는 유화알릴성분이 소화액의 분비를 촉진하여 식욕을 증진시켜준다.

마 마의 단백질과 비타민B₁은 영양 상태를 개선하고 비타민C는 스트레스에 대한 저항력을 길러준다.

연근 주성분은 탄수화물이고 식물성 섬유도 풍부하다. 연근의 식물성 섬유는 장을 적당히 자극해 장운동을 활발하게 해주어 콜레스테롤 수치를 떨어뜨리는 작용을 한다.

당근 비타민 E를 제외한 거의 모든 비타민과 철분, 칼슘, 칼륨 등이 균형 있게 들어있다.

늙은호박 호박의 당분은 소화흡수가 잘 되기 때문에 위장이 약하고 마른사람과 회복기의 환자에게 아주 좋다.

| 해산물 |

옥돔 흰색, 붉은색, 노란색이 있는데 흰색이 가장 맛있고 클수록 더 맛있다. 살에 수분이 많아 부드럽고 달며 지방이 적어 담백하다.

방어 겨울철에 특히 맛이 좋은 방어는 클수록 맛이 좋은 생선이다.

연어 비타민A가 풍부하며 해산물로서는 드물게 비타민D가 들어 있다. 위장을 따뜻하게 하여 혈액순환을 촉진하기 때문에 체력이 약한 사람에게 안성맞춤.

참치(참다랑어) DHA와 EPA가 풍부하고 칼로리와 지방은 낮아 바다의 닭고기라고 불리는 참치는 혈관계질환 예방에 효과적이다.

임연수 부드러우면서도 기름진 맛이 입맛회복을 돕는 생선. 아미노산과 미량원소가 풍부하다.

대구 참대구는 수분이 많고 부드러우며 담백한 맛이 난다. 특히 간유는 비타민A와 D, 타우린이 풍부하게 들어있다.

홍합 단백질은 적은 편이지만 철, 비타민A, B₂의 좋은 보급원이다.

오징어 가을에 나오는 것이 살이 올라있고 몸통이 단단하다. 오징어에는 질 좋은 단백질이 어떤 생선류보다 많고 타우린도 풍부하다.

코다리 마른북어보다 촉촉하고 부드럽고, 생태보다는 쫀득하고 구수한 맛이 나는 생선. 겨울철 반찬거리로 자주 등장한다.

미꾸라지 우수한 단백질이 많고 칼슘과 비타민A, B₂, D가 풍부한 강장·강정식품이다.

갈치 단백질 함량이 높고 지방이 알맞게 들어 있어 맛이 좋다.

새우 단백질과 칼슘, 각종 비타민이 풍부하게 들어 있으며 각종 성인병에 효과가 있다.

삼치 단백질을 비롯한 각종 영양소가 풍부하다. 칼륨도 많이 함유하고 있어 고혈압 예방에 좋다.

| 채소 |

콜리플라워 비타민C와 베타카로틴, 칼슘, 무기질, 철분, 필수아미노산 등이 풍부해 성장기 어린이와 노약자에게 특히 좋다.

마 마의 단백질과 비타민B₁은 몸의 영양 상태를 개선한다. 소화가 잘 안 될 때 마를 갈아서 즙을 내어 먹으면 좋다.

무 비타민C가 풍부하며, 디아스타제라는 소화효소가 음식물의 소화흡수를 돕는다.

연근 주성분은 탄수화물이고 식물성 섬유도 풍부하다. 연근의 식물성 섬유는 장운동을 활발하게 해주어 콜레스테롤 수치를 떨어뜨리는 작용을 한다.

브로콜리 비타민 A와 C가 풍부하고 칼륨, 인, 칼슘 등 각종 무기질이 많이 들어 있어 영양 덩어리로 알려져 있다.

늙은호박 비타민A와 C, B₂가 풍부한 늙은호박은 겨울에 부족하기 쉬운 비타민A의 훌륭한 공급원이다.

시금치 비타민A가 채소 중에서 가장 많고 비타민C와 칼슘, 철분 등이 풍부한 알칼리성 식품. 섬유질이 풍부해 변비에도 좋다.

| 해산물 |

굴 비타민과 미네랄의 보고인 굴은 콜레스테롤치를 감소시키는 작용을 하며 철분이 풍부해 빈혈 치료에도 좋다.

명태 양질의 단백질과 칼슘, 철, 인이 풍부해 기력을 높이는데 좋고 라이신 성분이 세포발육과 뼈, 연골의 형성, 칼슘 흡수를 돕는다.

광어(넙치) 쫄깃한 감칠맛에 비린내도 없어 횟감으로 많이 이용된다. 단백질이 질이 우수하고 지방함량이 적어 비만을 방지한다.

홍합 철, 비타민A, B₂의 좋은 보급원이다.

문어 문어는 대개 날 것으로 먹지 않고 익히거나 말려서 먹는다. 술안주로 널리 이용되는 재료.

맛살조개 조개류의 단백질 속에는 히스티딘, 라이신 등의 아미노산이 많고 글리코겐이 풍부하다.

미역 칼슘이 풍부한 바다의 채소. 골다공증 예방에 제격이다.

꼬막 철분과 각종 무기질이 다량 함유되어 있어 빈혈에 도움이 된다.

김 자연이 인간에게 준 최고의 선물이라 불리는 김은 채취시기에 따라 품질이 다른데, 대개 겨울에 딴 것이 가장 맛있다.

양미리 겨울철에 많이 잡히며 주로 꾸덕하게 말린 상태로 판매된다.

홍어 겨울에서 이른 봄 산란기에 먹어야 연하고 좋다. 고단백·저지방 식품이다.

동태 명태를 얼린 것. 지방함량이 적어 맛이 개운하고 간을 보호해주는 메티오닌과 같은 아미노산이 풍부해 해장국으로 많이 이용된다.

아귀 겨울철에 잡히는 것이 싱싱하고 맛이 있다.

대구 참대구는 수분이 많고 부드러우며 담백한 맛이 난다.

index